Using and Administering Linux: Volume 3
Zero to SysAdmin: Network Services, Second Edition

Linux权威指南

网络服务详解

（原书第2版）

[美] 戴维·博特（David Both） 著

杨秀璋 党超辉 徐香香 李铭垚 马志伟 译

First published in English under the title

Using and Administering Linux: Volume 3: Zero to SysAdmin: Network Services, Second Edition
by David Both

Copyright © 2023 by David Both

This edition has been translated and published under licence from
Apress Media, LLC, part of Springer Nature.

Chinese simplified language edition published by China Machine Press, Copyright © 2025.

本书原版由 Apress 出版社出版。

本书简体字中文版由 Apress 出版社授权机械工业出版社独家出版。未经出版者预先书面许可，不得以任何方式复制或抄袭本书的任何部分。

北京市版权局著作权合同登记　图字：01-2021-0915 号。

图书在版编目（CIP）数据

Linux 权威指南．网络服务详解：原书第 2 版 /（美）戴维·博特（David Both）著；杨秀璋等译． -- 北京：机械工业出版社，2025．3． --（Linux/Unix 技术丛书）．
ISBN 978-7-111-77567-6

Ⅰ．TP316.85

中国国家版本馆 CIP 数据核字第 2025R1L252 号

机械工业出版社（北京市百万庄大街 22 号　邮政编码 100037）
策划编辑：刘　锋　　　　　　　　　责任编辑：刘　锋　章承林
责任校对：李荣青　张雨霏　景　飞　责任印制：常天培
北京铭成印刷有限公司印刷
2025 年 4 月第 1 版第 1 次印刷
186mm×240mm・25 印张・553 千字
标准书号：ISBN 978-7-111-77567-6
定价：139.00 元

电话服务　　　　　　　　　　网络服务
客服电话：010-88361066　　机　工　官　网：www.cmpbook.com
　　　　　010-88379833　　机　工　官　博：weibo.com/cmp1952
　　　　　010-68326294　　金　　书　　网：www.golden-book.com
封底无防伪标均为盗版　　　机工教育服务网：www.cmpedu.com

The Translater's Words 译者序

随着信息技术飞速发展，Linux 系统在各行各业已经得到了广泛应用。Linux 作为一款开源的操作系统，具有高效、稳定、灵活和可定制的特性，能为信息科学研究、自动化运维、Web 服务和工程实践提供强大的支持。在当前背景下，随着海量异构数据的迅猛增长，各种 Linux 系统网络服务管理和处理任务层出不穷，若未能高效应对这些数据和任务，或缺乏对 Linux 系统管理哲学的深入理解，将严重影响工作效率，并导致不必要的资源浪费。此外，Linux 系统的网络服务管理与维护工作仍面临诸多挑战，广大用户往往对此方面的重视程度不足，亦鲜有以真实案例为基础，全面、细致地剖析 Linux 系统网络服务各类操作的专业书籍。因此，深入探究 Linux 系统网络服务已成为学术界与工业界共同关注的重要课题。

本书是一本以 Linux 系统网络服务为主，采用通俗易懂的案例和各类 Linux 命令实现网络服务搭建和运维的实战宝典。本书作者 David Both 是开源软件和 GNU/Linux 的倡导者和培训师，他在 Linux 和开源软件领域已工作逾 25 年，在计算机方面拥有 50 多年的实战经验，他所提出的系统管理员的 Linux 哲学和真实案例能帮助初学者更好地管理和运行 Linux 系统，并有效提升工作效率。

本书全面、系统地介绍了 DHCP 服务管理、SSH 服务管理、电子邮件服务管理、Apache 中间件服务管理、VNC 服务管理、WordPress 管理、备份及安全管理等基础知识，并结合真实案例详细阐述了系统管理员在 Linux 环境下如何高效操作和管理 DHCP 服务、路由服务、SSH 服务、Apache 服务、VNC 服务、RPM 包、异地备份以及基础安全加固等关键任务。本书从 Linux 网络服务的基本原理入手，逐步深入到基础命令和具体用法，通过逐层递进的方式，全面覆盖了 Linux 系统网络服务管理的各个方面。同时，本书还采用问答形式，深入剖析 Linux 系统网络服务管理的机制和内在逻辑，旨在帮助读者深入理解和掌握 Linux 系统网络服务管理的具体操作方法和技巧。通过阅读本书，读者不仅能够掌握 Linux 系统服务管理的核心知识和技能，还能够提升解决实际问题的能力，为今后的工作和学习提供有力的支持。

本书对 Linux 系统网络服务的各方面都进行了较为全面的介绍，对于想要学习 Linux 系统网络服务的读者来说是一本很好的入门书籍，可以帮助读者快速建立 Linux 系统网络服务的知识体系并解决实际问题。我们相信，无论你是企业技术人员、高校师生、Linux 运维工程师，还是在生活、工作、学习中需要运用 Linux 的读者，本书都将让你受益匪浅。

本书译者长期从事 Linux 系统管理与运维、Linux 网站开发、计算机科学与技术、网络安全等领域的研究工作，具备丰富的理论知识和实践经验，经常利用 Linux 系统网络服务来高效地管理和处理日常工作。

由于中文和英文在表述方面有所不同，因此针对一些有争议的术语、内容等，我们查阅了大量资料，以期准确表达作者的本意，在此过程中也对原书存在的一些错误进行了纠正。限于译者水平，译文中难免存在疏漏之处，欢迎大家批评指正！最后，真诚地希望本书能够帮助你更好地了解 Linux 系统网络服务的知识，解决实际问题，提升工作效率。欢迎读者就本书中涉及的具体问题与译者积极交流。

党超辉

Preface 前言

本系列图书在结构上与其他书籍相比大不一样。整个系列共三本，分别为《Linux 权威指南：从小白到系统管理员 上册（原书第 2 版）》《Linux 权威指南：从小白到系统管理员 下册（原书第 2 版）》《Linux 权威指南：网络服务详解（原书第 2 版）》，每本书的内容都紧密相扣，相互衔接，共同构成一个连贯且递进的整体。

本系列图书与其他 Linux 专业书籍的区别在于，它提供了一套完整的自学教程，建议你从第一本的开头逐步阅读，仔细阅读每一章节，认真完成书中的所有实验，并完成每一章的练习，直至第三本结束。即使你是 Linux 的零基础读者，遵循这个学习路径也能让你掌握成为 Linux 系统管理员所需的核心技能和知识。

本系列图书所有的实验都是在一个或多个虚拟机（Virtual Machine，VM）组成的虚拟网络中进行的。借助免费的 VirtualBox 虚拟化软件，你可以在任何规模合理的主机上创建这样的虚拟环境，无论是 Linux 操作系统还是 Windows 操作系统。在这个虚拟环境中，你可以自由地进行实验，甚至可以执行那些在安装 Linux 的过程中可能会损坏硬件主机的错误操作，你也可以通过多个快照中的任何一个，将 Linux 虚拟机完全恢复。这种既能承担风险又容易恢复的灵活性使你能学到更多。

本系列图书也可以作为参考资料使用。多年来，我一直将自己以前的那些课程材料作为参考，它们一直发挥着重要作用。我将此视为本系列图书的目标之一。

此外，对于书中给出的练习，并非所有问题都能通过简单地复习章节内容解决。有些问题需要亲手设计实验来找出答案，并且多数情况下很可能不止有一种方法，只要能产生正确的结果，就是"正确"的方法。

书籍设计

书籍的设计过程与书籍本身的结构同等重要——甚至可以说更为重要。书籍设计者的首要任务是制订一份需求清单，明确书籍的架构与内容。只有在此基础上，书籍的编写才能顺利进行。实际上，我经常发现，先撰写总结和练习，再创作其他内容会很有帮助。我在本书的许多章节中都采用了这种方式。

本系列图书专为像你这样志向明确的学生而设计，提供了一套完整的、端到端的 Linux 培训教程，目标是培养你成为一名 Linux 系统管理员（SysAdmin）。本系列图书将带你从零开始学习 Linux，助你实现成为系统管理员的职业理想。

许多 Linux 培训课程都默认学员应该从初级用户课程开始学习。这些课程可能会涉及 root 用户在系统管理中的作用，但往往忽略了对未来系统管理员至关重要的实战经验。还有一些课程则完全避开系统管理方面的内容。大部分课程第一门课会展开一些 Linux 介绍，然后第二门课可能会介绍系统管理的基础知识，而第三门课可能会涉及更高级的管理主题。

坦白地说，这种循序渐进的教学方法并不适合许多已经成为 Linux 系统管理员的人。我们之所以能走到这一步，至少部分归功于强烈的求知欲和对快速学习的渴望。此外，我认为这也与我们旺盛的好奇心密不可分。一旦掌握了一个基本命令，我们就会开始提问，通过实验来探索它的极限、可能导致故障的情形，以及不当使用会产生的后果。我们钻研手册页（man pages）和其他文档，了解命令在各种极端场景下的用法。如果问题无法自行出现，我们会主动去"制造"问题，研究其运作机理，并掌握解决方法。我们乐于面对失败，因为从解决问题中获得的知识远胜于一帆风顺的经历。

本系列图书从一开始就深入探讨 Linux 系统管理。你将学习使用和管理 Linux 工作站和服务器所需的大量 Linux 工具，而且每项任务往往可以灵活运用多种工具。书中还包含许多实验，为你提供系统管理员看重的实践经验。这些实验将一步步引导你领略 Linux 的优雅与精妙。你会发现，Linux 操作系统的精髓在于简洁，正是这种简洁性使得 Linux 优雅且易于理解。

基于我多年来使用 UNIX 和 Linux 的经验，这三本书旨在向你介绍作为 Linux 用户和 Linux 系统管理员日常工作中会涉及的实际操作。但是，每个系统管理员的知识体系不可能完全一致，每个人的起点、技能、目标都不同，管理的系统配置、软硬件故障、网络环境都可能存在差异。我们解决问题的思路和工具会受所接触的导师的影响，思考方式不同，对硬件的理解程度也有差别。正是一路走来的经历塑造了我们，成就了现在的系统管理员。

因此，我会在这套书中重点讲解我认为对大家重要的知识。这些知识能够提升你的技术，帮助你充分发挥创造力，独立解决你可能从未想过也未曾遇到过的问题。

经验告诉我，错误往往比成功更具教益。所以，遇到问题时，不要急于恢复到之前的快照，而应先试着分析错误产生的原因以及最佳的恢复方法。当然，如果在合理的时间内仍然无法解决，此时再恢复快照就是明智之举了。

需要明确的是，本书不是认证考试的应试指南，其目标不是帮助读者通过任何类型的认证考试，而是传授实用的系统管理技能，帮助你成为一名合格甚至优秀的 Linux 系统管理员。

目前，红帽（Red Hat）和思科（Cisco）的认证考试质量相对较高，它们注重考察应试者解决实际问题的能力。由于我没有参加过其他认证考试，因此对此了解有限。但需要指出的是，大多数认证培训课程和参考书都以通过考试为导向，而并非侧重于教授管理 Linux 主机或网络的实用技能。这并不能说明它们不够好，只是目标定位与本书有所不同。

内容概览

《Linux 权威指南：从小白到系统管理员 上册（原书第 2 版）》

《Linux 权威指南：从小白到系统管理员 上册（原书第 2 版）》（简称"上册"）的前 3 章从整体上介绍操作系统（重点讲解 Linux），简要探讨了系统管理员的 Linux 哲学，以便为阅读其余部分的内容做准备。

第 4 章引导你使用 VirtualBox 创建虚拟机和虚拟网络，搭建贯穿全书的实验环境。第 5 章带你完成 Xfce 版 Fedora 的安装，这是一款深受欢迎的强力 Linux 发行版。第 6 章聚焦 Xfce 桌面操作，让你在加深对命令行界面（Command Line Interface，CLI）理解的同时，也能无缝衔接图形化界面。

第 7、8 章开启你的 Linux 命令行之旅，介绍常用命令和基本功能。第 9 章涉及数据流的概念以及相关的 Linux 操作工具。第 10 章简要介绍常用的文本编辑器，它们是资深 Linux 用户和系统管理员不可或缺的利器。你还将学习使用 Vim 编辑器来创建和修改 Linux 中大量用于配置和管理的 ASCII 纯文本文件。

第 11 ~ 13 章以系统管理员的角色进行实操，包括以 root 身份操作、安装软件更新或新软件包等具体任务。第 14、15 章侧重于各类终端模拟器和高级终端技巧的讲解。第 16 章剖析计算机启动和 Linux 开机时的一系列流程。第 17 章指导你进行终端的个性化配置，大幅提升命令行操作的效率。

最后，第 18、19 章带你深入探索文件和文件系统的方方面面。

《Linux 权威指南：从小白到系统管理员 下册（原书第 2 版）》

《Linux 权威指南：从小白到系统管理员 下册（原书第 2 版）》（简称"下册"）聚焦于资深系统管理员必备的一系列进阶知识。

第 1、2 章围绕逻辑卷管理（Logical Volume Management，LVM）展开深入探讨，并讲解其原理。你还将学习如何通过文件管理器来进行文件和目录操作。第 3 章重点介绍"一切皆文件"的 Linux 核心概念，并通过生动有趣的示例展现其灵活的应用。

第 4 章聚焦于管理和监控处于运行状态的进程的工具。第 5 章侧重于 /proc 等特殊文件系统，它们无须重启就能对内核进行监控和调优。

第 6 章正式引出正则表达式这一强大工具，及其在命令行模式匹配方面的功能。第 7 章讲解如何通过命令行进行打印机和打印任务的管理。在第 8 章中，你将探索一系列工具来揭秘 Linux 系统硬件的底层信息。

第 9、10 章涉及命令行编程和管理任务自动化，由浅入深，循序渐进。第 11 章着重介绍 Ansible，这个强大的工具能够大幅简化远程主机上的大规模自动化管理。第 12 章讲解如何配置定时任务，让系统在指定时间自动执行特定操作。

网络相关的内容从第 13 章开始，第 14 章专门讲解 NetworkManager 工具的强大功能。

第 15 章介绍 B 树文件系统（B-Tree Filesystem，BtrFS）及其特性，同时指出 BtrFS 在多数应用场景下不是最优选择的原因。

第 16 ～ 18 章围绕 systemd 展开。作为新一代启动工具，systemd 同时还肩负着系统服务和工具管理的职责。第 19 章深入讨论 D-bus 和 udev，并阐释 Linux 如何通过它们实现设备的即插即用（Plug and Play，PnP）管理。第 20 章介绍传统 Linux 日志文件的使用，并学习配置 logwatch 工具以快速从海量日志中获取关键信息。

第 21 章介绍用户管理相关的任务，第 22 章介绍基本的防火墙管理操作。你将使用 firewalld 命令行工具，为内部、外部等不同网络环境创建防火墙区域，并管理网络接口的分配。

《Linux 权威指南：网络服务详解（原书第 2 版）》

在《Linux 权威指南：网络服务详解（原书第 2 版）》（简称《网络服务详解》）中，你将在现有虚拟网络中再创建一个虚拟机作为服务器来完成后续的学习任务。它还将取代虚拟网络中虚拟路由器的一些功能。

第 1 章通过向新的虚拟机添加第二块网络接口卡（Network Interface Card，NIC）来完成工作站到服务器的角色转换，实现防火墙和路由器的功能。同时，你还将把它的网络配置从动态主机配置协议（Dynamic Host Configuration Protocol，DHCP）切换为静态 IP。这个过程需要你对两块 NIC 进行设置，一块连接到现有的虚拟路由器，从而连接外部网络，另一块连接包含原有虚拟机的内网。

第 2 章从客户端和服务器两方面深入讲解域名服务（Domain Name Service，DNS）的原理和配置。你将学习使用 /etc/hosts 文件进行简单的域名解析，接着搭建简易的缓存域名服务器，并最终把它升级为内网的主域名服务器。

在第 3 章中，你将通过修改内核参数和防火墙配置，把这台新服务器变为功能完备的路由器。

第 4 章围绕 SSH 展开，实现 Linux 主机间的安全远程访问。同时还会提供一些远程命令执行的实用技巧，并教你创建一个简单的命令行程序来完成远程备份任务。

虽然安全性一直贯穿于过往的内容中，但第 5 章会覆盖额外的安全主题，包括物理硬件层面的安全以及深化主机防御，构建更安全的系统来抵御网络攻击。

在第 6 章中，你将学习使用易上手的开源工具进行备份的策略和方法，它们能轻松实现完整文件系统或单个文件的备份与恢复。

第 7 ～ 9 章带你安装和配置一款企业级的电子邮件服务器，让它具备识别与拦截垃圾邮件和恶意软件的能力。第 10 章聚焦 Web 服务器的搭建，第 11 章完成 WordPress 的部署，它是一款灵活而强大的内容管理系统。

第 12 章重温电子邮件的主题，带你使用 Mailman 来创建邮件列表。

第 13 章介绍远程桌面的访问方法，因为有的时候这是完成特定任务的唯一方式。

第 14 章从不同角度探讨软件包管理，指导你创建 RPM（Red Hat Package Manager，红帽包管理器）格式的包来分发自定义的脚本和配置文件。第 15 章讲解如何向 Linux 和 Windows 主机共享文件。

最后，考虑到你一定会有"学完之后往哪走？"这样的疑问，第 16 章会为你指明方向，帮助你规划进一步的学习。

本系列图书的学习方式

本系列图书虽然主要为自学而设计，但也完全适用于课堂环境。同时，它还可以作为一套高效、实用的参考书。过去，我在独立开展 Linux 培训和咨询时所编写的大量课程资料对我自己日常的运维工作大有裨益。其中的实验环节成为完成许多任务的范本，更在后来衍生为自动化的基础。我在设计本套书时沿用了很多原始的实验，因为它们时至今日仍具有借鉴意义，能够为我当前的不少工作提供很好的参考。

你会发现，本套书中会涉及一些看似过时的软件，例如 Sendmail、Procmail、BIND、Apache Web 服务器等。它们历久弥新，更准确地说，正是因为它们的成熟度与可靠性，才成为我维护自己系统与服务器的首选，并最终被应用于本套书。我相信在实验中使用的软件都具备独特的优势，能让你洞悉 Linux 系统及相关服务背后的原理。一旦掌握了精髓，迁移到其他同类软件就会变得轻而易举。况且，这些"前辈"级软件的上手难度远没有一些人想象的那么大。

本系列图书的读者对象

如果你的目标是成为精通 Linux 的高级用户甚至系统管理员，那么这套书就是为你而写的。多数系统管理员都有着旺盛的好奇心以及深入钻研 Linux 系统管理的内在驱动力。我们热衷于通过拆解和重组来探究事物的原理，乐于解决各种计算机问题。

当计算机硬件发生故障时，我们会刨根问底地探究系统反应，甚至可能保留主板、内存、硬盘等有缺陷的部件来用于测试。写这段话时，我的工作站旁就连接着一块故障硬盘，用它来复现一些即将在本书中介绍的故障场景。

最重要的是，我们这么做完全出于兴趣，即使没有明确的职业需求，我们也会乐此不疲地钻研。对计算机硬件和 Linux 的浓厚兴趣促使我们收集各类软硬件，就像集邮爱好者或古董收藏家那样。计算机是我们的职业，更是不变的嗜好。正如人们钟情于船只、运动、旅行、钱币、邮票、火车以及其他千奇百怪的事物一样，我们——真正的系统管理员——将计算机视为自己的珍宝。但这绝不意味着我们的生活只有计算机。我喜欢旅行、阅读、参观博物馆、听音乐会，以及乘坐古老的火车，我的集邮册仍然在，静待我再次决定拾起它。

事实上，优秀的系统管理员（至少那些我认识的）都有着多面的兴趣爱好。我们涉猎广泛，而这一切皆源于对万事万物那无穷无尽的好奇心。所以，如果你对 Linux 有着如饥似渴的求知欲，迫不及待想要探索，那么无论你的过往经验如何，这套书都非常适合你。

如果你缺乏了解 Linux 系统管理的强烈愿望，那么这套书就不适合你。如果你只想在别人已经配置好的 Linux 计算机上使用几款常用软件，那这套书也与你无缘。如果你对华丽的图形界面背后所蕴藏的强大功能毫无兴趣，同样也不必选择这套书。

为什么写作这套书

有人曾问我编写这套书的初衷。我的回答很简单：为了回馈 Linux 社区。在我的职业生涯中，我曾受惠于多位良师益友，他们传授给我宝贵的知识，而我希望能将这些知识连同自己的经验分享给大家。

这套书脱胎于我曾经设计和讲授的三门 Linux 课程的幻灯片和实验项目。基于一些原因，那些课已经停授了。但我仍然希望将自己的 Linux 管理经验与技巧尽可能地传承下去。我期待这套书能让我回馈社区，延续那份我曾有幸从导师那里获得的教诲与启迪。

关于 Fedora 版本

这套书的第 1 版是基于 Fedora 29 编写的，而目前 Fedora 已经发展到了第 38 版。在编写第 2 版时，我不仅扩充了内容，更吸纳了尽可能多的勘误。

如果有必要，我会更新书中需要与时俱进的图像，例如屏幕截图。尽管背景和其他视觉元素可能已随版本更新而变化，但在很多情况下早期版 Fedora 的截图仍然适用，这类截图我会保留。

只有在关系到内容准确性和逻辑清晰度时，我才会用新版本的截图替换旧版。书中有些内容示例来自 Fedora 29。如果你使用的是 Fedora 37、38 或之后更高的版本，那么背景等外观元素可能会有所差异。

Acknowledgements 致 谢

撰写一部"三卷"图书的第 2 版，尤其是内容繁杂的 Linux 培训教程，并非个人之力所能完成。这项工作的复杂性和烦琐性使得其更需要团队协作与共同努力。在此过程中，对我影响最大之人是我的妻子 Alice，她始终是我坚实的支持者和亲密的朋友。没有她的关爱与支持，我无法完成这一艰巨任务。在此向 Alice 表达我的感激之情！

我还要向 Apress 出版社的编辑 James Robinson-Prior、Jim Markham 和 Gryffin Winkler 表示诚挚的谢意。他们不仅敏锐地洞察到推出第 2 版的必要性，还在我进行重大结构调整和引入大量新内容的过程中提供了有力支持。尤其值得提及的是，当我提出邀请一名学生担任第二技术编辑时，他们立即给予了积极回应，对此我深表感激。

我要向技术审稿人 Seth Kenlon 表示由衷的感谢。我们曾在早前的书籍以及 opensource.com 网站（该网站已停止运营，我曾在该网站上撰写文章）上有过紧密合作。我特别感激他对本系列图书的内容在技术精确性方面所做出的重要贡献。在这套书中，Seth 还提出了诸多关键建议，极大地提升了内容的流畅性和精确度。我曾评价 Seth 在编辑工作中几乎达到了"极端坦诚"的程度，这意味着他的坦诚几近刻薄。然而，我仍对他所做的工作表示感谢。

同时，我要特别感谢 Branton Brodie，他作为第二技术编辑参与了这三本书英文版的编辑工作。我们的相遇源于他对 Linux 的学习兴趣，当时我正着手撰写这套书的第 2 版，我希望邀请一位学习这套书内容的学生担任技术编辑，以学生视角了解他们对这套书的看法。Branton 的贡献对我的工作至关重要，使我得以调整和阐释那些对 Linux 或 Linux 系统管理尚不熟悉的读者来说可能不够清晰的描述和解释。

然而，鉴于写作时间和技术水平所限，书中难免存在疏漏和不足之处。在此，我恳请读者批评指正，以便进一步提升这套书的质量。

作者简介 About the Author

David Both 是一位热衷于开源软件和 GNU/Linux 的倡导者、培训师、作家和演讲者。他在 Linux 和开源软件领域耕耘逾 25 年,更是拥有长达 50 年的计算机行业经验。他是"Linux 系统管理员哲学"的忠实拥护者和布道者。他在 IBM 工作了 21 年,1981 年在佛罗里达州博卡拉顿担任 IBM 课程开发代表时,他为第一款 IBM PC 编写了培训课程。他曾为红帽公司讲授 RHCE 课程,并曾教授过从"午餐学习"到五日完整课程的 Linux 课程。

David 的著作和文章体现了他传授知识、助力 Linux 学习者的诚挚愿望。他热衷于购买零部件并亲自动手组装计算机,确保每台新计算机都能满足他严格的性能标准。自行组装计算机的优势之一是不需要支付微软的相关费用。他最新的组装成果为一台搭载了 ASUS TUF X299 主板和 Intel i9 CPU 的计算机,它具备 16 核(32 个线程)以及 64GB 内存,它们置于一台 Cooler Master MasterFrame 700 机箱之中。

David 著有 The Linux Philosophy for SysAdmins⊖(Apress,2018),并与他人合著了 Linux for Small Business Owners(Apress,2022)。如需联系作者,可发邮件至邮箱 LinuxGeek46@both.org。

⊖ 中文版《Linux 哲学》于 2019 年由机械工业出版社出版,书号为 978-1-111-63546-8。——编辑注

Contents 目 录

译者序
前言
致谢
作者简介

第1章 配置实验服务器 ·················· 1
1.1 概述 ····································· 1
1.2 创建虚拟机 ························· 2
1.3 安装 Linux ·························· 3
1.3.1 个性化配置与软件更新 ······· 4
1.3.2 虚拟网络配置 ····················· 5
1.4 配置防火墙 ······················· 14
1.5 DHCP 概述 ······················· 16
1.5.1 安装 DHCP 服务端 ············ 17
1.5.2 配置 DHCP 服务端 ············ 17
1.5.3 配置 DHCP 客户端 ············ 22
1.5.4 配置 DHCP 访客设备 ········ 23
1.5.5 最终的 dhcpd.conf 文件 ······ 25
1.6 使用 Chrony 配置 NTP ······· 26
1.6.1 配置 NTP 服务端 ··············· 27
1.6.2 配置并测试 NTP 客户端 ···· 28
总结 ·· 30
练习 ·· 31

第2章 域名服务 ···························· 32
2.1 概述 ··································· 32
2.2 域名解析流程 ····················· 33
2.3 域名服务的主要配置文件 ··· 34
2.3.1 NSS 服务及其配置文件 nsswitch ······························ 34
2.3.2 resolv.conf 文件 ·················· 37
2.3.3 systemd-resolved.service ····· 39
2.4 域名解析策略 ····················· 41
2.4.1 /etc/hosts 文件 ···················· 41
2.4.2 mDNS ································ 43
2.4.3 nss-DNS ····························· 45
2.5 BIND 的使用 ······················ 52
2.5.1 准备工作 ···························· 53
2.5.2 配置缓存域名服务器 ········· 56
2.5.3 为 DNS 配置防火墙 ··········· 58
2.5.4 启动 named 服务 ················ 58
2.5.5 重新配置 DHCP ················· 60
2.5.6 顶级 DNS 服务器的使用 ···· 61
2.6 创建主域名服务器 ·············· 62
2.6.1 创建正向解析区域文件 ····· 62
2.6.2 将正向解析区域文件添加到 named.conf 文件 ·················· 63

2.6.3　添加 CNAME 记录 ················ 64
　　2.6.4　创建逆向解析区域文件 ········ 66
　　2.6.5　将逆向解析区域文件添加到
　　　　　named.conf 文件 ················ 67
2.7　BIND 自动化管理 ························· 69
总结 ··· 69
练习 ··· 70

第 3 章　路由器 ································· 71

3.1　概述 ··· 71
3.2　工作站上的路由机制 ················· 72
3.3　创建路由器 ································ 73
3.4　设置路由器 ································ 74
　　3.4.1　配置内核 ···························· 74
　　3.4.2　检查防火墙状态 ················ 75
　　3.4.3　防火墙配置需求 ················ 76
　　3.4.4　防火墙区域 ························ 77
　　3.4.5　配置防火墙 ························ 79
3.5　网络路由 ····································· 81
3.6　复杂路由的配置 ························· 83
3.7　Fail2Ban ······································· 83
3.8　清理工作 ····································· 87
总结 ··· 87
练习 ··· 87

第 4 章　SSH 远程连接 ······················ 88

4.1　概述 ··· 88
4.2　启动 SSH 服务 ···························· 89
4.3　SSH 工作原理简介 ······················ 91
4.4　PPKP ··· 92
4.5　X-Forwarding ······························· 96
4.6　X Window 系统 ··························· 98
4.7　SSH 执行远程命令 ····················· 99

总结 ··· 101
练习 ··· 102

第 5 章　安全 ··································· 103

5.1　概述 ··· 104
　　5.1.1　以隐蔽求安全? ················ 104
　　5.1.2　安全是什么 ······················ 105
　　5.1.3　数据保护 ·························· 105
5.2　安全威胁因素 ··························· 106
　　5.2.1　人为因素 ·························· 106
　　5.2.2　环境因素 ·························· 106
　　5.2.3　物理攻击 ·························· 107
　　5.2.4　网络攻击 ·························· 108
　　5.2.5　软件漏洞 ·························· 108
5.3　Linux 与安全 ····························· 109
　　5.3.1　登录安全 ·························· 109
　　5.3.2　Telnet ································ 116
5.4　基础防护措施 ··························· 119
5.5　PAM ··· 121
5.6　高级 DNS 安全 ························· 122
　　5.6.1　chroot 机制 ······················ 122
　　5.6.2　启用 bind-chroot 服务 ···· 122
5.7　内核层面的网络安全加固 ······· 125
5.8　限制 root 用户 SSH 远程
　　　登录 ··· 127
5.9　深入配置 firewalld ··················· 128
　　5.9.1　防火墙应急：通过 CLI 禁用
　　　　　所有网络流量 ···················· 128
　　5.9.2　控制特定 IP 地址或网络的
　　　　　访问 ······································ 129
5.10　恶意软件防护 ························· 132
　　5.10.1　恶意软件 rootkit ············ 132
　　5.10.2　防病毒工具 ClamAV ········ 136

5.10.3	入侵检测工具 Tripwire	138
5.11	SELinux	141
5.12	社会工程学	146
总结		147
练习		147

第 6 章　全面备份

6.1	概述	149
6.2	备份：数据恢复的救星	150
6.3	备份策略	155
6.4	tar	155
6.5	异地备份	159
6.6	灾难恢复服务商	160
6.7	备份策略的选择	160
6.8	频繁备份	160
	6.8.1　怎样才算频繁	161
	6.8.2　何为真正的"全量备份"	161
	6.8.3　全部备份还是差异备份	162
	6.8.4　自动备份的注意事项	162
	6.8.5　离线主机的备份处理	162
6.9	高级备份	162
	6.9.1　rsync	163
	6.9.2　自动化备份	167
	6.9.3　恢复测试	169
总结		169
练习		170

第 7 章　关于电子邮件

7.1	概述	171
7.2	电子邮件数据传输流程	172
	7.2.1　电子邮件的结构	173
	7.2.2　邮件头部	174

7.3	在服务器端配置 Sendmail	177
	7.3.1　安装 Sendmail	178
	7.3.2　配置 Sendmail	178
	7.3.3　配置 DNS	187
7.4	在客户端配置 Sendmail	189
7.5	SMTP	192
7.6	电子邮件专用账户	194
7.7	root 用户的电子邮件	196
7.8	注意事项	197
	7.8.1　电子邮件并非立即送达	197
	7.8.2　电子邮件没有送达保证	197
总结		198
练习		198

第 8 章　高级电子邮件主题

8.1	概述	199
8.2	电子邮件的主要问题	200
8.3	准备工作	200
8.4	深入探索 mailx	201
8.5	安装 Telnet	206
8.6	在服务器端安装 IMAP	206
	8.6.1　安装 UW IMAP	207
	8.6.2　安装 Dovecot IMAP	208
	8.6.3　测试 IMAP	209
8.7	邮件客户端	211
	8.7.1　Alpine	211
	8.7.2　Thunderbird	223
8.8	向服务器添加身份认证	231
8.9	证书	237
8.10	其他注意事项	238
8.11	网络资源	238
总结		238
练习		239

第 9 章 对抗垃圾邮件 240

- 9.1 概述 240
- 9.2 问题描述 241
- 9.3 缘由分析 242
- 9.4 邮件服务器 242
- 9.5 项目需求 243
- 9.6 Procmail 244
- 9.7 工作原理 245
- 9.8 准备工作 246
- 9.9 配置 246
  - 9.9.1 配置 Sendmail 247
  - 9.9.2 配置 mimedefang-filter 250
  - 9.9.3 配置 Procmail 258
  - 9.9.4 SpamAssassin 规则 261
- 9.10 额外资源 265
- 总结 265
- 练习 266

第 10 章 Apache Web 服务器 267

- 10.1 概述 267
- 10.2 安装 Apache 268
- 10.3 测试 Apache 268
- 10.4 创建 index 文件 270
- 10.5 添加 DNS 272
- 10.6 良好的实践配置 273
- 10.7 虚拟主机 273
  - 10.7.1 配置主虚拟主机 274
  - 10.7.2 配置第二台虚拟主机 275
- 10.8 使用 Telnet 测试网站 277
- 10.9 使用 CGI 脚本 279
  - 10.9.1 使用 Perl 279
  - 10.9.2 使用 Bash 281
  - 10.9.3 将网页重定向到 CGI 281
  - 10.9.4 自动刷新页面 282
- 总结 283
- 练习 283

第 11 章 WordPress 284

- 11.1 概述 284
- 11.2 安装 PHP 和 MariaDB 285
- 11.3 安装 WordPress 285
- 11.4 配置 HTTPD 288
- 11.5 创建 WordPress 数据库 288
- 11.6 配置 WordPress 289
- 11.7 管理 WordPress 292
- 11.8 更新 WordPress 293
- 11.9 探索 MariaDB 294
- 总结 295
- 练习 295

第 12 章 邮件列表 296

- 12.1 概述 296
- 12.2 安装 Sympa 297
- 12.3 Sympa 文档 297
- 12.4 Sympa 的配置与集成 298
- 12.5 创建一个新列表 304
  - 12.5.1 创建一个邮件列表 305
  - 12.5.2 测试列表 308
- 12.6 全局和本地设置 308
- 12.7 启动故障 310
- 12.8 被大型电子邮件服务商拒收 310
- 总结 311
- 练习 311

第 13 章　远程桌面访问 313

- 13.1　概述 313
- 13.2　TigerVNC 314
- 13.3　安全性 320
- 总结 322
- 练习 323

第 14 章　高级包管理 324

- 14.1　概述 324
- 14.2　准备工作 325
- 14.3　检查 spec 文件 329
  - 14.3.1　前导码 329
  - 14.3.2　%description 330
  - 14.3.3　%prep 331
  - 14.3.4　%files 331
  - 14.3.5　%pre 332
  - 14.3.6　%post 332
  - 14.3.7　%postun 333
  - 14.3.8　%clean 333
  - 14.3.9　%changelog 333
- 14.4　构建 RPM 334
- 14.5　测试 RPM 336
- 14.6　重建损坏的 RPM 数据库 337
- 总结 338
- 练习 338

第 15 章　文件共享 339

- 15.1　概述 339
- 15.2　准备工作 340
- 15.3　防火墙注意事项 343
- 15.4　FTP 和 FTPS 345
- 15.5　VSFTP 346
  - 15.5.1　安装和准备 VSFTP 346
  - 15.5.2　FTP 客户端 348
  - 15.5.3　匿名 FTP 访问 350
  - 15.5.4　使用加密保护 VSFTP 352
- 15.6　NFS 354
  - 15.6.1　NFS 服务器 354
  - 15.6.2　NFS 客户端 356
  - 15.6.3　清理工作 358
- 15.7　SAMBA 359
- 15.8　Midnight Commander 365
- 15.9　Apache Web 服务器 367
- 总结 372
- 练习 372

第 16 章　何去何从的 Linux 之旅 374

- 16.1　概述 374
- 16.2　好奇心：求知不倦的驱动力 374
- 16.3　转变：从零开始的 Linux 之旅 375
- 16.4　工具：自动化管理的开端 376
- 16.5　资源汇总 376
- 16.6　Linux 的回馈之路 377
  - 16.6.1　教育传承 377
  - 16.6.2　笔耕不辍 378
  - 16.6.3　编程与软件开发 378
  - 16.6.4　资助项目 378
- 16.7　非必要项 378
- 总结 379

第 1 章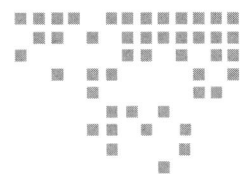

配置实验服务器

目标

在本章中，你将学习以下内容：
- 创建一个新的虚拟机并安装 Fedora 系统，该虚拟机将被用作服务器、防火墙及路由器。
- 在该虚拟机上部署最新发行的 Fedora 操作系统，以便作为服务器使用。
- 对虚拟机进行必要的配置调整，以确保其能够作为一个合适的服务器基础环境。
- 配置服务器的主机名。
- 修改虚拟机的网络设置，采用静态 IP 地址配置。
- 检查 StudentVM1 与 StudentVM2 之间的虚拟网络连接，以及这些虚拟机与外部世界之间的网络连通性。
- 阐述 DHCP 服务的目的及其功能。
- 列举 DHCP 能够提供的多种网络配置选项。
- 利用 DHCP 为特定主机分配并管理基于 MAC 地址的静态 IP 地址。
- 配置 Chrony 服务，将搭建好的虚拟机设为网络中的网络时间协议（Network Time Protocol，NTP）服务器。

1.1 概述

为了顺利开展本书中的实验，我们需要进行一些前期的准备工作。尽管大多数实验室环境会使用物理机进行教学,但为了提供一个低成本且接近实战的学习环境,我们将基于虚拟机技术和局域网搭建两台 Linux 主机来模拟现实环境中的物理机。

在本系列书籍的前两卷中,我们已经学习了如何在单个物理主机上使用多个虚拟机来构建虚拟网络,这种方式能够实现一个安全且容错较高的虚拟环境供我们学习。

在上册中,你已经创建了一个虚拟机和自定义的虚拟网络,并且在该虚拟机上安装了 Fedora 操作系统,以便支持书籍后续实验的需求。现在,我们需要着手搭建一个新的虚拟机,以便将其作为本书的服务器使用。

在本书中,笔者假定你已经顺利完成了前两本的学习。如果你没有完成,将很难成功地进行本书的实验。这主要有两方面的原因:首先,你可能缺乏足够的知识基础;其次,如果在上册中创建的虚拟网络和虚拟机没有经过下册中的适当修改和调整,它们将无法正确配置,从而无法满足本书的需求。

1.2 创建虚拟机

在继续本书的学习之前,首要任务是创建一个新的虚拟机,它将在本书中充当服务器,我们还要对它进行必要的配置调整。请根据表 1-1 中的具体配置创建这台新的虚拟机。

表 1-1 虚拟机 StudentVM2 的具体配置

项目	值
虚拟机名称	StudentVM2
机器文件夹	/Experiments/
操作系统类型	Linux
版本	最新 Fedora 64 位 Xfce 版本。至少为 Fedora 38 或更高版本。建议你为此虚拟机使用最新版本的 Fedora Xfce,即使 StudentVM1 上使用的是旧版本
内存大小	4096MB。内存大小可以在任何时候更改,只要虚拟机处于关闭状态。目前,4GB 应该足够了
CPU 数量	4
文件位置	/Experiments/
硬盘文件大小	80GB
硬盘文件类型	.vdi。.vdi 扩展名是 VirtualBox 磁盘映像文件格式。你可以选择其他格式,但 vdi 格式非常适合我们的实验需求
物理硬盘存储	动态分配

请使用 VirtualBox 管理器创建一个新的虚拟机,配置规格请参考表 1-1。如果需要,你可以回顾上册第 5 章获取更详细的创建步骤。

至此,在虚拟机完成创建之后,我们需要对它进行一些配置调整。请在 VirtualBox 管理器中打开 StudentVM2 的 Settings(设置)窗口,然后进行以下更改:

1）取消勾选 Floppy disk（软盘），并将其在 Boot order（启动顺序）中下移，置于 Hard Disk（硬盘）之后。

2）如果你的物理主机拥有 8GB 或更大的内存，请将虚拟机的显存增加到 128MB。本书不涉及 2D 或 3D 视频加速，因此无须启用这些功能。

3）进入 Network Settings（网络设置）页面，在 Adapter1（适配器 1）选项卡中选择 Attached to：（连接到）字段下的 NAT 网络。由于我们只创建了一个名为 StudentNetwork 的 NAT 网络，因此系统将自动选择它。单击 Advanced（高级）按钮旁边的小蓝三角以展开查看该设备的其他配置选项。请不要更改此页面上的其他设置。

完成以上配置后，虚拟机准备就绪，我们可以开始安装 Linux 操作系统。

1.3 安装 Linux

请在 StudentVM2 虚拟机上安装最新发行的 Fedora Linux Xfce 版本。两台虚拟机的基本配置应该是一致的，除了一个关键的区别：作为服务器使用的 StudentVM2 虚拟机，其主机名需要设置为全部小写，即 studentvm2。

实验 1-1：在服务器上安装 Fedora

使用 VirtualBox 管理器将 ISO 镜像文件 Fedora-Xfce-Live-x86_64-38-1.iso 或 Xfce 实时镜像的当前版本插入 StudentVM2 虚拟机的存储控制器中，作为 IDE 的辅助主服务器。然后启动虚拟机，并使用表 1-2 所示的文件系统配置从实时镜像中继续进行安装。

表 1-2 文件系统的配置

文件系统	分区类型	逻辑卷	文件系统类型	大小 /GB	标签
/boot	标准	无	EXT4	1	boot
biosboot	标准	无	BIOS 引导	2	无
/ (root)	LVM	vg01	EXT4	2	root
/usr	LVM	vg01	EXT4	15	usr
/home	LVM	vg01	EXT4	2	home
/var	LVM	vg01	EXT4	10	var
/tmp	LVM	vg01	EXT4	5	tmp
总计				37	

 提示　单击桌面上的 Install to Hard Drive（安装到硬盘）图标时，可能会收到"不受信任的应用程序启动器"的警告。在这种情况下，你可以放心地忽略该警告，并单击 Launch Anyway（仍然启动）按钮。

在进行系统安装时，请务必选择手动配置文件系统。如果你需要一些指导，可以参考上册第 5 章的内容，其中详细介绍了如何完成整个安装过程，包括如何创建文件系统。请记得为第二台虚拟机设置正确的主机名，即 studentvm2。

请注意，在初始阶段我们不会将所有空间都分配给卷组。然而，首先确保创建了 /boot 和 biosboot 分区，然后，在创建了作为 LVM 系统一部分的 /root 文件系统之后，务必调整卷组配置，选择 As large as possible（尽可能大）选项，以便将虚拟硬盘上所有剩余的空间都包含在逻辑卷中。笔者还建议将卷组名称更改为 vg01，以避免使用"live"这个名称。

由于 Fedora 系统现在使用 8GB 的 Zram 作为交换（swap）空间，因此不再需要在存储驱动器上预先分配交换空间。

在创建 /boot 分区之后，务必调整卷组设置，使其能够占用虚拟硬盘上所有剩余的空间。在单击 Start Installation（开始安装）按钮之前，请务必设置 root 用户的密码，并创建一个名为 student 的非 root 用户，并为该用户设置密码。此外，在安装过程中还需要选中"允许 root 用户使用密码进行 SSH 登录"的复选框，以启用该功能。

Fedora 系统安装完成后，请从 IDE 控制器中移除 Live USB 镜像，并重新启动 StudentVM2 虚拟机以检验系统是否能够成功启动并正常运行。此外，我们需要确保 StudentVM2 能够对外部网站 example.com 以及同一网络中的 StudentVM1 虚拟机进行网络连通性测试（即 ping 操作）。

1.3.1 个性化配置与软件更新

随着对本系列书籍学习的不断深入，你应当已经积累了一定的经验，并拥有了自己偏爱的工具。笔者建议你现在抽时间安装一些你喜爱的命令行和桌面工具，以此来打造一个个性化的 StudentVM2 环境。

实验 1-2：服务器个性化配置与软件更新

请使用 StudentVM2 上的 root 用户对内核进行配置，以便它能够显示所有的内核和启动信息。你可以参考在上册第 16 章中对 StudentVM1 的相应配置。

接下来，你需要安装所有当前可用的系统更新。关于如何进行更新，我们在上册第 12 章中已经有所涉及，如果你忘记了相关更新操作，可以回顾一下之前的内容。

此外，你可以根据个人喜好对 student 和 root 这两个用户账户进行进一步的个性化设置，包括自定义 Bash 的配置，安装那些默认不包含在系统中的工具等。

1.3.2 虚拟网络配置

在传统环境下，DHCP 网络配置适用于部分主机，但不适用于服务器。服务器需要设置自己的网络配置。若依赖 DHCP 服务可能会导致 IP 地址等信息变更，进而可能影响其他主机对该服务器的正常访问。在云环境中，由于 IP 地址是由服务提供商分配的，你通常无法长期使用某个特定的 IP 地址。因此，在本章中，我们将沿用传统的静态 IP 地址配置方法，以便掌控网络环境中的各项配置。

在本系列书籍中最初建立的虚拟网络提供了一个包含 DHCP 服务器的虚拟路由器。只要我们使用虚拟路由器上的虚拟 DHCP 服务器，我们的新服务器就无法获取静态 IP 地址。因此，我们需要将 StudentVM2 的网络配置从动态获取改为静态分配。

我们的目标是让 StudentVM2 服务器成为新的内部虚拟网络中的 DHCP 服务器。这样做的原因主要有如下两点：一是该虚拟路由器中的 DHCP 服务器功能过于精简，无法提供某些后续需要的配置选项；二是读者可以通过使用 DHCP 来积累相关经验。同时，这也为未来在该服务器上安装和深入探索其他网络服务奠定了基础。

当我们在上册中创建 StudentVM1 时，VirtualBox 所提供的虚拟路由器默认分配了 10.0.2.0/24 网段。现在，我们需要创建一个面向 StudentVM1 这类内部客户端的内部虚拟网络。"内部"网络通常也被称作本地网，其设计初衷是为了与互联网或其他相连网络进行隔离与区分。

首先，我们需要创建一个新的"仅主机"（host-only）网络，再为 StudentVM2 配置一个新的虚拟接口卡。"仅主机"网络是 VirtualBox 中的一种网络模式，其内部的主机仅能相互通信，无法与外部网络直接连通。若要访问互联网，网络中的主机需要借助路由器，我们将在本书后续内容中介绍该功能。

实验 1-3：创建局域网

使用 VirtualBox 管理器创建一个新的网络，即我们的本地网。这一过程相当简单，因为系统已默认填入了大部分配置信息。

首先，请关闭 StudentVM2 虚拟机。在虚拟机列表的顶部，单击 Tool（工具）→ Network（网络）选项，进入网络设置界面。

然后，单击 Host-only Networks（仅主机网络）选项卡，随后单击 Create（创建）按钮，建立一个新的主机网络。

网络适配器的默认配置方式为手动，且系统已自动生成所需的 IPv4 网络参数，并将其填入相应位置。该网络适配器的默认配置如表 1-3 所示，本步骤无须进行任何改动。

表 1-3 主机网络配置

配置项	值
手动配置适配器	选中单选按钮
IPv4 地址	192.168.56.1
IPv4 子网掩码	255.255.255.0
IPv6 地址 / 掩码	单击 Apply（应用）按钮会自动填充
DHCP 服务器	未启用

请确保在该对话框的 DHCP Server 选项卡中，没有选中 Enable Server（启用服务器）复选框。网络环境中不能存在两台 DHCP 服务器，因此必须禁用当前网络接口上的 DHCP 服务。本书将使用 vboxnet0 虚拟网络接口，此接口会自动创建。

配置完成后的对话框如图 1-1 所示，但其中的 IPv6 数据字段可能为空。如果出现此情况，Apply 按钮将不可用（显示为灰色）。

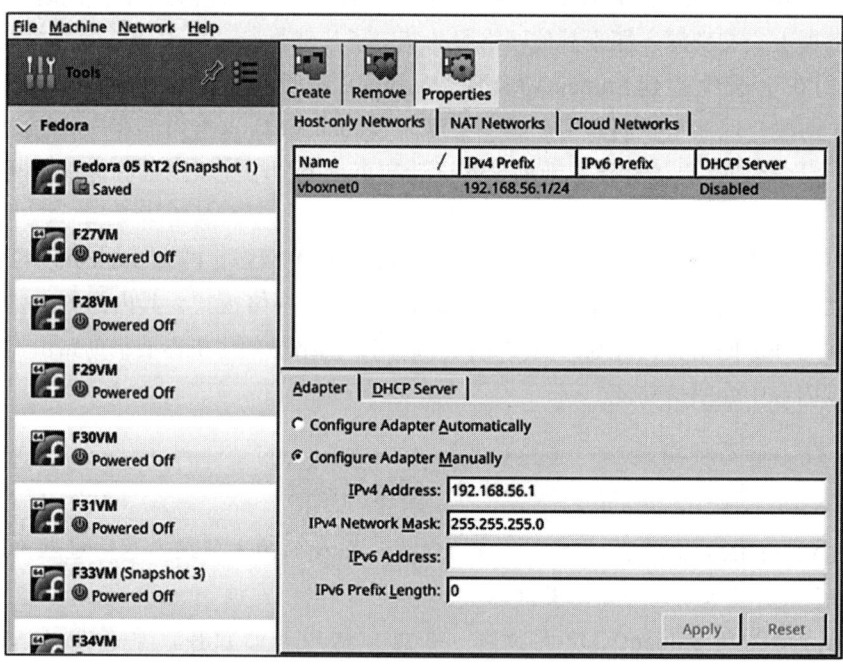

图 1-1　创建虚拟机时的网络配置

单击 Apply 按钮（高亮状态）完成新网络的创建。随后，我们可以将新的 NIC 添加至 StudentVM2 并将其接入新网络。

通过 VirtualBox 管理器，选择处于关闭状态的 StudentVM2 虚拟机（若尚未关闭，请先关闭）。打开 StudentVM2 的 Settings 对话框，选择 Network 选项卡。切换至 Adapter2 选项卡，选中 Enable Network Adapter 复选框。

在 Attached to 下拉列表框中选择 Host-only Adapter。由于仅有一种网络类型，因此 vboxnet0 网络默认成为首选。单击 Advanced 旁的小三角，查看新 NIC 的其余配置，包括 MAC 地址。确认 Cable Connected（已连接线缆）复选框已被选中。

最后，单击 OK 按钮，以完成新的虚拟 NIC 的添加。

在配置网络环境之前，我们必须先确立一组需求来定义新的内部网络的地址映射，这是进行任何类型的项目都应该遵循的基本原则。表 1-4 展示了我们（实际上是笔者，但你应能理解其中的策略）为这个简单的内部网络所设定的网络地址范围。通常，路由器会被分配为所在网段的第一个可用的 IP 地址，或可用 IP 地址范围内其他最小的 IP 地址，但我们刚创建的虚拟网络会将这个地址分配给其内部的虚拟路由器。因此，我们将从 192.168.56.11 开始，作为局域网路由器的地址。

表 1-4　规划虚拟网络时的通用地址映射

主机类型	IP 地址范围
路由器/服务器	192.168.56.11
工作站	192.168.56.21—192.168.56.29
访客计算机	192.168.56.50—192.168.56.59

我们已经为工作站、服务器，以及在弹性办公环境中可能使用的访客计算机定义了地址范围。关于工作站和访客 IP 地址分配的详细信息，将在 1.5 节进行讨论。

然而，在继续配置之前，需要先获取虚拟机中 NIC 的相关信息。

实验 1-4：收集 NIC 信息

请以 root 用户身份来执行本实验，以获取创建网络地址映射所需的信息。请注意，由于每个用户的虚拟机环境各异，因此你所获得的 MAC 地址将与笔者的有所区别。

启动 StudentVM2 虚拟机，登录后打开一个终端会话，并使用 su- 命令切换到 root 用户。

在 StudentVM2 虚拟机中，请以 root 用户身份执行如下命令列出已安装的 NIC 及其对应的 MAC 地址和 IP 地址。请注意，你的 MAC 地址和 IP 地址（如有的话）可能与笔者的示例存在差异：

```
[root@studentvm2 ~]# nmcli
enp0s9: connected to Wired connection 3
        "Intel 82540EM"
        ethernet (e1000), 08:00:27:6C:C1:2C, hw, mtu 1500
        ip4 default
        inet4 192.168.0.182/24
```

```
        route4 192.168.0.0/24 metric 102
        route4 default via 192.168.0.254 metric 102
        inet6 fe80::1715:719e:37e7:e8de/64
        route6 fe80::/64 metric 1024
lo: connected (externally) to lo
        "lo"
        loopback (unknown), 00:00:00:00:00:00, sw, mtu 65536
        inet4 127.0.0.1/8
        inet6 ::1/128
        route6 ::1/128 metric 256
enp0s3: connecting (getting IP configuration) to Wired connection 1
        "Intel 82540EM"
        ethernet (e1000), 08:00:27:63:57:BE, hw, mtu 1500
enp0s8: connecting (getting IP configuration) to Wired connection 2
        "Intel 82540EM"
        ethernet (e1000), 08:00:27:F8:E1:CF, hw, mtu 1500
DNS configuration:
        servers: 192.168.0.52 8.8.8.8 8.8.4.4
        domains: both.org
        interface: enp0s9

Use "nmcli device show" to get complete information about known devices and
"nmcli connection show" to get an overview on active connection profiles.

Consult nmcli(1) and nmcli-examples(7) manual pages for complete usage
details.
[root@studentvm2 ~]#
```

 enp0s9 网络接口就像 StudentVM1 上的接口一样，是笔者为实现便捷管理而自行设置的，它允许笔者以后门方式接入这些虚拟机的命令行界面。借助此网络接口，笔者在虚拟机与宿主机之间进行复制、粘贴操作更为便捷。可能你的虚拟机环境中并无此接口。

请注意，我们无须关注当前虚拟机分配的 IP 地址，因为后续会根据规划进行重新分配。我们需要关注的是各网络接口对应的 MAC 地址。在笔者的虚拟机中，enp0s3 的 MAC 地址为 08:00:27:63:57:BE。此处共列出四个网络接口，其中第一个非额外添加的"后门"接口即为本地回环接口（lo）。"lo"代表本地环回（local），这是一个内部接口，供本地主机上的软件客户端和服务器进行通信，而无须通过外部网络。这是 Linux（以及 UNIX）系统设计的一大特色，其允许程序通过网络接口进行通信，无论客户端和服务器是否位于同一台主机上，极大地简化了开发人员的工作。

我们已知，enp0s3 是 NIC 号为 1 的网络连接，我们将使用 10.0.2.0/24 网络中的这个 NIC 连接外部网络。enp0s8 是 VirtualBox 虚拟机中的第二个网络适配器，我们将使用它来连接内部网络。此外，还需要了解默认网关路由器的 IP 地址。从之前的输出中可知，连接外部网络的默认网关 IP 地址为 10.0.2.1，符合典型默认网关地址。同时，你还可以看到该虚拟机曾与所有其他主机的 MAC 地址进行通信。输出第一行的 IP 地址属于默认网关路由器，因此该行对应的 MAC 地址即为虚拟路由器的 MAC 地址：

```
[root@studentvm2 ~]# ip neighbor
10.0.2.1 dev enp0s3 lladdr 52:54:00:12:35:00 STALE
192.168.0.52 dev enp0s9 lladdr e0:d5:5e:a2:de:a4 REACHABLE
192.168.56.21 dev enp0s8 lladdr 08:00:27:01:7d:ad STALE
192.168.0.6 dev enp0s9 lladdr e0:69:95:45:c4:cd STALE
192.168.0.1 dev enp0s9 lladdr b0:6e:bf:3a:43:1f REACHABLE
```

我们将这些数据进行了整理，内部网络中服务器和工作站的 IP 地址分配如表 1-5 所示。

表 1-5　内部网络中服务器和工作站的 IP 地址分配

主机名	类型	MAC 地址	NIC 名称	IP 地址
虚拟路由器	路由器	52:54:00:12:35:00	N/A	10.0.2.1
studentvm1	工作站	08:00:27:01:7D:AD	enp0s3	192.168.56.21
studentvm2	服务器	08:00:27:63:57:BE	enp0s3	10.0.2.11
studentvm2	服务器	08:00:27:F8:E1:CF	enp0s8	192.168.56.11

VirtualBox 虚拟机最多可配备四个 NIC，这些虚拟适配器的 NIC 命名遵循特定规则，该规则基于其在 PCI 设备树中的位置（无论是物理的还是虚拟的）。由于所有虚拟机拥有相同的 PCI 设备树，因此适配器的分配是相同的。这不会产生问题，一台虚拟机中的适配器不会与另一台虚拟机的适配器发生冲突。以下为虚拟适配器的 NIC 名称分配：

NIC1：enp0s3

NIC2：enp0s8

NIC3：enp0s9

NIC4：enp0s10

每台主机上的 MAC 地址必须独一无二，因为这是一个对网络中的所有其他主机都可见的标识符。在虚拟网络和物理网络中，MAC 地址都必须保证唯一性。因此，你的虚拟 NIC 上的 MAC 地址可能与本示例和实验中看到的有所不同。请务必使用你自己实验环境中 NIC 的 MAC 地址。

表 1-5 中指定的 IP 地址是我们希望最终分配给网络中主机的地址，而非当前可能已分配的任何 IP 地址。IP 地址的分配策略因机构和管理员而异。在本书中，服务器 IP 地址范

围将设定为 192.168.56.11 至 192.168.56.19，工作站 IP 地址范围将设定为 192.168.56.21 至 192.168.56.29。每个地址段中的 IP 地址将按照由低到高的顺序进行分配。

现已具备初步的网络规划，接下来可以配置 StudentVM2 的 NIC。在全新安装的系统中，不存在局域网配置文件，因此 NetworkManager 将自动寻找 DHCP 服务器并接收其分配的网络配置信息。在本章中，我们将安装 DHCP 服务器软件包，并将 StudentVM2 虚拟机配置为 DHCP 服务器。

在配置过程中，我们将使用 nmcli（NetworkManager 的命令行界面工具）创建服务器所需的静态网络连接。该命令将自动生成网络配置文件，我们将在本章后续的实验中进一步学习这些配置文件。

 提示　nmcli 命令功能丰富，初学者可能需要一些时间来适应。它的在线手册页与实际的命令及选项之间似乎存在一些差异，这会增加学习难度。笔者发现最好的 nmcli 参考文档是 RHEL 7 网络指南。

nmcli 命令包含丰富的子命令与选项。虽然我们在此仅关注其中一部分，但这足以让我们按照表 1-5 中的规划为服务器配置静态 IP 地址。

实验 1-5：配置虚拟机 StudentVM2 的两个网络接口

本实验必须在 StudentVM2 上以 root 用户身份执行，重点讲解如何为主机配置静态 IP 地址及其他常见网络参数。DHCP 可能已经执行了一些默认配置，其中 DHCP 服务器提供了主机网络配置所需的所有数据。我们需将其变更为静态配置，手动指定所有必需的配置参数。

首先，请打开一个 root 用户身份的终端会话，将当前工作目录切换至 /etc/sysconfig/network-scripts，并列出该目录中的内容，正常情况下目录的内容应为空。若不为空，且你使用的是 Fedora 38 或更高版本⊖，请删除目录中的所有文件。

随后，请参照表 1-6 中的配置要求，为 enp0s3 创建接口配置文件。

表 1-6　网络接口 enp0s3 的配置要求

配置项	选项	值	描述
网络类型	type	ethernet	这也可以是各种类型的 VPN 或绑定连接。这些选项不在本书的范围内
接口名称	ifname	enp0s3	这是由 nmcli device 命令显示的接口名称

⊖ 本书要求使用 Fedora 38 或更高版本，所以你应该至少使用 Fedora 38。不推荐使用其他发行版，如果你使用它们，可能会遇到问题。

（续）

配置项	选项	值	描述
连接名称	con-name	enp0s3	这是在接下来命令中使用的连接名称。它将成为接口配置文件名称的一部分。笔者喜欢将此名称保持简短以便于输入。使用网卡名称以便于识别
IPv4 地址	ipv4	10.0.2.11	该项为这个接口分配的静态 IPv4 地址
网关 IPv4 地址	gw4	10.0.2.1	该项为通过虚拟路由器的默认路径
IPv4 DNS 服务器	ipv4.dns	"10.0.2.1 8.8.8.8"	该项填写最多三个 DNS 服务器 IP 地址，填写时请确保使用双引号

请输入如下命令来配置 enp0s3 网络接口。随后，查看输出或使用其他方法验证新文件 ifcfg-enp0s3 的创建情况及内容：

```
[root@studentvm2 ~]# nmcli connection add save yes type ethernet ifname enp0s3
con-name enp0s3 ip4 10.0.2.11/24 gw4 10.0.2.1 ipv4.dns "10.0.2.1 8.8.8.8"
Connection 'enp0s3' (5d4c3d0d-e1a3-4017-bed8-3eb0fa98883c)
successfully added.
```

我们还可以通过 ping example.com 命令来验证 DNS 和网关配置是否生效。通常情况下配置已自动生效，如未生效，可能需要重启 NetworkManager 服务。

接下来，我们将使用 nmcli 命令，参考表 1-7 为 enp0s8 创建接口配置文件。

表 1-7 网络接口 enp0s8 的配置要求

配置项	选项	值	描述
网络类型	type	ethernet	该项可以是多种类型的 VPN 或绑定连接。这些选项超出了本书籍的范围
接口名称	ifname	enp0s8	该项是通过 nmcli device 命令显示的接口名称
连接名称	con-name	enp0s8	该项是将在命令中使用的连接名称。它会是接口配置文件名的一部分。笔者习惯保持这个名称尽可能简短以便于输入。同时笔者使用网卡名称方便识别
IPv4 地址	ipv4	192.168.56.11	该项为这个接口分配的静态 IPv4 地址
网关 IPv4 地址	gw4	N/A	该项为通过虚拟路由器的默认路径
IPv4 DNS 服务器	ipv4.dns	N/A	该项填写最多三个 DNS 服务器 IP 地址，填写时请确保使用双引号

输入下述命令，配置 enp0s8 网络接口：

```
[root@studentvm2 ~]# nmcli connection add save yes type ethernet ifname
enp0s8 con-name enp0s8 ip4 192.168.56.11/24
```

接着输入 nmcli 命令查看连接设置：

```
[root@studentvm2 ~]# nmcli
enp0s3: connected to enp0s3
        "Intel 82540EM"
        ethernet (e1000), 08:00:27:63:57:BE, hw, mtu 1500
        ip4 default
        inet4 10.0.2.11/24
        route4 10.0.2.0/24 metric 100
        route4 default via 10.0.2.1 metric 100
        inet6 fe80::63fb:7087:3813:f549/64
        route6 fe80::/64 metric 1024

enp0s8: connected to enp0s8
        "Intel 82540EM"
        ethernet (e1000), 08:00:27:F8:E1:CF, hw, mtu 1500
        inet4 192.168.56.11/24
        route4 192.168.56.0/24 metric 103
        inet6 fe80::3e67:ef46:a42a:364b/64
        route6 fe80::/64 metric 1024

enp0s9: connected to Wired connection 2
        "Intel 82540EM"
        ethernet (e1000), 08:00:27:6C:C1:2C, hw, mtu 1500
        inet4 192.168.0.182/24
        route4 192.168.0.0/24 metric 102
        route4 default via 192.168.0.254 metric 102
        inet6 fe80::326:45a9:46c5:f95d/64
        route6 fe80::/64 metric 1024

lo: connected (externally) to lo
        "lo"
        loopback (unknown), 00:00:00:00:00:00, sw, mtu 65536
        inet4 127.0.0.1/8
        inet6 ::1/128
        route6 ::1/128 metric 256

DNS configuration:
        servers: 10.0.2.1 8.8.8.8
        interface: enp0s3

        servers: 192.168.0.52 8.8.8.8 8.8.4.4
        domains: both.org
        interface: enp0s9
```

你在虚拟机上得到的结果应该与这些结果非常相似。请注意，虽然 NetworkManager 添加了一些 IPv6 条目，但这些条目实际上被忽略了。

接着，请确认两个连接配置文件确实位于 /etc/NetworkManager/system-connections 目录下，并检查它们的具体内容。

网络连接配置文件（如 /etc/NetworkManager/system-connections 目录中的文件）由 NetworkManager 及其命令行工具 nmcli 负责管理。为了避免配置冲突，强烈建议你不要直接手动修改这些文件，而应使用 nmcli 命令等工具对网络配置进行更改。

现在，我们进行一些测试，以确保新配置能够正确运行。

实验 1-6：测试网络配置

在本实验中，我们将在 StudentVM2 虚拟机上以 root 用户权限执行操作。本实验的核心目标是验证为网络接口 enp0s3 所创建的配置是否按照预期进行工作。

请使用 dig 或 nslookup 命令来检验域名解析功能是否运行正常：

```
[root@studentvm2 ~]# dig www.example.com

; <<>> DiG 9.18.13 <<>> www.example.com
;; global options: +cmd
;; Got answer:
;; ->>HEADER<<- opcode: QUERY, status: NOERROR, id: 23266
;; flags: qr rd ra; QUERY: 1, ANSWER: 1, AUTHORITY: 0, ADDITIONAL: 1

;; OPT PSEUDOSECTION:
; EDNS: version: 0, flags:; udp: 65494
;; QUESTION SECTION:
;www.example.com.               IN      A

;; ANSWER SECTION:
www.example.com.        86400   IN      A       93.184.216.34

;; Query time: 22 msec
;; SERVER: 127.0.0.53#53(127.0.0.53) (UDP)
;; WHEN: Fri May 26 11:10:27 EDT 2023
;; MSG SIZE  rcvd: 60
```

上述输出结果已证明，虚拟路由器中的 DNS 正常运行。此外，你还可以通过执行 ping 命令，对外部域名（例如 www.example.net）进行测试，以确认网络连接是否完整：

```
[root@studentvm2 ~]# ping www.example.net
PING www.example.net (93.184.216.34) 56(84) bytes of data.
64 bytes from 93.184.216.34 (93.184.216.34): icmp_seq=1 ttl=54 time=28.10 ms
64 bytes from 93.184.216.34 (93.184.216.34): icmp_seq=2 ttl=54 time=51.5 ms
64 bytes from 93.184.216.34 (93.184.216.34): icmp_seq=3 ttl=54 time=40.1 ms
64 bytes from 93.184.216.34 (93.184.216.34): icmp_seq=4 ttl=54 time=117 ms
64 bytes from 93.184.216.34 (93.184.216.34): icmp_seq=5 ttl=54 time=42.5 ms
^C
--- www.example.net ping statistics ---
```

```
5 packets transmitted, 5 received, 0% packet loss, time 211ms
rtt min/avg/max/mdev = 28.970/56.009/116.966/31.312 ms
```

mtr 命令能够显示数据包从虚拟网络传输至外部网络时所经过的路由节点，该路由节点通过虚拟路由器进行中转。从下述输出可以看出，我们配置的路由是正确的，且可一直保持稳定：

```
[root@studentvm2 ~]# mtr -n example.com
                        My traceroute  [v0.95]
studentvm2 (10.0.2.11) ->
            example.com (93.184.216.34)    2023-05-26T11:22:01-0400
Keys:  Help    Display mode    Restart statistics    Order of fields    quit
                                Packets                  Pings
 Host                          Loss%   Snt   Last   Avg  Best  Wrst StDev
 1. 10.0.2.1                    0.0%    15    0.3   1.3   0.3  13.0   3.3
 2. 192.168.0.254               0.0%    15    0.5   0.5   0.5   0.6   0.0
 3. 45.20.209.46                0.0%    15    1.1   1.3   1.1   2.2   0.3
 4. (waiting for reply)
 5. 99.173.76.162               0.0%    15    3.0   3.0   2.6   3.2   0.1
 6. (waiting for reply)
 7. (waiting for reply)
 8. 32.130.16.19                0.0%    15   16.9  13.7  12.3  16.9   1.4
 9. 192.205.32.102              0.0%    14   14.4  16.2  14.2  34.6   5.4
10. 152.195.80.131              0.0%    14   12.9  13.2  12.6  15.9   1.0
11. 93.184.216.34               0.0%    14   13.6  13.6  13.4  14.3   0.2
```

请确认第一个 IP 地址（我们之前配置的虚拟路由器地址）为 10.0.2.1。第二个路由器地址 192.168.0.254 是笔者局域网的边界路由器地址。此外，请在 StudentVM1 上进行网络连通测试，该虚拟机应该仍然可以通过虚拟路由器访问互联网。

域名 example.com、example.org 和 example.net 专门用于测试，我们可以对它们进行 ping 操作，不会对生产环境造成干扰。

1.4 配置防火墙

目前，新服务器的防火墙规则默认设置为 public 区域。虽然这种设置可以运行，但并不理想，因为它会留下几条从外部进入的路径。这对于专用网络中的大多数机器来说是没有问题的，但考虑到这台服务器⊖将用作防火墙，我们需要更严格的安全措施。因此，我们需要阻止所有来自外部的网络流量。

⊖ 我们称主机为服务器，因为它为网络中的其他主机提供服务，我们也称这些服务本身为服务器。所以我们们谈论的是为网络中其他主机提供服务的特定软件功能，例如 DHCP 服务器或 DNS 服务器。

在采取进一步操作之前，我们需要明确对外部区域的防火墙规则：

1）防火墙必须拒绝所有来自外部的连接请求。这是我们配置其他规则的基础。这一步的具体操作是直接丢弃所有连接的数据包，且在拒绝连接之后不会回应"你无权访问"之类的消息，设置超时可以防止攻击者频繁发起攻击，同时也能隐藏该 IP 地址是否连接相应主机的信息。

2）我们可以直接使用 drop 区域配置副本文件作为编辑对象。这样可以节省配置时间，避免重复创建规则。

3）我们需要明确地将这个新定义的区域分配给面向外部的网络接口，即 enp0s3。

4）保留 public 区域作为默认区域。这样可以让我们分别对内部和外部网络设置独立的防火墙规则，互不影响。

5）私有网络接口 enp0s8 暂不分配特定的区域。现阶段采用默认的 public 区域即可。

现在我们已经准备就绪，可以进行配置了。

实验 1-7：加强防火墙配置，阻止来自外部的访问

在本实验中，我们将创建一个新的防火墙区域来加强对外部威胁的防护。首先，我们以现有 drop 区域配置文件为基础进行配置，作为定制新防火墙区域的起点。注意，我们要对复制后的文件重命名并将其置于新的目录中，原 drop 配置文件仍保留在源目录中。

登录 StudentVM2 上的 root 账户，将当前工作目录切换至 /usr/lib/firewalld/zones。将 drop 区域配置文件复制到 /etc/firewalld/zones 目录，并将复制文件重命名为 drop2.xml：

```
[root@studentvm2 zones]# cp drop.xml /etc/firewalld/zones/drop2.xml
```

然后将当前工作目录切换到 /etc/firewalld/zones，并确认上述命令复制的配置文件 drop2.xml 已经被成功复制且名称更改无误。

编辑 drop2.xml 文件，将其中出现的 short 标签内的内容修改为 Drop2，该文件不需要再进行其他修改。修改后的 drop2.xml 文件部分内容如下所示：

```
[root@studentvm2 zones]# cat drop2.xml
<?xml version="1.0" encoding="utf-8"?>
<zone target="DROP">
  <short>Drop2</short>
  <description>Unsolicited incoming network packets are dropped. Incoming
  packets that are related to outgoing network connections are accepted.
  Outgoing network connections are allowed.</description>
  <forward/>
</zone>
```

为了使 firewalld 服务识别新的区域配置文件，我们需要重新加载它，并将 enp0s3 接口分配到新创建的 drop2 区域中：

```
[root@studentvm2 zones]# firewall-cmd --reload
[root@studentvm2 zones]# firewall-cmd --add-interface=enp0s3 --zone=drop2
--permanent
The interface is under control of NetworkManager, setting zone to 'drop2'.
success
```

接下来,让我们验证新的防火墙配置是否生效。请注意,下述结果的 enp0s9 是笔者单独配置用作进入主机的后门,这个接口不会出现在你的虚拟机配置中:

```
[root@studentvm2 zones]# firewall-cmd --get-active-zones
drop2
  interfaces: enp0s3
public
  interfaces: enp0s8 enp0s9
```

通过对防火墙配置的调整,我们的服务器 StudentVM2 得到了最大限度的保护,以抵御来自外部网络通信的潜在威胁。

1.5 DHCP 概述

在对网络环境进行进一步配置之前,我们需要在新服务器上部署 DHCP 服务端。这样我们可以控制向局域网的主机提供的网络配置数据。

DHCP 作为一种集中化的自动化配置方法,当主机连接到网络时,它减少了对每个网络主机进行单独配置的需要。这对于便携设备(如笔记本计算机)特别有用,因为它们可能以未知访客的身份连接到网络。此外,DHCP 在管理已知主机的静态 IP 地址分配方面,通过使用中央数据库提供了更多的便利和优势。

DHCP 服务器使用由系统管理员创建的信息数据库,该数据库完全存储在 /etc/dhcp/dhcpd.conf 配置文件中。与所有设计良好的 Linux 配置文件一样,它是一个简单的 ASCII 文本文件。这意味着它易于访问和理解,可以使用标准的文本操作工具(如 cat 和 grep)进行查看,也可以通过文本编辑器(如 Emacs 或 Vim)或流编辑器(如 sed)进行编辑。

DHCP 不仅为客户端主机分配 IP 地址,还能提供一系列主机配置信息,包括 DNS 服务器、用于 DNS 查询的域名、默认网关、NTP 服务器、网络启动服务的服务器等。

在 Linux 客户端上,尤其是基于 Fedora 的发行版以及笔者测试过的所有其他发行版上,DHCP 客户端通常是默认安装的,因为它们通过 DHCP 连接到网络而不是使用静态配置的可能性非常高。

当为 DHCP 配置的主机启动,或者其 NIC 被启用时,它会向网络发送一个广播,请求 DHCP 服务器的响应。DHCP 客户端与 DHCP 服务器之间会进行一系列的通信,服务器随后将配置数据发送给客户端,客户端据此自动配置其网络连接。一台主机可能会有多个 NIC

连接到不同的网络，这些 NIC 可以全部或部分通过 DHCP 来配置，也可以是一部分通过 DHCP 设置，另一部分通过静态配置来设置。为了简化学习过程，在本书中，除了防火墙之外，每一个本地主机都只会配置一个虚拟 NIC。

1.5.1 安装 DHCP 服务端

DHCP 服务端在系统中并非默认安装的，与本书涉及的其他服务相似，需要手动进行安装。当然，安装过程非常简便，但是随后的 DHCP 服务端配置工作较为复杂。为确保配置正确，我们将参照之前创建的网络 IP 地址映射表。

现在，让我们开始安装 DHCP 服务端。

实验 1-8：安装 DHCP 服务端

本次实验必须在 root 权限下进行。在配置并启动 DHCP 服务端的过程中，我们需要暂时保持 StudentVM1 的关闭状态。如果 StudentVM1 目前是开启的，请立即将其关闭。我们会首先检查 DHCP 服务的安装情况，然后进行 DHCP 服务端的安装。

如果 StudentVM2 尚未启动，请先启动它。使用 student 用户登录系统，打开一个终端会话，并通过 su- 命令切换到 root 用户。接下来，我们需要查看目前已安装了哪些与 DHCP 相关的软件包：

```
[root@studentvm2 ~]# dnf list installed dhcp*
Installed Packages
dhcp-client.x86_64        12:4.4.3-2.fc36           @anaconda
dhcp-common.noarch        12:4.4.3-2.fc36           @anaconda
[root@studentvm2 ~]#
```

该输出结果表明系统中已安装 DHCP 客户端，以及客户端/服务端通用的库与支持文件（可能还包括 DHCP 开发软件包）。

然而目前 DHCP 服务端尚未安装，所以我们需要进行手动安装：

```
[root@studentvm2 ~]# dnf install -y dhcp-server
```

安装 DHCP 服务端的过程很简单，且安装完成后无须重启 StudentVM2。

1.5.2 配置 DHCP 服务端

安装 DHCP 服务端后，下一步是对其进行配置。在同一网络中部署多个 DHCP 服务器可能会导致冲突，因为客户端将无法确定由哪个服务器提供网络配置信息。但是，一台主机上的单个 DHCP 服务器可以监听多个网络，并向多个网络中的客户端提供配置数据。

DHCP 服务器还能够为网关和其他服务器分配 DNS 名称。例如，NTP 服务器可以使用服务器的主机名（如 NTP1）而非 IP 地址。大多数情况下，这样的配置可以正常工作。但如果 DNS 服务器不可用，或者我们自己的服务器不存在，比如目前的情况，那么这种配置可能会导致问题。

表 1-8 中列出的 IP 地址是我们将分配给内部网络中主机的地址。我们不需要为路由器分配 IP 地址，因为这是由虚拟网络配置好的。这些 IP 地址是笔者根据 IP 分配原则随意选取的，它们将在本书的后续内容中持续使用。

表 1-8 网络中服务器和工作站的具体 IP 地址映射

主机名	角色	MAC 地址	网卡名称	IP 地址
studentvm1	工作站	08:00:27:01:7D:AD	enp0s3	192.168.56.21/24
studentvm2	服务器	08:00:27:F8:E1:CF	enp0s8	192.168.56.11/24

在配置和启动 StudentVM2 上的 DHCP 服务器之前，我们需要关闭虚拟路由器上的 DHCP 服务器。

实验 1-9：配置 DHCP 服务端

在本次实验中，我们将创建一个相对简单的 DHCPD 配置文件，启动 DHCP 服务，并通过对 StudentVM1 进行测试来确认其是否能够接收到正确的网络配置信息。请务必使用虚拟网络中指定主机的 MAC 地址。

本次配置仅针对 IPv4 协议的 DHCP 服务。与修改前的 dhcpd.conf 文件类似，dhcpd6.conf 文件包含一个示例配置文件的路径。如果你需要 IPv6 的 DHCP 服务，可以使用该文件。

1. 关闭虚拟网络中的 DHCP 服务

首先，我们需要关闭 10.0.2.0/24 虚拟网络中的 DHCP 服务。在你的物理主机上，以非 root 用户的身份关闭虚拟网络的 DHCP 服务以避免潜在的冲突。打开 VirtualBox 管理器，依次单击菜单栏中的 File（文件）→ Preferences（首选项）选项，进入"首选项"对话框。单击左侧的 Network 选项卡，然后选择 StudentNetwork。取消勾选 Enable DHCP（启用 DHCP）复选框。注意，当前的 IP 地址租约仍然有效，直到 DHCP 协议时间过期、客户端 NIC 重启或系统重启。我们只关闭了 DHCP 服务，StudentNetwork 仍会保持运行。在更改完成后，单击对话框中的 OK 按钮。

2. 为 DHCP 配置防火墙规则

如果 StudentVM2 上的防火墙配置阻止了 DHCP 通信，你将需要添加一条规则来允许 DHCP 通信。我们虚拟机网络的 firewalld 默认的 public 区域已经允许了 DHCP 请求，因此目前我们无须进行任何操作。

3. 配置 DHCP 服务端

现在，我们可以对 StudentVM2 上的 DHCP 服务端进行配置。

首先，以 root 用户登录，查看现有的 dhcpd.conf 文件。将 /etc/dhcp 设置为当前工作目录，然后使用 cat 命令查看 dhcpd.conf 文件中的内容。虽然文件内容不多，但你可以查看另一个示例文件 /usr/share/doc/dhcp-server/dhcpd.conf.example，读者可以参考该文件以了解 dhcpd.conf 文件的组成和语法。此外，dhcpd.conf(5) 手册页也对 DHCP 的各种配置语句进行了详细描述。

接下来，使用文本编辑器（例如 Vim）打开 dhcpd.conf 文件，我们将在以下步骤中添加必要的配置语句。文件中应仅包含以下五行，随着实验的进行，我们将逐步添加所需内容：

```
#
# DHCP Server Configuration file.
#   see /usr/share/doc/dhcp-server/dhcpd.conf.example
#   see dhcpd.conf(5) man page
#
```

现在，我们将按照段落的顺序，将必要的语句添加到 dhcpd.conf 文件的末尾。

第一节包含了全局配置项，这些配置项适用于 DHCP 配置的所有子网。在此示例中，网络只有一个子网，但我们仍然将这些语句放在全局部分，因为它们可能对所有子网都适用。如果某个给定的子网需要不同的设置，那么在子网声明中具有不同值的语句将会覆盖全局声明中的设置，以满足子网的不同需求。

以下几行首先定义了域名以及默认搜索域名 example.com，用于在没有明确指定域名的情况下进行 DNS 查找。我们选择使用 example.com 是因为它专门用于测试。尽管这可能会与外部的 example.com 域名冲突，导致我们无法将它用于测试，但我们仍然可以使用 example.net 和 example.org 这两个域名进行外部测试：

```
# option definitions common to all supported networks…
# These directives could be placed inside the subnet declaration
# if they are unique to a subnet.
option domain-name "example.com";
option domain-search "example.com";
```

接下来的配置行指定了虚拟路由器作为域名服务器。目前，请确保你使用的是虚拟网络中虚拟路由器的 IP 地址。当我们后续在服务器上部署 DNS 时，会对这一条目进行相应的修改：

```
option domain-name-servers 10.0.2.1;
```

现在我们来设置 DHCP 分配的默认 IP 地址有效时间（以秒为单位）：

```
# All networks get the default lease times
```

```
default-lease-time 600;        # 10 minutes
max-lease-time 7200;           # 2 hours
#
```

接下来添加以下内容。其中最后一行表明这个服务器将成为本网络中的权威 DHCP 服务器。请注意，在任何网络环境中都应仅存在一个 DHCP 服务器：

```
# If this DHCP server is the official DHCP server for the local
# network, the authoritative directive should be uncommented.
authoritative;
```

接下来，我们需要添加子网的配置声明。同时，我们还要在这个子网声明中嵌入一个主机声明，以便为 StudentVM1 主机指定一个特定的 IP 地址配置。请确保你使用的是你网络环境中 StudentVM1 主机的正确 MAC 地址。

此外，笔者已在如下语句中包含了将该主机配置为专用网络的 NTP 服务器所需的相关声明，因为我们将在本章稍后部分进行 NTP 服务器的设置：

```
###########################################################
# This is a very basic subnet declaration.                #
###########################################################
subnet 192.168.56.0 netmask 255.255.255.0 {
        # default gateway
        option routers                  192.168.56.11;
        option subnet-mask              255.255.255.0;

# NTP configuration
        option time-offset              -18000; # Eastern Standard Time
        option ntp-servers              192.168.56.11;

###########################################################
# Dynamic allocation range for otherwise unknown hosts    #
###########################################################
        range dynamic-bootp 192.168.56.50 192.168.56.59;
###########################################################
# Host declaration in the 192.168.56.0/24 subnet.         #
###########################################################
        host studentvm1 {
                hardware ethernet 08:00:27:01:7D:AD;
                fixed-address 192.168.56.21;
        }
}
```

请注意，主机声明由花括号 {} 包围，用于定义该主机的配置。子网声明的花括号则将主机声明包含在内，表明主机从属于该子网。

务必保存此文件，因为它现已完整，足以进行测试。要测试新的 DHCP 配置，请先启动 DHCP 服务，然后将其配置为在每次服务器重新启动时自动启动。最后，验证其是否处于运行状态：

```
[root@studentvm2 ~]# systemctl enable --now dhcpd
Created symlink /etc/systemd/system/multi-user.target.wants/dhcpd.service →
/usr/lib/systemd/system/dhcpd.service.
[root@studentvm2 ~]# systemctl status dhcpd
● dhcpd.service - DHCPv4 Server Daemon
     Loaded: loaded (/usr/lib/systemd/system/dhcpd.service; enabled; preset:
     disabled)
    Drop-In: /usr/lib/systemd/system/service.d
             └─10-timeout-abort.conf
     Active: active (running) since Sun 2023-05-28 15:58:46 EDT; 7s ago
       Docs: man:dhcpd(8)
             man:dhcpd.conf(5)
   Main PID: 1419 (dhcpd)
     Status: "Dispatching packets..."
      Tasks: 1 (limit: 4631)
     Memory: 7.4M
        CPU: 23ms
     CGroup: /system.slice/dhcpd.service
             └─1419 /usr/sbin/dhcpd -f -cf /etc/dhcp/dhcpd.conf -user dhcpd
-group dhcpd --no-pid

May 28 15:58:46 studentvm2 dhcpd[1419]:
May 28 15:58:46 studentvm2 dhcpd[1419]: No subnet declaration for enp0s3
(10.0.2.11).
May 28 15:58:46 studentvm2 dhcpd[1419]: ** Ignoring requests on enp0s3.  If
this is not what

May 28 15:58:46 studentvm2 dhcpd[1419]:    you want, please write a subnet
declaration
May 28 15:58:46 studentvm2 dhcpd[1419]:    in your dhcpd.conf file for the
network segment
May 28 15:58:46 studentvm2 dhcpd[1419]:    to which interface enp0s3 is
attached. **
May 28 15:58:46 studentvm2 dhcpd[1419]:
May 28 15:58:46 studentvm2 dhcpd[1419]: Sending on   Socket/fallback/
fallback-net
May 28 15:58:46 studentvm2 dhcpd[1419]: Server starting service.
May 28 15:58:46 studentvm2 systemd[1]: Started dhcpd.service - DHCPv4
Server Daemon.
```

在执行 status 命令时，应无错误显示，但会呈现一系列语句，表明 DHCP 守护程序在特定 NIC 上监听，并展示该 NIC 的 MAC 地址。若显示的信息有误，请核实 dhcpd.conf 文件的准确性并尝试重新启动。如果在配置中存在语法错误，它们通常会在 status 报告中呈现。

1.5.3 配置 DHCP 客户端

完成上一小节的操作后，DHCP 服务端已经配置正确。接下来，客户端 StudentVM1 需要与配置好的虚拟网络建立连接，并重启链路。

实验 1-10：重新配置 StudentVM1 的 DHCP 服务

请以 root 用户权限进行该实验。

如果虚拟机 StudentVM1 正在运行，请立即将其关闭。在 VirtualBox 管理器中，打开 StudentVM1 的 Settings 对话框。进入 Network 页面，确保选中 Adapter1 选项卡。将 Attached to 选项设置为 Host-only Adapter。此操作会将适配器 1 从虚拟路由器服务的原始网络中移除，并连接到我们创建的新的内部网络。

在下册第 14 章，我们利用 nmcli 命令为网络接口 enp0s3 配置了一个静态的网络连接。然而，现在我们需要移除 enp0s3.nmconnection 文件，将网络配置改回使用 DHCP：

rm -f /etc/NetworkManager/system-connections/**enp0s3.nmconnection**

接着，重启 StudentVM1 的 NetworkManager：

[root@studentvm2 ~]# **systemctl restart NetworkManager.service**

新配置的 DHCP 服务器会自动分配 IP 地址，无须进行额外操作。你可以使用 nmcli 命令来验证网络接口是否已经配置了正确的 IP 地址。

请注意，该命令会显示系统中所有已安装的 NIC，包括本地回环设备（lo）：

```
[root@studentvm1 ~]# nmcli
enp0s3: connected to Wired connection 1
        "Intel 82540EM"
        ethernet (e1000), 08:00:27:01:7D:AD, hw, mtu 1500
        ip4 default
        inet4 192.168.56.21/24
        route4 192.168.56.0/24 metric 100
        route4 default via 192.168.56.1 metric 100
        inet6 fe80::b36b:f81c:21ea:75c0/64
        route6 fe80::/64 metric 1024

lo: unmanaged
        "lo"
        loopback (unknown), 00:00:00:00:00:00, sw, mtu 65536

DNS configuration:
        servers: 10.0.2.1
        domains: example.com
        interface: enp0s3
```

```
        servers: 192.168.0.52 8.8.8.8 8.8.4.4
        domains: both.org
        interface: enp0s9
<SNIP>
```

接着,在虚拟机 StudentVM1 上,使用 ping 命令测试与 StudentVM2 服务器的网络连通性。其中,-c 选项用于指定发送的 ping 请求次数(在这里是 2 次)。

由于当前专用网络尚未配置域名服务器,因此我们需要直接指定 StudentVM2 的 IP 地址:

```
[root@studentvm1 ~]# ping 192.168.56.11 -c 2
PING 192.168.56.11 (192.168.56.11) 56(84) bytes of data.

64 bytes from 192.168.56.11: icmp_seq=1 ttl=64 time=0.448 ms
64 bytes from 192.168.56.11: icmp_seq=2 ttl=64 time=1.54 ms

--- 192.168.56.11 ping statistics ---
2 packets transmitted, 2 received, 0% packet loss, time 1012ms
rtt min/avg/max/mdev = 0.448/0.992/1.536/0.544 ms
[root@studentvm1 ~]#
```

目前,虚拟机 StudentVM1 还无法访问外部网络,这是因为虚拟机 StudentVM2 尚未配置为路由器。接下来我们会使用 example.net 进行外部访问测试,这是为了避免与我们在内部网络中设置的 example.com 域名冲突(在前两卷中,我们一直在使用 example.com 进行外部网络连通性的测试):

```
[root@studentvm1 ~]# ping -c2 example.net
PING example.net (93.184.216.34) 56(84) bytes of data.

--- example.net ping statistics ---
2 packets transmitted, 0 received, 100% packet loss, time 1069ms
```

DHCP 客户端和服务端都不需要重启。如果我们在客户端 StudentVM1 上进行了一项配置更改,只需重启 NetworkManager 服务,它就能从新的 DHCP 服务端获取配置数据。另外,重启网络接口也可以达到同样的效果。

1.5.4 配置 DHCP 访客设备

DHCP 也可以用于为笔记本计算机等移动设备配置网络设置。这样做的好处是,即使我们不知道这些设备的 MAC 地址等信息,也能自动为它们分配 IP 地址。

在大多数情况下,虽然这符合 DHCP 最初的设计目的,但使用 DHCP 为这些设备服务还是需要对它们持有一定程度的信任。就个人而言,笔者不太欢迎外来设备接入个人网络,因此通常会另设一个独立的网络子网,将所有客户主机都限制在这个子网内。这样做可以保护主网络，并且因为客户主机无法接触到主网络，从而提高了整个网络环境的安全性。

当然，有时将访客设备纳入主网络是不可避免的。DHCP 服务可以实现并简化这一过程。我们只需在子网配置中添加一小段配置信息即可。

实验 1-11：配置 DHCP 访客设备

请以 root 用户权限进行该实验。

将以下配置行添加在 192.168.56.0/24 子网声明的末尾。注意，要将这些配置行置于子网内其他主机声明的范围之外。笔者个人建议将这些行添加在 option subnet-mask（子网掩码）行的下方：

```
###############################################################
# Dynamic allocation range for otherwise unknown hosts        #
###############################################################
          range dynamic-bootp 192.168.56.50 192.168.56.59;
```

为了使更改生效，请重启 DHCP 服务：

```
[root@studentvm2 ~]# systemctl restart dhcpd
```

之后，查看 DHCP 服务器重启过程是否发生错误。

为了测试 DHCP 的访客分配功能，我们需要创建一个全新的虚拟机，命名为 StudentVM3。该虚拟机应配备一个动态分配的 120GB 硬盘、一个或两个 CPU 以及 4GB 的 RAM。同时，确保虚拟机使用仅主机配置网络适配器 vboxnet0。

引导虚拟机至最新的 Fedora Live USB 镜像 ISO 文件。在 Live 镜像启动后，打开一个终端会话，检查网络配置是否正确，并且分配到的 IP 地址是否位于我们在配置声明中指定的 guest 主机范围内：

```
[root@localhost-live ~]# nmcli
enp0s3: connected to Wired connection 1
        "Intel 82540EM"
        ethernet (e1000), 08:00:27:A1:70:2F, hw, mtu 1500
        ip4 default
        inet4 192.168.56.50/24
        route4 192.168.56.0/24 metric 100
        route4 default via 192.168.56.11 metric 100
        inet6 fe80::c028:2889:7051:caeb/64
        route6 fe80::/64 metric 1024

lo: connected (externally) to lo
        "lo"
        loopback (unknown), 00:00:00:00:00:00, sw, mtu 65536
```

```
        inet4 127.0.0.1/8
        inet6 ::1/128
        route6 ::1/128 metric 256
DNS configuration:
        servers: 10.0.2.1
        domains: example.com
        interface: enp0s3
```

本次实验无须特意在此虚拟机上安装 Linux 系统，仅使用 Live 镜像即可满足本次实验的需求。接下来，请尝试 ping 本地网中的另外两台主机：StudentVM1（IP 地址为 192.168.56.21）和 StudentVM2（IP 地址为 192.168.56.11）：

```
[root@localhost-live ~]# ping -c 2 192.168.56.11
PING 192.168.56.11 (192.168.56.11) 56(84) bytes of data.
64 bytes from 192.168.56.11: icmp_seq=1 ttl=64 time=0.566 ms
64 bytes from 192.168.56.11: icmp_seq=2 ttl=64 time=0.559 ms

--- 192.168.56.11 ping statistics ---
2 packets transmitted, 2 received, 0% packet loss, time 1011ms
rtt min/avg/max/mdev = 0.559/0.562/0.566/0.003 ms
[root@localhost-live ~]# ping -c 2 192.168.56.21
PING 192.168.56.21 (192.168.56.21) 56(84) bytes of data.
64 bytes from 192.168.56.21: icmp_seq=1 ttl=64 time=1.20 ms
64 bytes from 192.168.56.21: icmp_seq=2 ttl=64 time=1.38 ms

--- 192.168.56.21 ping statistics ---
2 packets transmitted, 2 received, 0% packet loss, time 1003ms
rtt min/avg/max/mdev = 1.195/1.286/1.378/0.091 ms
```

 提示　重启 VirtualBox 时，其 DHCP 服务会发生错误。解决此类问题的方法是，先关闭所有正在运行的虚拟机以及 VirtualBox 程序本身，重启 VirtualBox 成功后，接着重启 StudentVM2，最后再启动其他 Student 虚拟机。这样做可以确保 VirtualBox 的 DHCP 服务能够正确关闭。目前，该现象发生规律尚不明确，笔者暂时尚无法解释其原因，但请注意此类情况可能出现。

在完成实验测试之后，你可以关闭 StudentVM3。但是请不要删除虚拟机 StudentVM3，我们在本书后面的内容中还会使用它进行一些实验。

1.5.5　最终的 dhcpd.conf 文件

在虚拟机 StudentVM2 上配置完成的 DHCP 文件 dhcpd.conf 如图 1-2 所示。

```
# DHCP Server Configuration file.
#    see /usr/share/doc/dhcp-server/dhcpd.conf.example
#    see dhcpd.conf(5) man page
#
# option definitions common to all supported networks…
# These directives could be placed inside the subnet declaration
# if they are unique to a subnet.
option domain-name "example.com";
option domain-search "example.com";
option domain-name-servers 10.0.2.1;

# All networks get the default lease times
default-lease-time 600; # 10 minutes
max-lease-time 7200;    # 2 hours
#
# If this DHCP server is the official DHCP server for the local
# network, the authoritative directive should be uncommented.
authoritative;

###############################################################
# This is a very basic subnet declaration.                    #
###############################################################
subnet 192.168.56.0 netmask 255.255.255.0 {
        # default gateway
        option routers                  192.168.56.11;
        option subnet-mask              255.255.255.0;

# NTP configuration
        option time-offset              -18000; # Eastern Standard Time
        option ntp-servers              192.168.56.11;
###############################################################
# Dynamic allocation range for otherwise unknown hosts        #
###############################################################
        range dynamic-bootp 192.168.56.50 192.168.56.59;
###############################################################
# Host declaration in the 192.168.56.0/24 subnet.             #
###############################################################
        host studentvm1 {
                hardware ethernet 08:00:27:01:7D:AD;
                fixed-address 192.168.56.21;
        }
}
```

图 1-2 最终的 DHCP 配置文件 dhcpd.conf

1.6 使用 Chrony 配置 NTP

NTP 用于确保网络内设备的时间同步。在下册第 12 章中，我们学习了如何配置 NTP 客户端。现在，我们将在新搭建的虚拟机（StudentVM2）上部署一个 NTP 服务器，这将为我们的网络提供自己的参考服务器，同时能最大限度地减轻主 NTP 服务器的负载。

Chrony 配置文件的一大优势是可以同时用于客户端和服务端的 NTP 配置。因此，要让我们的服务器同时具备时间同步服务器功能和时间同步服务客户端（该主机本身仍可以作为 NTP 客户端，从参考服务器同步时间），我们只需对 Chrony 配置文件稍作修改，再配置防火墙接受 NTP 请求即可。

1.6.1 配置 NTP 服务端

相较于之前配置 NTP 客户端，Chrony 只需要少量额外的配置。

实验 1-12：配置 NTP 服务端

请登录 StudentVM2 的 root 用户进行此实验。

使用你常用的文本编辑器修改 /etc/chrony.conf 文件。取消注释以下行：

```
# local stratum 10
```

取消上面的注释可以使 Chrony NTP 服务器在互联网连接断开的情况下仍能保持与远程参考服务器连接的状态。这样，NTP 服务器就能够持续为局域网内的其他主机提供 NTP 服务。

接下来重新启动 chronyd 服务，并用几分钟观察服务的工作情况。尽管目前 StudentVM2 还不是一个 NTP 服务器，但我们希望在它正式成为 NTP 服务器之前对它进行一些基本测试。请执行以下命令行程序启动测试：

```
[root@studentvm2 ~]# systemctl restart chronyd ; watch -n 1 chronyc tracking
```

如下所示，watch 命令每秒执行一次 chronyc tracking 指令，这使我们能够观察到 Chrony 在一段时间内发生的变化：

 Chrony 需要一些时间来定位、连接和同步 NTP 服务器，请耐心等待。

```
Every 1.0s: chronyc tracking           studentvm2: Mon May 29 14:55:25 2023

Reference ID    : 481E2359 (t1.time.bf1.yahoo.com)
Stratum         : 3
Ref time (UTC)  : Mon May 29 18:55:08 2023
System time     : 0.000079015 seconds fast of NTP time
Last offset     : +0.001016898 seconds
RMS offset      : 0.001016898 seconds
Frequency       : 2211.404 ppm fast
Residual freq   : -1.477 ppm
Skew            : 0.644 ppm
Root delay      : 0.114507250 seconds
Root dispersion : 0.000940076 seconds
Update interval : 2.1 seconds
Leap status     : Normal
```

本地时间同步服务与 Fedora 公共 NTP 服务器同步通常会在层级（stratum）2 或 3 中

进行。具体层级取决于所连接的公共 NTP 服务器所处的层级。此外，随着时间的推移，时间误差会逐渐减少，并最终稳定在很小的误差范围内。误差的大小取决于 NTP 服务器的层级和其他网络因素。几分钟后，你可以按 <Ctrl+C> 键退出 watch 命令的循环输出。

请务必关注 System time 行，它显示了系统硬件时间与 NTP 服务器时间之间的差异。系统会缓慢地校正它们之间的差异，以避免影响内部系统计时器、cron 定时任务和 systemd 计时器。这样缓慢调整两个不同时间的差异可以防止时间一次性校正导致某些定时任务被跳过的问题。

如果有需要，你可以重新运行 chronyc tracking 命令来再次观察同步过程，避免遗漏细节。

要将 StudentVM2 主机配置为 NTP 服务器，我们需要让它能够监听局域网上的请求。请取消 Allow 行的注释，以允许局域网中的主机访问我们的 NTP 服务器，并将网络 IP 地址设置为内部网络的 IP 地址：

```
# Allow NTP client access from local network.
allow 192.168.56.0/24
```

重启 chronyd 服务。请注意，服务器可以监听所连接的任何局域网的请求。现在重启 chronyd 服务。

为了允许网络中的其他主机访问此 NTP 服务器，我们需要配置防火墙以放行端口 123 的入站数据包。请注意，尽管 NTP 使用的是 UDP 数据包而非 TCP 数据包，但下述操作将会同时开启 TCP 和 UDP 端口：

```
[root@studentvm2 ~]# firewall-cmd --permanent --add-service=ntp --zone=public
success
[root@studentvm2 ~]# firewall-cmd --add-service=ntp --zone=public
success
[root@studentvm2 ~]# firewall-cmd --list-services --zone=public
dhcpv6-client mdns ntp ssh
```

到目前为止，StudentVM2 已经配置成一台 NTP 服务器。我们可以通过另一台能够访问 NTP 服务器所监听网络的主机或虚拟机来对其进行测试。

1.6.2 配置并测试 NTP 客户端

接下来，我们将配置 NTP 客户端 StudentVM1，在 /etc/chrony.conf 文件中配置新搭建的 NTP 服务器（StudentVM2）为首选服务器。然后，我们将使用之前介绍的 chronyc 工具来监控该客户端。

实验 1-13：测试 NTP 客户端

请在 StudentVM1 上以 root 用户身份进行以下操作。首先，通过 chronyc 命令查看

sources 和 tracking 信息来了解当前使用的时间源和相关的统计信息。输出结果会因具体情况而不同，但大致结构会与以下示例相似：

```
[root@studentvm1 ~]# chronyc -n sources
MS Name/IP address         Stratum Poll Reach LastRx Last sample
===============================================================================
^? 204.17.205.8                0   10    0     -     +0ns[   +0ns] +/-    0ns
^? 154.16.245.246              0   10    0     -     +0ns[   +0ns] +/-    0ns
^? 69.89.207.99                0   10    0     -     +0ns[   +0ns] +/-    0ns
^? 72.30.35.88                 0   10    0     -     +0ns[   +0ns] +/-    0ns
^? 162.252.172.49              0   10    0     -     +0ns[   +0ns] +/-    0ns
^? 108.61.73.243               0   10    0     -     +0ns[   +0ns] +/-    0ns
^? 162.159.200.1               0   10    0     -     +0ns[   +0ns] +/-    0ns
^? 5.161.186.39                0   10    0     -     +0ns[   +0ns] +/-    0ns
^- 192.168.56.11               3   10   377   740  -1889us[-2198us] +/-   49ms
^* 192.168.0.52                4    6   377    19  +110us[ +203us] +/-   12ms
[root@studentvm1 ~]# watch -n 1 chronyc tracking
Reference ID    : A29FC87B (time.cloudflare.com)
Stratum         : 4
Ref time (UTC)  : Sat May 27 01:22:31 2023
System time     : 0.000042382 seconds fast of NTP time
Last offset     : +0.000387692 seconds
RMS offset      : 0.076997802 seconds
Frequency       : 19846.854 ppm slow
Residual freq   : +0.034 ppm
Skew            : 0.167 ppm
Root delay      : 0.021712182 seconds
Root dispersion : 0.002366129 seconds
Update interval : 1036.6 seconds
Leap status     : Normal
```

请在一个终端中保持 chronyc tracking 命令的输出，以便在你进行以下配置更改时观察输出的变化。

在 StudentVM1 上的 /etc/chrony.conf 文件中添加以下内容。笔者通常将其放置在文件顶部第一个 pool server 语句的正上方，如下所示。这样做只是出于个人习惯，想把 server 语句集中在一起。你也可以将这一行放在文件底部，效果相同。Chrony 的配置文件对配置项的顺序不敏感：

```
server 192.168.56.11 iburst prefer
# Use public servers from the pool.ntp.org project.
# Please consider joining the pool (http://www.pool.ntp.org/join.html).
pool 2.fedora.pool.ntp.org iburst
```

上面配置的 prefer 选项将 IP 地址为 192.168.56.11 的 NTP 服务器作为首选参考源。只要该服务器可用，StudentVM1 就会与之保持同步。你也可以对远程参考服务器使用全限定域名，或者对本地的 NTP 服务器只使用主机名（不包含域名），前提是 /etc/resolv.conf 文件中正确设置了 search 语句。笔者更倾向于使用 IP 地址，这样即使 DNS 出现问题，也不会影响时间同步。当然，在大多数环境中，使用域名会更灵活，因为即使服务器的 IP 地址发生变化，只要域名配置正确，NTP 也能正常发挥作用。

接着，请重启 Chrony 服务，并持续观察 chronyc tracking 的输出（它会每秒更新）。最终，你应该会看到 Reference ID 服务器的地址变为 StudentVM2 的 IP 地址，表明时间同步已成功：

```
[root@studentvm1 ~]# chronyc -n sources
MS Name/IP address         Stratum Poll Reach LastRx Last sample
===============================================================================
^* 192.168.56.11                 3    6   177    44   +83us[+1015us] +/-   48ms
^? 198.199.14.69                 0    8     0     -   +0ns[   +0ns] +/-    0ns
^? 129.250.35.250                0    8     0     -   +0ns[   +0ns] +/-    0ns
^? 5.78.62.36                    0    8     0     -   +0ns[   +0ns] +/-    0ns
^? 216.218.254.202               0    8     0     -   +0ns[   +0ns] +/-    0ns
^- 192.168.0.52                  4    6   177    43 +2496us[+2496us] +/-   12ms
[root@studentvm1 ~]# chronyc -n tracking
Reference ID    : COA8380B (192.168.56.11)
Stratum         : 4
Ref time (UTC)  : Tue May 30 12:33:50 2023
System time     : 0.000008199 seconds slow of NTP time
Last offset     : -0.000005656 seconds
RMS offset      : 0.028415257 seconds
Frequency       : 2709.458 ppm fast
Residual freq   : -0.002 ppm
Skew            : 3.041 ppm
Root delay      : 0.086931512 seconds
Root dispersion : 0.004598102 seconds
Update interval : 64.7 seconds
Leap status     : Normal
```

到这里，StudentVM1 的 NTP 客户端已经成功地将 StudentVM2 配置为 NTP 时间同步源。若要让我们网络中的其他主机也使用 StudentVM2 作为时间源，只需在它们的 chrony.conf 配置文件中添加相同的配置行，并重启 Chrony 服务即可，这是一个非常简单的过程。

总结

学习完本章，你已经成功地在 StudentVM2 主机上搭建了 DHCP 和 NTP 服务器。这意味着你完成了 StudentVM2 的准备工作，可以继续进行本书后续的实验内容了，并且你还对这台即将用作服务器的虚拟机进行了一些配置更改，包括重命名和设置静态 IP 地址。

本章实验部分为你提供了学习网络配置和使用相关网络管理命令的实操经验。

此外，我们还创建了一个内部网络地址映射表，它将在本书后续的 IP 地址分配工作中提供参考。搭建 DHCP 服务器的好处在于能够集中管理网络配置，并为客户端提供大量配置信息。这些配置信息包括网关路由器、NTP 服务器、DNS 服务器、远程启动服务器等。在本书的后续部分，我们还会向 DHCP 配置中添加对 DNS 服务器的配置项。

现在，你应该已经使用 VirtualBox 创建了两台虚拟机，每台都安装了从 Fedora Live USB 驱动器启动的 Fedora Xfce 系统。你还在这两个虚拟机中安装了你偏爱的命令行工具，并根据个人需求和工作方式对 Linux 操作系统进行了个性化设置。

练习

为了掌握本章所学知识，请完成以下练习：

1）DHCP 服务的功能是什么？
2）DHCP 服务提供给 Linux 主机的五个常见网络配置项是什么？
3）使用 DHCP 可以指定多少个域名服务器？
4）在 dhcpd.conf 文件中，服务器和路由器是否可以按域名和 IP 地址指定？如果可以，可能会出现哪些问题？
5）基于我们在本章创建的 DHCP 配置的 IP 地址映射表，新启动的虚拟机可能会获得哪些 IP 地址？
6）为什么为服务器配置静态 IP 地址是系统管理员推荐的最佳措施？
7）网络地址映射表的作用是什么？
8）描述 MAC 地址的功能。
9）在完成本章实验后，StudentVM1 和 StudentVM2 之间的通信是否正常？为什么？
10）如何判断哪个 DNS 服务器响应了 dig 命令？
11）可以使用哪些命令来确定网络中其他主机（StudentVM2 已与之通信）的 DNS 名称、MAC 地址和 IP 地址？
12）如果主 DNS 服务器发生故障，请测试 StudentVM2 的 enp0s3 接口配置文件中指定的第二个 DNS 服务器是否正常响应。
13）配置后的 StudentVM1 的 IP 地址是什么？
14）本章中 IP 地址是如何设置的？

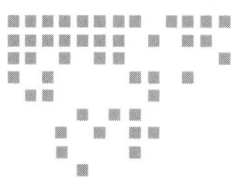

Chapter 2 第 2 章

域名服务

目标

在本章中,你将学习以下内容:
- DNS 的结构和功能原理。
- 测试 DNS 的方法。
- 了解 BIND(Berkeley Internet Name Domain,伯克利互联网名称域)的相关知识。
- DNS 客户端配置文件的使用。
- 如何搭建 DNS 缓存服务器?
- 为 DNS 设置 iptables 防火墙。
- 如何将缓存域名服务器配置成主域名服务器(包含正向解析区域和逆向解析区域)?
- DNS 区域文件中常见的类型及其功能。

2.1 概述

如今,在网络世界冲浪是件有趣又便利的事。不过,试想一下,如果每次访问网站都需要输入一长串 IP 地址,将会多么烦琐。比如,输入 https://93.184.216.34 才能打开一个网站,这样的地址非常难记。虽然浏览器书签功能可以帮你记住这些地址,但如果朋友向你推荐了一个新网站,只告诉你 93.184.216.34,你能一下子记住吗?相比之下,像 example.net 这样的域名要容易记忆得多,而 54.204.39.132 这样的 IP 地址则不然。

域名服务系统解决了这个难题。它提供了一个庞大的数据库,将人类容易理解的域名

（例如 www.example.net）翻译成计算机能识别的 IP 地址（例如 54.204.39.132）。有了 DNS，连接互联网的计算机和设备就可以更便捷地访问网络资源。BIND 软件的主要功能就是作为域名解析器，它利用 DNS 数据库进行域名解析。尽管存在其他的域名解析软件，但目前 BIND 是互联网上使用最广泛的 DNS 软件。在本章中，域名服务器、DNS、域名解析器这几个术语可以互换使用。

如果没有域名解析服务，我们几乎无法像现在这样自由轻松地上网。我们人类更擅长记忆像 Opensource.org 这样的域名，而计算机则更擅长处理像 104.21.84.214 这样的数字。因此，我们需要一个转换服务，将我们容易记忆的域名转换为计算机容易理解的 IP 地址。

每一台计算机都需要自己的域名解析服务，以便它能够在局域网和互联网上定位主机。在本章中，我们将深入了解 Linux 主机上的域名解析服务细节，并学习如何搭建一个完整的域名服务器。

 注意　因尚未配置新建虚拟网络的路由器，StudentVM1 主机将无法进行大多数实验，因为它没有通往外部网络的可用路由。

2.2　域名解析流程

下面我们以一个简化的例子来剖析域名解析的过程。假设你想在浏览器上访问 www.example.net 这个网站，并且你的网络中有一台本地域名服务器。需要注意的是，本地的域名解析可能会因 nsswitch.conf 文件中 hosts 行的条目顺序略有差异，而互联网中域名解析步骤是统一的：

1）发起请求：你在浏览器中输入 URL（Uniform Resource Locator，统一资源定位器）或选择一个包含该 URL 的书签，本例中 URL 为 www.example.net。

2）浏览器转发：浏览器（如 Firefox、Chrome、Opera 等）将域名解析请求发送至操作系统。

3）检查本地记录：操作系统查看 /etc/hosts 文件，看有没有该网站的域名和 IP 对应条目。若有，则直接返回；否则，继续下一步。在本例中，我们假设文件中没有此条目。

4）请求本地 DNS 服务器：系统将请求发给 /etc/resolv.conf 中配置的本地 DNS 服务器。在本例中，就是你自己的那台服务器。如果本地 DNS 缓存中没有 www.example.net 的 IP 地址，则它需要向外查询。

5）本地 DNS 向外查询：本地 DNS 服务器会将请求发送给远程 DNS 服务器。远程服务器有两种类型，一种是转发器，如你的互联网服务提供商（Internet Service Provider，ISP）的 DNS 或公共 DNS（如 Google 的 8.8.8.8 或 8.8.4.4），如果公共 DNS 中有 www.example.net 的记录，则向本地返回其 IP 地址。另一种类型是顶级根域名服务器，根服务器通常不会直接返回 www.example.net 的 IP 地址，而是返回该域的权威域名服务器的信息。所以在进行根域名服务器查询时，.net 顶级域名的根域名服务器会返回 example.net 域的权威域名服务器的 IP 地址。这个 IP 地址可以用于以下三个（在笔者撰写本文时）域名服务器中的任何一个：ns1.redhat.com、ns2.redhat.com 或 ns3.redhat.com。权威域名服务器是唯一有权维护和更新域名数据的服务器。

6）查询权威 DNS：本地 DNS 服务器会依据根服务器的回复，向 example.net 的权威 DNS 发出查询，并得到 www.example.net 的实际 IP 地址。

7）返回结果：权威 DNS 将 www.example.net 的 IP 地址返回给本地 DNS。

8）浏览器访问：浏览器获得目标 IP 地址，向 www.example.net 所在的服务器发起访问请求，下载网页内容。

本地 DNS 服务器会缓存这次查询的结果，下次访问 example.net 时就能直接从本地缓存获取 IP 地址，无须再进行远程查询，提高了访问速度。

2.3　域名服务的主要配置文件

DNS 主要依靠两个 ASCII 纯文本文件进行配置。这两个文件源自历史悠久的域名服务解析器的最初版本，并且一直沿用至今。

2.3.1　NSS 服务及其配置文件 nsswitch

NSS（Name Service Switch，域名服务交换）机制提供了一种灵活的方式来配置系统获取域名服务信息的方式，它可以指定系统查询的数据库源以及查询顺序。NSS 机制被很多需要域名解析数据的系统服务所使用。NSS 依据 /etc/nsswitch.conf 配置文件，以指定顺序访问查询源，从而获取配置信息和名称解析结果。

nsswitch.conf 配置文件中每个服务的查询顺序可以根据需要进行调整，在不同 Linux 发行版之间可能略有差异。你也可以根据自己的需求进行定制。通常情况下，我们无须改动这个配置文件，但当出现无法解释的名称解析问题时，我们第一步便需要对 nsswitch.conf 配置文件进行排查。

下面让我们来了解一下这个配置文件。

实验 2-1：nsswitch.conf 配置文件

在 StudentVM1 主机上，以 root 用户权限查看 nsswitch.conf 文件。请注意，笔者为了突显出重要信息省略了部分数据：

```
[root@studentvm1 etc]# cat nsswitch.conf
# Generated by authselect on Tue Jan 17 21:33:15 2023
```

```
# Do not modify this file manually, use authselect instead. Any user changes
will be overwritten.
# You can stop authselect from managing your configuration by calling
'authselect opt-out'.
# See authselect(8) for more details.

# In order of likelihood of use to accelerate lookup.
passwd:     files sss systemd
shadow:     files
group:      files sss systemd
hosts:      files myhostname mdns4_minimal [NOTFOUND=return] resolve
[!UNAVAIL=return] dns
services:   files sss
netgroup:   files sss
automount:  files sss

aliases:    files
ethers:     files
gshadow:    files
networks:   files dns
protocols:  files
publickey:  files
rpc:        files
```

请留意数据流中的 hosts 数据库条目。第一个条目"files"表明解析器会优先搜索本地数据库。尽管这里没有明确指定具体的数据库文件，但它就是我们之前实验中使用的 /etc/hosts 文件。

由于这些条目对顺序敏感，如果在 /etc/hosts 数据库中找到主机名条目，那么该条目会优先于其他后续条目。我们稍后会更详细地讨论 /etc/hosts 文件，不过默认情况下，它仅包含 localhost、localhost.localdomain 等通用默认名称。

如果未能找到匹配项，解析器会继续查找下一个条目"myhostname"。该条目负责解析 $HOSTNAME 环境变量中记录的本地主机名：

```
[root@studentvm1 etc]# echo $HOSTNAME
studentvm1
```

很多工具和应用程序的正常运行都需要一个能够本地解析的主机名。因此，如果 /etc/hosts 文件中没有实际的主机名，系统会尝试从 $HOSTNAME 环境变量中获取主机名。还记得在安装 Fedora 操作系统时设置的主机名吗？系统变量中的主机名就是从那个步骤中获取的，这一点非常重要。

hostnamectl3[⊖]工具可以用来更改主机名以及展示与主机相关的信息。笔者已在自己的主工作站上进行了相关操作。你也可以在你的虚拟机上尝试，相对而言在虚拟机上就

⊖ man 8 nss-myhostname。

没有那么有趣了：

```
[root@david ~]# hostnamectl status
     Static hostname: david.both.org
           Icon name: computer-desktop
             Chassis: desktop 🖥
          Machine ID: 0b07292c495a42ee9f5867ebff1ccee2
             Boot ID: 9b59c354f13041878292e84e8a2374f6
    Operating System: Fedora Linux 38 (Thirty Eight)
         CPE OS Name: cpe:/o:fedoraproject:fedora:38
      OS Support End: Tue 2024-05-14
OS Support Remaining: 11month 1w 6d
              Kernel: Linux 6.2.15-300.fc38.x86_64
        Architecture: x86-64
     Hardware Vendor: ASUSTeK COMPUTER INC.
      Hardware Model: TUF X299 MARK 2
    Firmware Version: 0503
       Firmware Date: Tue 2017-07-11
```

如上所示，hostnamectl 显示的信息既有趣又重要。笔者留意到"Chassis"一栏使用的小图标，它在这里的视觉效果比在终端中看到的好得多。虽然之前我们也通过其他方式获取过类似的信息（尽管格式不太友好），但这里提供了笔者在别处从未见过的数据，比如操作系统支持的相关信息。在研究本章内容时，笔者注意到虚拟机上并没有显示支持的操作系统信息。

如果不带任何参数，hostnamectl 工具能够显示与上述相同的主机状态信息。你也可以使用该工具来修改主机名，只需将其设为新的主机名参数：

```
[root@studentvm1 ~]# hostnamectl hostname newhostname
```

这个主机名更改会保存在 /etc/hostname 文件中，但要到下次系统启动时才会生效。因此，更改主机名后，请重启 StudentVM1 主机。重启后请确认主机名已更改，然后再将 newhostname 改回 studentvm1，并再次重启以恢复为原先的主机名。当然，你也可以直接编辑 /etc/hostname 文件并重启系统来达到相同目的。

我们刚才稍微偏离了主题去讨论主机名的修改，现在回到正题。下一个需要学习的条目是"mdns4_minimal"，它指示 nss-resolve 使用 Avahi 服务的守护进程，利用多播 DNS（multicast DNS，mDNS）来发现网络上的主机。为了能够使用 mDNS 进行主机发现，局域网中的所有主机都需要运行 avahi-daemon.service 服务。

回顾下册第 17 章，我们曾经为了练习而禁用了 StudentVM1 主机上的 Avahi 服务，现在需要重启该服务：

```
[root@studentvm1 ~]# systemctl enable --now avahi-daemon.service
Created symlink /etc/systemd/system/dbus-org.freedesktop.Avahi.service →
/usr/lib/systemd/system/avahi-daemon.service.
```

```
Created symlink /etc/systemd/system/multi-user.target.wants/avahi-daemon.
service → /usr/lib/systemd/system/avahi-daemon.service.
Created symlink /etc/systemd/system/sockets.target.wants/avahi-daemon.socket
→ /usr/lib/systemd/system/avahi-daemon.socket.
```

该命令同时会启用并启动 avahi-daemon.socket，这个套接字服务负责监听来自其他计算机的 mDNS 服务请求。

接下来在 hosts 行中我们看到的是"[NOTFOUND=return] resolve"。这一代码段指示 nss-resolve[⊖] 工具使用 systemd-resolved[⊖] 服务来进行域名解析。这种模式会利用系统中的 /etc/resolv.conf 文件来进行操作。

最后，至少在 Fedora 系统中，"[!UNAVAIL=return] dns"这一条目意味着：如果 systemd-resolved 服务不可用，那么会退回到使用传统的 nss-DNS 服务进行域名解析。

有关其他使用域名服务的信息，可以参考 nsswitch.conf 的手册页。例如，passwd 数据库用于存储用户密码信息。

实验 2-1 不仅展示了当前域名解析策略的复杂度，而且还强调了系统管理员在满足本地域名解析需求方面的灵活性。随着我们继续深入学习本章，我们将对域名解析以及相关配置文件进行更详细的探讨。

2.3.2　resolv.conf 文件

为了解 systemd-resolved.service 的工作原理，我们首先需要关注 /etc/resolv.conf 文件，因为它是了解域名解析工作原理的关键。

1. resolv.conf 的历史

过去，resolv.conf 文件是一个 ASCII 纯文本文件，其中包含了多达三个域名服务器的列表，这些服务器用于将主机名解析为 IP 地址。虽然它仍然可以以这种方式使用，但这样做会绕过 systemd-resolved 服务。systemd-resolved 在提供高性能、灵活且可靠的域名解析服务的同时附带一定的高级功能，使得 Linux 系统能够更好地适应现代网络环境。当然如果你希望绕过 systemd-resolved 服务（例如，在笔者刚接触 NetworkManager 服务时，或者 systemd-resolved 推出初期遇到一些问题时），我们可以使用 resolv.conf 文件绕过它。如今，systemd-resolved 服务相关功能已经稳定，笔者已有好几年无须手动绕过 systemd-resolved 服务了。

resolv.conf 文件还包含了一个用于搜索的域名，当输入的主机名不是全限定域名（Fully Qualified Domain Name，FQDN）时，就会用到这个域名。例如，host1.example.com 就是

⊖　systemd 文档，nss-resolve，https://systemd.network/nss-resolve.html。

⊖　systemd 文档，systemd-resolved 服务，https://systemd.network/systemdresolved.service.html。

全限定域名，可以直接进行搜索。但如果我们只输入主机名 host1 而没有域名部分，那么 resolv.conf 文件中指定的搜索域名就会被附加到主机名后进行搜索。

图 2-1 所示为 systemd-resolved 出现之前的经典 /etc/resolv.conf 文件，它其实是在 /etc 中指向 /run/NetworkManager/resolv.conf 文件的链接，并包含了搜索域名以及三个域名服务器的 IP 地址。

```
[root@david etc]# ll resolv.conf
lrwxrwxrwx 1 root root 31 Jun  1 09:07 resolv.conf ->
/run/NetworkManager/resolv.conf

[root@david etc]# cat resolv.conf
# Generated by NetworkManager
search both.org
nameserver 192.168.0.52
nameserver 8.8.8.8
nameserver 8.8.4.4
[root@david etc]#
```

图 2-1　在 systemd-resolved 出现之前的经典 /etc/resolv.conf 文件

图 2-1 中的第一个域名服务器是笔者的内部域名服务器（192.168.0.52），第二个和第三个则是备用的外部公共域名服务器。之所以选择使用谷歌的域名服务器，是因为相比笔者过去使用的各个 ISP 的域名服务器，笔者更加信赖谷歌的服务器[一]。笔者曾经历过多次因 ISP 的 DNS 服务器未响应、配置不当或未及时更新导致的互联网服务中断，这些中断是笔者决定自行搭建私有内部 DNS 服务器的重要原因之一。在本章后续内容中，我们将为我们的网络搭建一个类似的 DNS 服务器。

2. resolv.conf 的用途

目前，/etc/resolv.conf 文件被用作一个符号链接（也称软链接），它指向一个存根文件，/run/systemd/resolve/stub-resolv.conf 或者 /run/systemd/resolve/resolv.conf。具体链接的文件决定了 systemd-resolved 服务处理域名解析请求的方式。默认情况下，/etc/resolv.conf 链接到 /run/systemd/resolve/stub-resolv.conf，这会启用 systemd-resolved 服务（前提是 systemd-resolved.service 也处于运行状态）。

实验 2-2：resolv.conf 文件

我们先来查看 /etc/resolv.conf 文件。如下所示，它是一个指向 /run/systemd/resolve/stub-resolv.conf 的链接：

㊀　国内建议用运营商的域名服务器。——译者注

```
[root@studentvm1 ~]# cd /etc ; ll resolv.conf ; cat resolv.conf
lrwxrwxrwx. 1 root root 39 Nov  5  2022 resolv.conf -> ../run/systemd/
resolve/stub-resolv.conf
# This is /run/systemd/resolve/stub-resolv.conf managed by man:systemd-
resolved(8).
# Do not edit.
#
# This file might be symlinked as /etc/resolv.conf. If you're looking at
# /etc/resolv.conf and seeing this text, you have followed the symlink.
#
# This is a dynamic resolv.conf file for connecting local clients to the
# internal DNS stub resolver of systemd-resolved. This file lists all
# configured search domains.
#
# Run "resolvectl status" to see details about the uplink DNS servers
# currently in use.
#
# Third party programs should typically not access this file directly,
but only
# through the symlink at /etc/resolv.conf. To manage man:resolv.conf(5) in a
# different way, replace this symlink by a static file or a different symlink.
#
# See man:systemd-resolved.service(8) for details about the supported modes of
# operation for /etc/resolv.conf.

nameserver 127.0.0.53
options edns0 trust-ad
search example.com
[root@studentvm1 etc]#
```

该文件中的 nameserver 条目指向一个特定的 IP 地址，即 127.0.0.53，这个地址被用来代表本地主机的解析器。在这个 IP 地址中，最后一个数字 53 与标准 DNS 端口号 53 一致。

2.3.3 systemd-resolved.service

systemd-resolved.service 为现代 Fedora 等 Linux 发行版提供域名解析服务，它与 mDNS 协同工作，并且是 mDNS 的必要组件。我们将在本小节简要了解 systemd-resolved.service，然后在后续章节中对 mDNS 进行深入探讨。

实验 2-3：systemd-resolved.service

与其他 systemd 服务一样，systemd 解析器（systemd-resolved）可以通过 systemctl 命

令进行启动、重启、停止操作，并可查看其运行状态。请检查其当前状态，通常情况下它应处于运行状态：

```
[root@studentvm2 ~]# systemctl status systemd-resolved.service
● systemd-resolved.service - Network Name Resolution
     Loaded: loaded (/usr/lib/systemd/system/systemd-resolved.service;
    enabled; preset: >
    Drop-In: /usr/lib/systemd/system/service.d
             └─10-timeout-abort.conf
     Active: active (running) since Tue 2023-05-30 15:51:08 EDT; 18h ago
       Docs: man:systemd-resolved.service(8)
             man:org.freedesktop.resolve1(5)
             https://www.freedesktop.org/wiki/Software/systemd/writing-
             network-configura>
             https://www.freedesktop.org/wiki/Software/systemd/writing-
             resolver-clients
   Main PID: 820 (systemd-resolve)
     Status: "Processing requests..."
      Tasks: 1 (limit: 4631)
     Memory: 8.2M
        CPU: 300ms
     CGroup: /system.slice/systemd-resolved.service
             └─820 /usr/lib/systemd/systemd-resolved

May 30 15:51:08 studentvm2 systemd[1]: Starting systemd-resolved.service - Network Name >
May 30 15:51:08 studentvm2 systemd-resolved[820]: Positive Trust Anchors:
May 30 15:51:08 studentvm2 systemd-resolved[820]: . IN DS 20326 8 2 e06d44b80b8f1d39a95c>
May 30 15:51:08 studentvm2 systemd-resolved[820]: Negative trust anchors: home.arpa 10.i>
May 30 15:51:08 studentvm2 systemd-resolved[820]: Using system hostname 'studentvm2'.
May 30 15:51:08 studentvm2 systemd[1]: Started systemd-resolved.service - Network Name R>
May 30 15:51:20 studentvm2 systemd-resolved[820]: enp0s3: Bus client set default route s>
May 30 15:51:20 studentvm2 systemd-resolved[820]: enp0s3: Bus client set DNS server list
```

systemd 解析器的其他功能可通过 resolvectl 命令进行管理，我们将在本章的后续部分进行详细介绍。

2.4 域名解析策略

目前，有三种策略可用于将域名解析为 IP 地址。每种策略都拥有其独特的工具、优势以及适用场景。其中两种策略需要系统管理员进行配置。而第三种策略虽然几乎无须管理员干预，但会产生大量的网络通信，占用较多带宽。

在本节中，我们将探究上面提到的三种方法：/etc/hosts 文件、mDNS 以及 nss-DNS。

2.4.1 /etc/hosts 文件

/etc/hosts 文件是一个 ASCII 文本文件，它能够列出本地网中所有主机的 IP 地址，是进行局域网域名解析的首选工具。

在小型网络中，每个主机上的 /etc/hosts 文件都可以充当一个简单的本地域名解析器。系统管理员可以在 hosts 文件中直接添加和管理条目。但随着网络规模的扩大，在多台主机上维护这个文件会变得非常耗时，并且容易出现错误。虽然 hosts 文件可以添加非本地域名（如 www.example.net），但由于需要手动维护 IP 地址信息，它更适合用于小规模本地网。

系统中通常会有一个默认的只包含一些基本条目的 hosts 文件，这些条目可以让系统内部服务和命令将"localhost"这个主机名解析为 IPv4 地址 127.0.0.1 和 IPv6 地址 ::1。这样的配置依照明确的标准设定，目的是确保 Linux 系统的各项服务和命令能够正确地与本地主机进行交互。

实验 2-4：在局域网中使用 /etc/hosts 文件

请以 root 用户权限在 StudentVM1 主机上进行本实验。在本实验中，你将了解 Linux 虚拟机上的 /etc/hosts 文件，并为局域网添加一些配置项，以便更轻松地与其他本地主机通信。

在编辑器中打开 /etc/hosts 文件，它的内容如下，目前只包含一组默认条目：

```
# Loopback entries; do not change.
# For historical reasons, localhost precedes localhost.localdomain:
127.0.0.1    localhost localhost.localdomain localhost4 localhost4.localdomain4
::1          localhost localhost.localdomain localhost6 localhost6.localdomain6
# See hosts(5) for proper format and other examples:
# 192.168.1.10 foo.mydomain.org foo
# 192.168.1.13 bar.mydomain.org bar
```

备份 /etc/hosts 文件并存储在 /root 目录。在进行其他修改之前，请执行 ping studentvm2 命令以测试 StudentVM1 主机与 StudentVM2 主机的网络连通性：

```
[root@studentvm1 ~]# ping -c2 studentvm2
ping: studentvm2: Name or service not known
```

上述结果表明主机名 studentvm2 无法解析为 IP 地址。请在 StudentVM1 主机上编辑 /etc/hosts 文件,并按以下内容进行修改:

```
# Loopback entries; do not change.
# For historical reasons, localhost precedes localhost.localdomain:
127.0.0.1       localhost localhost.localdomain localhost4 localhost4.localdomain4
::1             localhost localhost.localdomain localhost6 localhost6.localdomain6
# See hosts(5) for proper format and other examples:
# 192.168.1.10 foo.mydomain.org foo
# 192.168.1.13 bar.mydomain.org bar

# Student hosts
192.168.56.11           router server studentvm2
192.168.56.21           workstation1 ws1 studentvm1
192.168.56.22           workstation2 ws2
192.168.56.23           workstation3 ws3
192.168.56.24           workstation4 ws4
192.168.56.25           workstation5 ws5
```

需要注意的是,一个 IP 地址可以对应多个主机名。由于一个特定的 IP 地址只能分配给单一主机,所以它对应的多个主机名实际上是作为别名使用的,它们都指向相同的主机。这种方式可以保持旧命名策略的向后兼容性。为了示例说明,我们还加入了一些实际上并不存在于我们网络中的主机名和 IP 地址。

接下来,让我们对 /etc/hosts 文件进行测试:

```
[root@studentvm1 ~]# ping -c2 server
PING router (192.168.56.11) 56(84) bytes of data.
64 bytes from router (192.168.56.11): icmp_seq=1 ttl=64 time=0.521 ms
64 bytes from router (192.168.56.11): icmp_seq=2 ttl=64 time=0.492 ms

--- router ping statistics ---
2 packets transmitted, 2 received, 0% packet loss, time 1048ms
rtt min/avg/max/mdev = 0.492/0.506/0.521/0.014 ms
[root@studentvm1 ~]# ping -c2 router
PING router (192.168.56.11) 56(84) bytes of data.
64 bytes from router (192.168.56.11): icmp_seq=1 ttl=64 time=0.591 ms
64 bytes from router (192.168.56.11): icmp_seq=2 ttl=64 time=1.71 ms

--- router ping statistics ---
2 packets transmitted, 2 received, 0% packet loss, time 1101ms
rtt min/avg/max/mdev = 0.591/1.149/1.708/0.558 ms
[root@studentvm1 ~]# ping -c2 workstation1
```

```
PING workstation1 (192.168.56.21) 56(84) bytes of data.
64 bytes from workstation1 (192.168.56.21): icmp_seq=1 ttl=64 time=0.062 ms
64 bytes from workstation1 (192.168.56.21): icmp_seq=2 ttl=64 time=0.119 ms

--- workstation1 ping statistics ---
2 packets transmitted, 2 received, 0% packet loss, time 1029ms
rtt min/avg/max/mdev = 0.062/0.090/0.119/0.028 ms
[root@studentvm1 ~]# ping -c2 ws1
PING workstation1 (192.168.56.21) 56(84) bytes of data.
64 bytes from workstation1 (192.168.56.21): icmp_seq=1 ttl=64 time=0.061 ms
64 bytes from workstation1 (192.168.56.21): icmp_seq=2 ttl=64 time=0.083 ms

--- workstation1 ping statistics ---
2 packets transmitted, 2 received, 0% packet loss, time 1086ms
rtt min/avg/max/mdev = 0.061/0.072/0.083/0.011 ms
```

尝试 ping 不存在的主机：

```
[root@studentvm1 ~]# ping -c2 ws4
PING workstation4 (192.168.56.24) 56(84) bytes of data.
From workstation1 (192.168.56.21) icmp_seq=1 Destination Host Unreachable
From workstation1 (192.168.56.21) icmp_seq=2 Destination Host Unreachable

--- workstation4 ping statistics ---
2 packets transmitted, 0 received, +2 errors, 100% packet loss, time 1050ms
pipe 2
```

在实验的第二阶段，我们使用 IP 地址 192.168.56.11 为目的地通行地址，通过"server"与"router"这两个主机名称执行了 ping 操作，二者均精准映射至该指定 IP 地址。

为了确保后续使用 mDNS 及 BIND 进行测试时，/etc/hosts 文件不干扰这些主机名的解析过程，请在该文件中增加的行首添加#号进行注释处理。这是个关键步骤，旨在避免文件中的静态映射与即将开展的动态解析测试产生冲突。

在过去的几年中，笔者曾使用 /etc/hosts 文件管理网络中的域名解析服务。即使只有 8～12 台物理机和 8～12 台虚拟机，最终维护起来也很烦琐。因此，笔者转而使用自建的 BIND 服务器来解析内部和外部主机名。

对于多数具有一定规模的网络而言，采用 BIND 这类名称服务软件进行集中管理是必不可少的。相比之下，规模较小的局域网则可借助 mDNS，享受到更为简便、自动化的解析服务，无须人工介入。

2.4.2 mDNS

mDNS 作为域名解析服务领域的一项新晋技术，专为缺乏内部集中式域名解析器的本地网设计，旨在实现无须用户介入的自动名称解析。它不仅能够自动探测局域网中的主机，还能结合传统域名服务访问互联网。

这种自动化方法意味着，即使是中等规模的内部网络也不需要用户的干预。该功能是通过 Fedora 系统在初始安装阶段预装的 avahi 软件包实现的。

然而，为了在本地网中实现主机自动探测这一较高的自动化水平，每台试图寻找网络中其他主机的设备都会产生较多的网络通信流量。由于此类频繁交互的协议特性，mDNS 不仅消耗网络带宽，占用主机系统资源，在响应速度上相较经典的 nss-DNS 协议也略显逊色。

1. mDNS 的工作原理

让我们首先通过以下关于 mDNS 与 nss-DNS 的两项对比性定义来理解 mDNS。

mDNS 这类多播服务的工作方式是，向网络中广播（或多播）数据包，网络中的每一台主机都会接收并检查数据包。发送数据包实质上是在查询某个特定主机名对应的计算机，请求它回应自身的 IP 地址，以便发起请求的主机能直接与其建立连接。由于理论上只有一台计算机拥有该特定主机名，因此只有一台计算机会响应并提供其 IP 地址，之后请求方会把这个主机名与 IP 地址的对应关系记录到本地数据库中。网络中其他同样采用 mDNS 的计算机也会相应地更新它们的数据库。在 mDNS 模式下，每台主机各自维护带有存活时间（Time to Live，TTL）条目的数据库，意味着条目会随时间自动失效，从而促使主机在需要时重新发起多播请求再次获取 IP 地址。

相反，nss-DNS 这类单播服务构建在单一的服务器之上，由这台服务器维护整个数据库。当某主机欲查询网络中另一主机的 IP 地址时，它只向域名服务器发送单播数据包请求 IP 地址。域名服务器仅对该主机做出响应，将含有目标 IP 地址的数据包发送给请求主机，实现了点对点的精确查询与响应。

为了使用 mDNS 协议，所有主机都必须运行 systemd-resolved.service。resolvectl 命令是查看及简易管理 systemd-resolved.service 运行状态的有效工具。

实验 2-5：resolvectl 命令的使用

请在 StudentVM2 主机虚拟机上以 root 用户身份进行本实验。首先，执行以下命令获取所有网络接口的 DNS 状态：

```
[root@studentvm2 etc]# resolvectl status
Global
         Protocols: LLMNR=resolve -mDNS -DNSOverTLS DNSSEC=no/unsupported
  resolv.conf mode: stub

Link 2 (enp0s3)
    Current Scopes: DNS LLMNR/IPv4 LLMNR/IPv6
         Protocols: +DefaultRoute LLMNR=resolve -mDNS -DNSOverTLS DNSSEC=no/
         unsupported
```

```
Current DNS Server: 10.0.2.1
        DNS Servers: 10.0.2.1 8.8.8.8
```

此命令也可用于将全限定域名解析为 IP 地址：

```
[root@studentvm2 etc]# resolvectl query www.example.net
www.example.net: 93.184.216.34                -- link: enp0s3
                 2606:2800:220:1:248:1893:25c8:1946 -- link: enp0s3

-- Information acquired via protocol DNS in 2.2ms.
-- Data is authenticated: no; Data was acquired via local or encrypted
transport: no
-- Data from: network
```

当然，如果你想直接使用命令进行域名解析，那你可能需要将域名解析服务迁移到 nss-DNS 模块。这是因为通过命令行工具直接查询 DNS 服务器的方式已经过时，使用 nss-DNS 模块能提供更加高效和现代的域名解析。

2. mDNS 的性能表现

经过一些涉及 time 命令非正式的实验，笔者发现 mDNS 在性能表现上确实不如历史悠久的 DNS，尤其是与内置了域名服务器的网络相比差距更为明显。据笔者测试，mDNS 完成解析的时间竟是传统域名服务的 5 倍左右。尽管这差异看似微不足道，仅在毫秒级别，但对于某些应用场景而言，微小的时间差亦不容忽视。

特别是当用户访问那些充斥着外部链接的大规模、结构复杂的商业网站时，大量的外部链接需要解析，延迟感会格外明显。虽然借助广告拦截插件可以拒绝加载已知广告来源的外部链接，但鉴于广告商与拦截技术之间的博弈不断升级，最新的应对策略是弹出一个对话框，提示用户解除广告屏蔽或订阅服务。

2.4.3 nss-DNS

nss-DNS 是传统域名服务数据库和解析器的组合。NSS 解析器执行客户端任务，负责向全球范围内的分布式 DNS 数据库请求 IP 地址。

1. DNS 数据库

DNS 系统依赖其数据库根据主机名查找到匹配的 IP 地址。DNS 数据库是一种通用的分布式、分层且复制的数据库，它确立了互联网中主机名的规范结构，即全限定域名。

全限定域名表现为完整的主机名称形式，比如 hornet.example.com 和 studentvm2.example.com。每一个全限定域名均可细分为三个组成部分：

1）顶级域名，诸如 .com、.net、.biz、.org、.info、.edu 等，构成了全限定域名的最末尾部分。所有顶级域名均由根域名服务器统一管理。除了国家顶级域名（如 .us、.uk 等），起初仅有少数几个主要的顶级域名。截至 2017 年 2 月，顶级域名的数量已增至 1528 个。

2）当明确指出主机名或网址时，次级域名总是位于顶级域名左侧。诸如redhat.com、example.net、getfedora.org、example.com这样的命名，为全限定域名提供了组织地址部分。

3）全限定域名的第三层级是该名称的主机名部分。因此，若要表示网络中某一特定主机，其全限定域名可能会是host1.example.com格式。

图2-2所示为DNS数据库层级结构的简化示意图。最顶端的层级以单独的点（.）符号标识，并无真正的物理存在。它是一种用于DNS区域文件配置的设备，用来确保域名有一个明确的结束标识。我们着手为自建域名服务器配置区域文件时，将进一步阐述这一点。

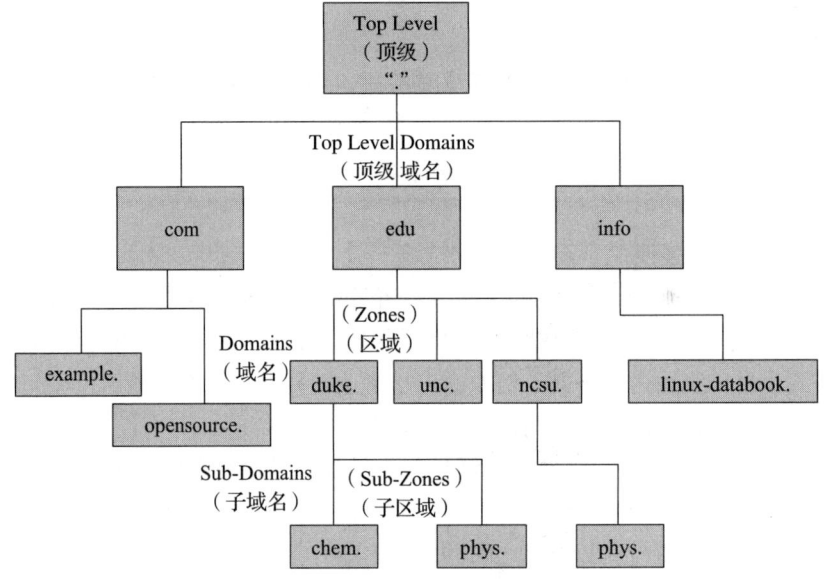

图2-2　简化的DNS数据库层次结构

真正的顶级由有限数量的根域名服务器组成，它们负责维护最高层级的DNS数据库。根级可能包含某些域名的IP地址，并且根服务器能在这些IP地址可用时直接提供。在其他情形下，根服务器则提供指向所请求域名的权威域名服务器的IP地址。

以访问www.example.net为例，我们的浏览器首先向本地域名服务器求助，但后者并未包含该IP地址。若本地缓存中未发现目标地址，笔者的配置会命令本地域名服务器转向根域名服务器，因此它会向其中一台根服务器发送对www.example.net的请求。本地域名服务器根据/var/named/named.ca文件定位根服务器，/var/named/named.ca文件中包含了根域名服务器的域名及IP地址，因此该文件也常被称作提示文件。

由于本例中根服务器并未保存www.example.net的IP地址，根服务器通过查询其数据库，找出负责www.example.net的权威域名服务器的名称与IP地址。本地域名服务器继而向该权威服务器查询，得到www.example.net的IP地址，最后反馈给浏览器，完成最初的请求。该过程中example.net的权威域名服务器维护着该域名的区域文件。

因特网编号分配机构（Internet Assigned Numbers Authority，IANA）肩负着全球 IP 地址和自治系统编号分配的统筹与管理职责。它负责协调大型地理政治区域的 IP 地址分配，而这些区域下的注册机构则继续向下为 ISP 等终端用户提供地址分配服务。IANA 官方网站⊖提供了丰富的信息，或许对你能有所帮助。

1）dig 与 nslookup 是两款功能强大的工具，它们能够从 DNS 数据库中挖掘出关于目标主机的详细信息与记录，并以四大板块清晰展示查询结果。在网络管理工具集里，dig 命令占据着核心地位，是笔者使用最频繁的工具，而 nslookup 则紧随其后，同样是不可或缺的得力助手。

实验 2-6：dig 和 nslookup 命令的使用

请使用 root 权限执行以下操作。利用 dig 命令查询 example.net 域名相关的 DNS 信息。笔者确信此操作会顺利进行，因为所有示例域名均配置了泛域名记录，它们关联到整个域名而非单一主机。

```
[root@studentvm2 ~]# dig example.net

; <<>> DiG 9.18.13 <<>> example.net
;; global options: +cmd
;; Got answer:
;; ->>HEADER<<- opcode: QUERY, status: NOERROR, id: 17105
;; flags: qr rd ra; QUERY: 1, ANSWER: 1, AUTHORITY: 0, ADDITIONAL: 6

;; OPT PSEUDOSECTION:
; EDNS: version: 0, flags:; udp: 65494
;; QUESTION SECTION:
;example.net.                   IN      A

;; ANSWER SECTION:
example.net.            512     IN      A       93.184.216.34

;; ADDITIONAL SECTION:
example.net.            512     IN      MX      0 .
example.net.            512     IN      NS      b.iana-servers.net.
example.net.            512     IN      SOA     ns.icann.org.   noc.dns.icann.org. 2022091282 7200 3600 1209600 3600
example.net.            512     IN      NS      a.iana-servers.net.
a.iana-servers.net.     512     IN      A       199.43.135.53

;; Query time: 0 msec
;; SERVER: 127.0.0.53#53(127.0.0.53) (UDP)
;; WHEN: Sun Jun 04 16:10:43 EDT 2023
;; MSG SIZE  rcvd: 188
```

⊖ www.iana.org/。

上述结果显示的是该域名 IP 地址的 A 记录（Address Record）。无论你用 example.net 还是 www.example.net 进行查询，得到的结果都相同。显然上述结果主要揭示的是域名记录的基本信息，但其实冰山之下隐藏着更多丰富内容。

需要注意的是，结果底部显示的服务器 IP 地址 127.0.0.53 表明了 systemd-resolved.service 正处于活动解析状态。在接下来阅读各部分内容的详细描述时，请对照此实验结果进行理解。

2）dig 命令输出结果的 QUESTION 部分：在实验 2-6 首要关注的是"问题"（QUESTION）部分。以我们的实例而言，该部分清晰表明我们在查询 "www.example.net" 的 A 记录。若命令中未特别指定记录类型，则默认查询 A 记录。请留意顶级域名后的点号，这明确标示了 .com 为域名的最后一环。

ANSWER 部分：该部分展示了查询结果，本例中是一条 A 记录。A 记录是主要的域名解析记录，每个主机都必须有 A 记录来包含它的 IP 地址。另外，这部分可能还会出现 CNAME 记录，意为"标准域名"，它相当于 A 记录的别名并指向它。在实际应用中，不经常使用 www 作为 Web 服务器的主机名，常见的是用 CNAME 记录指向带有 FQDN 的 A 记录。除此之外，还能针对整个域创建记录，例如针对 example.net，不过本例中得到的仍是 A 记录。

ADDITIONAL 部分：该部分列出了 example.net 域的权威域名服务器以及其他相关记录，如 MX（Mail eXchanger，邮件交换器）、邮件服务器和 SOA（Start of Authority，起始授权）记录。它还包含了返回该结果的顶级域名服务器及其 IP 地址。

在 ADDITIONAL 部分之后，还有一些额外的信息，包括返回查询结果的服务器 IP 地址。在本例中，它是内部域名解析器，但相关数据是从 example.net 的权威域名服务器上检索到的。

实验 2-7：dig 命令的详尽结果

实验 2-6 展示了域名查询的基本信息，并对各个返回部分的意义进行了解读。但其实域名查询能提供更丰富的信息。

接下来，让我们使用参数 any 查询这个域名所有类型的记录，这会返回更为详尽的信息：

```
[root@studentvm2 ~]# dig any example.net

; <<>> DiG 9.18.13 <<>> any example.net
;; global options: +cmd
;; Got answer:
;; ->>HEADER<<- opcode: QUERY, status: NOERROR, id: 55633
```

```
;; flags: qr rd ra; QUERY: 1, ANSWER: 10, AUTHORITY: 0, ADDITIONAL: 5

;; OPT PSEUDOSECTION:
; EDNS: version: 0, flags:; udp: 65494
;; QUESTION SECTION:
;example.net.                    IN      ANY

;; ANSWER SECTION:
example.net.            86225   IN      A       93.184.216.34
example.net.            3425    IN      DNSKEY  256 3 13 TNz9N+iigsi9eUs4/
hXONl1vrpq5ytXieZhsF20aO2gm8D/nKqbVNRAR 9cpazxhLNpmQqOOJgMh1fBrD5/1jKg==
example.net.            3425    IN      DNSKEY  256 3 13 Q3GWFUzbgehRlB+Quixs
MM53g9v2SKZt6yYRzelVA1qeGmPramIv3KHX tmrLOXwsIjYL1z17Noppj+DxBQOH5Q==
example.net.            3425    IN      DNSKEY  257 3 13 UClVyPIUG66JvAgbsjvu
TL4/66/6SOknnEJ3LqxhnUNvVAjVKrtQmKsb aBrIVBzcvqcIzP1khIyZH88U9POMMg==
example.net.            86224   IN      DS      29511 13 2
306BAFA02D6A3CBBB182E53ECE8AF3D4141978A030F065971BDB076F 4DD6C0AF
example.net.            172624  IN      NS      b.iana-servers.net.
example.net.            172624  IN      NS      a.iana-servers.net.
example.net.            86400   IN      RRSIG   A 13 2
86400 20230611165621 20230521074947 9502 example.net.
8UDxtj45gdOUsx4a8fbfZSMqWDaHcMb2fxM3Cl74eoiwWSlv4ba4jF5h BM/
hDZwDavIpAQaaUajT53clRExjVg==
example.net.            3425    IN      RRSIG   DNSKEY 13 2 3600
20230611174757 20230521074947 29511 example.net. XVOKKLQoANPG2Cz+sjh8yydNLCUi
tvnbOo9VW/zptakQZTl8BSwKr0r9 t2XaMn4ocFVzzuXcj5Dm7qjtROCvKg==
example.net.            86224   IN      RRSIG   DS 8 2 86400 20230611070612
20230604055612 27554 net. hS6RaHJ+1q0yhaCTtIPcZDaqpACVmOCh9arIfzqYEu
yevG+sR9g/7XsY lWLTXCkE2MK6NjdTJS9lv+uKAc7foxjzDvOG8kEyIDRiEgedBLggl
zAr y2+9q5N/LAXjE1ZMP5JwKoTcux3GauYUDA7d+uvY8bzCst058jJX9QHP Vhrv1a/
VbCy7x6kZIraQywMxqXP08QUBf1V/bEqM2VSt6w==

;; ADDITIONAL SECTION:
a.iana-servers.net.     57903   IN      A       199.43.135.53
b.iana-servers.net.     57903   IN      A       199.43.133.53
a.iana-servers.net.     57903   IN      AAAA    2001:500:8f::53
b.iana-servers.net.     57903   IN      AAAA    2001:500:8d::53

;; Query time: 25 msec
;; SERVER: 127.0.0.53#53(127.0.0.53) (TCP)
;; WHEN: Sun Jun 04 15:22:11 EDT 2023
;; MSG SIZE  rcvd: 886
```

3）实验 2-7 通过 dig 命令全面展示了与 example.net 域相关的全部 DNS 记录。这个结果不仅展示了 ANSWER 部分中更多附加记录，还详细列出了 ADDITIONAL 部分中 IPv4 及 IPv6 的条目，信息量更为丰富。

2. 常见的 DNS 记录类型

DNS 记录类型繁多，这里将重点介绍几种常见的记录类型。随着本章内容的深入，你将学习运用 BIND 搭建自己的域名服务器，并实践多种类型的记录。这些记录类型将用于 DNS 数据库的区域文件中，其中一个共同字段 "IN" 明确指出区域文件属于互联网记录。欲获取 DNS 记录类型的详尽清单，你可参考 Wikipedia 的相关页面。

在本部分讨论框架内，默认 studentvm2.example.com 为 BIND 域名服务器，故而其主机名贯穿于实验示例中。需要说明的是，example.com 是一个有效的测试域名，广泛用于互联网测试，同时也适用于内部测试。鉴于此，后续展示的样例均采用 example.com 作为网络连通性测试的基础域名。

1）SOA[⊖]标志着区域文件（无论是正向还是逆向）的第一条记录，将其标识为它所描述域的权威源。此外，SOA 记录还定义了一些功能参数。一个标准 SOA 记录的示例结构如下：

```
@    IN SOA   studentvm2.example.com   root.studentvm2.example.com. (
                     2018101501        ; serial
                     1D                ; refresh
                     1H                ; retry
                     1W                ; expire
                     3H )              ; minimum
```

SOA 记录的第一行是区域服务器的名称与管理员身份标识，本例是 root。

第二行是序列号，本例采用 YYYYMMDDXX 格式编码日期，XX 为 00～99 的递增值，代表了 2018 年 10 月 15 日该区域文件初始版本的唯一标识。此格式可以确保对序列号的所有更改都有序递增，这一设计意义重大，因为辅助域名服务器仅当检测到主服务器的区域文件序列号高于自身存储的序列号时，才会从主服务器上进行复制。因此，每次修改文件后必须提升序列号，以保证辅助服务器能够同步所有变更数据。

SOA 记录的剩余部分详细设定了辅助服务器从主服务器刷新数据的周期，初次尝试失败后的重试间隔，以及区域权威性失效的等待时间框架。早期这些时间参数统一指定以 S（秒）为单位，但 BIND 新近版本已支持更多灵活操作，允许使用 W（周）、D（天）、H（小时）、M（分）等单位进行定义，若无特别指明，则默认沿用 S 为单位。

2）$ORIGIN 记录的作用相当于为变量赋值，当 BIND 处理 A 或 PTR 记录时，如果发现主机名未以句点（.）结尾，便会自动补全该变量值，以构建主机的全限定域名。这一机制大大简化了录入过程，区域管理者只需键入主机名部分，无须为每条记录重复输入完限定域名：

```
$ORIGIN    example.com.
```

⊖ The Network Encyclopedia, SOA 记录, www.thenetworkencyclopedia.com/entry/start-of-authority-soa-record/。

@ 符号可用作该变量的快捷表示，文件中任何出现的 @ 符号都会被 $ORIGIN 记录的值所替代。

3）NS 记录用来定义区域的权威域名服务器。注意，该记录里的两个名称均以句号收尾，确保不会在它们之后自动追加 ".example.com"。通常，这条记录会采用全限定域名指向本地主机，而该本地主机同时也充当域名服务器的角色：

```
example.com.    IN    NS    studentvm2.example.com.
```

此外，主机 studentvm2.example.com 必须在该区域中配置 A 记录。A 记录可设置为指向该主机的外部 IP，也可以是本机回环地址 127.0.0.1。

4）A 记录是用来明确主机名与分配给该主机的 IP 地址之间关系的记录类型。例如，以下配置展示了主机 studentvm2 的 IP 地址是 192.168.56.1。这里要注意，鉴于 studentvm2 并非全限定域名，且该条目未以句号收尾，故系统会自动在 studentvm2 名称后追加 $ORIGIN 的值：

```
studentvm2    IN    A    192.168.56.1
```

A 记录是 DNS 数据库中最常用的记录类型。

5）AAAA 记录在 DNS 系统中用于配置与主机名对应的 IPv6 地址。它与 A 记录在 IPv4 地址中的作用相同，都用于将域名解析成相应的 IP 地址。

6）CNAME 记录实质上是为主机 A 记录提供别名。假设 studentvm2.example.com 既作为网页服务器也作为邮件服务器，这时除了需要 1 个 A 记录外，还可能会配置 2～3 个 CNAME 记录，如下所示：

```
studentvm2 IN A 192.168.56.1
server IN CNAME studentvm2
www IN CNAME studentvm2
mail IN CNAME studentvm2
```

基于笔者的最佳实践经验，建议使用 A 记录记载主机的真实名称。至于其他的别名，则适合通过 CNAME 记录来配置。尽管我们可以配置多个 A 记录记载不同的主机名称指向同一 IP 地址，但笔者并不推荐这样做法，因为一旦主机 IP 地址变更，我们需要做大量额外的 A 记录修改工作。注重高效的系统管理员倾向于尽可能减少输入，同时维持配置文件等要素尽可能简洁。

7）DNSKEY 记录存储了 DNS 记录的公钥签名，负责验证数据真实性，抵御 DNS 中间人攻击。DNS 中间人攻击常见于黑客活动，意图误导用户将网络连接（特别是网页浏览）至恶意服务器，进而盗取个人信息或金融资料，这类攻击甚至会冒充邮件服务器重新路由电子邮件通信。作为 DNSSEC（域名系统安全扩展协议）实施的关键组件，DNSKEY 记录为 DNS 通信提供了安全保障机制。

8）DS（Delegation Signer，委派签署者）记录是 DNSSEC 安全框架内的一个重要组成，负责为次级域名服务器授予认证（建立信任关系）。

9）MX 记录用于指定邮件交换器，在我们的示例中是 example.com 域的邮件服务器。请注意，此处指向前述例子中的服务器 CNAME 记录。此外，MX 记录里的所有 example.com 结尾均带有句点，这是为了确保不会在这些域名后自动附加 example.com：

```
; Mail server MX record
example.com.       IN      MX      10      mail.example.com.
```

在一个域下可定义多台邮件服务器。前述 MX 记录中的数字"10"代表优先级。不同服务器可设定相同或各异的优先级，其中数字越小意味着优先级越高。这意味着，如果所有邮件服务器优先级相同，系统将以轮转方式分配邮件处理任务；如果优先级各异，则邮件首先会被尝试投递给优先级最高（数值最小）的服务器，倘若该服务器无法响应，系统则会转向次优先级的服务器继续尝试投递。

10）PTR（Pointer Record）旨在支持从 IP 地址到全限定域名的逆向查找过程。例如，在已知发送邮件服务器的 IP 地址时，验证邮件头部中所提供的域名与 IP 地址是否匹配，许多邮件服务器都会进行这样的逆向查询操作。PTR 存储于逆向解析区域文件中。此外，在追踪可疑网络流量源头时，逆向查询同样发挥着重要作用。

需要注意的是，并非所有主机都被配置了 PTR。大多数 ISP 为家庭及小型企业账户创建和维护 PTR，因此在某些情况下，逆向查询可能无法提供所需的信息。以笔者个人情况为例，虽然笔者采用 Spectrum 的商业宽带服务，并借助 Google Domains 管理 both.org、linux-databook.info 和 mtc-llc.net 等外部域，并且 Google Domains 确实提供了创建 PTR 的选项，但笔者的 ISP 已为公共 IP 地址设定了权威的 PTR。笔者尚未深入研究是否可以修改 PTR，但初步的尝试表明无法修改它的记录信息。

11）RRSIG 记录是另一种 DNSSEC 记录类型，它包含一组同名同类型 DNS 记录的签名。

12）DNS 数据库中还包含其他类型的记录。例如，TXT 记录就被用来记载关于区域或 DNS 数据库中主机的说明，它同时还可用于 DNS 安全。至于 DNS 记录的其他种类，则不在本章的探讨范畴之中。

2.5　BIND 的使用

BIND 是一款集中化管理域名服务的工具，广泛部署于中、大型网络环境中，同时也能够高效地服务于较小规模的网络架构。不过，配置 BIND 过程涉及对多个配置文件的编辑，且该过程对语法的精确性要求极高，有时即便是理论上可行的语法格式也可能无法正常工作，这是笔者个人配置过程中的经验。

我们的配置流程将从搭建一个简单的缓存域名服务器开始，随后逐步增添必要的配置组件，使其最终成为一个主域名服务器。同时，我们还将动手配置 DHCP 服务器，以实现客户端的 DNS 自动配置，确保网络中各设备能顺畅地进行域名解析。

2.5.1 准备工作

尽管缓存域名服务器不能直接取代利用 /etc/hosts 来解析内部网络中的主机名，但它在处理常见的外部域名解析（例如访问 www.cnn.com）时，相较于使用 ISP 或其他公共域名服务器，能明显增强解析的可靠性和性能。笔者曾多次遇到 ISP 端 DNS 丢失的情况，发现自建的域名服务器远比多数 ISP 更为可靠。令人欣慰的是，建立一个缓存域名服务器并不复杂，这正是构建我们内部网络专用的主域名服务器的首要步骤，用以提升内部网络的域名解析效率。

实验 2-8：安装 BIND

请以 root 权限执行本实验，在 studentvm2 服务器上安装 BIND 相关软件包：bind、bind-chroot 和 bind-utils：

[root@studentvm2 ~]# **dnf -y install bind bind-chroot bind-utils**

为了让 StudentVM2 主机能够使用自身作为缓存域名服务器，我们需要调整系统连接文件的内容。将目录切换为 /etc，禁用 systemd-resolved 服务：

[root@studentvm2 etc]# **systemctl disable --now systemd-resolved.service**
Removed "/etc/systemd/system/dbus-org.freedesktop.resolve1.service".
Removed "/etc/systemd/system/sysinit.target.wants/systemd-resolved.service".

禁用 Avahi daemon 服务：

[root@studentvm2 etc]# **systemctl disable --now avahi-daemon.service**
Removed "/etc/systemd/system/sockets.target.wants/avahi-daemon.socket".
Removed "/etc/systemd/system/multi-user.target.wants/avahi-daemon.service".
Removed "/etc/systemd/system/dbus-org.freedesktop.Avahi.service".
Warning: Stopping avahi-daemon.service, but it can still be activated by:
  avahi-daemon.socket
[root@studentvm2 etc]# **systemctl disable --now avahi-daemon.socket**

移除现有的 /etc/resolv.conf 链接。下次重启 NetworkManager 服务时，它将自动生成一个新的 /etc/resolv.conf 文件。

[root@studentvm2 etc]# **rm -f resolv.conf**

提示　虽然我们起初利用 nmcli 命令来生成 nmconnection 配置文件，但我们完全可以直接采用心仪的文本编辑器进行修改。相较于不断查找合适的命令，这种方式更为高效且直接。

修改 enp0s3.nmconnection 配置文件时，仅编辑以下加粗的内容行，保留文档中其余部分不变。注意 IPv4 配置区域内的第二个 IP 地址，它用于设定默认网关路由器的 IP 地址。如遇到指定 DNS 服务器的 dns= 行，则应当将其移除。每台设备的 UUID 是唯一的，因此在修改时切勿改动 UUID 行的内容：

```
[connection]
id=enp0s3
uuid=176b534b-9e96-4453-892e-9569443ce056
type=ethernet
interface-name=enp0s3
timestamp=1685360872
zone=drop2

[ethernet]

[ipv4]
address1=10.0.2.11/24
gateway=10.0.2.1
method=manual

[ipv6]
addr-gen-mode=default
method=auto

[proxy]
```

接下来调整 enp0s8.nmconnection 配置文件，此处的处理方法略有差异。保留原有的 dns= 行，但需按照下述加粗文本进行修改。在笔者的 StudentVM2 主机上，该配置文件原本并未包含 dns 行信息，因此笔者手动添加了这一行。特别提醒，此处配置指向的是主机的外部 IP 地址，而非通常代表本地回环的 127.0.0.1 地址，以确保网络服务能正确解析外部域名：

```
[connection]
id=enp0s8
uuid=ccd54263-79df-4243-8049-11a49de3b15b
type=ethernet
interface-name=enp0s8

[ethernet]

[ipv4]
address1=192.168.56.11/24
search=example.com
domain=example.com
method=manual

[ipv6]
addr-gen-mode=default
```

```
method=auto

[proxy]
```

请注意 IPv4 配置段落中的 search 与 domain 条目，它们用于指定运行 nslookup 工具查询或执行只有主机名不含域名的 ping 命令时，系统查询的域。

欲了解更多可配置项，可参考 nm-settings(5) 及 nm-settings-keyfile(5) 手册页，它们列举了大量颇为实用的 nmconnection 文件配置属性。

为了使上述修改生效，请重新启动 NetworkManager 服务：

```
[root@studentvm2 etc]# systemctl restart NetworkManager
```

接下来，我们将进行一些验证步骤，以确保服务器如预期正常运行：

```
[root@studentvm2 ~]# nmcli
enp0s3: connected to enp0s3
        "Intel 82540EM"
        ethernet (e1000), 08:00:27:63:57:BE, hw, mtu 1500
        ip4 default
        inet4 10.0.2.11/24
        route4 default via 10.0.2.1 metric 100
        route4 10.0.2.0/24 metric 100
        inet6 fe80::63fb:7087:3813:f549/64
        route6 fe80::/64 metric 1024

enp0s8: connected to enp0s8
        "Intel 82540EM"
        ethernet (e1000), 08:00:27:F8:E1:CF, hw, mtu 1500
        inet4 192.168.56.11/24
        route4 192.168.56.0/24 metric 101
        inet6 fe80::3e67:ef46:a42a:364b/64
        route6 fe80::/64 metric 1024

lo: connected (externally) to lo
        "lo"
        loopback (unknown), 00:00:00:00:00:00, sw, mtu 65536
        inet4 127.0.0.1/8
        inet6 ::1/128
        route6 ::1/128 metric 256

<SNIP>
[root@studentvm2 etc]# cat resolv.conf
# Generated by NetworkManager
search example.com
domain example.com
nameserver 192.168.56.11
nameserver 8.8.8.8
nameserver 8.8.4.4
```

请记住，/etc/resolv.conf 文件每次都会随着 NetworkManager 服务重启或系统启动时重新生成。

现在，我们已经完成将服务器配置成为缓存域名服务器的准备工作，但目前域名解析功能尚未生效，这意味着 StudentVM2 主机还无法与外部网络连接。

2.5.2 配置缓存域名服务器

接下来，我们将进行域名服务器的基础配置，使其作为缓存域名服务器运行。这将使服务器有能力为类似 www.example.net 这样的互联网主机提供从域名到 IP 地址的解析服务。

为了实现这一目标，我们需要对 /etc/named.conf 配置文件做出若干调整。

 named.conf 配置文件对语法及标点使用有严格要求。分号标志单个指令的终止、段落的结束以及一行的结尾。务必参照示例，精确无误地添加分号。

实验 2-9：配置缓存域名服务器

请以 root 权限执行此实验。实验核心在于调整默认的 /etc/named.conf 配置来构建一个缓存域名服务器。下文中加粗的部分表示需要修改的内容，同时为简化展示，部分注释行已被省略。

默认配置下，BIND 服务依赖于互联网根域名服务器来确定域的权威 DNS 服务器。但用户可自定义"转发器"，使得 BIND 的本地实例向这些指定的服务器发送请求，而非直接访问根服务器。尽管这种方式可能增加 DNS 劫持风险，但我们先按此设定进行实验来理解其运作机制，并最终恢复默认配置。

在"listen-on port 53"指令后追加你的本地主机 IP 地址，以便 named 监听主机的外部 IP 地址，进而允许其他设备同样利用该主机作为域名服务器。

另外，新增一条"forwarders"指令，如下所示，指引缓存 DNS 服务器在本地无缓存记录时查询指定地址获取 IP 地址。此处使用的 IP 地址指向虚拟网络的虚拟路由器和 DNS 服务器，当然，你也可以选择本地 ISP、OpenDNS 或其他公共 DNS 服务器作为转发器。

实际上，不配置任何转发器也是可行的，默认情况下，BIND 会利用 /var/named/named.ca 文件中列出的互联网根服务器定位域的权威域名服务器。不过，出于练习目的，你可以在 /etc/named.conf 文件内指定两台转发器：虚拟网络内部的路由器/DNS 服务器（IP 地址为 192.168.56.1）和 Google 的公共 DNS 服务器之一（IP 地址为 8.8.8.8）。

考虑到测试环境未涉及 IPv6，务必将与 IPv6 相关的配置行进行注释处理，以避免不必要的干扰：

```
//
// named.conf
// Provided by Red Hat bind package to configure the ISC BIND named(8) DNS
// server as a caching only name server (as a localhost DNS resolver only).
// See /usr/share/doc/bind*/sample/ for example named configuration files.
//
//
options {
        listen-on port 53 { 127.0.0.1; 192.168.56.11; };
//      listen-on-v6 port 53 { ::1; };
        forwarders { 8.8.8.8; 8.8.4.4; };
        directory       "/var/named";
        dump-file       "/var/named/data/cache_dump.db";
        statistics-file "/var/named/data/named_stats.txt";
        memstatistics-file "/var/named/data/named_mem_stats.txt";
        secroots-file   "/var/named/data/named.secroots";
        recursing-file  "/var/named/data/named.recursing";
        allow-query     { localhost; 192.168.56.0/24; };
        recursion yes;

        dnssec-enable yes;
        dnssec-validation yes;
        dnssec-lookaside auto;

        /* Path to ISC DLV key */
        bindkeys-file "/etc/named.iscdlv.key";

        managed-keys-directory "/var/named/dynamic";
        pid-file "/run/named/named.pid";
        session-keyfile "/run/named/session.key";

        /* https://fedoraproject.org/wiki/Changes/CryptoPolicy */
        include "/etc/crypto-policies/back-ends/bind.config";
};
logging {
        channel default_debug {
                file "data/named.run";
                severity dynamic;
        };
};

zone "." IN {
        type hint;
        file "named.ca";
};
include "/etc/named.rfc1912.zones";
include "/etc/named.root.key";
```

同时，在 allow-query 行中加入局域网的 CIDR 表示法地址 192.168.56.0/24，以指定哪些网络有权向此 DNS 服务器发起查询请求，支持同时指定多个网络。

鉴于后续章节中将继续对该 named.conf 文件做出多处调整，请保持文件在编辑器中打开，以便随时编辑。

2.5.3 为 DNS 配置防火墙

目前，student 主机上的防火墙默认 public 区域仅允许 SSH（Secure Shell）流量通过，而其他所有通信均被阻止。为了让其他设备能够通过此域名服务器进行域名解析，我们需要调整防火墙设置，确保允许 UDP 和 TCP 类型的入站数据包到达该域名服务器。

实验 2-10：为 DNS 配置防火墙

请在 StudentVM2 虚拟机上以 root 权限进行该实验。我们只开放 enp0s8 接口的 public 区域，开启对内部网络的访问：

```
[root@studentvm2 etc]# firewall-cmd -add-service=dns --zone=public --permanent
success
[root@studentvm2 etc]# firewall-cmd --add-service=dns --zone=public
success
[root@studentvm2 system-connections]# firewall-cmd --list-services --zone=public
dhcpv6-client dns mdns ntp ssh
[root@studentvm2 system-connections]# firewall-cmd --list-services --zone=public --permanent
dhcpv6-client dns mdns ntp ssh
```

执行上述命令后，防火墙配置将允许来自内部网络其他主机的 DNS 查询。

2.5.4 启动 named 服务

"named" 是 Linux 系统中常用的域名解析器名称。接下来，我们将着手启动 named 服务，并设置系统开机自启，以确保在每次启动后即能正常进行外部主机的域名解析功能。

实验 2-11：启动 named 服务

请在 StudentVM2 虚拟机上以 root 权限执行以下命令以启动 named 服务：

```
[root@studentvm2 ~]# systemctl enable --now named.service
Created symlink /etc/systemd/system/multi-user.target.wants/named.service → /usr/lib/systemd/system/named.service.
```

named 服务已启动并准备就绪，可以进行一系列的本地测试。

为了验证缓存域名服务器的功能，你可以使用 dig 命令查询几个知名互联网网站（例如 CNN、Wired 及你个人喜好的其他网站）的 IP 地址。观察结果时，你会发现响应方是你自己的主机，而不是虚拟路由器或 Google 的 DNS 服务器。

初次查询时，可能会出现由上级解析器响应的情况，这是由于客户端（你的主机）在等待本机 DNS 服务器响应时因超时转而求助于上级。不过，当再次尝试查询时，查询就会直接从你本地 DNS 服务器的缓存中得到解答了。

实验 2-12：测试 named 服务

本实验操作可在 StudentVM2 主机的 root 用户或 student 用户权限下进行，且实验过程中，当前工作目录不影响实验结果：

```
[student@studentvm2 ~]$ dig www.redhat.com

; <<>> DiG 9.18.15 <<>> www.redhat.com
;; global options: +cmd
;; Got answer:
;; ->>HEADER<<- opcode: QUERY, status: NOERROR, id: 21530
;; flags: qr rd ra; QUERY: 1, ANSWER: 4, AUTHORITY: 0, ADDITIONAL: 1

;; OPT PSEUDOSECTION:
; EDNS: version: 0, flags:; udp: 1232
; COOKIE: 7c5e27d706c301ed0100000064806cc4de6882c3e5d54b58 (good)
;; QUESTION SECTION:
;www.redhat.com.                IN      A

;; ANSWER SECTION:
www.redhat.com.         1618    IN      CNAME   ds-www.redhat.com.edgekey.net.
ds-www.redhat.com.edgekey.net. 21600 IN CNAME   ds-www.redhat.com.edgekey.net.globalredir.akadns.net.
ds-www.redhat.com.edgekey.net.globalredir.akadns.net. 3600 IN CNAME e3396.dscx.akamaiedge.net.
e3396.dscx.akamaiedge.net. 20   IN      A       104.86.87.87

;; Query time: 261 msec
;; SERVER: 192.168.56.11#53(192.168.56.11) (UDP)
;; WHEN: Wed Jun 07 07:40:52 EDT 2023
;; MSG SIZE  rcvd: 235
;; WHEN: Tue Jun 06 13:08:55 EDT 2023
;; MSG SIZE  rcvd: 235
```

上述命令执行结果中，关键信息在于响应服务器的标识（位于结果底部），即 192.168.56.11，这正是我们新部署的缓存 DNS 服务器的 IP 地址。#53 表示 DNS 的端口。

首次进行新域名解析时，可能不会立即从本地缓存 DNS 服务器得到反馈。这一短暂的延迟（通常仅数百毫秒）是因为向转发器查询信息。一旦信息被缓存，后续查询将显著加速，因为服务器可以直接从缓存中提取数据，无须重复查询。

数据被标明为"非权威"，这是采用转发器机制的自然表现，并不影响应用程序或工具查询的实际效果及速度。dig 命令设计初衷是向系统管理员提供问题诊断的信息，便于在遇到某类问题时进行排错分析。此外，需要注意的是，不同的 DNS 服务器及转发器可能会导致 dig 命令输出中的 AUTHORITY 和 ADDITIONAL 部分展示不同数量的数据。

为更加确信我们的服务器配置无误，建议你进一步使用 dig 与 nslookup 命令执行更多查询，以全面验证其运行效果。

目前我们的进展已接近成功，但仍有尚未完成的事项。尽管缓存域名解析服务已经顺畅运行，我们还需验证那些经由 DHCP 服务配置的主机是否已正确获取到我们新建 DNS 服务器的 IP 地址信息。

2.5.5 重新配置 DHCP

重新配置 DHCP 这一步非常重要，它可以确保虚拟网络中启动的所有主机能够接收到新 DNS 服务器的正确 IP 地址。对于虚拟路由器内置的 DNS 服务器，我们无须也无意将其关闭，因为它正承担着转发器的角色。况且，目前暂未发现有效手段来禁用虚拟路由器的 DNS。

实验 2-13：为 DNS 重新配置 DHCP

本次操作以 root 权限执行。实验内容涉及将 DNS 服务器地址更新为我们新创建的服务器地址，同时，为了防止主 DNS 服务器出现故障，虚拟路由器中的原 DNS 服务器将作为备用。

具体来说，我们需编辑 StudentVM2 主机上的 dhcpd.conf 配置文件，调整其中的"option domain-name-servers"这一行，即指定 DNS 服务器地址的设置。在笔者的配置文件中，这一设置位于第 11 行：

```
option domain-name-servers 192.168.56.11, 8.8.8.8, 8.8.4.4;
```

然后重启 dhcpd 服务：

```
[root@studentvm2 ~]# systemctl restart dhcpd
```

随后，我们将对 StudentVM1 主机进行重新配置。

具体步骤包括：在 StudentVM1 主机上终止 systemd 解析器的服务，删除 /etc/resolv.conf 文件，并重新启动 NetworkManager 服务以应用变更：

```
[root@studentvm1 etc]# systemctl disable --now systemd-resolved.service
[root@studentvm1 etc]# rm -f resolv.conf
```

```
[root@studentvm1 etc]# systemctl restart NetworkManager
[root@studentvm1 etc]# ll resolv.conf
-rw-r--r-- 1 root root 286 Jun  6 13:33 resolv.conf
[root@studentvm1 etc]# cat resolv.conf
# Generated by NetworkManager
search example.com both.org
nameserver 192.168.56.11

nameserver 8.8.8.8
nameserver 8.8.4.4
```

为确认解析器运行无误，请仔细核对查询反馈信息中的 server 字段内容：

```
[root@studentvm1 ~]# dig example.net
```

结果显示了关于 example.net 的域名数据，同时验证了我们新配置的域名服务器成功地充当了解析此信息的工具。为进一步测试和验证，推荐进行更多域名查询操作。

尽管 StudentVM1 主机已经能够解析全限定域名，但 StudentVM2 主机目前尚未配置为路由器，这意味着在 StudentVM1 主机还不能够自由浏览网页，我们还有后续步骤要完成。本章剩余部分将继续深化域名服务器的配置，而在下一章中，我们会将 StudentVM2 配置为路由器。

2.5.6　顶级 DNS 服务器的使用

继续依赖转发器作为 DNS 信息来源并无不可，毕竟在多种场景下转发器都发挥着重要作用。但多数转发器被配置为 ISP 提供的 DNS 服务器，而在笔者个人经历中部分 ISP 的 DNS 稳定性并不理想。工作期间，笔者曾尝试使用公共 DNS 服务器进行测试，比如 Google 以高效、快速且无过滤的特性著称公共 DNS，但笔者发现某些公共 DNS 服务存在审查或重定向现象，甚至会将用户导向意料之外的广告或域名销售页面。

基于以上考虑，笔者多年前便决定使用自建 DNS 服务器，直接与顶级 DNS 服务器交互，而非依赖转发器。背后的原因之一在于，顶级 DNS 服务器对数据库记录的更新反应速度远胜下级服务器。对于系统管理员而言，这一点在管理自家域名变动时尤为有益。同时，直接与顶级 DNS 服务器交互也是一次学习过程，有助于笔者更深入地掌握如何管理自身乃至其他网络环境。

诚然，优质的转发器是一个不错的选择，但接下来，我们将采用顶级 DNS 服务器。

实验 2-14：禁用 DNS 转发器

为了直接利用 DNS 顶级域名服务器，请在 StudentVM2 主机上以 root 权限对 named.conf 文件中的 forwarders 行进行注释处理。具体做法是在 /etc/named.conf 文件内的

forwarders 行前添加双斜杠（//）进行注释：

    //   forwarders { 8.8.8.8; 8.8.4.4; };

重启 StudentVM2 主机上的 named 服务：

[root@studentvm2 etc]# **systemctl restart named**

之后在 StudentVM1 主机上测试我们的更改：

[root@studentvm1 ~]# **dig www.redhat.com**

由于重启了 named 服务导致缓存被清空，首次查询时可能会感受到轻微但可感知的延迟。不过，之后对相同域名的重复查询会因数据已被缓存而显著加快响应速度。请注意观察输出信息中的这一变化。请勿关闭 named.conf 文件，因为在本章后续部分我们还将对其进行更多调整。

2.6 创建主域名服务器

构建了缓存域名服务器后，将其升级为功能完备的主域名服务器并非复杂任务。此过程涉及对 named.conf 文件的再次修订及几个新文件的创建。我们将建立一个名为 example.com 的域，它是一个专为实验与教学保留的有效公共域名。

通过适当的配置，DNS 服务器还能执行逆向解析，即实现从 IP 地址到主机名的转换。为此，我们将生成一对新文件：正向解析区域文件与逆向解析区域文件，它们都存放于 /var/named 目录下。注意，这一存储路径是由 named.conf 配置文档中的"directory"指令所指定的。

2.6.1 创建正向解析区域文件

正向解析区域文件是一种名称数据库文件，负责关联主机名与分配给它的 IP 地址。每个区域文件封装了一个独立域名的数据库。每台主机至少在该文件中拥有一个 A 记录，记录着主机名及相应的 IP 地址，每台主机还可能配备了一条或多条 CNAME 记录，为首要主机名提供别名映射。

接下来，我们将为 example.com 域创建一个简单的区域文件，这将成为我们本地环境中 example.com 域的测试实例，和互联网上的公共 example.com 域完全不同。

实验 2-15：创建正向解析区域文件

本次实验必须在 StudentVM2 主机上以 root 权限进行。请创建基础的正向解析区域文件 /var/named/example.com.zone，并在其中添加以下内容。我们将复用 2.4.3 节中的部分内容：

```
; Authoritative data for example.com zone
;
$TTL 1D
@   IN SOA  studentvm2.example.com   root.studentvm2.example.com. (
                                2023060701      ; serial
                                1D              ; refresh
                                1H              ; retry
                                1W              ; expire
                                3H )            ; minimum

$ORIGIN         example.com.
example.com.    IN      NS      studentvm2.example.com.
router          IN      A       192.168.56.1
studentvm2      IN      A       192.168.56.1
studentvm1      IN      A       192.168.56.21
studentvm3      IN      A       192.168.56.22
studentvm4      IN      A       192.168.56.23
```

上述条目配置为我们提供了几个实验用的主机名，即便其中某些主机在虚拟网络中并不存在。记得使用当前日期及递增的序号作为序列号，以确保唯一性。

2.6.2 将正向解析区域文件添加到 named.conf 文件

然而，DNS 服务器要能正常运作，还需要在 /etc/named.conf 配置文件中添加一项记录，用以指向新创建的区域文件。

实验 2-16：将正向区域文件添加到 name.conf

登录 StudentVM2 主机，以 root 用户身份在 /etc/named.conf 配置文件中顶级域提示（zone "." IN:）的下面插入以下内容：

```
zone "example.com" IN {
        type master;
        file "example.com.zone";
};
```

接着，重启 named 服务：

[root@studentvm2 named]# **systemctl restart named**

为验证域名服务器是否正常运行，可使用 dig 及 nslookup 指令查询正向解析区域文件中配置的各主机的 IP 地址。需要注意的是，即便相关主机未在当前网络中实际部署，上述命令仍可以成功反馈一个 IP 地址信息：

```
[root@studentvm2 named]# dig studentvm1.example.com

; <<>> DiG 9.18.15 <<>> studentvm1.example.com
;; global options: +cmd
;; Got answer:
;; ->>HEADER<<- opcode: QUERY, status: NOERROR, id: 18413
;; flags: qr aa rd ra; QUERY: 1, ANSWER: 1, AUTHORITY: 0, ADDITIONAL: 1

;; OPT PSEUDOSECTION:
; EDNS: version: 0, flags:; udp: 1232
; COOKIE: 3595a06b9055c18d01000000648074315d66d8810bd923b9 (good)
;; QUESTION SECTION:
;studentvm1.example.com.           IN      A

;; ANSWER SECTION:
studentvm1.example.com.    86400   IN      A       192.168.56.21

;; Query time: 0 msec
;; SERVER: 192.168.56.11#53(192.168.56.11) (UDP)
;; WHEN: Wed Jun 07 08:12:33 EDT 2023
;; MSG SIZE  rcvd: 95
```

为了确认网络连接及域名解析服务的正常运行，我们需要对路由器以及 studentvm1 主机执行 ping 操作。同时，为了验证外部域名解析服务是否一切正常，不妨选择 example.org 作为测试对象（鉴于 example.com 已被用作内部测试域名）。

值得注意的是，执行 dig 命令时必须提供全限定域名，但对于 nslookup 命令，只要 /etc/resolv.conf 文件中配置了合适的域名与搜索域，非全限定域名亦可接受。

另外，当你尝试 ping 某个实际存在的主机（例如 studentvm1）时，你会发现 ping 命令无须使用全限定域名即可正常工作。这是因为 ping 命令在解析主机名时，会首先检查 /etc/hosts 文件，如果该文件中存在相应的主机名及对应的 IP 地址，则直接使用这些信息进行 ping 操作，无须再通过域名解析服务进行查询。

因此，在进行网络连接及域名解析服务的验证时，我们需要综合考虑各种因素，包括使用的命令、主机名的解析方式以及相关的配置文件等。

经过上述配置流程，我们的域名服务器已成功启动并具备处理请求的能力。然而，为了确保服务的稳定性和高效性，我们仍需完成一些必要的后续配置工作。

2.6.3 添加 CNAME 记录

接下来，我们将添加一些 CNAME 记录，它们如同域名的别名。尽管 CNAME 记录理论上可以在区域文件的 NS 记录之后的任意位置插入，但笔者个人偏好将它们与指向的目标 A 记录相邻放置，这样便于管理和查找关联条目。当你完成 CNAME 记录的添加后，example.com.zone 文件应当与实验 2-17 所示结果保持一致。

实验 2-17：添加 CNAME 记录

以 root 权限在域名服务器上向正向解析区域文件中添加 CNAME 记录，如下所示。请确认将该区域文件的所有权调整为 root.named，同时递增序列号：

```
; Authoritative data for example.com zone
;
$TTL 1D
@   IN SOA  studentvm2.example.com   root.studentvm2.example.com. (
                                     2018122802    ; serial
                                     1D            ; refresh
                                     1H            ; retry
                                     1W            ; expire
                                     3H )          ; minimum

$ORIGIN         example.com.
example.com.    IN    NS      studentvm2.example.com.
router          IN    A       192.168.56.1
studentvm2      IN    A       192.168.56.1
server          IN    CNAME   studentvm2
studentvm1      IN    A       192.168.56.21
workstation1    IN    CNAME   studentvm1
ws1             IN    CNAME   studentvm1
wkst1           IN    CNAME   ws1
studentvm3      IN    A       192.168.56.22
studentvm4      IN    A       192.168.56.23
```

我们发现，部分 CNAME 记录的域名最终指向了 studentvm1 主机对应的相同 IP 地址。虽然 CNAME 记录可以根据需要进行多层嵌套，但过多的嵌套层会极大地增加配置复杂度，导致管理困难。

此次操作中，我们不会完全重启 named 服务，而是采用"reload"指令让 named 服务重新加载其所有配置文件。相比重启，reload 指令更迅速且能有效避免服务中断。请利用 dig 和 nslookup 工具测试这些新添加的 CNAME 记录是否生效：

```
[root@studentvm2 etc]# systemctl reload named
```

务必对 wkst1.example.com 执行一次查询，并细致查看结果中 ANSWER 部分。你应该能清晰地追踪到从查询的 CNAME 记录直至最终获得 A 记录的整个过程，在使用 dig 命令时这一过程尤为直观：

```
[root@studentvm2 etc]# dig wkst1.example.com
; <<>> DiG 9.18.15 <<>> wkst1.example.com
;; global options: +cmd
;; Got answer:
;; ->>HEADER<<- opcode: QUERY, status: NOERROR, id: 10847
```

```
;; flags: qr aa rd ra; QUERY: 1, ANSWER: 3, AUTHORITY: 0, ADDITIONAL: 1

;; OPT PSEUDOSECTION:
; EDNS: version: 0, flags:; udp: 1232

; COOKIE: ae98d044c1bc7c6f010000006480b4cd8a714fd8a5362de7 (good)
;; QUESTION SECTION:
;wkst1.example.com.              IN      A

;; ANSWER SECTION:
wkst1.example.com.       86400   IN      CNAME   ws1.example.com.
ws1.example.com.         86400   IN      CNAME   studentvm1.example.com.
studentvm1.example.com.  86400   IN      A       192.168.56.21

;; Query time: 0 msec
;; SERVER: 192.168.56.11#53(192.168.56.11) (UDP)
;; WHEN: Wed Jun 07 12:48:13 EDT 2023
;; MSG SIZE  rcvd: 133
```

你还可以使用 ping 命令配合这些 CNAME 记录, 以此来验证能否得到正确的 ping 响应:

```
[root@studentvm2 etc]# ping -c2 wkst1
PING studentvm1.example.com (192.168.56.21) 56(84) bytes of data.
64 bytes from 192.168.56.21 (192.168.56.21): icmp_seq=1 ttl=64 time=2.15 ms
64 bytes from 192.168.56.21 (192.168.56.21): icmp_seq=2 ttl=64 time=2.22 ms

--- studentvm1.example.com ping statistics ---
2 packets transmitted, 2 received, 0% packet loss, time 1011ms
rtt min/avg/max/mdev = 2.151/2.184/2.217/0.033 ms
```

在实验结束之后, 请务必使用 ping 或 mtr 命令来确认外部域名解析服务是否能正常运行。

目前, 我们的域名服务器已能按预期运行, 但它的功能还局限于将主机名解析为 IP 地址, 还不能实现从 IP 地址查询主机名。

2.6.4 创建逆向解析区域文件

配置域的逆向解析区域是为了实现逆向查找功能, 尽管不少机构在内部并不会主动实施这一操作, 但它在故障诊断时颇为实用。例如, 像 SpamAssassin 这类反垃圾邮件系统通过逆向查找的方式来验证邮件服务器的有效性。

实验 2-18: 创建逆向解析区域文件

创建逆向解析区域文件 /var/named/example.com.rev, 并添加如下内容。此处文件命名遵循了现行的逆向区域文件命名惯例，请选用恰当的序列编号，并切记将该区域文件的所有权设定为 root.named：

```
; reverse mapping for example.com zone
;
$TTL 1D
@       IN SOA  studentvm2.example.com.  root.studentvm2.example.com. (
                                         2018122801     ; serial
                                         1D             ; refresh
                                         1H             ; retry
                                         1W             ; expire
                                         3H )           ; minimum

@       IN      NS      studentvm2.example.com.
1       IN      PTR     router.example.com.
11      IN      PTR     studentvm2.example.com.
21      IN      PTR     studentvm1.example.com.
```

你也可以遵循较旧的命名规范，将逆向区域文件命名为 /var/named/25.168.192.in-addr.arpa。实际上，文件名可任意设定，因为你会在 named.conf 配置文件中直接指定该文件路径，不过采用上述两种命名方式之一能让他人更便捷地理解你的配置逻辑。

---

named.conf 配置文件与正向解析区域、逆向解析区域的序列号无须一致。关键在于，每当修改任意文件内容时，务必同步更新其序列号。采用统一的编号策略，有助于追溯文件最近一次修改的时间。此外，当主 DNS 服务器变动且需同步更新辅助 DNS 服务器的场景下，严格管理序列号显得尤为重要。

2.6.5　将逆向解析区域文件添加到 named.conf 文件

为了完整实现逆向解析功能，我们需要在 named.conf 配置文件中新增一段关于逆向解析区域文件的配置信息。

实验 2-19：将逆向解析区域文件添加到 name.conf 文件

请在 /etc/named.conf 配置文件中追加以下内容，以指向新设置的逆向解析区域。出于个人习惯，笔者会将逆向解析区域的配置放置于正向解析区域之后：

```
zone    "56.168.192.in-addr.arpa" IN {
    type master;
    file "example.com.rev";
};
```

接下来，重新加载 named 服务并验证逆向解析区域。其中，-x 选项表明我们要执行逆向查询。在多数采用 systemd 的当前 Linux 发行版中，服务命令后缀 .service 可有可无，但在早期系统中是强制性的：

```
[root@studentvm2 ~]# systemctl reload named.service
[root@studentvm2 ~]# dig -x 192.168.56.21

; <<>> DiG 9.18.15 <<>> -x 192.168.56.21
;; global options: +cmd
;; Got answer:
;; ->>HEADER<<- opcode: QUERY, status: NOERROR, id: 24095
;; flags: qr aa rd ra; QUERY: 1, ANSWER: 1, AUTHORITY: 0, ADDITIONAL: 1

;; OPT PSEUDOSECTION:
; EDNS: version: 0, flags:; udp: 1232
; COOKIE: f5b59c3b8c70b132010000006480b950dcf72623ab040064 (good)
;; QUESTION SECTION:
;21.56.168.192.in-addr.arpa.    IN      PTR

;; ANSWER SECTION:
21.56.168.192.in-addr.arpa. 86400 IN    PTR     studentvm1.example.com.

;; Query time: 0 msec
;; SERVER: 192.168.56.11#53(192.168.56.11) (UDP)
;; WHEN: Wed Jun 07 13:07:29 EDT 2023
;; MSG SIZE  rcvd: 119

[root@studentvm2 named]#
```

现在让我们看看一个正在运行的域名服务器的状态：

```
[root@studentvm2 ~]# systemctl status named
● named.service - Berkeley Internet Name Domain (DNS)
     Loaded: loaded (/usr/lib/systemd/system/named.service; enabled; preset:
     disabled)
    Drop-In: /usr/lib/systemd/system/service.d
             └─10-timeout-abort.conf
     Active: active (running) since Wed 2023-06-07 13:06:44 EDT; 2min 4s ago
    Process: 10520 ExecStartPre=/bin/bash -c if [ ! "$DISABLE_ZONE_CHECKING"
== "yes" ]; then /usr/bin/named-checkconf -z "$NAMEDC">
    Process: 10522 ExecStart=/usr/sbin/named -u named -c ${NAMEDCONF}
$OPTIONS (code=exited, status=0/SUCCESS)
   Main PID: 10523 (named)
      Tasks: 10 (limit: 4634)
     Memory: 7.6M
        CPU: 134ms
     CGroup: /system.slice/named.service
             └─10523 /usr/sbin/named -u named -c /etc/named.conf

Jun 07 13:06:44 studentvm2 named[10523]: network unreachable resolving
'./DNSKEY/IN': 2001:500:1::53#53
```

```
Jun 07 13:06:44 studentvm2 named[10523]: network unreachable resolving
'./NS/IN': 2001:500:1::53#53
Jun 07 13:06:44 studentvm2 named[10523]: network unreachable resolving
'./DNSKEY/IN': 2001:7fe::53#53
Jun 07 13:06:44 studentvm2 named[10523]: network unreachable resolving
'./NS/IN': 2001:7fe::53#53
Jun 07 13:06:44 studentvm2 named[10523]: network unreachable resolving
'./DNSKEY/IN': 2001:503:ba3e::2:30#53
Jun 07 13:06:44 studentvm2 named[10523]: network unreachable resolving
'./NS/IN': 2001:503:ba3e::2:30#53
Jun 07 13:06:44 studentvm2 named[10523]: network unreachable resolving
'./DNSKEY/IN': 2001:7fd::1#53
Jun 07 13:06:44 studentvm2 named[10523]: network unreachable resolving
'./DNSKEY/IN': 2001:500:a8::e#53

Jun 07 13:06:44 studentvm2 named[10523]: managed-keys-zone: Key 20326 for
zone . is now trusted (acceptance timer complete)
Jun 07 13:06:45 studentvm2 named[10523]: resolver priming query
complete: success
```

提示 network unreachable（网络不可达），这与 IPv6 网络配置有关，目前我们的系统尚未启用 IPv6 支持。

建议你进一步自行安排一些测试，以验证逆向解析功能的有效性。同时，别忘了也要从 StudentVM1 主机上对域名解析服务进行测试，以确认其正常运作。

至此，你已成功搭建并运行了基于 BIND 的域名服务器。请保持其运行状态，勿关闭或停用。后续实验中，你将依赖此自建域名服务器进行操作，并逐步丰富解析记录。

2.7 BIND 自动化管理

在变化频繁的网络环境中，维护 BIND 域名数据库服务器有时确实需要系统管理员亲自介入。不过，named 区域文件的更新任务可以实现自动化。

就职于 Cisco（思科）时，笔者名义上是一名 Linux 测试员，但实际上笔者还承担了实验室主管助理的职责。在这个角色中，笔者和实验室主管 Bruce 常常需要定期部署新服务器并淘汰旧设备。某些日子里，我们两人合作，一天内就能完成从拆箱、上架到布线等一系列操作，为多达六台新 Linux 主机完成安装与配置。

总结

DNS 是构建互联网便捷访问的关键基石，它将全球范围内无数独立的主机联结成一个整体，使得与世界任意角落的沟通变得轻而易举。DNS 背后依托着一个庞大且分布式的数据库结构，尽管其全貌难以完全洞悉，却允许任何联网设备迅速从中检索出其他任何设备的 IP 地址。

在本章中，我们深入了解并实践了三大解析工具。从最基础的 /etc/hosts 文件开始，它简单直接，但在多主机环境下维护成本较高。对于小型网络，尤其是仅含一两台主机的情况，可以选择 mDNS，它无须特别管理且已成为 Fedora 等现代系统的默认解析方式。但其性能稍逊于标准 nss-DNS 解析，且因其产生的网络流量及高频通信特性，在某些网络环境中可能引发问题。

无论管理何种规模的网络，系统管理员都会发现掌握自建域名服务器的技能大有裨益，就像我们在本章中做的那样。使用 BIND 这样的工具构建的传统域名服务器在性能上表现最优，尽管在频繁增删主机时需要一定的管理工作来保持最新状态，但在网络环境趋于稳定后，其维护工作量大大减轻。

练习

为了掌握本章所学知识，请完成以下练习：

1）为什么本地网和互联网需要域名服务？

2）当我们输入 ping router 命令时，获取本网络内主机 IP 地址的事件序列是怎样的？（假设环境与本章搭建的一致）

3）执行 ping router.example.com 命令相比于未配置 DNS 之前，会带来什么变化吗？

4）哪个 IP（v4）地址与 localhost 关联？

5）逆向解析区域对于 DNS 是否是必要的？

6）如何通过 DNS 将网页浏览重定向（而不是阻止）到一个或多个外部网站？

7）一个域名服务器是否可以服务于多个域，进而成为如 example.com 与 example.org 等的权威域名服务器？

第 3 章

路 由 器

目标

在本章中，你将学习以下内容：
- 路由器的基本功能。
- 将 Linux 系统配置成路由器。
- 设置路由器防火墙规则以确保路由服务正常运行。
- 深入理解并学习如何熟练添加路由表条目。

3.1 概述

初看之下，路由与防火墙似乎关系不大，实则二者紧密相连，共同位于网络边界，一起完成数据包的路由任务。路由的核心职责是确保数据包能够准确无误地到达其预期目的地。网络中的每一台计算机，在其 TCP/IP 数据包离开本机进入网络时，都需要遵循一定的路由指引。在多数简化的网络环境中，这一过程相当直接：数据包要么发往同局域网内的设备，要么经由一个常被称为默认网关的路由器转发至远程网络。尽管一个网络内部可能部署多台路由器，但默认网关的角色仅能由一台路由器承担。

在此，我们明确界定"本地网"的概念，它在逻辑层面与物理层面均可指本地主机所属的网络区域。逻辑上，它指的是主机所处的局部子网，主机被赋予了该子网内某一 IP 地址段。物理上，它表示主机通过一个或多个与其他局域网成员相连的交换机实现接入。

防火墙的职责在于守护主机及内部网络的安全，抵御各式各样的网络攻击。同时，它还通过在路由器主机的不同网络接口间构建数据包转发机制辅助实现路由器功能。

本章首先观察不作为路由器使用的 StudentVM1 工作站上的路由情况，随后将 StudentVM2 服务器转型为路由器，并调整 DHCP 配置，使之成为虚拟网络的路由器。当然，数据包外传依旧依赖于虚拟路由器的中转。这在诸多网络环境中都很常见，我们也将对其进行探索。

此外，我们还将重装 Fail2Ban 这一动态防御工具，用以阻断对系统有潜在威胁的 IP 地址。在下册第 22 章中，我们已在 StudentVM1 上完成了这一部署，现在需要确认 StudentVM2 同样安装到位，此过程亦是一次有益的复习。

网络中，凡涉及与其他网络（例如互联网或其他内网）互联的设备，都应具备自身的路由表。Fedora 系统在安装时，会自动为每台设备生成默认的路由表。

在静态配置场景下，默认网关的 IP 地址会在配置期间确定，并存储于对应接口的 nmconnection 文件中。Fedora 不支持在安装实时镜像时进行静态配置，这一操作需要在安装后执行，如同上册所述。

若采用 DHCP 动态配置主机，则无需 nmconnection 文件，因为默认网关的 IP 地址会在每次系统启动时由 DHCP 服务器自动提供给主机。目前，我们已成功配置了 DHCP，能够为网络内部的客户端自动提供域名服务器列表及默认网关等关键信息。至此，网络配置即将大功告成，最后的步骤即是将服务器 StudentVM2 转换为功能完备的路由器。

3.2 工作站上的路由机制

我们从分析工作站上的数据包路由机制开始，这通常是一个比较简单的过程。数据包的目的地要么是局域网中的其他主机，要么是位于其他网络中的主机。如果是后者，那么网络数据包必须经过路由器才能转发到目标网络。由于局域网通常只连接到一个外部网络，因此一个网段一般只需要一台路由器。

工作站的路由决策逻辑很简单：

1）如果目标主机位于局域网中，那么数据包将直接发往目标主机。

2）如果目标主机位于远程网络，且该远程网络可以通过路由表中的局域网网关访问，那么数据包会发往路由表中明确指定的网关。

3）如果目标主机位于远程网络，但路由表中没有其他可达该主机的路由条目，那么数据包会被发往默认网关。

上述规则确保了在没有找到明确匹配项的情况下，数据包会被转发至默认网关。接下来，我们以 StudentVM1 主机为例，分析这一简单的路由场景。

实验 3-1：工作站上的路由机制

在 StudentVM1 主机上以 root 用户身份进行本实验。查看当前路由信息：

```
[root@studentvm1 ~]# ip route
default via 192.168.56.11 dev enp0s3 proto dhcp src 192.168.56.21 metric 100
192.168.56.0/24 dev enp0s3 proto kernel scope link src 192.168.56.21
metric 100
```

在 StudentVM1 上设置的默认路由指向了第 2 章中在 StudentVM2 上创建和配置的路由器。这个默认路由信息是由 StudentVM2 上的 DHCP 服务器连同其他网络配置数据一同下发的。

这是一种极为基础且普遍的路由配置，仅涉及一个默认网关。具体而言，任何目的地址超出本机所在的局域网（192.168.56.0/24 网段）的数据包都将直接被发送至默认路由器。此后，该路由器继续传递数据包，使其穿越多级路由器的中转，确保数据包顺利抵达终点。不过，这一切顺畅运作的前提是我们创建的路由器能够正常运行。

3.3 创建路由器

现在，让我们将 StudentVM2 改造成一个 Linux 路由器。

早前，我们已经配置了初始网络，使之与 VirtualBox 自动生成的虚拟网络路由器默认设置相符，两台主机均将虚拟路由器设定为默认网关。现在，我们的目标是让 StudentVM1 及 192.168.56.0/24 网络内部的所有其他主机将 StudentVM2 视为默认网关，与此同时，StudentVM2 在 10.0.2.0/24 网络中使用虚拟路由器作为默认网关。

针对内部网络，我们之前已经建立了仅限主机（host-only）模式的网络环境，VirtualBox 自动指派了 192.168.56.0/24 的 IP 地址段，尽管理论上这个地址段可做修改，但实际上保持现状已足够满足需求。采用 192.168.56.0/24 与 10.0.2.0/24 这两个不同的地址段，有助于清晰区分不同网络，避免在操作过程中产生混淆。

我们的新网络配置如图 3-1 所示，这种设计广泛应用于多种网络场景中。具体来说，ISP 提供面向外部网络的调制解调器/路由器，企业或组织内部则部署独立的防火墙与路由器，以此构建安全屏障，隔离互联网或其他外网环境，确保内部网络的安全与独立性。

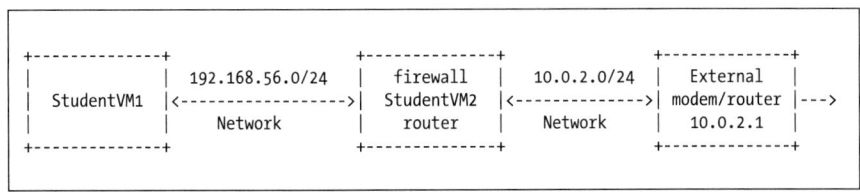

图 3-1　新的网络配置

我们可以对两个虚拟机（StudentVM1 和 StudentVM2）进行快照备份，这样在出错时就能快速将这两个虚拟机恢复至原来的运行状态。

实验 3-2：为虚拟机创建快照

在撰写本章期间，为了确保两个虚拟机的稳定性与连续性，我们创建了新的快照。在面对配置错误或实验性操作失败时，这些快照可以及时恢复系统状态。若你未曾使用过快照功能，那自然最好；然而，一旦遇到需要回溯至某个特定状态的情况，你将会深刻体会到快照备份的重要性。

相较于手动撤销每一项修改，利用快照进行恢复显然更加便捷高效。尤其是在探索多种配置、力求满足实验要求的过程中，人们往往会发现，完整记录并回溯每一次改动细节是一项极具挑战性的任务。因此，快照的存在为我们提供了一个可恢复的解决方案。

3.4 设置路由器

构建 Linux 路由器主要包括两个关键步骤。首先，必须通知 Linux 内核启用路由功能，使其具备作为路由器工作的能力。其次，要对防火墙规则进行调整，确保其能够有效地在不同网络接口间传递数据包。

3.4.1 配置内核

启用内核路由功能的操作十分简单。事实上，我们无须进行内核的重新编译，也不用重启系统。仅需要激活内核的数据包转发功能，即可实现在一个网络接口接收到数据包后，将其转发到另一个网络接口的功能。内核一般是默认关闭数据包转发功能的，这是一种基本的安全预防措施。

实验 3-3：配置内核

在 StudentVM2 上以 root 权限执行本实验，激活数据包转发功能并确保设置持久生效。

首先，我们直接在 /proc 文件系统下激活数据包转发功能。尽管采用 sysctl 命令也可达到目的，但这不利于直观展示操作的简易程度。

请将当前工作目录切换至 /proc/sys/net/ipv4，并查看该目录下的文件列表。随后，检查 ip_forward 文件当前的数值，预期应为 0。若要开启 IPv4 的数据包转发功能，需要执行如下命令，将 ip_forward 文件的内容修改为数字 1：

```
[root@studentvm2 ipv4]# echo 1 > ip_forward ; cat ip_forward
```

完成修改后请在 StudentVM1 上以 root 权限执行以下测试命令。尽管进行测试的结果并未完全符合预期，但好在错误反馈信息揭示了我们已取得的进展。反馈信息显示 StudentVM2 的行为已发生改变——它已经成为一台路由器，不过由于防火墙规则配置不当，目前拒绝处理这些数据包：

```
[root@studentvm1 ~]# ping -c2 example.org
PING example.org (93.184.216.34) 56(84) bytes of data.

--- example.org ping statistics ---
2 packets transmitted, 0 received, 100% packet loss, time 57ms
```

虽然我们已经开启了 IP 转发功能，但该设置重启后将恢复为默认值 0。要使其成为永久设置，我们需要在 /etc/sysctl.d/ 目录中添加一个新文件。

虽然 /etc/sysctl.conf 文件仍然存在，但它不再用于设置内核参数。如今，所有内核参数均通过 /etc/sysctl.d/ 目录中的文件来设置。存放于该目录的文件名并无特别的命名规则，仅需在文件名前加上两位数字以确定处理它们的顺序。接下来，在 StudentVM2 的 /etc/sysctl.d 路径下新建一个文件，命名为 50-network.conf[⊖]，并在其中添加如下配置：

```
# Controls IP packet forwarding
net.ipv4.ip_forward = 1
```

系统启动时会自动读取这个配置文件。

需要注意的是，文件名通过点（.）作为分隔符，间接指明了路径 proc/sys/ 下所涉及的文件位置，与常规的斜杠（/）路径表示法不同。

保存刚才编辑好的文件，其默认的权限设置已足够满足需求。

我们在下册第 5 章中详细介绍了 /proc 文件系统。

3.4.2 检查防火墙状态

在着手修改防火墙配置之前，我们应先迅速审视其当前状态。这样做有助于我们对原始设置有一个快速概览，从而在需要时能够轻松恢复。

实验 3-4：检查防火墙的当前状态

请在 StudentVM2 主机上以 root 用户身份进行以下操作。开始实验前，请确认你的防火墙处于以下状态：

⊖ 在这个文件中，任意选择了数字 50。至少就我们的目的而言，使用的数字应该是无关紧要的。

```
[root@studentvm2 ~]# firewall-cmd --get-active-zones
drop2
  interfaces: enp0s3
public
  interfaces: enp0s8
[root@studentvm2 ~]# firewall-cmd --list-all
public (active)
  target: default
  icmp-block-inversion: no
  interfaces: enp0s8 enp0s9
  sources:
  services: dhcpv6-client dns mdns ntp ssh
  ports:
  protocols:
  forward: yes
  masquerade: no
  forward-ports:
  source-ports:
  icmp-blocks:
  rich rules:
[root@studentvm2 ~]# firewall-cmd --list-all --zone=drop2
drop2 (active)
  target: DROP
  icmp-block-inversion: no
  interfaces: enp0s3
  sources:
  services:
  ports:
  protocols:
  forward: yes
  masquerade: no
  forward-ports:
  source-ports:
  icmp-blocks:
  rich rules:
[root@studentvm2 ~]#
```

3.4.3 防火墙配置需求

为完成在 StudentVM2 上构建路由器的任务，最后一步是在 StudentVM2 上配置防火墙，确保所有从局域网发出并指向外部互联网的数据包，能够经由我们的防火墙/路由器导向正确的目的地。

考虑到 drop2 区域的默认策略是丢弃所有入站数据包，因此它不适合用于路由器。同样，internal 区域也非理想选择，因为它过度限制了向外部网络传输的数据包——只允许预先定义的服务穿越防火墙，其余则一律屏蔽。

解决方案是将连接内部专用网络——enp0s8 所属的区域调整为 trusted。在 trusted 区域中，默认策略为接受（target 设为 ACCEPT），即接受源自内部专用网络的所有流入数据包，不对任何流量进行拦截。该区域已开启数据包转发功能，但未激活地址伪装（masquerade 为 no）。简而言之，trusted 区域意味着区域内所有主机均被视为可信实体，对服务器不构成潜在威胁。

3.4.4 防火墙区域

在将防火墙配置为服务于内部网络的路由器之前，深入了解防火墙区域的概念及利用这些区域进行安全防护的策略尤为重要。

回顾一下，防火墙的主要组成部分是由 Linux 内核中的 netfilter 模块解析的一系列规则。无论采取何种方式建立规则，netfilter 都是 Linux 内核中实施这些规则的核心机制。有多种工具可用于构建和管理规则集，如 firewalld、历史悠久但依然可用的 iptables、更为古老的 ipchains，以及较新的 nftables。每种工具通过不同的用户界面，采用不同的概念模型（如区域、表等）来组织和管理规则集，但是最终这些规则集都会在 Linux 内核的 netfilter 模块中生效。

防火墙引入的"区域"概念，实质上是将一系列规则进行逻辑构造，归并到易于使用的单元中。它们以区域文件的形式存在，任何一个区域都能应用于 Linux 主机上的任何网络接口。你可以为所有接口分配同一区域，也可以为每个接口分配不同的区域，但每个时刻每个网络接口只能分配到一个区域。

区域不是网络的一部分，区域是仅存于计算机系统内部的逻辑结构，用于帮助系统管理员以一种抽象的方式思考和管理与计算机相连的各个网络。

firewalld 提供了九个预定义区域，管理员可以根据实际需求直接使用这些预定义区域或者进行修改。表 3-1（与下册表 22-1 一致）列出了这些预定义区域及其简要说明。

表 3-1 默认防火墙区域

区域	描述
drop	任何传入的网络数据包都会被丢弃，没有返回响应。仅允许传出的网络连接
block	任何传入的网络连接都会被拒绝，并返回一个 icmp-host-prohibited（IPv4）或 icmp6-adm-prohibited（IPv6）消息。只有本系统内主动发起的网络连接才有可能
public	适用于公共区域（如咖啡店），不信任网络上的其他计算机，以免对计算机造成损害。只接受选定的传入连接
external	适用于启用了 IPv4 伪装特性的外部网络，特别适用于路由器。不信任网络上的其他计算机，以免对计算机造成损害。只接受选定的传入连接
dmz	适用于非军事区（demilitarized zone，dmz），此时区域内可被公开访问，但区域内对内部网络可进行有限制访问。只接受选定的传入连接

（续）

区域	描述
work	适用于非军事区，此时区域内可被公开访问，但区域内对内部网络可进行有限制访问。只接受选定的传入连接
home	适用于家庭环境。相信其他联网设备不会对计算机造成损害。只接受选定的传入连接
internal	适用于内部网络。相信其他联网设备不会对计算机造成损害。只接受选定的传入连接
trusted	接受所有网络连接

在下册第 22 章中，你已经学习了如何创建新区域和修改现有区域。这些区域定义了计算机如何在分配给它们的接口上处理传入的 TCP/IP 数据包。

1. 防火墙区域策略

我们的目标是运用这些区域来保护 StudentVM2 服务器/防火墙免受来自互联网的恶意攻击，同时又能使本地网的出站数据包顺畅到达互联网，实现主机对互联网的访问。当前首要任务是保证除专用网络主动请求外的互联网数据不能随意进入。在后面的章节中，我们会进一步探索如何调整防火墙规则，以便接收电子邮件及允许外部用户访问我们服务器上搭建的网站。

实验 3-4 呈现了 firewalld 防火墙的当前状态。

enp0s3 接口通过 10.0.2.0/24 虚拟网络将 StudentVM2 防火墙主机连接至互联网，它当前被分配了之前创建的 drop2 区域。该区域丢弃所有互联网发起的连接尝试，全面封锁了外部的入站连接。尽管如此，它依然遵循大多数区域的规则，允许 StudentVM2 主机内部的数据包自由流向互联网。鉴于其提供了高度的外网防御能力并允许从内网至外网启动连接，我们维持此区域配置不变。

至于 enp0s8 接口，它负责连接 StudentVM2 主机与内部专用网络。既然我们已经设置了内核以支持接口间的数据包路由，下一步就是为 enp0s8 分配一个允许所有专用网络数据包无障碍通行的区域，这些数据包将进入路由器，并最终通过互联网转发至目标主机。因此，我们将 enp0s8 的区域调整为 trusted 区域，该区域恰好能满足上述需求，确保专用网络通信的畅通无阻。

2. 深入了解 trusted 区域

在实验 3-4 中，我们已经检查了当前活跃区域的设置情况，接下来，我们深入了解一下 trusted 区域的配置细节。该区域即将被配置到与专用网络相连的 enp0s8 接口上，以实现特定的网络安全策略。

实验 3-5：探索 trusted 区域

在防火墙主机 StudentVM2 上以 root 用户身份进行本实验：

```
[root@studentvm2 etc]# firewall-cmd --list-all --zone=trusted
trusted (active)
  target: ACCEPT
  icmp-block-inversion: no
  interfaces:
  sources:
  services:
  ports:
  protocols:
  forward: yes
  masquerade: no
  forward-ports:
  source-ports:
  icmp-blocks:
  rich rules:
[root@studentvm2 etc]#
```

trusted 区域的关键属性之一是其采用的 ACCEPT 策略目标，这表明我们无须单独授权来自该区域管控网络中的各项服务访问权限，所有数据包均可自由通过。

此外，该区域默认启用了数据包转发功能，正符合我们的配置需求。而且，由于目标策略为全盘接受，因此无须细化指定允许通过的特定端口和服务。

目前，尚未有任何接口被分配到 trusted 区域。

概括来说，一旦 trusted 区域配置到 enp0s8 接口，它就能确保所有内部网络的数据包畅通无阻，经过该接口后路由至 enp0s3 接口，进而进入互联网并最终送达目标地点。从目标地点返回的数据包也能顺利通过网络接口回到最初发起请求的主机。

3.4.5 配置防火墙

在你对区域概念及其应用方式有了深入认识，并且理解了 trusted 区域及其在此应用场景中的必要性之后，接下来我们可以着手配置防火墙，确保其在我们的路由器设置中发挥应有的作用。

实验 3-6：配置防火墙

请以 root 权限在 StudentVM2 上进行本实验。在操作过程中，请注意何时需要在不同虚拟机之间切换，因为我们将会频繁地来回操作。

首先，将 trusted 区域分配给 StudentVM2 上的 enp0s8 接口：

```
[root@studentvm2 ~]# firewall-cmd --change-interface=enp0s8 --zone=trusted
success
[root@studentvm2 ~]# firewall-cmd --permanent --change-interface=enp0s8 --zone=
```

trusted
The interface is under control of NetworkManager, setting zone to 'trusted'.
success

接下来在 StudentVM2 上执行 ping 命令，以测试 enp0s8 接口是否能将数据包发送到互联网：

```
[root@studentvm2 etc]# ping -c2 example.net
PING example.net (93.184.216.34) 56(84) bytes of data.
64 bytes from 93.184.216.34: icmp_seq=1 ttl=50 time=13.2 ms
64 bytes from 93.184.216.34: icmp_seq=2 ttl=50 time=13.3 ms

--- example.net ping statistics ---
2 packets transmitted, 2 received, 0% packet loss, time 1461ms
rtt min/avg/max/mdev = 13.210/13.241/13.273/0.031 ms
```

然后，再从 StudentVM1 执行 ping 命令，以验证内网机器是否能和互联网进行通信：

```
[root@studentvm1 ~]# ping -c2 example.net
PING example.net (93.184.216.34) 56(84) bytes of data.
64 bytes from 93.184.216.34 (93.184.216.34): icmp_seq=1 ttl=50 time=13.5 ms
64 bytes from 93.184.216.34: icmp_seq=2 ttl=50 time=13.6 ms

--- example.net ping statistics ---
2 packets transmitted, 2 received, 0% packet loss, time 1428ms

rtt min/avg/max/mdev = 13.491/13.546/13.601/0.055 ms
[root@studentvm1 ~]#
```

请务必确认使用的 IP 地址是此处所示的外部地址，而非我们内部网络的地址。以上实验结果验证了域名服务器能正常工作，同时证明路由器运行正常。

有几款实用的工具可以帮助我们从命令行测试网络功能。在那些没有图形用户界面（Graphical User Interface，GUI）的桌面环境中，这些工具尤为实用。links 和 lynx 是两款能够在终端环境下运行的具有文本用户界面模式的网页浏览器，适合在无 GUI 的情况下浏览网页，特别是当我们以 root 身份工作时，这些工具更是不可或缺，因为 root 账户通常被禁止直接访问 GUI 桌面，这是为了防止用户过度依赖 root 权限操作，降低系统安全风险。

下面，我们安装这两款工具：

```
[root@studentvm1~]# dnf -y install lynx links
```

这些工具能够在 StudentVM1 上安装成功，表明 StudentVM2 上的路由配置已正常工作。我们可以使用 lynx 来浏览网页：

```
[root@studentvm1~]# lynx www.example.net
```

结果如图 3-2 所示。

```
Example Domain
This domain is for use in illustrative examples in documents. You may use this
domain in literature without prior coordination or asking for permission.

   More information...




Commands: Use arrow keys to move, '?' for help, 'q' to quit, '<-' to go back.
  Arrow keys: Up and Down to move.  Right to follow a link; Left to go back.
    H)elp O)ptions P)rint G)o M)ain screen Q)uit /=search [delete]=history list
```

图 3-2　使用 lynx 在终端会话中浏览网页

按 <Enter> 键开始浏览网站。你可以利用屏幕下方提供的命令列表对网站内容进行简单探索。当前选中的项会以黑底黄字突出显示。无须在此过多停留，笔者仅借此作为文本模式工具的示例，展示在必要时可用来进行测试的命令行工具。

接着，请转至 StudentVM1 的桌面，打开 Firefox 浏览器，并在地址栏输入 www.example.net。若你能看到那个简朴的网页界面，则再次证明我们的路由器正常运转。

3.5　网络路由

在网络架构中，默认网关并非数据包的最终归宿，正如其名所示，网关路由器充当着通往其他网络的桥梁。通过追踪数据包在自身路由器及其他网络设备的流转路径，我们可以清晰地了解其最终如何抵达特定目标。

实验 3-7：使用 mtr 追踪路由

本实验建议在 StudentVM1 主机上以 student 用户身份进行。在此过程中，我们将探查所有数据包通往特定目标所途经的路由器序列，以及与此相关的若干有趣的度量信息。

笔者想使用的工具是 mtr。该工具最初因由 Matt 开发并设计为传统 traceroute 工具的动态升级版而被称作 "Matt 的 traceroute"。随着时间的推移，Matt 不再维护它，已由他人接手，它现在被亲切地称为 "my traceroute"（mtr）。

通过添加 -r 选项，mtr 将以报告模式运行，将追踪结果保留在屏幕上，方便我们直接审阅或复制粘贴至文档。添加 -n 选项意味着在输出中展示 IP 地址，而非通过 DNS 解析每个 IP 对应的主机名，这样可以加快输出速度。添加 -c5 选项则限定了 mtr 发送的 ICMP（Internet Control Message Protocol，互联网控制报文协议）数据包数量上限为 5 个，以此来完成一次快速的路由追踪：

```
[root@studentvm1 ~]# mtr -r -n -c5 example.net
Start: 2023-06-13T21:28:49-0400
HOST: studentvm1               Loss%   Snt   Last   Avg   Best   Wrst  StDev
  1.|-- 10.0.2.1               0.0%     5    0.2    0.4   0.2    0.7   0.2
  2.|-- 192.168.0.254          0.0%     5    0.5    0.5   0.5    0.5   0.0
  3.|-- 45.20.209.46           0.0%     5    1.1    1.1   1.1    1.2   0.0
  4.|-- ???                   100.0     5    0.0    0.0   0.0    0.0   0.0
  5.|-- 99.173.76.162          0.0%     5    3.0    2.9   2.8    3.0   0.0
  6.|-- ???                   100.0     5    0.0    0.0   0.0    0.0   0.0
  7.|-- ???                   100.0     5    0.0    0.0   0.0    0.0   0.0
  8.|-- 32.130.16.19           0.0%     5   13.4   13.9  13.3   15.6   0.9
  9.|-- 192.205.32.102         0.0%     5   15.4   16.6  14.0   19.2   2.2
 10.|-- 152.195.80.131         0.0%     5   12.7   18.1  12.4   39.8  12.2
 11.|-- 93.184.216.34          0.0%     5   13.5   13.4  13.3   13.5   0.1
[root@studentvm1 ~]#
```

现在不限制 ping 发送的数量，使用以下命令查看结果：

```
[root@studentvm1 ~]# mtr -n example.net
                             My traceroute  [v0.92]
studentvm1
(10.0.2.21)                                          2019-06-21T14:38:21-0400
Keys:  Help   Display mode   Restart statistics   Order of fields   quit
                                              Packets              Pings
 Host                             Loss%   Snt   Last   Avg   Best   Wrst  StDev
  1. 10.0.2.1                     0.0%    25    0.3    0.3   0.2    0.4   0.1
  2. 192.168.0.254                0.0%    25    0.5    0.6   0.4    0.9   0.1
  3. 24.199.159.57                0.0%    25    3.7    6.3   2.1   13.4   3.4
  4. 142.254.207.205              0.0%    25   69.3   23.6  12.0   69.3  11.9
  5. 174.111.105.178              0.0%    25   25.3   24.0  12.6   38.9   6.5
  6. 24.25.62.106                 0.0%    25   28.1   24.9  17.7   36.4   4.5
  7. 24.93.64.186                 0.0%    25   30.4   43.3  26.5  161.2  29.0
  8. 66.109.6.34                  8.3%    24   35.5   47.8  27.5  158.8  30.9
  9. 152.195.80.196               0.0%    24   45.7   45.7  26.1  156.3  30.5
 10. 152.195.80.131               0.0%    24   37.3   56.8  27.4  238.1  50.8
 11. 93.184.216.34                0.0%    24   32.3   43.0  26.4  142.0  26.9
```

-n 选项提供了一个动态界面，用于持续监测路由状态，直至用户按下 <q> 键退出。得益于此特性，mtr 能展现到达目的地址的每一跳的统计信息，包括响应延时及每个中转路由器的丢包情况。

有时候，针对某一跳（屏幕左侧的递增编号），你会发现不止一个路由器显示，这意味着通往远程主机的路径并非固定不变，可能会经过不同的路由器序列。

请留意第 8 跳时的丢包现象。尽管这可能预示着存在问题，但实际上更常见的情况是，当路由器负载过高时，它会选择性地丢弃像 ICMP 这类非关键数据包以减轻负载。若在不同时间重复此测试，你可能会发现丢包率趋于零。

假如你确实在连接某站点时遇到了问题，且 mtr 显示丢包率高，这很可能是问题的关键。对此，你所能采取的行动就是将此情况上报给你的 ISP，以寻求协助。

3.6 复杂路由的配置

本节我们将探讨更复杂的路由配置。

图 3-3 所示为新、旧两版不同命令的一张更复杂的路由表。它来自一台充当路由器的 Linux 主机，该主机连接到三个网络，且其中一个网络通向互联网。路由表中包括两个局域网（enp6s0 接口上的 192.168.0.0/24 和 enp4s0 接口上的 192.168.10.0/24）的条目，以及一条默认路由，这条路由通过 enp2s0 接口通往外部网络的其余部分。⊖

```
[root@wally1 ~]# ip route
default via 24.199.159.57 dev enp2s0 proto static metric 103
24.199.159.56/29 dev enp2s0 proto kernel scope link src 24.199.159.59 metric 103
192.168.0.0/24 dev enp6s0 proto kernel scope link src 192.168.0.254 metric 102
192.168.10.0/24 dev enp4s0 proto kernel scope link src 192.168.10.1 metric 104

[root@wally1 ~]# route -n
Kernel IP routing table
Destination     Gateway         Genmask         Flags Metric Ref    Use Iface
0.0.0.0         24.199.159.57   0.0.0.0         UG    103    0        0 enp2s0
24.199.159.56   0.0.0.0         255.255.255.248 U     103    0        0 enp2s0
192.168.0.0     0.0.0.0         255.255.255.0   U     102    0        0 enp6s0
192.168.10.0    0.0.0.0         255.255.255.0   U     104    0        0 enp4s0
[root@wally1 ~]#
```

图 3-3　笔者网络路由器中的一张复杂路由表

需要注意的是，系统仅配置了一个默认网关，该网关配置在 enp2s0 接口上，此接口承担着主机访问互联网的桥梁作用。

此外，要确保路由功能正常运作，还需要在防火墙上设置恰当的规则。

3.7 Fail2Ban

理想的防火墙应当能够灵活应对威胁形势的变化。面对几年前频繁遭遇的 SSH 攻击潮，笔者迫切需要一种有效手段来抵御这些侵扰。在经过一番深入探索与调研之后，笔者找到了 Fail2Ban 这款开源工具。它能够自动执行过去需要人工处理的任务，并将反复尝试非法访问

⊖ 简而言之，这个示例中的 Linux 路由器不仅负责处理内部网络之间的通信，还负责将所有非直连网络的流量导向互联网。该路由表的复杂性体现在它需要管理多个网络接口和多条路由规则，以确保数据包能够准确无误地到达其目的地——无论是局域网内的其他设备，还是广域网上的远程服务器。——译者注

的 IP 地址添加至防火墙的黑名单中，而且它与 firewalld 服务可以很好地集成。

Fail2Ban 内置了一套精细且可自定义的匹配规则及响应运作机制，能在检测到对系统的破解企图时迅速采取行动。它的防护规则广泛覆盖了 Web 攻击、电子邮件攻击及众多其他可能暴露安全漏洞的服务。具体运作机制为：一旦检测到攻击行为，Fail2Ban 即刻在防火墙上添加一条规则，阻止此特定单一 IP 地址的进一步访问，并根据配置的时长进行封锁。时限一过，该封锁指令自动解除。

现在，我们来安装 Fail2Ban，并探究它是如何守护我们的系统安全的。

实验 3-8：了解 Fail2Ban

请以 root 用户身份在 StudentVM2 主机上进行本实验。首先执行以下命令安装 Fail2Ban，整个安装流程耗时大概一分钟，并且安装完毕后无须重启虚拟机：

```
[root@studentvm1 ~]# dnf -y install fail2ban
```

Fail2Ban 的安装程序会自动配置与 firewalld 的接口集成。

Fail2Ban 安装完成后并不会自动启动，我们需要在进行初步配置后再启动它。首先，将当前工作目录切换至 /etc/fail2ban 并查看该目录下的内容。此处存在一个名为 jail.conf 的主配置文件，考虑到日后更新可能会覆盖 jail.conf 文件，我们一般不使用它来配置。正确的做法是在同级目录下创建一个 jail.local 文件，通过它来进行个性化设置，这里的任何设置都将覆盖 jail.conf 中的设置。

将 jail.conf 文件内容复制到 jail.local。编辑 jail.local 文件，忽略或删除文件开头提示用户不要修改此文件的注释说明，因为我们正是要在此文件中做必要的调整。

在文件中找到大约位于第 87 行的注释行 # ignoreself = true，去掉行首的 #，将此行改为 ignoreself = false。这样做的目的是确保 Fail2Ban 不会忽略来自本地主机的失败登录尝试。不过，记得在完成本章的学习后，将这一项改回 true 以避免拦截自身流量。

向下找到 bantime = 10m（约为第 101 行），将其调整为一分钟（1m）。鉴于我们没有额外的测试主机，所以将利用本地主机或 StudentVM1 进行测试。即便是单一主机环境下，自我测试也是可行的。为保证能迅速恢复实验，我们不希望任何一台主机因封禁而长时间不可用。在真实环境中，笔者倾向于将此时间延长至数小时，以长时间阻断非法入侵者的尝试。

接着，将 maxretry = 5 修改为 maxretry = 2，这代表在遭遇任何类型的登录失败后允许的最大重试次数。在实验环境下，2 次尝试是一个合理的限制。在笔者的常规设置中，这个值是 3，意味着若有人试图通过 SSH 登录，3 次登录均不成功，则很可能是非法用户。

我们同样可以在 [sshd] 过滤器部分调整这两个配置选项，这样改动只适用于 sshd 服务，而我们刚才修改的全局设置适用于所有过滤器。

请你仔细阅读文档这一节中的其余注解，了解各个辅助选项的功能，随后滚动至

JAILS 区域中的 [sshd] 部分。

在此处增添一行高亮代码以启用 sshd jail。尽管文档对此步骤的说明不够清晰，但以往的版本中默认值是 enabled = false，显然，将其改为 true 就能开启 sshd jail 的防护功能：

```
[sshd]
# To use more aggressive sshd modes set filter parameter "mode" in jail.local:
# normal (default), ddos, extra or aggressive (combines all).
# See "tests/files/logs/sshd" or "filter.d/sshd.conf" for usage example and details.
enabled = true
#mode    = normal
port     = ssh
logpath  = %(sshd_log)s
backend  = %(sshd_backend)s
```

不要只是启用 Fail2Ban 服务，直接启动它：

```
[root@studentvm1 ~]# systemctl start fail2ban.service
```

接下来，请尝试通过 SSH 登录到本地主机，可采用无效的用户名或密码来登录有效的用户账户。需要明确的是，触发封锁的是连续三次失败的登录，而非某一次登录尝试中连续三次密码输入错误。一旦遇到连续三次登录失败，系统将反馈以下错误提示：

```
[student@studentvm1 ~]$ ssh localhost
<snip>
ssh: connect to host localhost port 22: Connection refused
```

这表明 sshd jail 已经成功启动并发挥作用了。此时应查看 iptables 的防火墙规则。请注意，由 Fail2Ban 设置的这些规则存放在内存中，并非永久的。由于拒绝规则在一分钟后会自动清理，如果当前未观察到该提示，你可以再次强制执行失败登录，以验证规则的存在。

这些规则实际上是经由 nftables 解析的。执行以下命令以列出 nftables 的现行规则，并滑动至列表的底部，你将看到如下条目：

```
[root@studentvm1 ~]# nft list ruleset | less
table ip6 filter {
        chain INPUT {
                type filter hook input priority filter; policy accept;
                meta l4proto tcp tcp dport 22 counter packets 68 bytes 11059
                jump f2b-sshd
        }

        chain f2b-sshd {
                ip6 saddr ::1 counter packets 4 bytes 320 reject
                counter packets 54 bytes 9939 return
        }
```

```
        }
        table ip filter {
                chain INPUT {
                        type filter hook input priority filter; policy accept;
                        meta l4proto tcp tcp dport 22 counter packets 62 bytes 9339
                        jump f2b-sshd
                }

                chain f2b-sshd {
                        ip saddr 127.0.0.1 counter packets 2 bytes 120 reject
                        counter packets 54 bytes 8859 return
                }
        }
```

接下来，我们查看几个关键日志文件。进入 /var/log 目录，首先查看 /var/log/secure 日志，从中你应该能找到一系列标示密码验证未通过的条目。这些正是 Fail2Ban 检查的登录失败的日志条目。

随后，请查看 /var/log/fail2ban.log 文件，它详细记录了系统在安全日志中探测到引发封禁行为的事件时间点，以及为确保系统安全所采取的封禁与解封操作历史。

当一分钟的自动封禁期限结束后，再次尝试从本地主机登录，以确认你的登录权限已恢复正常。这一次，请确保使用正确的密码进行登录：

```
[root@studentvm2 ~]# ssh localhost
root@localhost's password:
Last failed login: Wed Jun 14 14:15:10 EDT 2023 from ::1 on ssh:notty
```

自上次成功登录以来，有两次失败的登录尝试。

```
Last login: Tue Jun 13 14:36:51 2023 from 192.168.0.1
[root@studentvm2 ~]# exit
logout
Connection to localhost closed.
[root@studentvm2 ~]#
```

需要注意的是，f2b-sshd 这条链的相关规则只有在初次执行封禁操作后才会在 iptables 的规则集中显示。而且一旦显示，该链的起始与结束规则会长期保留，而针对个别 IP 地址的拒绝规则会在达到设定时间后自动清理。笔者也是经过一番探究才完全明白这一机制的运作方式。

Fail2Ban 的安装过程中会自动部署必要的配置文件，以便 logwatch 能够监控并汇报 Fail2Ban 的运行状况。尽管自行设计 Fail2Ban 的过滤规则及响应动作是可行的，但这部分内容已不属于本书的介绍范畴。

请务必仔细审查 fail2ban.local 文件中预设的各种 jail 配置。这里涵盖了多种可能触发

Fail2Ban 实施 IP 封禁的情景，涉及阻止特定源头 IP 地址访问某一服务或端口。

3.8 清理工作

将先前调整的 ignoreself = false 恢复为 ignoreself = true，以确保 Fail2Ban 忽略本地主机的失败登录尝试。另外，将最大尝试次数 maxretry 重置为 5。

以上调整使 Fail2Ban 恢复到了初始默认设置。

总结

在本章中，我们成功地将 StudentVM2 主机转型为一个路由器。实现这一转变的核心在于，我们对内核进行了配置，启用了 IP 转发功能，这是路由器工作的基础。我们配置了内部网络接口 enp0s8，将其归入 trusted 区域，并通过测试确认了配置的有效性。此外，为了对我们的整个网络提供最大限度的保护，我们在 StudentVM2 这台防火墙 / 路由器上部署了 Fail2Ban，并对配置效果进行了验证。

在具有两个或更多网络接口的主机上搭建路由器是一件很容易的事情，我们已经学习了如何去做。

当你尝试在网上搜索利用 firewalld 搭建 Linux 路由器的教程时，会发现很多网页内容，但大部分信息都不准确或讲解得过于复杂。诚然，随着我们往路由器中增加可从外部互联网访问的服务，比如本地电子邮件服务和网站托管，系统的配置确实会变得复杂一些，但在多数仅需要简单接入互联网的场景下，这种额外的复杂性其实并无必要。

练习

为了掌握本章所学知识，请完成以下练习：

1）为什么连接两个不同网络时必须有路由器？

2）什么是默认网关，它有什么作用？

3）同一个网络中是否可以有多个路由器？

4）同一个网络中能否有多个默认网关？

5）为何实验 3-7 中使用了 example.net 域名而非 example.com？

6）在将 StudentVM2 配置成路由器前，为何它能够正确解析外部域名（如 example.org 或 cnn.com）？

7）列出 StudentVM1 与 www.apress.com（或 www.both.org）之间的路由器，判断是否有路由器丢包，以及路由器的大概位置。

第 4 章

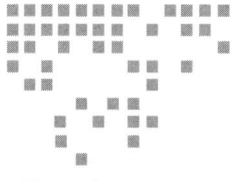

SSH 远程连接

目标

在本章中,你将学习以下内容:

- 如何使用 SSH 建立和维护安全连接?
- SSH 的进阶应用及技巧。
- 如何使用 SSH 进行安全的文件传输?
- 如何通过 SSH 执行远程命令?
- 如何生成和使用公私钥对(Public/Private Key Pair,PPKP)进行 SSH 身份认证?
- 如何使用 X-forwarding 技术,实现远程主机 GUI 程序的本地可视化操作?
- 执行简单且有效的方式对远程主机群进行集中备份。

4.1 概述

SSH 是 Linux 主机间建立安全连接的重要机制,它是一个基于软件的虚拟专用网络(Virtual Private Network,VPN)工具,能在需要时构建起安全的 VPN。在持有合法凭证的前提下,SSH 允许安全登录任意远程主机,并能强化备份工具(例如 tar、rsync),从而轻松地完成从远程主机到本地系统的备份。其中,scp(secure copy)命令利用 SSH 的加密隧道在远程主机和本地主机之间复制文件。

在下册第 11 章的 Ansible 部署环节中,我们配置了 SSH 服务器,并通过它连接到本地主机,以便借助 Ansible 测试自动化更新。本章将进一步探讨 SSH 的应用,展示其如何在两台虚拟机之间通信，并采用 PPKP 作为比密码更为安全的认证方式。

实际上，安全外壳（Secure Shell）这一术语可能会引起一些人的误解，因为 SSH 并不直接指代 shell（终端），而是指在两台计算机之间建立安全加密链接的一组连接协议。当通过 SSH 登录远程主机时，会采用该主机用户默认的 shell 环境（多为 Bash，但也可能是用户自定义的其他 shell），无论采用何种 shell，SSH 连接期间都将使用所选的 shell 进行交互。

SSH 具备以下三个核心特性：

1）可信赖的身份验证：确保主机及用户的真实身份，防止冒充行为。

2）加密通信：对主机间的所有通信内容进行加密，包括登录 ID、密码与 PPKP 的传输。

3）数据完整性保护：监控数据传输过程，一旦发现数据被篡改、增删，即刻向用户报警。

使用 SSH 作为主机间通信的手段，是网络安全预防的有效措施，能有效防御公共网络中数据被窃听、阻断或篡改的风险。当然，尽管 SSH 是强大的安全工具，但安全体系的构建还需综合多种预防措施。不过，SSH 确实让实现安全通信变得轻而易举。

提示　本章聚焦于如何在远程计算机上操作其独立的 GUI 应用程序。本书第 13 章将深入介绍 TigerVNC 这一远程桌面接入技术，它能够让你全面共享桌面资源，实现从远程到本地的桌面资源共享体验。

4.2　启动 SSH 服务

此前，我们已在 StudentVM1 上开启了 SSH 服务，现在也需要在 StudentVM2 上执行相同的启动操作。实际上，任何 Linux 主机都能够充当 SSH 服务器，这样配置有利于促进主机之间的便捷沟通，并为远程主机的作业提供便利条件。

实验 4-1：开启 StudentVM2 的 SSHD

请以 root 用户身份在 StudentVM2 主机上执行本实验。首先，你需要启动 SSHD 服务器守护进程，并设置它随系统启动自动运行。当前的 SSHD 默认配置非常适合我们的实验需求，它支持 root 用户直接登录。然而，在实际生产环境中，为了增强安全性，我们往往会调整配置，禁止 root 用户直接远程登录：

```
[root@studentvm2 ~]# systemctl start sshd ; systemctl enable sshd
Created symlink /etc/systemd/system/multi-user.target.wants/sshd.service →
/usr/lib/systemd/system/sshd.service.
[root@studentvm2 ~]#
```

成功之后，我们可以尝试远程连接到 StudentVM2 主机了。请在 StudentVM1 上打开终端会话，使用 student 用户通过 SSH 连接到 StudentVM2：

```
[student@studentvm1 ~]$ ssh studentvm2
The authenticity of host 'studentvm2 (192.168.56.1)' can't be established.
ECDSA key fingerprint is SHA256:NDM/B5L3eRJaalex6IOUdnJsE1smOSiQNWgaI8BwcVs.
Are you sure you want to continue connecting (yes/no)? yes
Warning: Permanently added 'studentvm2,192.168.56.1' (ECDSA) to the list of
known hosts.
Password: <Enter the password for student1 on StudentVM2>
[student@studentvm2 ~]$
```

首次与任何主机建立 SSH 连接时，系统都会提示身份验证信息并展示远程主机私钥对应的指纹（又称私钥签名）。在极度重视安全的场景下，我们应当事前获取到目标远程主机密钥的指纹信息，以便进行核对，确保所连接的确实是预期的远程主机。这里显示的指纹是该主机私钥的独特标识，而非安全密钥本身。从这个指纹无法复原原始私钥，从而有效防止了借此途径非法入侵远程主机的行为。

你必须输入"yes"（完整的单词）才能继续登录过程，随后需要输入远程主机账户的密码。

接下来，让我们检查一下 /home/student/.ssh 目录，并查看 StudentVM1 主机中 ~/.ssh/known_hosts 文件的内容。你应该会看到远程主机（StudentVM2）的公钥。known_hosts 文件存储在本地主机（发起连接的主机），而非远程主机（被连接的主机）上。我们连接过的每个主机都会在 known_hosts 文件中留下一个独一无二的签名，用于在后续连接中识别验证它们的身份：

```
[student@studentvm1 ~]$ cat .ssh/known_hosts
localhost ssh-ed25519 AAAAC3NzaC1lZDI1NTE5AAAAIBLOJ/wd2RJpsu2fPKOEPzFq6dCnT-
Fk3/m3U716SD2BY
studentvm2 ssh-ed25519 AAAAC3NzaC1lZDI1NTE5AAAAIFm+TnU+D2+OOiGkcgp47LvEN9ZQ3
yKU8l2nuAMeXI6D
studentvm2 ssh-rsa
<SNIP>
uKMVvVC3DliZZ+GEkXd2U4vsmDht0fXH1RcnPJPBM9xPP32dhfg9Zwprwra1VJxa9icecmZbglvJj
ORUgvvFp/PHZxHFVkGWKZ7ywoojFTOeFjROxc=
studentvm2 ecdsa-sha2-nistp256 AAAAE2VjZHNhLXNoYTItbmlzdHAyNTYAAAAIbmlzdHAyNT
YAAABBBPOZ9+hEe2P3P5475c3hS45C73w52eoN/9R/dk0724/qYZ9dzNSB6yl+jH35BTIRGtzbqhn
oaKTBqCTBLAQdG/c=
[student@studentvm1 ~]$
```

一旦首次连接远程主机时接受了其密钥，后续的连接过程会更快捷，因为双方计算机通过密钥建立了相互识别的信任关系。

存放主机密钥的目录是 /etc/ssh，该目录同时也包含了 SSH 客户端与服务端的配置文件。你可以浏览这个目录，查看其中的各种密钥文件。

接下来，请以 StudentVM1 的 root 用户身份尝试连接 StudentVM2，确认连接同样顺畅无阻。

最后，输入 exit 指令，断开两台虚拟机之间的 SSH 连接。

至此，我们已经确认 StudentVM2 上的 SSH 服务运行良好，能够接受来自远程主机的连接。不过，SSH 的功能还远不止于此。

4.3 SSH 工作原理简介

客户端和服务端在建立 SSH 连接时会经过以下几个步骤：

1）命令发起：用户在客户端（如 StudentVM1）执行 ssh StudentVM2 命令，发起连接请求。

2）连接建立：客户端与服务器建立初始的 TCP 连接（此阶段尚未加密）。

3）服务器认证：服务器将自身公钥发送给客户端，客户端与本地 ~/.ssh/known_hosts 文件进行比对，确认服务器身份（注意：此步骤为服务器认证，不涉及用户认证）。

4）协商加密：客户端和服务器协商加密方式，并在后续通信中启用加密。

5）用户认证：客户端提示用户输入密码，经加密通道发送至服务器。

6）登录验证：服务器验证密码，通过后允许用户登录。

7）远程 shell 启动：服务器启动用户指定的或默认 shell 环境（通常为 Bash）。

当 ssh 命令未明确指定 user@host 格式中的用户名时，SSH 默认将发起连接客户端的本地用户名作为远程登录的用户名。

我们可以采用 PPKP 机制，它是一种基于非密码认证的登录认证替代方案。本章后面部分会详述这一机制。另外，为了进一步加强安全性，PPKP 还支持设置一个任意长度的可选口令。

SSH 可以在已认证的单一连接上同时建立多个并发通道，这不仅实现了登录会话的隧道传输，还允许 TCP 转发，从而使常规非加密协议（如 X Window 系统等）利用这一加密通道进行安全数据传输。

时至今日，SSH 最常用的实现方式是 OpenSSH[⊖]。直至 2000 年 9 月，SSH 技术一直受限于专利权及其他专属限制，不过这些障碍在那时已悉数解除。尽管市面上也存在着一些 SSH 的商业版本，但在 Linux 系统上并没有采用它们的必要性。比如 Fedora 以及笔者尝试过的其他一些 Linux 发行版，默认配置下不仅安装 SSH 的客户端与服务器，并且默认开放 root 用户的访问权限。

⊖ OpenSSH，www.openssh.com。

4.4 PPKP

PPKP 旨在增强安全性，主要是通过消除向远程主机启动 SSH 连接中输入密码的需求。这对用户来说更安全，因为它消除了记住或记录那些既长又复杂的优质密码的需求及其泄漏风险。

事实上，每台主机在初次安装后的首次启动时就已经自动生成了 PPKP。这些主机密钥对被妥善保存在 /etc/ssh 目录下。在最初的握手协议阶段，当进行初次 SSH 连接时，主机的公钥会被交换。这些主机密钥的作用在于互相确认主机的身份，并且用于启动连接的初步加密过程，确保认证序列的安全。

PPKP 的工作原理

假设笔者想发送加密消息，确保只有你和其他拥有密钥的人才能阅读。这要求笔者能够对消息进行加密，你则需要能够对其解密。密码学中介绍了许多使用各种类型的密钥和设置不同级别的安全性来实现这一目标的方法。在密钥没有泄露风险的情况下，对称密钥是可行的方案。然而在实际应用中，我们并不能知道我们共享的密钥是否已被泄露，潜在的窃听者是否能截获和解密的消息。

使用 PPKP 以一种简单而有效的方式解决了这个问题。PPKP 机制的核心在于，只有公钥才能解密用私钥加密的消息，也只有私钥才能解密用公钥加密的消息。当笔者第一次了解到这个原理时，确实思考了几分钟才理解清楚：

1）创建一个 PPKP。

2）将公钥发送到远程计算机 B，该计算机负责解密笔者送出消息，并对要回复给笔者的消息进行加密。

3）使用私钥对消息 X 进行加密，并将其发送到远程计算机 B。

4）远程计算机 B 使用公钥解密加密消息 X。

5）为进行回复，远程计算机使用公钥对消息 Y 进行加密并将其发送回笔者的主机 A。

6）在笔者的主机 A 上，使用私钥来解密由远程计算机公钥加密的消息 Y。

当然，上述消息指的是计算机之间传输的 TCP 数据包中的数据。PPKP 机制也能应用于保护电子邮件或其他类型的消息。

这一机制衍生出几个重要启示。首先，一旦掌握了公钥，便可解密笔者发出的信息（数据包）。这意味着，笔者只需分享同一公钥给多台不同计算机，即可凭借单一私钥，利用 SSH 协议实现与它们的无缝连接，无须为每台设备配置专属密钥对。

其次，任何持有公钥者都能向笔者发送加密信息，但开启对话的钥匙——私钥，唯笔者独有。若其他主机意欲开启对话，则需构建自身的 PPKP，并将其公钥副本发送给笔者。换言之，仅凭复制笔者的公钥，他人无法擅自建立对主机的加密连接。

传递公钥的方式之一是通过电子邮件发送给目标主机的用户，由对方将其加入 ~/.ssh/

authorized_keys 文件中。此外，还有一种工具能在已知目标账户密码的前提下，协助我们在远程主机上部署公钥。然而，若无远程主机用户的协助或事先不具备个人账户及密码，我们无法直接跨越网络推送公钥并登录任意远程主机。

综上所述，PPKP 机制完美契合了安全认证的初衷——保障连接的安全与简便。

笔者只能通过 SSH 连接到那些我已经拥有账户并知道密码的远程主机。在实际操作中，这意味着 student 用户（或 root 用户）需要同时在 StudentVM1 和 StudentVM2 上拥有账户，并将公钥从一台主机发送到另一台主机。

实验 4-2：生成和使用 PPKP

请以 student 用户身份分别在 StudentVM1 与 StudentVM2 主机上执行本实验对应操作。首先在 StudentVM1 主机上，以 student 用户身份采用如下指令生成 PPKP。其中，-b 2048 选项旨在生成长度为 2048 位的密钥，而最短支持的密钥长度为 1024 位。系统默认生成的是 RSA 密钥，你也可选择其他加密体制的密钥。鉴于 RSA 密钥的安全性广受认可，我们决定采用 RSA。在命令执行过程中，面对所有询问，我们都直接按 <Enter> 键，采纳所有默认配置：

```
[student@studentvm1 ~]$ ssh-keygen -b 2048
Generating public/private rsa key pair.
Enter file in which to save the key (/home/student/.ssh/id_rsa): <Enter>
Enter passphrase (empty for no passphrase): <Enter>
Enter same passphrase again: <Enter>
Your identification has been saved in /home/student/.ssh/id_rsa.
Your public key has been saved in /home/student/.ssh/id_rsa.pub.
The key fingerprint is:
SHA256:y/y5kKXhceb093iLg3XhOZGIqFBsEZSTXi3cdKh22fY student@studentvm1
The key's randomart image is:
+---[RSA 2048]----+
|      +=* =.o.. .|
|      . * = =.. o |
|       + + o o  o|
|        o o o o.|
|         S * . o|
|        + % . . E |
|        0 . + o  |
|         o o o.|
|          +. .ooo|
+----[SHA256]-----+
[student@studentvm1 ~]$
```

主机密钥的指纹及附带的 randomart 图像是检验主机公钥真实性的可靠依据。需要注意的是，这些信息既无法用于复原最初的公钥或私钥，也不能用于通信，它们的存在纯粹是为了验证密钥的有效性。

在成功生成密钥对后，让我们再次检查 StudentVM1 上 student 用户的 ~/.ssh 目录。你会发现两个新文件：id_rsa（私钥）和 id_rsa.pub（公钥）。.pub 扩展名清楚地表明了文件的性质。

时至今日，我们不再依赖电子邮件或脱离网络的其他传统途径分发公钥。因为我们拥有一个便捷的工具来完成这项任务。请在 StudentVM1 上以 student 用户权限执行后续步骤：

```
[student@studentvm1 ~]$ ssh-copy-id studentvm2
/usr/bin/ssh-copy-id: INFO: Source of key(s) to be installed: "/home/student/.ssh/id_rsa.pub"
The authenticity of host 'studentvm2 (10.0.2.11)' can't be established.
ECDSA key fingerprint is SHA256:NDM/B5L3eRJaalex6IOUdnJsE1smOSiQNWgaI8BwcVs.
Are you sure you want to continue connecting (yes/no)? yes
/usr/bin/ssh-copy-id: INFO: attempting to log in with the new key(s), to filter out any that are already installed
/usr/bin/ssh-copy-id: INFO: 1 key(s) remain to be installed -- if you are prompted now it is to install the new keys
Password: <Enter password of the user on the remote host>
Running /home/student/.bashrc
Running /etc/bashrc

Number of key(s) added: 1

Now try logging into the machine, with:   "ssh 'studentvm2'"
and check to make sure that only the key(s) you wanted were added.
```

请在 StudentVM1 主机上，以 student 用户权限启动一个终端会话，并通过 ssh 命令登录至 StudentVM2 主机，确保成功接入目标主机 StudentVM2。

登录后，建议你在 StudentVM2 上执行若干简易测试，例如查看文件列表等，以确认一切运作正常。随后，我们将尝试从 StudentVM1 向 StudentVM2 复制文件。

以 StudentVM1 上的 student 用户身份，在必要时打开一个新的终端会话。如果之前你做过上册的实验，那么在 student 用户的主目录下应该已经存在一些文件和目录，其中可能包括一个名为 random.txt 的文件。如果没有这个文件，请先执行以下命令创建它：

```
[student@studentvm1 ~]$ dd if=/dev/urandom of=random.txt bs=512 count=500
500+0 records in
500+0 records out
256000 bytes (256 kB, 250 KiB) copied, 0.00304606 s, 84.0 MB/s
[student@studentvm1 ~]$ ll rand*
-rw-rw-r-- 1 student student 256000 Jun 18 14:50 random.txt
```

接下来，我们将把这个文件复制到远程主机中。采用波浪线（~）是一种便捷方式，它会自动指向远程主机 student 用户的主目录。另外，你也可以考虑使用 'pwd' 命令来明确当前工作目录，碰巧的是，当前我们正处于 student 用户的主目录下：

```
[student@studentvm1 ~]$ scp random.txt studentvm2:~
[student@studentvm1 ~]$
```

使用在 StudentVM1 上已通过 SSH 登录到 StudentVM2 的终端会话，确认文件是否已经成功复制到 StudentVM2。存在文件未被复制的可能性。若在 StudentVM2 的 student 用户的主目录中未发现 random.txt 文件，这很可能是我们在多个 Bash 配置文件内添加的 echo 语句的副作用。如果你从未遭遇此类状况，也需要注意类似这样的额外注释可能会扰乱标准协议流程，导致 SSH 及 SCP（Secure CoPy，安全复制）在未显示错误的情况下操作失败。

为解决此问题，你需要在两台主机上找到并修改 root 用户和 student 用户的全部 Bash 配置文件，将标识正在执行脚本命令的那些 echo 语句进行注释处理，这些语句包括 ~/.bashrc、~/.bash_profile、/etc/bashrc、/etc/profile 和 /etc/profile.d/myBashConfig.sh。

再次尝试文件复制，此刻应当能够顺利完成。请务必验证操作结果。此外，如果与 StudentVM2 的 SSH 连线依然活跃，请记得及时关闭该会话：

```
[student@studentvm2 ~]$ exit
logout
Connection to studentvm2 closed.
[student@studentvm1 ~]$
```

接着，在 StudentVM1 服务器上为 root 用户创建一个受密码保护的 PPKP，并将该密钥对的公钥复制到 StudentVM2 服务器上。同时，在 StudentVM2 服务器上为 root 用户和 student 用户分别创建受口令保护的 PPKP，并将这些密钥对的公钥复制到 StudentVM1 服务器上。完成这一系列操作将构筑一个便于用户在两台服务器之间进行 SSH 连接的环境。

接下来，以 StudentVM2 服务器上的 student 用户身份，将该用户的公钥复制到 StudentVM1 服务器上的 student1 账户中（如果 student1 账户不存在，则先创建它）。随后，尝试以 StudentVM2 上的 student 用户身份，通过 SSH 连接到 StudentVM1 服务器上的 student1 用户。你会注意到，连接过程中显示的密钥指纹与先前看到的指纹一致，这是因为该指纹属于 StudentVM1 服务器的宿主密钥，而不是用户密钥：

```
[student@studentvm2 ~]$ ssh-copy-id student1@studentvm1
/usr/bin/ssh-copy-id: INFO: Source of key(s) to be installed: "/home/student/.ssh/id_rsa.pub"
The authenticity of host 'studentvm1 (192.168.0.181)' can't be established.
ECDSA key fingerprint is SHA256:NDM/B5L3eRJaalex6IOUdnJsE1smOSiQNWgaI8BwcVs.
Are you sure you want to continue connecting (yes/no)? yes
/usr/bin/ssh-copy-id: INFO: attempting to log in with the new key(s), to filter out any that are already installed
/usr/bin/ssh-copy-id: INFO: 1 key(s) remain to be installed -- if you are prompted now it is to install the new keys
```

```
student1@studentvm1's password: <Enter password for student1 on StudentVM1>
Number of key(s) added: 1

Now try logging into the machine, with:   "ssh 'student1@studentvm1'"
and check to make sure that only the key(s) you wanted were added.

[student@studentvm2 ~]$
```

现在，使用 StudentVM2 上的 student 用户通过 SSH 连接到 StudentVM1 上的 student1 用户账户。执行以下几个简单的命令以验证主机身份和用户账户 ID 的正确性。完成后，退出 SSH 连接：

```
[student@studentvm2 ~]$ ssh student1@studentvm1
Last login: Thu May 30 14:39:56 2019 from 10.0.2.11
[student1@studentvm1 ~]$ pwd
/home/student1
[student1@studentvm1 ~]$ hostname
studentvm1
[student1@studentvm1 ~]$ whoami
student1  pts/4         2019-06-20 08:12 (192.168.0.182)
[student1@studentvm1 ~]$ exit
```

即使没有设置密码口令，使用受密码保护的 PPKP 进行 SSH 连接，也要比使用传统密码方式的 SSH 连接更加安全。这是因为密钥本身需要额外的验证步骤，可以防止暴力破解等密码安全问题。

4.5　X-Forwarding

现在我们的 SSH 连接已经正常工作并且经过了测试，接下来可以尝试更多有趣的功能了。让我们从远程主机上运行一个 GUI 程序开始，同时将该程序的窗口显示在本地主机上。目前，大多数 GUI 桌面环境使用 Wayland 窗口系统或 X Window 系统（也常被称为 X）作为其底层的窗口管理引擎。无论使用哪种系统，X-Forwarding 均能正常工作，因为它们都采用了相同的协议。

实验 4-3：通过 X-Forwarding 使用远程 GUI 程序

本次实验需要以 StudentVM1 主机上的 student 用户身份进行操作。

首先，在使用 ssh 命令从 StudentVM1 连接到 StudentVM2 时，添加 -X 选项（大写 X）来指定使用 X-Forwarding 技术。在操作过程中，若系统提示有关 Xauthority 文件的信息，不必担心，这是初次操作时常见的现象，系统会在适当时机自动生成该文件：

```
[student@studentvm1 ~]$ ssh -X studentvm2
Last login: Wed Jun 19 08:31:28 2019 from 10.0.2.21
/usr/bin/xauth:  file /home/student/.Xauthority does not exist
[student@studentvm2 ~]$ thunar &
[1] 2683
[student@studentvm2 ~]$
```

图 4-1 所示是 StudentVM1 主机的桌面窗口。图中呈现了 SSH 使用 X-Forwarding 技术，在 StudentVM1 的桌面上显示正在 StudentVM2 上运行的 Thunar 文件管理器的效果。请对 StudentVM2 的目录结构稍作浏览，随后我们将安装一些富有趣味性的 Xorg 程序。

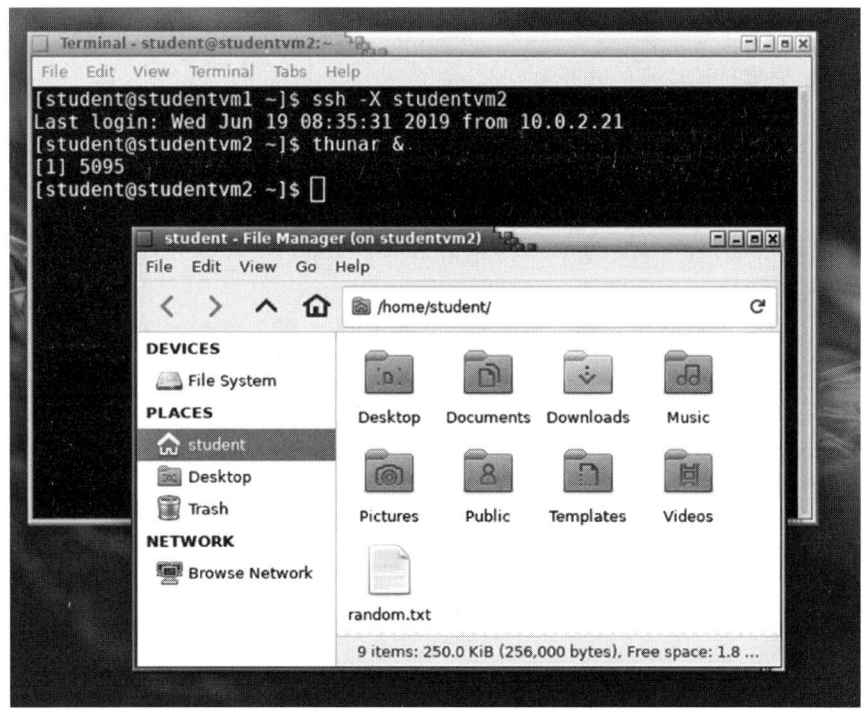

图 4-1　SSH 使用 X-Forwarding，将运行在 StudentVM2 上的 Thunar 文件管理器显示在 StudentVM1 的桌面窗口中

以 root 用户身份在 StudentVM2 上安装 xeyes（X 眼）和 xclock（时钟）软件包，注意仅在 StudentVM2 上安装：

```
[root@studentvm2 ~]# dnf -y install xeyes xclock
```

接着以 student 用户身份在 StudentVM2 上启动并试用 xeyes 程序：

```
[student@studentvm2 ~]$ xeyes &
[1] 23848
[student@studentvm2 ~]$
```

通过单击 Xfce 桌面顶端的窗口关闭按钮来结束 xeyes 程序的运行。由于 xeyes 程序自身不具备可调整的窗口边框，你需要从应用栏中直接关闭或移动它。

接下来，切换到 StudentVM1 上 student 用户，试着启动 xeyes 程序。你会发现操作未能成功，原因是我们并未在 StudentVM1 主机上预装 xeyes 这个软件包：

```
[student@studentvm1 ~]$ xeyes &
-bash: xeyes: command not found
[1]+  Exit 127                xeyes
[student@studentvm1 ~]$
```

现在，让我们从 StudentVM1 桌面连接到 StudentVM2，记得在 SSH 连接中启用 X-Forwarding 功能。输入和先前相同的命令以启动 xeyes，现在移动鼠标指针，你能看到程序中的眼睛会跟随鼠标指针的移动。

在命令末尾添加的 & 字符意味着该命令将在后台执行，如此一来，终端会话立即返回到命令提示符界面，而 GUI 程序则继续运行。这对于 Thunar 或 xeyes 这类程序的运行并无直接影响，但若你在不附加 & 的情况下启动 Thunar，终端会话将不会恢复到命令提示符界面，你需要手动终止 Thunar 进程或再次远程登录，才能获取新的命令行界面以启动 xeyes。

接下来，尝试远程启动 xclock 程序，享受远程操控程序带来的乐趣，然后依次关闭 Thunar、xclock 以及 xeyes。

X-Forwarding 的这一特性不仅充满趣味，而且实用性十足。

4.6　X Window 系统

因为 X-Forwarding 是通过 SSH 的一种客户端/服务器交互操作，让我们更细致地探究一下其具体细节。

> 提示　虽然有些人将 X Window 书写为 X windows 或 X-Windows，但为了保持一致，我们在本书中统一使用"X Window 系统"或简称为"X"。

在标准的 SSH 连接中，连接过程从本地主机的客户端发起，并终止于远程主机的服务端。这一点在我们的先前实验中已得到了实践验证。

那么，当我们使用 SSH 进行 X-Forwarding 时，是否也遵循相同的连接模式？为了深入理解这个问题，我们需要对 X Window 系统有更全面的认识。在维基百科上，有一篇关于 X Window 系统及其发展历史的文章。简而言之，X Window 系统是在类 UNIX 操作系统（如 Linux）上运行的一种窗口系统。X Window 系统主要提供在显示器上创建和操作窗口及其他图形对象的基本图形工具，而不涉及用户界面的具体外观或用户与应用程序的交互方式。

X Window 系统基于客户端 - 服务端架构（B/S 架构），实现了应用程序及其请求与实现这些请求的服务器功能分离。此设计赋予了 X Window 系统卓越的灵活性和可扩展性，奠定了 X-Forwarding 技术的基础。但请注意理解此客户端 - 服务器模型时，我们需从应用程序角度出发，而非传统用户视角。回顾实验 4-3，从本地主机 StudentVM1 通过 SSH 连接至远程主机 StudentVM2，并在 StudentVM2 上启动应用程序，而这些应用程序的窗口则呈现于 StudentVM1 上，这一过程恰是对这一特殊客户端 - 服务端模型的直观体现：

1）我们在 StudentVM1 上使用鼠标在 Thunar 文件管理器中选定文件夹。

2）运行在 StudentVM2 上的 Thunar 响应该请求后，其会打开文件夹并生成一系列图形命令，这些命令会导致 Thunar 窗口的重绘。这是应用程序作为客户端向 X 服务端发出的请求。

3）这些命令被发送到 StudentVM1，X 服务端将它们转换为 Thunar 窗口中的新图像。这是 X 服务端响应客户端请求的过程。

通常情况下，X 服务器和客户端应用位于同一主机，但如实验所示，它们也可部署于不同主机。正是基于客户端和服务端的独立性，远程应用程序的窗口得以在本地显示。

4.7 SSH 执行远程命令

尽管使用 SSH 执行远程命令听起来像是通过 SSH 登录到远程计算机，然后在远程 Bash shell 中输入命令，但实际上两者间存在显著的区别。正是这一细微差异，使得 SSH 成了一个强大工具。我们从一个简单的任务开始讲起，比如查看远程主机上某个目录的内容。

实验 4-4：探索 SSH 执行远程命令

请以 student 用户身份在 StudentVM1 主机上执行本实验。我们的目标是查看远程主机上 student 用户主目录下的文件和文件夹。

在 StudentVM1 主机上以 student 用户的身份运行以下命令。请注意，只有当两台主机之间已经通过 PPKP 方式建立了信任关系，才能在不输入密码的情况下执行远程命令。引号在这里的作用是明确标识出要在远程主机上执行的命令，不过对于像这样简单的命令，引号其实是可以省略的。而当远程执行的命令较为复杂时，引号就显得很有必要了：

```
[student@studentvm1 ~]$ ssh studentvm2 "ls -l"
total 284
drwxr-xr-x. 2 student student    4096 Dec 24 08:19 Desktop
drwxr-xr-x. 2 student student    4096 Dec 22 13:15 Documents
drwxr-xr-x. 2 student student    4096 Dec 22 13:15 Downloads
drwxr-xr-x. 2 student student    4096 Dec 22 13:15 Music
```

```
drwxr-xr-x. 2 student student   4096 Dec 22 13:15 Pictures
drwxr-xr-x. 2 student student   4096 Dec 22 13:15 Public
-rw-rw-r--. 1 student student 256000 Jun 19 08:16 random.txt
drwxr-xr-x. 2 student student   4096 Dec 22 13:15 Templates
drwxr-xr-x. 2 student student   4096 Dec 22 13:15 Videos
```

现在，让我们进行一些更有趣的操作：

```
[student@studentvm1 ~]$ ssh studentvm2 "cp random.txt textfile.txt ; ls -l"
total 536
drwxr-xr-x. 2 student student   4096 Dec 24 08:19 Desktop
drwxr-xr-x. 2 student student   4096 Dec 22 13:15 Documents
drwxr-xr-x. 2 student student   4096 Dec 22 13:15 Downloads
drwxr-xr-x. 2 student student   4096 Dec 22 13:15 Music
drwxr-xr-x. 2 student student   4096 Dec 22 13:15 Pictures
drwxr-xr-x. 2 student student   4096 Dec 22 13:15 Public
-rw-rw-r--. 1 student student 256000 Jun 19 08:16 random.txt
drwxr-xr-x. 2 student student   4096 Dec 22 13:15 Templates
-rw-rw-r--. 1 student student 256000 Jun 20 08:22 textfile.txt
drwxr-xr-x. 2 student student   4096 Dec 22 13:15 Videos
[student@studentvm1 ~]$
```

如我们所料，该命令成功执行。然而，如果尝试在不加引号的情况下重复此命令，你会发现由于本地 shell 利用分号区分命令的结尾，导致远程命令执行到分号时戛然而止。正因如此，添加引号是必要的措施，它确保 shell 能够完整无误地将命令传递至远程主机。

 使用远程命令时，Bash shell 的别名（如 ll 命令，两个小写的 l）是无法识别的。因此，在编写包含远程命令的脚本时，请注意避免使用命令别名，以保证脚本的兼容性。

远程备份

即使我们现在已经了解了远程执行命令的原理，"远程备份"这个词本身还是可能会引起一些误解。多年以来，笔者一直使用脚本来对主工作站和几台远程主机进行备份。具体操作中，笔者采取了远程命令在这些远程主机上执行备份任务，并将数据安全地回传至笔者的主工作站上。

对远程主机进行备份其实比我们想象的要容易得多。

实验 4-5：将远程主机文件备份至本地主机

为确保实验的顺利进行，请在 StudentVM1 上使用 root 用户权限执行以下操作。实验的第一项任务是创建 StudentVM2 远程主机的备份文件。在此过程中，我们将对 /home、/root 和 /etc 目录进行备份，并将生成的备件 tar 包存储在 studentvm2://tmp 目录下：

```
[root@studentvm1 ~]# ssh studentvm2 "tar -cvf /tmp/studentvm2.tgz /home /etc /root ; ls -l /tmp "
```

现在，我们需要验证远程主机上生成的 tar 包 /tmp/studentvm2.tgz 是否包含了我们备份的那些文件。让我们直接在 StudentVM1 上执行远程命令进行检查：

```
[root@studentvm1 ~]# ssh studentvm2 "tar -c /home /etc /root"
```

观察到结果了吗？远程主机（StudentVM2）上执行的 tar 命令所产生的数据流，通过 SSH 连接被直接发送到本地主机（StudentVM1）终端的标准输出中。换句话说，我们现在可以直接在本地主机上处理这份来自远程主机的数据流，并通过管道或重定向等方式对其进行进一步操作。

抓住关键了吗？请注意在这个简单命令行程序中，我们是如何放置结束引号的：

```
[root@studentvm1 ~]# ssh studentvm2 "tar -cz /home /etc /root" > /tmp/studentvm2.tgz ; ls -l /tmp
tar: Removing leading `/' from member names
tar: Removing leading `/' from hard link targets
total 287352
<snip>
-rw-r--r--  1 root    root        6259259 Jun 20 08:57 studentvm2.tgz
<snip>
```

在这个实验中，我们巧妙地利用 SSH 通道，结合远程 tar 命令，直接将远程主机上的备份数据流传输到了本地。这个数据流通过 SSH 通道传输到本地主机的标准输出，我们可以在本地灵活地使用管道或重定向来处理它。

你看，我们刚刚完成了一次远程备份，并将备份文件保存到了本地主机，而这一切都只需一个简单的命令行程序。

在为远程主机创建了这种简单而高效的备份方法（使用 tar 和 SSH）后，我们的下一步工作就是编写一个脚本，让它能够对多台主机执行同样的备份任务，并创建 cron 任务或 systemd 定时器实现每晚的自动备份。

总结

SSH 采用了两层认证机制：首先认证主机身份，然后认证用户身份。它对整个会话进行加密处理，包括认证阶段和所有的数据传输过程。因此，SSH 具有很高的安全性，适合在公共网络环境中保障数据传输的机密性。

SSH 的特色功能（如远程命令执行以及通过加密连接传输数据流）为使用诸如 tar 这样的简单工具执行备份等任务提供了强大的解决方案。SSH 还支持 X-Forwarding 技术，使我们能够在远程主机上运行 GUI 程序，而其窗口则展示在本地主机上。这些特性共同展现了 SSH 作为一个强大、安全且灵活的工具，在复杂网络环境中的重要作用。

练习

为了掌握本章所学知识，请完成以下练习：

1）~/.ssh/id_rsa 文件应具有哪些权限？解释权限设置的原因。

2）~/.ssh/id_rsa.pub 文件应具有哪些权限？解释权限设置的原因。

3）StudentVM1 主机上应包含多个用户账户，其中包括名为"student1"的账户。如果该账户不存在，请创建它。以 StudentVM1 上的 student1 用户身份，创建一个 PPKP，并将公钥复制到 StudentVM2 上的 student（注意不是 student1）账户中。然后，通过 SSH 连接到 StudentVM2 上的 student 账户。

4）你应该已经在 StudentVM1 和 StudentVM2 两台主机上为 root 和 student 用户都创建了 PPKP。现在，请将 StudentVM1 上 student 用户的公钥复制到 StudentVM2 的 root 账户中。然后，以 StudentVM1 上的 student 用户身份，通过 SSH 以 root 权限连接到 StudentVM2。

5）假设你以 student 用户身份创建了 PPKP，并使用密码将公钥复制到了远程主机上。一段时间后（可能是几天或几周），根据安全策略的要求，你修改了本地和远程主机上的账户密码。请问在这种情况下，你仍然可以使用之前创建的 PPKP 登录远程主机吗？

6）在 StudentVM1 上编写一个 Bash 脚本，用于备份自身的 /home、/root、/etc 目录，同时备份 StudentVM2 主机上的 /home、/root、/etc、/var 目录。

7）完成上一个练习中的备份脚本编写和测试后，创建一个 cron 任务或 systemd 定时器，以便在每天凌晨 2:00 自动执行该脚本。

8）在 SSH 使用 X-Forwarding 时，哪台主机充当 X 服务器？

9）在 SSH 使用 X-Forwarding 时，哪台主机充当 X 客户端？

10）为什么直接显示备份数据流所花费的时间，比从数据流中创建备份文件花费的时间长得多？

注意：原文中没有直接给出这些问题的答案。你需要深入思考，并尽可能设计一些实验来验证你的想法。

第 5 章 Chapter 5

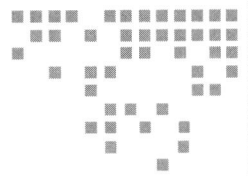

安 全

目标

在本章中,你将学习以下内容:

- 高级安全工具与安全技术。
- 如何利用 chroot 机制来提升 DNS 的安全性?
- 探索通过调整内核参数来增强网络安全的方法。
- 高级备份技巧的应用。
- 使用 ClamAV 进行病毒查杀。
- 使用 Tripwire 来进行基本的入侵检测配置。
- 使用 Rootkit Hunter 和 chkrootkit 工具来检测潜在的 rootkit 威胁。
- 使用 SELinux⊖来阻止攻击者修改关键系统文件。
- 深入了解 Linux 安全防护体系的各个方面。
- 认识并实施密码安全的附加管理措施。
- 使用 firewalld 防火墙来管理对主机 SSH 和 Telnet 端口的访问权限。
- 使用 tcpdump 工具来捕获并监控 Telnet 通信过程中的明文数据。
- 启用 SSHD 服务器,并利用 tcpdump 工具来验证通信内容是否已加密。
- 理解可插拔认证模块(Pluggable Authentication Module,PAM)的认证机制及其重要性。

⊖ SELinux 全称为 Security-Enhanced Linux,是一种基于 Linux 内核的安全增强 Linux 发行版。在该访问控制体系的限制下,进程只能访问那些任务中所需且指定的文件。——译者注

- 采取一些基本的安全加固策略,以提升任意 Linux 服务器的安全性。

5.1 概述

Linux 操作系统从设计之初便将高安全性作为其核心目标之一。它提供了一个既安全又可靠的环境,适用于日常工作和文件存储。然而,高水平的安全保障往往伴随着一定程度的管理约束。在本书的多个章节中,我们讨论了与安全相关的主题内容,这是因为安全是系统管理员日常工作中不可或缺的一部分。在我们所做的每一项决策中,系统和数据的安全性都应作为主要的考量因素。

任何连接至互联网的设备都存在遭受攻击的风险。Linux 系统虽然也不能彻底避免被漏洞利用的风险,但与其他操作系统相比,它天生具备更强的安全性。即便面临安全威胁,Linux 系统也不太可能遭受广泛的破坏。

要实现全面且坚不可摧的安全性,仅需遵循以下四条基本准则:

1) 计算机应部署在具备防爆能力且有管控机制的机房之中,旨在防止未经授权的物理访问以及对计算机及其存储数据的破坏。

2) 计算机应置于抗电磁干扰的机房(例如法拉第笼)内,以屏蔽计算机电磁辐射,防止被外部设备截获。这一措施还能保护计算机免受电磁脉冲攻击,但需确保电源亦完全位于抗电磁干扰的机房之内。

3) 计算机必须执行严格的物理隔离措施,严禁连接任何网络,尤其是互联网。这一准则涵盖所有有线及无线连接方式,如 Wi-Fi、蓝牙、红外等,以及任何具备外部数据传输功能的设备。

4) 计算机应始终保持关机状态,这样其他规则将不再适用。

是的,这确实是一个极客式的幽默,但这些夸张的描述在一定程度上反映了现实情况。然而,如果真要严格执行这些规定,计算机将无法正常使用,甚至不能执行其基本功能。这也反过来说明,只要计算机处于开机状态,就存在遭受网络攻击的风险。对于那些心怀不轨的黑客,我们应当使用"攻击者"来称呼。而那些致力于硬件和代码开发的"黑客",往往心存善意,正是他们创造了像 Linux 这样自由开源的工具以及众多基于 Linux 的应用。因此,我们必须认识到,在使用计算机时,我们始终处在一个不完美且存在安全风险的环境中。安全性不应该是在本书末尾提及的附加议题——它应该贯穿系统管理员工作的方方面面。在前几章中,我们已介绍了多种安全措施的启用和部署。在本章中,我们还将继续探讨其他需要重视的安全问题。

5.1.1 以隐蔽求安全?

大多数计算机先通过无线或有线路由器,再通过 ISP 提供的路由器/调制解调器来接入互联网。乍一看,这样的连接方式似乎在计算机和互联网之间建立了多层安全与隐蔽性。但我们的小型办公室/家庭办公室、其他小型组织以及个人家庭计算机，绝对不因规模小或看似不重要而免受黑客的关注。我们不能仅仅因为存在更多有利可图的、更大型的、更重要的目标，就指望通过相对的隐蔽性来保护我们自己免受攻击者的攻击。

事实上，我们最不应该有的错误想法就是认为只要"隐蔽"就能保障我们的计算机安全。笔者曾合作过的一些小型企业（包括笔者自己的系统）经常遭受攻击，这些攻击试图以每天数百次，每月数千次地突破我们的防火墙，这还是在笔者采取了相关措施以减少攻击总数之后的情况。任何连接到网络的计算机或设备，尤其是连接到互联网的，都可能成为攻击目标。

我们可以采取一系列措施来保护我们的计算机，但没有任何措施是无懈可击的。尤其是在使用网络和处理垃圾邮件时，我们必须时刻保持警惕。

关于如何在网络上保护自己，很多优质的资源网站都提供了信息。尽管笔者无法一一验证，但其中有一个网站笔者非常推荐——Get Safe Online⊖，它甚至专门设有一个关于如何使用 Linux 系统的板块。该网站不销售任何产品，也不需要我们注册或登录，就可以免费获取这些资源。

5.1.2 安全是什么

安全的意义超出了防止未授权登录的范畴。虽然强密码和其他安全措施至关重要，它们能有效预防常见的安全漏洞，但这只是解决更广泛安全问题的一部分。安全是一个多方面的问题，理解这一点至关重要，同时我们也需要明确我们采用各种安全协议或措施的目的。

那么，我们究竟要保护什么？在很大程度上，安全措施的目的是保护我们的数据，但是其保护方式和目的可能比你想象得更为复杂。

5.1.3 数据保护

数据保护包含三大核心要素（可用性、机密性、完整性），针对每个要素我们需要采取相应的措施和策略：

1）确保数据可用性：我们需要防止数据丢失，确保数据的可用性。始终保持对数据的访问权限至关重要。从这个角度讲，数据保护的核心在于确保数据不被意外损坏或遗失。例如，作为企业老板，如果在火灾或自然灾害中丢失了财务记录，业务可能会遭受重创，甚至难以恢复。这体现了数据可访问性对业务连续性的重要性。

2）确保数据机密性：我们需要防止未经授权的数据访问，以确保数据的机密性。这意味着要确保重要数据不会被未经授权的个人获取，防止他们利用这些数据进行身份盗用或资金盗窃等犯罪行为。对许多组织而言，这些数据可能包含敏感信息，一旦泄露，还可能被竞争对手用来获得商业优势。

⊖ Get Safe Online, https://www.getsafeonline.org/。

3）确保数据完整性：我们希望确保我们的数据不会被恶意软件、心怀不满的员工或窃贼擅自修改或破坏。同时，我们还需要确保不会因勒索软件等恶意软件而无法访问我们自己的数据，因为这类恶意程序会加密数据，并在我们支付赎金之前阻止我们对数据的访问。

保障数据的安全不仅意味着确保数据的可用性，还意味着能够确保数据被安全地保存，未被窥探、破坏或篡改。这三大要素共同构成了数据保护的基础，缺一不可。

5.2 安全威胁因素

安全攻击和威胁的来源是多样化的。这些攻击途径可以分为五大类：人为因素、环境因素、物理攻击、网络攻击和软件漏洞。虽然笔者不会在此详细探讨所有的解决方案，但除了本章提及的一些显而易见的应对措施外，还有一些其他方法值得我们关注，我们将在后续进行讨论。

本章的目的在于提高你对安全问题的认识，并利用一些基本常识和免费的开源工具来增强 Linux 系统的安全性。

5.2.1 人为因素

人为因素造成的数据丢失有多种形式，其中最常见的表现就是误删重要文件或目录。

有时，误删文件属于无心之失。在清理旧文件时，可能会不慎删除了需要保留的文件。更常见的情况是，在查看文件后认为它们已经无用，随后便将其删除，但不久之后却发现它们仍有价值。此外，有时对文件进行重大修改并保存后，才发现误删了部分重要内容，这样的情况也时有发生。可见，在删除或修改文件时我们应保持谨慎，但这并不能完全杜绝误删情况的发生。

另外，在物理机房的机架后方操作时，也有可能不慎拔错服务器的电源插头（若为双电源配置，则可能是拔错了多个插头）。尽管现代存储设备和日志文件系统均能较好地处理断电情况，但突然断电仍有可能导致系统故障。在管理不够严格的环境中，电源线甚至可能被不小心从插座中踢出。

使用容易被破解的弱密码，将存储重要数据的 U 盘随意放置，在咖啡店等公共场所将笔记本计算机置于无人看管的位置，使用未加密的无线连接——这些行为都可能带来数据丢失风险。

5.2.2 环境因素

环境因素对计算机安全的影响常常被忽视或误解。当提到"环境"时，我们可能容易联想到备用电源、数据中心降温措施等，但实际上潜在的威胁远不止这些。幸运的是，在笔者早期的 IBM 工作经历中，就已经深刻理解了环境因素的重要性。

电源故障的原因多种多样，其中瞬时断电可能导致计算机完全关机。无论出于何种原因，断电都带来了数据丢失的风险，特别是对于那些未及时保存的文件。尽管现代存储设备和文件系统已经采取了措施来降低数据丢失的风险，但这样的风险仍然存在。

接地不良或缺乏接地措施会带来严重问题。规范的接地操作对于计算机的正常运行和稳定性至关重要。

电磁干扰是指来自不同源头的各种电磁辐射。这些辐射可能干扰包括计算机在内的电子设备的正常工作。闪电、静电、微波、老式 CRT 显示器、军用雷达、地线上的高频突发信号等都可能成为干扰源。规范的接地有助于减少电磁干扰的影响，但它并不能完全使计算机免受强电磁场的影响。

硬盘故障是数据丢失的另一个风险源。在现代计算机中，最有可能发生故障的是包含机械部件的设备，例如风扇和存储设备。如今的存储设备都支持 SMART（Self-Monitoring, Analysis and Reporting Technology，自我监测、分析及报告技术），这有助于进行预测性故障分析。

Linux 系统可以监控硬盘状态并在检测到故障风险时向 root 用户发送电子邮件。请你务必重视这些提醒，因为预防性地更换硬盘总比被动地在故障后更换硬盘，并寄希望于备份数据是最新的要来得轻松。

针对环境问题，现代计算机系统已具备了完善的防护措施。我们只需确保使用不间断电源，并将其连接到正确接地的电源插座。虽然意外仍有可能发生，但采取这些措施能够最大限度地降低风险。

5.2.3　物理攻击

物理安全是保护硬件设备免受各种物理损害的重要方面。在防止不法分子破坏系统硬件的同时，我们也必须将灾难性事件纳入安全规划的重要内容。

心怀不满的员工可能会恶意破坏数据。因此，制定完善的安全流程和制度对于减轻这类威胁至关重要，但同时，数据备份也是必不可少的保障措施。

普通的盗窃行为也可能导致数据丢失。1993 年笔者搬至北卡罗来纳州罗利后不久，当地媒体相继报道了一所知名大学的科学家所遭遇的困境。他将全部数据保存在一台计算机上，并进行了备份——然而备份位于同一台计算机的另一块硬盘中。当计算机从办公室被盗后，他所有的实验数据随之丢失，据笔者所知，这些数据最后仍未能找回。

自然灾害具有不可预见性，火灾、洪水、飓风、龙卷风、泥石流、海啸等都可能摧毁计算机以及本地备份。可以肯定的是，即使有完备的备份，在危及人身安全的火灾、龙卷风等灾害状况下，人们几乎不可能抽出时间去抢救备份数据。

因此，定期备份所有重要数据，并将最新备份异地保存至关重要。笔者个人会将重要备份数据存放在银行的保险箱中，即使家庭办公室遭受灾害破坏，也能够通过这些备份进行数据恢复。

5.2.4 网络攻击

来自局域网或互联网的攻击非常普遍，并且破坏性极大。攻击者采取的手段多种多样，它们可能直接从互联网攻击防火墙和服务器，也可能通过隐藏在下载文件、电子邮件或网页诱饵链接等位置的恶意软件间接侵入系统。

此类攻击无须直接接触你的计算机，而是通过你计算机与外部网络的连接来实施。

所谓的"脚本小子"通常是指那些没有能力自己编写攻击脚本、只能从他人那里购买的攻击者。他们使用的脚本大多是尝试通过暴力破解远程登录（如 SSH 或 Telnet）的简单程序。由于现代 Linux 系统在安装时已经具有很高的安全性，通常不会默认启用 SSH 服务，因此在没有可用 SSH 连接的情况下，这类攻击很难成功。

脚本攻击通常是自动化的字典攻击，它们针对的是一大批远程主机（通常位于特定的 IP 地址段内），而非某个单一的主机或组织。

恶意软件是对可用于各类恶意行为的软件的统称，包括破坏或删除用户数据的软件。

勒索软件是恶意软件的一种，它通过加密你的数据并要求支付赎金来实施敲诈。即使你支付了赎金，能否获得解密密钥也完全取决于攻击者（有时即使支付了赎金，攻击者也可能不会提供解密数据的服务，或者进一步向你索取更多的赎金）。

网页挂马恶意软件是指伪装成正常广告但实际上包含恶意链接的陷阱，它们可能隐藏在看似合法的网页上。用户甚至无须单击，仅仅浏览这些网页就存在被感染的风险。

针对性登录爆破是一种直接针对你本人或你所在组织的登录攻击。这类攻击与远程连接脚本攻击类似，但它们专门将你作为主要目标。发动这类攻击的人通常有特定的目的，并且会因为一些特定的原因选择你作为目标。如果有人决心要入侵你的系统，并且他们有足够的时间和机会来利用你在安全措施上的疏忽，他们就有可能成功。

因此，请务必保持系统更新，确保安装最新的安全补丁。此外，你还需要确保已经部署了有效的防火墙，并进行了正确配置。最后，请时刻保持警惕，定期检查计算机是否有被入侵的迹象。

5.2.5 软件漏洞

诸多针对联网计算机的攻击都利用了计算机安装软件中存在的漏洞。攻击者利用这些漏洞进行渗透，并可能部署各种类型的恶意软件（如后门、木马等）。值得注意的是，软件存在漏洞并不一定意味着攻击者可以立即利用它们，软件的漏洞类型有轻重急缓之分，一些较轻微的漏洞可能只会导致不太重要的信息泄露，而较严重的漏洞可能会使攻击者直接获得对计算机的控制权，或在未授权的情况下执行代码。此外，软件漏洞的可利用性还取决于一些条件，比如受影响的软件版本、软件功能函数的配置等。

因此，请务必及时安装软件更新，以将安全隐患降至最低。这包括定期检查操作系统和所有应用程序的更新，并尽快应用安全补丁，以修复已知的漏洞并保护系统不被攻击者利用。

5.3 Linux 与安全

上面这些话是否有些骇人听闻？但事实上，计算机安全的现状确实如此，需要我们给予足够的重视。

然而，值得庆幸的是，Linux 操作系统本身就具备了较高的安全性，特别是在 SELinux 处于强制模式时，如 Fedora 系统所展现的那样，其安全性能得到进一步加强。Linux 在安装完成后即具有较高的安全水平。系统仅运行少量非必需的服务，并且这些服务均不允许外部网络访问。其他不必要的服务可以方便地予以禁用，因为这些不必要的服务往往是攻击者潜在的攻击目标。正如我们在之前学习 systemd 时所强调的一样，为确保安全，我们关闭了 pcscd 等一系列非必要的服务。

Fedora 自带了一套优秀的防火墙系统。同时，为了保障安全性，笔者在所有 Linux 主机上均启用了 SSH 服务器，以便于实现安全的远程登录操作。该服务被配置为仅支持出站连接，而入站的 SSHD 服务器则处于禁用状态。

5.3.1 登录安全

登录安全是系统安全的第一道防线，其核心目标是确保只有经过授权的用户才能访问和使用系统资源。无论是在本地登录还是远程登录的场景下，创建和使用安全的密码都是确保登录安全的关键措施。关于密码安全，passwd(1) 命令的手册页中已经提供了非常详尽的指导，因此直接引用该手册的原文将更有助于我们深入理解如何设置和保护密码：

谨记以下两个原则：

（1）保护你的密码

- 不要把密码写在纸上，要牢牢记住。尤其要注意的是，不要随便将密码写在可以被他人看到的地方，也不要存放在未加密的文件中。
- 对于隶属于不同组织管辖的系统，请使用不相关的独立密码。请勿将你的密码透露给他人，特别是那些自称是技术支持或软件供应商的人员。
- 不要让他人在旁边观察你输入密码。如果是在你不信任的计算机上，或者周围环境看起来有异常，请不要输入密码，这有可能是有人在试图窃取你的密码信息。
- 对每个密码设置有效使用期限，并记得定期更换。

（2）选择强密码

- passwd 命令会通过调用 pam_cracklib PAM 模块来帮助你避免设置一个过于简单的密码。不过，这并不能完全保证密码的安全性，因此请务必谨慎选择你的密码。
- 请勿使用任何能在字典里查到的单词（不限于任何语言或专业术语）。
- 请勿使用姓名（包括配偶、父母、子女、宠物、幻想角色、名人、地点等），也不要使用与个人信息或账户名相关的内容或变体。

- 避免使用容易获取的个人信息（如电话号码、车牌号、社保号码等）或周围环境中的常见元素。
- 不要使用生日或简单字符排列（如 qwerty、abc、aaa）。
- 不要使用上述内容的倒序，也不要在它们前面或后面加数字。相反，请多使用大小写字母、数字、标点符号的混合。
- 选择新密码时，请确保它与之前使用过的任何密码都没有关联。
- 尽量使用较长的密码（建议至少 8 位字符）。可以考虑使用添加了标点符号的单词组合，容易理解的短语（由多个单词组成），或者取短语中每个单词的首字母构成密码。

在下册第 21 章中，我们详细介绍了如何设置密码以及如何生成强密码的技巧。我们强调了使用强密码的重要性，因为它们可以有效抵御暴力破解攻击，保护账户安全。此外，我们还探讨了账户锁定策略，这是一种安全措施，用于在多次登录尝试失败后锁定账户，从而防止未经授权的登录行为。

检查登录信息

我们可以使用 last 和 lastb 这两个命令检查用户登录信息，它们比直接查看 /var/log/secure 日志文件更为便捷。其中，last 命令显示系统中所有成功的登录记录。而 lastb 命令则显示所有失败的登录记录。这些失败的记录可能源于你自己的操作失误，也可能是其他用户的不经意操作，还可能是针对你系统的攻击行为。

实验 5-1：检查用户登录信息

请在 StudentVM1 主机上以 root 用户身份执行如下操作。last 命令可以由普通用户执行，而 lastb 命令则需要 root 权限。

我们首先从查看成功的登录记录开始。由于输出内容可能较长，笔者已经通过 less 命令对 last 命令的输出结果进行了分页显示。你也可以选择不使用 less 命令直接查看。你的具体输出内容可能会有所不同，但整体结构应该大致如下：

```
[root@studentvm1 ~]# last | less
student   tty1                    Thu May 11 16:11   still logged in
student   :0                      Thu May 11 16:11   still logged in
student1  pts/7    192.168.0.1    Thu May 11 16:07 - 16:07  (00:00)
student1  tty1     :0             Thu May 11 16:07 - 16:11  (00:04)
student1  :0                      Thu May 11 16:07 - 16:11  (00:04)
student1  pts/6    192.168.0.1    Thu May 11 16:06   still logged in
student1  pts/5    192.168.0.1    Thu May 11 16:06   still logged in
student1  tty2                    Thu May 11 15:39 - 15:39  (00:00)
student1  pts/5    192.168.0.1    Thu May 11 15:34 - 15:39  (00:04)
tuser5    pts/5    192.168.0.1    Thu May 11 08:41 - 08:41  (00:00)
student   pts/4    192.168.0.1    Wed May 10 10:23   still logged in
```

```
student    pts/5      192.168.0.1      Mon May  8 15:00 - 09:13  (1+18:12)
root       pts/5      192.168.0.1      Mon May  8 14:56 - 15:00   (00:04)
student    tty1       :0               Mon May  8 14:53 - 16:06  (3+01:13)
student    :0                          Mon May  8 14:53 - 16:06  (3+01:13)
root       pts/0      192.168.0.1      Mon May  8 08:11   still logged in
reboot     system boot 6.1.18-200.fc37. Mon May  8 04:10   still running
<snip>
[root@studentvm1 ~]#
```

通过 journalctl 命令，我们可以查看系统的重启记录、student 用户和 root 用户的登录信息（包括它们是否仍处于登录状态）。此外，journalctl 还记录了具体的登录时间和会话时长。在前面的章节中，我们也学习了如何使用 journalctl 列出系统的所有启动记录：

[root@studentvm1 etc]# **journalctl --list-boots**

这些登录信息有助于调查法庭事件，例如在特定文件被更改、访问或发生异常情况时，回溯可能处于登录状态的用户。尽管经验丰富的攻击者可能会掩盖痕迹，但这些记录仍然具备一定的参考价值，尤其是在排查并非资深攻击者所为的入侵行为时。

接下来，我们通过执行 lastb 命令来查看失败的登录记录。在你的系统中可能没有任何失败记录，此时查询结果会为空，就像笔者的 StudentVM1 实例一样：

```
[root@studentvm1 ~]# lastb
btmp begins Tue Jun  4 08:27:54 2019
```

下面，我们来模拟一些失败的登录尝试。请重新启动 StudentVM1 的一个虚拟控制台，尝试以 root、jhgd、!@#$%^、news、chrony、rpcuser、student、james、henry 和 alice 这些用户名登录，并确保使用完全随机的错误密码。随后，再次执行 lastb 命令来查看失败的登录记录：

```
[root@studentvm1 ~]# lastb
alice         tty2                     Fri May 12 09:14 - 09:14  (00:00)
henry         tty2                     Fri May 12 09:14 - 09:14  (00:00)
james         tty2                     Fri May 12 09:14 - 09:14  (00:00)
student       tty2                     Fri May 12 09:13 - 09:13  (00:00)
rpcuser       tty2                     Fri May 12 09:13 - 09:13  (00:00)
chrony        tty2                     Fri May 12 09:13 - 09:13  (00:00)
news          tty2                     Fri May 12 09:13 - 09:13  (00:00)
!@#$%^        tty2                     Fri May 12 09:13 - 09:13  (00:00)
jhgd          tty2                     Fri May 12 09:13 - 09:13  (00:00)
*[[2~*[[2~    tty2                     Fri May 12 09:12 - 09:12  (00:00)
root          tty2                     Fri May 12 09:12 - 09:12  (00:00)
root          tty2                     Fri May 12 09:12 - 09:12  (00:00)
tuser5        pts/4                    Thu May 11 08:38 - 08:38  (00:00)
```

```
tuser3      pts/4                            Wed May 10 10:23 - 10:23  (00:00)
btmp begins Wed May 10 10:23:22 2023
```

失败的登录记录会显示攻击者尝试登录的用户名（如果该用户确实存在）。以往，如果用户名不存在，系统会显示"未知"。现在，这一行为似乎已更新，会直接显示攻击者所使用的实际用户 ID，这更有助于排查问题。

接下来，我们查看从笔者的防火墙系统中提取的一小部分 lastb 数据流。笔者使用一台 Linux 主机作为防火墙和路由器，这些登录尝试是攻击者通过互联网以 SSH 方式发起的。由于笔者通过防火墙使用 SSH 远程连接到网络，SSHD 服务器处于运行状态并接受连接。

输出结果中最左侧一列显示攻击所针对的用户名。第二列表明攻击方式为 SSH，notty 则意味着没有分配终端设备（tty）。第三列显示了攻击源的 IP 地址（但要注意，IP 地址是可以伪造的）。剩余的列显示了攻击发生的日期和时间。(00:00) 列表示未建立连接：

```
karika      ssh:notty    91.134.241.32     Tue Jun  4 08:12 - 08:12   (00:00)
karika      ssh:notty    91.134.241.32     Tue Jun  4 08:12 - 08:12   (00:00)
gfa         ssh:notty    79.6.34.129       Tue Jun  4 08:11 - 08:11   (00:00)
gfa         ssh:notty    79.6.34.129       Tue Jun  4 08:11 - 08:11   (00:00)
mjestel     ssh:notty    91.134.241.32     Tue Jun  4 08:09 - 08:09   (00:00)
mjestel     ssh:notty    91.134.241.32     Tue Jun  4 08:09 - 08:09   (00:00)
redmine     ssh:notty    128.199.170.177   Tue Jun  4 08:09 - 08:09   (00:00)
redmine     ssh:notty    128.199.170.177   Tue Jun  4 08:09 - 08:09   (00:00)
cow         ssh:notty    79.6.34.129       Tue Jun  4 08:08 - 08:08   (00:00)
cow         ssh:notty    79.6.34.129       Tue Jun  4 08:08 - 08:08   (00:00)
alberta     ssh:notty    51.75.124.76      Tue Jun  4 08:08 - 08:08   (00:00)
alberta     ssh:notty    51.75.124.76      Tue Jun  4 08:08 - 08:08   (00:00)
<snip>
ec2-user    ssh:notty    181.114.209.13    Sat Jun  1 00:23 - 00:23   (00:00)
ec2-user    ssh:notty    181.114.209.13    Sat Jun  1 00:23 - 00:23   (00:00)
!@#$%^      ssh:notty    180.76.108.110    Sat Jun  1 00:22 - 00:22   (00:00)
!@#$%^      ssh:notty    180.76.108.110    Sat Jun  1 00:22 - 00:22   (00:00)
performe    ssh:notty    180.76.108.110    Sat Jun  1 00:19 - 00:19   (00:00)
performe    ssh:notty    180.76.108.110    Sat Jun  1 00:19 - 00:19   (00:00)
zhuang      ssh:notty    129.204.46.170    Sat Jun  1 00:18 - 00:18   (00:00)
zhuang      ssh:notty    129.204.46.170    Sat Jun  1 00:18 - 00:18   (00:00)
usp         ssh:notty    181.114.209.13    Sat Jun  1 00:16 - 00:16   (00:00)
usp         ssh:notty    181.114.209.13    Sat Jun  1 00:16 - 00:16   (00:00)
geminroo    ssh:notty    140.143.93.31     Sat Jun  1 00:16 - 00:16   (00:00)
geminroo    ssh:notty    140.143.93.31     Sat Jun  1 00:16 - 00:16   (00:00)
trinity     ssh:notty    218.75.102.110    Sat Jun  1 00:12 - 00:12   (00:00)
trinity     ssh:notty    218.75.102.110    Sat Jun  1 00:12 - 00:12   (00:00)
fv          ssh:notty    140.143.93.31     Sat Jun  1 00:12 - 00:12   (00:00)
```

```
fv        ssh:notty    140.143.93.31    Sat Jun  1 00:12 - 00:12  (00:00)
script    ssh:notty    129.204.46.170   Sat Jun  1 00:12 - 00:12  (00:00)
script    ssh:notty    129.204.46.170   Sat Jun  1 00:12 - 00:12  (00:00)
mongo     ssh:notty    5.39.88.4        Sat Jun  1 00:11 - 00:11  (00:00)
mongo     ssh:notty    5.39.88.4        Sat Jun  1 00:11 - 00:11  (00:00)
zi        ssh:notty    5.39.88.4        Sat Jun  1 00:08 - 00:08  (00:00)
zi        ssh:notty    5.39.88.4        Sat Jun  1 00:08 - 00:08  (00:00)

btmp begins Sat Jun  1 00:08:40 2019
```

这段输出中包含了 4600 行数据，除去最后两行，共有 4598 行失败的登录尝试记录。请注意时间范围，数据跨度从 2019 年 6 月 1 日 0 时开始，至 6 月 4 日上午 8 时 12 分结束。也就是说，在短短 3 天 8 小时内，系统就遭受了将近 4600 次试图破解登录的攻击。请注意攻击中使用的各式各样的用户名，其中一些颇为怪异。有的用户名属于 Linux 系统服务，有的看似是正常的用户账户，但也有一部分显然是随意拼凑生成的。例如，!@#$%^ 这个用户名非常有趣，它由键盘上数字 1～6 键上方的一排特殊字符组成。而 Cow（奶牛）作为用户名也显得相当奇特。

在实验 5-1 中，我们获取的防火墙日志仅显示了部分失败的登录尝试，实际情况中，针对防火墙的攻击数量远超于此。之所以只呈现了一部分，是因为笔者裁剪掉了大部分日志记录。此外，笔者还设置了规则：若单个 IP 地址在 24min（1440s）内出现 4 次登录失败，笔者会将其封锁 24min。来自被封禁 IP 地址的连接不会被记录，而是直接丢弃。笔者使用了 Fail2Ban 开源工具来实现这一功能。

在本章后续内容中，我们将深入探讨 SSH、防火墙以及 Fail2Ban。需要强调的是，接入互联网的每台主机都无时无刻不面临着海量攻击。然而，在我们继续探讨之前，我们需要一个工具来帮助我们分析 TCP 数据包及其内容。tcpdump 实用工具恰好能满足这一需求，并且它已经预装在我们的系统中。

实验 5-2：tcpdump 入门

请以 root 用户身份在 StudentVM1 主机上执行本次实验。首先，我们进行一些准备工作。由于之前的实验可能启动了一些没有被丢弃的网络连接，为了确保本次实验的准确性，我们需要从尽可能少的现有网络连接开始。因此，请重启 StudentVM1。

使用 nmcli 命令可以查询到默认网关路由器的 IP 地址。在终端会话中以 root 用户身份运行该命令。如果你一直跟随我们之前的实验操作，你的默认路由地址应该与笔者的一致，IP 地址都是 10.0.2.1，但也有可能会不同。无论如何，具体的路由器 IP 地址都会在命令输出结果的 route4 default via 这一行中显示：

```
[root@studentvm1 ~]# nmcli
enp0s3: connected to enp0s3
        "Intel 82540EM"
        ethernet (e1000), 08:00:27:01:7D:AD, hw, mtu 1500
        ip4 default
        inet4 10.0.2.25/24
        route4 10.0.2.0/24 metric 100
        route4 default via 10.0.2.1 metric 100
        inet6 fe80::a00:27ff:fe01:7dad/64
        route6 fe80::/64 metric 256
<SNIP>
```

现在，我们将在网络接口 enp0s3 上捕获并显示所有经过的数据包的报头信息。这些报头内容能够详尽显示每个数据包的类型以及其他相关联的信息，且数据包中的源 IP 地址和目的 IP 地址亦会包含在输出内容中。

接下来，在一个新的终端会话中以 root 用户身份运行 tcpdump，并使用 -i 选项指定我们希望监听的网络接口。若未使用 -i 选项，tcpdump 将会捕获并显示所有网络接口上（包括本地回环接口 lo）上的数据包，而通过指定接口的方式能帮我们更直观地筛选出目标数据包：

```
[root@studentvm1 ~]# tcpdump -i enp0s3
dropped privs to tcpdump
tcpdump: verbose output suppressed, use -v[v]... for full protocol decode
listening on enp0s3, link-type EN10MB (Ethernet), snapshot length
262144 bytes
```

当前，你应当仅可见几行输出，这些输出显示了 tcpdump 正在对 enp0s3 接口进行监听。另外，请确保正在运行 tcpdump 的终端会话处于可见状态。接下来，我们将在另一个终端会话中以 root 用户的身份执行以下操作命令，来生成一些网络流量：

```
[root@studentvm1 ~]# ping example.com
10:28:12.769418 IP 65-100-46-166.dia.static.qwest.net.hostmon >
studentvm1.41180: Flags [R.], seq 50723, ack 1007603219, win 32768, length 0
10:28:12.808906 IP _gateway.domain > studentvm1.38712: 18353 1/0/1 PTR
65-100-46-166.dia.static.qwest.net. (103)
10:28:17.487485 ARP, Request who-has _gateway tell studentvm1, length 28
10:28:17.488036 ARP, Reply _gateway is-at 52:54:00:12:35:00 (oui Unknown),
length 46
10:28:19.072789 IP studentvm1.50844 > _gateway.domain: 49976+ [1au] AAAA?
example.com. (40)
10:28:19.072932 IP studentvm1.33662 > _gateway.domain: 12950+ [1au] A?
example.com. (40)
10:28:19.074117 IP _gateway.domain > studentvm1.50844: 49976 1/0/1 AAAA 260
6:2800:220:1:248:1893:25c8:1946 (68)
10:28:19.074118 IP _gateway.domain > studentvm1.33662: 12950 1/0/1 A
```

```
93.184.216.34 (56)
10:28:19.074275 IP studentvm1 > 93.184.216.34: ICMP echo request, id 2, seq
1, length 64
10:28:19.088307 IP 93.184.216.34 > studentvm1: ICMP echo reply, id 2, seq 1,
length 64
10:28:19.412052 IP studentvm1.38152 > 93.184.216.34.hostmon: Flags [S],
seq 2365494104, win 64240, options [mss 1460,sackOK,TS val 3862231212 ecr
0,nop,wscale 7,tfo  cookiereq,nop,nop], length 0
10:28:19.412202 IP studentvm1.38158 > 93.184.216.34.hostmon: Flags [S],
seq 2120284674, win 64240, options [mss 1460,sackOK,TS val 3862231212 ecr
0,nop,wscale 7,tfo  cookiereq,nop,nop], length 0
10:28:20.431504 IP studentvm1.38158 > 93.184.216.34.hostmon: Flags [S],
seq 2120284674, win 64240, options [mss 1460,sackOK,TS val 3862232231 ecr
0,nop,wscale 7], length 0
10:28:20.431568 IP studentvm1.38152 > 93.184.216.34.hostmon: Flags [S],
seq 2365494104, win 64240, options [mss 1460,sackOK,TS val 3862232231 ecr
0,nop,wscale 7], length 0
10:28:20.686353 IP studentvm1 > 93.184.216.34: ICMP echo request, id 2, seq
2, length 64
10:28:20.700589 IP 93.184.216.34 > studentvm1: ICMP echo reply, id 2, seq 2,
length 64
<snip>
```

首先，网络客户端会寻找该域的域名服务器，在本例中指的是虚拟路由器。随后，我们看到一个 ARP（Address Resolution Protocol，地址解析协议）⊖请求，它表明我们的主机正在尝试解析路由器的 MAC 地址，以及相应的响应。此过程是两个设备建立物理层连接所必需的步骤。具体而言，主机利用已知的路由器 IP 地址，发起了一个 ARP 请求，以查询路由器的 MAC 地址。同时，主机还发送了接口 enp0s3 的 MAC 地址。随后，路由器接收到该请求后，会向主机回复一个消息，该消息的目标地址正是 studentvm1 主机上接口 enp0s3 的 MAC 地址。这一交互过程，是当主机位于同一物理或虚拟网段时，它们之间进行实际通信的网络层表现。

在成功建立连接后，StudentVM1 主机发送了数次 ping（ICMP⊖）请求，并收到了路由器相应的响应。这些 ping 请求及响应有助于验证网络的连通性。

用户可以按 <Ctrl+C> 终止 ping 操作。继续观察数据流几分钟，最终你会看到一些额外的网络流量主要是 NTP 流量以及与 ARP 相关的通信流量。此外，当 studentvm1 主机的 IP 地址租约到期时，它会向 DHCP 服务器发起请求以续租 IP 地址，这时你可能还会看到一些 DHCP 流量。

⊖ ARP 使用远程主机的 IP 地址来发现该主机上网络接口的 MAC（硬件）地址。
⊖ 根据《自由在线计算机词典》Free On-line Dictionary of Computing，FOLDOC）的定义，ICMP 是互联网协议（IP）的一个扩展，允许生成与 IP 相关的错误消息、测试数据包和信息消息。它在 STD 5，RFC 792 中定义。

以上是对 tcpdump 这一功能强大且结构复杂的网络分析工具的初步介绍。目前，我们所查看的主要是数据包报头信息，即关于数据包本身的描述性数据，而非数据包的实际负载内容。如需退出 tcpdump 的捕获状态，用户可再次按 <Ctrl+C>。

Opensource.com 网站上有一篇优秀的 tcpdump[⊖] 入门文章。市面上存在着各式各样的网络分析工具（包括 CLI 和 GUI，以及免费开源或商业付费的），其中很多都具备与 tcpdump 相似甚至更全面的功能。tcpdump 是一款免费、开源且历史悠久的经典工具。

接下来的内容，我们将学习如何安装 Telnet 协议程序和配置 Telnet 服务器。

> **提示** xinetd 软件包曾被用于管理多种较老的服务器，Telnet 是其中之一。然而，它已不是大多数现代 Linux 发行版中的必备组件。xinetd 通过主配置文件 /etc/xinetd.conf 以及位于 /etc/xinetd.d 目录的各个服务配置文件进行配置。目前，xinetd 已不再提供安装选项，并且 Telnet 客户端也不再默认安装于笔者所使用的 Fedora 发行版（包括那些带有 Xfce 桌面环境）中。

5.3.2 Telnet

Telnet 是一款历史悠久且广为人知的终端模拟器，它提供了一种简便的方式连接远程主机。Telnet 诞生于全民互联网时代到来之前，当时唯一存在的互联网是 Arpanet，它主要连接大型大学以及美国国防部。在那个时代，网络连接稀少，用户之间都秉持着协作精神。网络环境相对安全，恶意软件尚未出现。

因此 Telnet 在设计初期并未将其安全性置于首位，其主机间的通信均采用未加密的明文 ASCII 格式，这意味着包括用户名和密码在内的所有信息均会以明文形式进行传输。随着互联网的蓬勃发展，安全威胁日益加剧，Telnet 的安全性问题愈发凸显，不容忽视。然而，仅需对 Telnet 的功能及原理进行浅显的了解，我们便会发现，即便是具备基础网络知识的个体，也能轻松实现对未加密网络连接的监听。典型的例子便是公共场所提供的无需密码的无线网络，这类网络因缺乏加密措施，极易遭受监听和攻击，安全风险极高。

实验 5-3：安装 Telnet 的客户端和服务端

请以 root 用户身份在 StudentVM1 主机上执行本次实验。我们通过如下命令来安装 telnet 和 telnet-server 软件包：

⊖ Ricardo Gerardi，"Linux 命令行下使用 tcpdump 的介绍"，https://opensource.com/article/18/10/introduction-tcpdump。

```
[root@studentvm1 etc]# dnf -y install telnet telnet-server
```

由于 xinetd 服务已不再使用，Telnet 等许多原本依赖它的服务如今会打开套接字监听对应端口上的接入连接请求。你可以将套接字想象成一个智能的电话交换台，等待着有人拨打它的专属号码。对于 Telnet 服务而言，这个专属的号码就是 23 端口。一旦有连接请求到达，套接字会在接收到请求后激活 Telnet 服务，从而建立通信会话[○]。

```
[root@studentvm1 ~]# systemctl enable --now telnet.socket
```

那么，我们如何确定端口号呢？/etc/services 文件中包含了所有已分配以及常用的端口列表，以及与之对应的服务名称，我们可以通过如下命令来确认这些信息：

```
[root@studentvm1 ~]# grep -i telnet /etc/services
telnet          23/tcp
telnet          23/udp
rtelnet         107/tcp                    # Remote Telnet
rtelnet         107/udp
telnets         992/tcp
telnets         992/udp
su-mit-tg       89/tcp                     # SU/MIT Telnet Gateway
su-mit-tg       89/udp                     # SU/MIT Telnet Gateway
<SNIP>
```

在执行完上述命令后，你会在数据流中看到许多 Telnet 的变体，其中许多变体可以追溯到计算机通信的早期。我们的目标是第一个选项，也就是标准的 Telnet 服务，它监听的端口是 23。

接下来，我们需要配置防火墙允许 Telnet 通信。以下命令将 Telnet 永久添加到防火墙放行列表。尽管在添加服务时我们并不需要指定端口号，但了解每个服务与端口的对应关系依然是个好习惯。

firewalld 提供了一种简便的配置方式，我们只需要通过如下命令来指定服务的名称即可进行配置：

```
[root@studentvm1 ~]# firewall-cmd --permanent --add-service=telnet
success
```

当配置完毕后，我们可通过执行如下命令来检查防火墙状态：

```
[root@studentvm1 ~]# firewall-cmd --list-services --zone=public
dhcpv6-client mdns ssh telnet
[root@studentvm1 ~]#
```

截至目前，StudentVM1 主机已配置就绪，我们可以通过 Telnet 命令来测试 tcpdump 的功能。

○ 请注意，这一系列事件与旧的 xinetd 服务器功能非常相似。

接下来，让我们探索 Telnet 吧！

实验 5-4：tcpdump 入门

请以 root 用户身份执行本实验。在一个保持在桌面上可见的 root 终端会话中，启动 tcpdump 工具，并开始监控本地回环接口 (lo) 上 23 端口的 Telnet 通信。接着，从该终端会话中执行如下命令来启动一个连接到本地主机的 Telnet 会话：

```
[root@studentvm1 ~]# telnet localhost
Trying ::1...
Connected to localhost.
Escape character is '^]'.
Kernel 5.0.7-200.fc29.x86_64 on an x86_64 (7)
studentvm1 login: root
Password: <enter the root password>
Last login: Mon Jun 10 21:33:49 from 192.168.0.1
[root@studentvm1 ~]#
```

目前，在 tcpdump 的终端会话中，应当已成功捕获到类似以下形式的数据流。鉴于篇幅限制，此处仅选取部分行数据进行展示：

```
tcpdump: verbose output suppressed, use -v or -vv for full protocol decode
listening on lo, link-type EN10MB (Ethernet), capture size 262144 bytes
14:02:59.472466 IP6 localhost.39640 > localhost.telnet: Flags [S], seq
612902319, win 65476, options [mss 65476,sackOK,TS val 1287054799 ecr
0,nop,wscale 7], length 0
14:02:59.472496 IP6 localhost.telnet > localhost.39640: Flags [S.], seq
3258934320, ack 612902320, win 65464, options [mss 65476,sackOK,TS val
1287054799 ecr 1287054799,nop,wscale 7], length 0
14:02:59.472512 IP6 localhost.39640 > localhost.telnet: Flags [.], ack 1, win
512, options [nop,nop,TS val 1287054799 ecr 1287054799], length 0
14:02:59.473651 IP6 localhost.39640 > localhost.telnet: Flags [P.], seq 1:25,
ack 1, win 512, options [nop,nop,TS val 1287054800 ecr 1287054799], length
24 [telnet DO SUPPRESS GO AHEAD, WILL TERMINAL TYPE, WILL NAWS, WILL TSPEED,
WILL LFLOW, WILL LINEMODE, WILL NEW-ENVIRON, DO STATUS [|telnet]
14:02:59.473674 IP6 localhost.telnet > localhost.39640: Flags [.], ack 25,
win 512, options [nop,nop,TS val 1287054800 ecr 1287054800], length 0
14:02:59.478708 IP6 localhost.telnet > localhost.39640: Flags [P.], seq 1:13,
ack 25, win 512, options [nop,nop,TS val 1287054805 ecr 1287054800], length
12 [telnet DO TERMINAL TYPE, DO TSPEED, DO XDISPLOC, DO NEW-ENVIRON [|telnet]
14:02:59.478736 IP6 localhost.39640 > localhost.telnet: Flags [.], ack 13,
win 512, options [nop,nop,TS val 1287054805 ecr 1287054805], length 0
```

现在让我们运行 ll 命令，并同时观察 tcpdump 数据流。到目前为止，我们仅查看了此 Telnet 会话的数据包报头信息。在观察完上述结果后，请终止 tcpdump 命令并使用 -A

选项重新启动它，该选项将以 ASCII 编码格式转储数据包的数据内容：

```
[root@studentvm1 ~]# tcpdump -i lo port 23 -A
tcpdump: verbose output suppressed, use -v or -vv for full protocol decode
listening on lo, link-type EN10MB (Ethernet), capture size 262144 bytes
```

在查看数据包时，你可能会发现一个类似于下面结果的数据包，它来自笔者的 StudentVM1 主机。在这个数据包中，你可以看到该数据包中所包含的数据。这种传输方式极不安全，有可能会导致私密数据泄露给任何有心监听的互联网用户：

```
14:26:09.919600 IP6 localhost.telnet > localhost.39642: Flags [P.], seq
623:1175, ack 8, win 512, options [nop,nop,TS val 1288445246 ecr 1288445246],
length 552
`....H.@........................J..c\e.......P.....
L..>L..>-rw-------. 1 root root 2118 Dec 22 11:07 anaconda-ks.cfg
drwxr-xr-x  2 root root 4096 Apr 16 17:24 .[0m.[01;34mbin.[0m
-rwxrwx---  1 root root 3318 Apr 16 08:17 .[01;32mdoUpdates.[0m
-rw-r--r--. 1 root root  308 Dec 22 11:06 ifcfg-enp0s3
-rw-r--r--. 1 root root 2196 Dec 22 12:47 initial-setup-ks.cfg
-rw-r--r--. 1 root root  308 Dec 22 11:06 original.ifcfg-enp0s8w
-rw-r--r--  1 root root    0 May 14 15:17 .[01;35msystemd.svg.[0m
-rw-r--r--  1 root root  101 May 14 08:57 TestFS.automount
-rw-r--r--  1 root root  284 Apr 18 14:59 test.log
```

在完成上述实验操作后，我们需要执行以下步骤：首先，按下 <Ctrl+C> 来终止 tcpdump 会话，以释放相关网络资源；其次，利用 exit 命令关闭 Telnet 会话，从而结束远程连接；最后，为防范潜在的安全风险，我们需停止套接字服务，确保系统安全稳定运行。

```
[root@studentvm1 ~]# systemctl disable --now telnet.socket
```

虽然 Telnet 在一定程度上缺乏安全性，但它仍是一个学习网络通信的绝佳工具。tcpdump 命令的手册页提供了非常详细的信息，包括如何使用 tcpdump 的各种选项和参数来过滤和显示网络流量。这些手册页对于想要深入了解如何使用 tcpdump 的用户来说是一份极好的参考资料。

在此值得一提的是，Telnet 这款历史悠久但安全性欠佳的远程终端工具仍然有其用武之地，正如我们所见证的那样。它还有更多用途即将被展示。

5.4 基础防护措施

你可以采取一些基础措施来加固任何一台 Linux 主机，使其能够抵御各种类型的攻击。

这些措施的难度不一，正如前面所提到的，你实际采取的措施将取决于系统防御被攻破时所带来的潜在损失。虽然成本效益的权衡需要每个部署者自行评估，但笔者还是建议尽可能多地实施这些防护措施。

尽管出于内容的完整性考虑，此部分列出了一些防护措施，但我们不会在此做深入讲解。

1）严格限制物理访问，防止未经授权者通过 USB 闪存盘植入恶意软件，或盗取已接入的存储设备。同时，也能防止无关人员随意操作电源或重置按钮。

2）强密码是简单且易于实施的安全措施，正如我们之前提及的。强密码能有效增加暴力破解密码的难度。

3）定期更改密码，能确保即使密码被破解，其可用性也会被限制在较短的时间内。可使用密码老化机制来强制执行这一策略。

4）避免共享用户账户。多个用户共享同一账户会增加安全事件溯源的难度，也侵犯了用户的个人隐私和安全。若需协作处理共享文档，应创建一个独立的共享目录（与用户主目录分离），并使用单独的用户组控制访问权限，确保只有必要人员才能访问。共享目录和文件相关的知识已在上册第 18 章中介绍。

5）及时删除旧用户账户是保障系统安全的重要措施。看似闲置的旧账户存在被利用入侵系统的风险。定期清理多余账户是良好的安全习惯。

6）配置功能强大的防火墙是任何安全体系中不可或缺的组成部分。

7）在 SSH 中使用 PPKP。相比于密码，PPKP 具有更高的安全性，且不易人为记忆，避免了因胁迫而泄露的风险。（是的，这种情况并非危言耸听！）

8）严禁在直接暴露于互联网的防火墙或路由器上存储敏感数据。

9）在规模较大的网络组织中，不应将数据存储在 dmz[⊖] 的任何主机上。

10）配置入侵检测技术可以及时发现入侵行为，有望在造成任何损害之前采取应对措施。

11）使用 nmap 等工具排查开放端口。确保不存在意料之外的开放端口，以及与对外提供的服务不一致的端口。

12）设置 BIOS（Basic Input/Output System，基本输入输出系统）密码，防止未经授权者修改硬件启动顺序。

13）设置 GRUB（GRand Unified Boot loader，统一引导加载器）密码，防止未经授权者修改 Linux 的初始化和启动过程。

14）停用或删除不必要的服务，以降低针对这些服务中潜在漏洞的攻击风险。

15）部署防火墙，将主机上的入站和出站流量限制在合理范围内。

⊖ dmz 是一个网络段，包含响应外部网页请求等的服务器，但不存储任何数据。所有数据都存储在一个更安全的网络中，在该网络和 dmz 之间还有另一组防火墙。

16）部署 SELinux 来限制攻击者的破坏行为，即使他们已获取主机访问权限。SELinux 在提供告警外，还可以采取更主动的防御措施，但配置较为复杂，在更新或安装软件时可能会带来不便。它通过主动阻止潜在的系统篡改提供强大的保护，而非事后报告。

17）使用 Tripwire 等入侵检测软件及时报告文件篡改情况以及其他入侵迹象（无论成功与否）。

18）若未采用静态网络配置且 DHCP 不可用，则需禁用 ZEROCONF（零配置）程序，这是一种网络自配置程序，在 Fedora 中默认启用。该服务有时称为 Avahi，属于 mDNS 的一部分。笔者通常会直接移除 Avahi 软件包及其依赖项。

19）使用 NTP 同步所有系统时间，简化日志文件的比对分析。

20）仅允许 root 用户运行 cron 定时任务。

21）仅启用 ssh2 协议，此协议在 Fedora 和其他基于 Red Hat 的发行版中为默认设置。

22）禁止 root 用户直接登录，尤其是远程登录。应以普通用户身份登录，然后通过 su 命令切换到 root 权限。

23）经验丰富的系统管理员不会依赖 sudo。作为系统管理员，应尽量避免使用 sudo。相关的理念笔者在《Linux 哲学》[⊖]第 11 章中有过探讨[⊖]，你可以在笔者的网站上找到该书的节选。

24）如非 root 用户确实需要使用特定命令行工具，可通过配置 sudo 授予该用户执行该命令的权限。

25）坚持备份所有重要数据，且提高备份频率。备份至关重要，我们将用专门的一章（本书第 6 章）来深入探讨。

5.5 PAM

PAM 是 Linux 主机安全性的核心组件，它允许以一种动态且灵活的方式来管理用户对其账户和资源的访问权限。PAM 将身份验证的功能划分为以下四个部分：

1）账户管理：负责判断用户密码状态（如是否过期或锁定）、特定服务访问授权等事项的管理。

2）认证管理：负责验证用户身份，即校验密码和用户 ID 的正确性。该机制可扩展为支持生物识别、智能卡硬件等认证方式。

3）密码管理：负责执行密码更改和更新的流程。

4）会话管理：负责授权用户对各类服务（例如访问主目录、资源分配等）的访问，并负责处理用于审计追踪的日志记录。

⊖ David Both, *The Linux Philosophy for SysAdmins*, Apress, 2018, 375。

⊖ David Both, "Real SysAdmins don't sudo – book excerpt", www.both.org/?p=960。

PAM 手册页提供了对 PAM 的详细解释，并附有相关参考文献。该手册页面指出：系统管理员无须深入理解 PAM 库的内部实现机制。这是因为 PAM 的配置主要通过 /etc/pam.conf 文件（Fedora 29 及更新版本中已弃用）和 /etc/pam.d 目录下的配置文件来完成。

在 PAM 中，最常用的配置项之一是与资源管理相关的功能，其主要用于限制特定用户或用户组对 CPU 时间、内存、进程数量等资源的使用。这项功能有助于将有限的资源合理分配给有更高需求或授权的用户。

虽然如今的许多 Linux 主机都配备有充足的系统资源，但在特定应用场景（如开发、测试、大型数据库系统、高性能计算、高流量网站等）下，用户及其任务之间仍可能出现资源的争夺。此外，许多组织的用户并没有像我们中的一些人那样能够使用到这些庞大的系统资源，这也导致了对有限资源的争夺。

还需注意的是，总有部分用户会设法尽可能多地占用可用资源，这种情况在本身资源紧张的系统上尤为突出。我们在下册第 18 章和第 21 章中探讨过资源限制和密码质量控制，但并未提及 /etc/security/limits.conf 文件与 PAM 之间的关联。事实上，正是 PAM 负责执行我们在 /etc/security 目录下文件中设定的各类限制和配置。

5.6 高级 DNS 安全

BIND DNS 服务本身在安全性方面存在一定的局限性，有些恶意用户可能会利用这些漏洞来访问根文件系统，甚至获取更高级别的系统权限。然而，这一问题可以通过 BIND 的 chroot 软件包轻松解决。在第 2 章中我们曾简要介绍过 chroot 命令，但并未深入讨论。要强化 BIND DNS 的安全性，chroot 机制不可或缺，接下来，我们将对这一机制进行更详细的阐述。

5.6.1 chroot 机制

chroot 工具可用于创建 Linux 文件系统部分的安全隔离副本。这样一来，即使攻击者利用 BIND 的漏洞成功访问到文件系统，被破坏的范围也仅限于 chroot 创建的隔离环境中。我们只需要简单重启 BIND 服务即可恢复到干净且安全的系统状态。除了强化 BIND 的安全，chroot 工具还有更为广泛的应用场景，这只是其中一个典型示例。

5.6.2 启用 bind-chroot 服务

配置 BIND 的 chroot 环境过程非常简单。在第 2 章中，我们已经安装了 bind-chroot 软件包，现在将正式启用。

实验 5-5：启用 bind-chroot 服务

请以 root 用户权限在 StudentVM2 主机上执行如下操作。由于之前已安装过了 bind-chroot 软件包，现在，我们只需停止并禁用 named 服务，随后启用并启动 named-chroot 服务即可。

首先，请检查 /var/named 目录。在安装 bind-chroot 软件包时已自动创建了 chroot 子目录。请注意，在 /var/named/chroot 目录下包含了 /dev、/etc、/run、/usr 与 /var 等目录。这些目录仅包含运行 BIND（在 chroot 环境内）所需的必要文件副本。这种机制可确保即使攻击者通过 BIND 的漏洞侵入系统，其可访问的范围也仅限于这些副本内。

请注意，/var/named/chroot/var/named/ 目录下不存在区域文件或其他配置文件。

请将 /var/named 设为当前工作目录，然后执行如下命令来停止并禁用 named 服务：

```
[root@studentvm2 ~]# systemctl disable --now named
Removed /etc/systemd/system/multi-user.target.wants/named.service.
[root@studentvm2 ~]#
```

接下来启用并启动 named-chroot 服务：

```
[root@studentvm2 ~]# systemctl enable --now named-chroot
Created symlink /etc/systemd/system/multi-user.target.wants/named-chroot.
service → /usr/lib/systemd/system/named-chroot.service.
[root@studentvm2 ~]#
```

现在请检查 /var/named/chroot/var/named/ 目录，确认其中包含了必要的配置文件。并执行如下命令来验证 named-chroot 服务的状态：

```
[root@studentvm2 ~]# systemctl status named-chroot
● named-chroot.service - Berkeley Internet Name Domain (DNS)
   Loaded: loaded (/usr/lib/systemd/system/named-chroot.service; enabled;
   vendor preset: disabled)
   Active: active (running) since Mon 2019-08-26 13:46:51 EDT; 2min 43s ago
  Process: 20092 ExecStart=/usr/sbin/named -u named -c ${NAMEDCONF} -t /var/
named/chroot $OPTIONS (code=>
  Process: 20089 ExecStartPre=/bin/bash -c if [ ! "$DISABLE_ZONE_CHECKING" ==
 "yes" ]; then /usr/sbin/na>
 Main PID: 20093 (named)
    Tasks: 5 (limit: 4696)
   Memory: 54.7M
   CGroup: /system.slice/named-chroot.service
           └─20093 /usr/sbin/named -u named -c /etc/named.conf -t /var/
              named/chroot

Aug 26 13:46:51 studentvm2.example.com named[20093]: network unreachable
resolving './DNSKEY/IN': 2001:5>
<SNIP>
```

```
Aug 26 13:46:51 studentvm2.example.com named[20093]: resolver priming query
complete
lines 1-21/21 (END)
```

接下来，我们通过如下命令来执行一次域名查询操作，以确认系统是否正常运行。请确认响应查询的服务器是否拥有 StudentVM2 的正确 IP 地址：

```
[root@studentvm2 ~]# dig studentvm1.example.com

; <<>> DiG 9.18.15 <<>> studentvm1.example.com
;; global options: +cmd
;; Got answer:
;; ->>HEADER<<- opcode: QUERY, status: NOERROR, id: 51875
;; flags: qr aa rd ra; QUERY: 1, ANSWER: 1, AUTHORITY: 0, ADDITIONAL: 1

;; OPT PSEUDOSECTION:
; EDNS: version: 0, flags:; udp: 1232
; COOKIE: 130debcd5f5056b601000000648c4cddca4d9d199e924e26 (good)
;; QUESTION SECTION:
;studentvm1.example.com.            IN      A

;; ANSWER SECTION:
studentvm1.example.com.   86400     IN      A       192.168.56.21

;; Query time: 1 msec
;; SERVER: 192.168.56.11#53(192.168.56.11) (UDP)
;; WHEN: Fri Jun 16 07:51:57 EDT 2023
;; MSG SIZE  rcvd: 95

[root@studentvm2 ~]#
```

此外，请尝试使用 dig 命令来查询外部域名（例如 www.example.org、opensource.com、apress.com），确认能否获得正确的解析结果。

 注意 在使用以 chroot 模式运行的 named（BIND 名称服务器）时，所有对区域文件的修改都应该在 /var/named/chroot/var/named 目录下进行。

我们还可以通过添加 ACL（Access Control List，访问控制列表）来精细化域名服务器的访问权限。这些 ACL 的定义和主机列表需要添加到 /etc/named.conf 文件中，如图 5-1 所示。在该文件中，你可以明确地允许或拒绝特定主机的访问。这些配置语句通常会直接被添加到 /etc/named.conf 文件的 options 部分中。

在图 5-1 的 ACL 示例中，我们允许了局域网（192.168.56.0/24）内的查询请求，同时阻止了本地网通向外部网络（10.0.2.0/24，在上册第 1 章中，我们将 10.0.2.0/24 网段配置为外部网络）的查询请求。

```
acl block-these {
  10.0.2.0/24;
};
acl allow-these {
  192.168.56.0/24;
};
options {
  blackhole { block-these; };
  allow-query { allow-these; };
};
```

图 5-1　named.conf 的 ACL 示例

5.7　内核层面的网络安全加固

我们还可以采取一些额外的措施来进一步加固网络接口。在 /etc/sysctl.d/98-network.conf 文件中进行如下实验设置，可以使网络接口更加安全。这些措施适用于所有主机，尤其是在防火墙 / 路由器上的部署至关重要。通过这些配置，攻击者将更难获取主机的信息，入侵行为也会受到限制。

请注意，这并不是防火墙的功能，而是 Linux 内核层面的安全机制。

实验 5-6：内核层面的网络安全加固

请以 root 用户身份登录 StudentVM2 主机，并开始以下实验。

在 /etc/sysctl.d/50-network.conf 文件中添加相应的条目，其配置如图 5-2 所示。在第 3 章将 StudentVM2 配置为路由器时已经创建了该文件。

配置项后的注释简要说明了每个条目的功能。如果你希望获得更多相关信息，可以通过互联网搜索来进一步了解。

这些配置更改将在系统下次启动时自动生效。当然，你也可以不通过重启，通过修改 /proc 文件系统中相关的文件来立即启用它们，但这个过程可能会较为耗时。

在完成了对 etc/sysctl.d/50-network.conf 文件的修改后，建议你重新启动计算机。尽管重新启动并非绝对必要，但为了便于验证和确保修改的生效，我们推荐你执行此操作。若你不希望直接编辑 /proc 文件系统中的特定文件，重启计算机则是一种更为简便、快捷的测试方法。因为 50-network.conf 文件就是在 Linux 系统启动时设置这些变量的值。

在系统重新启动后，请务必检查 /proc 文件系统，以确保相关变量的值已根据 sysctl.conf 文件中的定义进行了相应的更新。

```
# Controls IP packet forwarding
net.ipv4.ip_forward = 1

# Since we *DO* want to act as a router, we need to comment these out
# If the host is not a router, then uncomment these.
# net.ipv4.conf.all.send_redirects = 0
# net.ipv4.conf.default.send_redirects = 0

# Don't reply to broadcasts. Prevents joining a smurf attack
net.ipv4.icmp_echo_ignore_broadcasts = 1

# Enable protection bad icmp error messages
net.ipv4.icmp_ignore_bogus_error_responses = 1

# Enable syncookies SYN flood attack protection
net.ipv4.tcp_syncookies = 1

# Log spoofed, source routed, and redirects packets.
net.ipv4.conf.all.log_martians = 1
net.ipv4.conf.default.log_martians = 1

# Don't allow source routed packets
net.ipv4.conf.all.accept_source_route = 0
net.ipv4.conf.default.accept_source_route = 0

# Turn on reverse path filtering
net.ipv4.conf.all.rp_filter = 1
net.ipv4.conf.default.rp_filter = 1

# Disallow outsiders alter the routing tables
net.ipv4.conf.all.accept_redirects = 0
net.ipv4.conf.default.accept_redirects = 0
net.ipv4.conf.all.secure_redirects = 0
net.ipv4.conf.default.secure_redirects = 0
```

图 5-2　网络安全加固的配置

尽管在没有特定方法生成恶意数据包的情况下，直接测试这些更改的效果比较困难，但我们可以通过其他手段来验证系统功能是否正常运行。这些操作具体包括：交叉 ping 网络中的主机，并使用 SSH 相互登录；在 StudentVM1 主机上，尝试 ping 一个本地网之外的主机，以检验其与外部网络的连通性；在 StudentVM1 主机上，通过 SSH 登录到另一台外部主机，并发送电子邮件，使用浏览器访问外部网站，进一步验证网络服务的可用性。如果上述这些测试均能正常运行，那么说明系统的网络配置正确无误。

在执行这些测试过程中，笔者曾遭遇配置错误的情况，你同样存在遭遇类似问题的可能性。比如，笔者没有将 ip_forward 设置为 1，从而未能将 StudentVM2 配置为路由器，进而导致笔者无法 ping 通本地网之外的主机。

这些更改适用于网络内的所有 Linux 主机，对于那些承担路由器功能且连接外部互联网的系统而言尤为重要。请注意，在应用这些更改时，如果目标主机不具备路由功能，请务必调整与路由相关的配置项。

5.8 限制 root 用户 SSH 远程登录

出于管理需求，我们有时会接受来自外部的 SSH 远程连接。然而，在实际操作中，我们可能无法提前确定并限定允许连接的 IP 地址。鉴于此种情况，我们可以完全禁止通过 SSH 进行 root 用户直接登录来增强系统的安全性。若要登录，首先应以非 root 用户的身份登录主机，随后通过 su 或 sudo 命令提升至 root 用户权限。在本书的前半部分，我们曾将两台实验虚拟机的 SSHD 配置为允许 root 用户从一个虚拟控制台或使用 SSH 通过密码直接登录。然而，为了进一步增强安全性，我们可以对 SSHD 配置进行修改，以禁止 root 用户通过密码登录。接下来，我们将以 StudentVM1 为例，详细阐述配置修改的步骤。

实验 5-7：限制 root 用户 SSH 远程登录

首先，请以 root 用户身份在 StudentVM1 主机上通过 SSH 协议登录到 StudentVM2 主机，以验证其连接是否正常。一旦成功登录到 StudentVM2，请确认登录状态是否正常。在完成确认后，退出 StudentVM2 的 SSH 会话。

接下来，在 StudentVM2 主机上，请使用系统内置的文本编辑器打开位于 /etc/ssh/ 目录下的 sshd_config 配置文件。并找到如下配置行：

PermitRootLogin yes

修改后的配置如下所示：

PermitRootLogin no

配置更改保存后，请执行如下命令来重启 SSHD 服务：

`[root@studentvm2 ~]# `**`systemctl restart sshd.service`**

随后，请在 StudentVM1 主机上，尝试以 root 用户身份通过 SSH 登录到 StudentVM2 主机。

在此过程中，你可能会遇到"Permission denied"（权限被拒绝）的错误提示。请确保你能以 student 用户身份登录到 StudentVM2，以验证 SSH 服务是否正常运行。

另外，你还可以将 SSH 配置文件中的"PermitRootLogin"选项设置为"prohibit-password"，来禁止 root 用户通过密码进行登录，但此设置仍允许 root 用户使用 PPKP 进行登录。

如果你需要重新启用 SSH 远程 root 用户登录功能时，可将"PermitRootLogin"选项改回"yes",随后进行测试,以确保你可以从 StudentVM2 或 StudentVM3 成功地以 root 用户身份登录到 StudentVM1。

此设置仅影响通过 SSH 进行的远程 root 用户登录。本地虚拟控制台的 root 用户登录,以及通过 su 或 sudo 命令将普通用户权限提升至 root 用户权限的操作,均不受此设置影响。

5.9 深入配置 firewalld

尽管我们的防火墙已经具备了较强的防护能力,但仍有进一步的提升空间。通过对防火墙进行更细致的配置,我们可以进一步提高其安全性能。此外,防火墙还能协助我们有效抵御大规模和持续性的网络攻击。

5.9.1 防火墙应急:通过 CLI 禁用所有网络流量

在网络安全攻击的紧急情况(例如每隔几周就可能出现的有针对性的网络攻击)下,我们可以迅速禁用所有网络流量,以此来切断攻击者。尽管笔者见过有系统管理员直接断开所有网线,但除非万不得已,笔者不建议这样做。相比之下,登录系统并执行特定命令以进入"紧急模式"(panic mode)虽然需要一些时间,但可以在一定程度上保证操作的有序性。

实验 5-8:防火墙紧急模式

我们可以执行如下命令来检查防火墙紧急模式的当前状态(开启或关闭):

```
[root@studentvm2 ~]# firewall-cmd --query-panic
no
```

若要立即禁用所有的网络流量,你可以执行如下命令来进入紧急模式:

```
~]# firewall-cmd --panic-on
```

现在,请尝试从 StudentVM1 虚拟机登录到 StudentVM2 虚拟机,以观察其连接是否被阻断。当你想要退出紧急模式并恢复防火墙到之前的常规配置时,可以直接执行以下命令:

```
~]# firewall-cmd --panic-off
```

请注意,要退出紧急模式,你需要直接访问物理服务器或主机设备。

> **警告** 在远程服务器上启动紧急模式时请务必谨慎操作。一旦启用紧急模式,所有远程访问都将被禁止。若要解除该模式,你可能需要亲自前往远程主机所在的物理机器进行操作。

5.9.2 控制特定 IP 地址或网络的访问

假设我们希望对 StudentVM2 主机 enp0s3 接口的访问采取精细化的控制策略，使其仅对位于外部网络 10.0.2.0/24 网段中的 StudentVM3 主机开放 SSH 访问权限，并拒绝来自其他所有 IP 地址的连接请求。

直接应用防火墙的 external 区域或是 public 区域策略可能会带来问题，因为这些区域允许从任意 IP 地址访问包括 SSH 在内的多种服务。这给我们出了个难题，我们想阻止除 StudentVM3 外的所有外部 SSH 连接。因此我们的主要策略是为防火墙指定 StudentVM3 的 IP 地址，以便防火墙接受连接到 StudentVM2 的 SSH 数据包，同时拒绝所有其他数据包。

为此，我们的策略分两步实施：首先，将防火墙区域切换至 block 区域，这样不仅能有效阻止未授权的连接，还能向连接发起方发送明确的拒绝响应，便于我们在实验环境中监控和分析连接状态；其次，利用 firewalld 的 "rich rules" 功能特性，我们将创建一条规则，仅允许来自 StudentVM3 的 IP 地址通过 SSH 连接到 StudentVM2，而对其他所有 IP 地址的连接请求则保持阻断状态。

实验 5-9：允许特定 IP 地址访问

对防火墙进行外部网络测试可能比较复杂，但由于我们拥有对 10.0.2.0/24 网络的控制权，并且该网络连接在服务器的外部网络接口上，我们能够执行这项测试。还记得之前提到的 StudentVM3 虚拟机吗？我们可以利用它进行测试。在本书之前的章节中，该虚拟机已配置为使用名为 StudentNetwork(10.0.2.0/24) 的 NAT 网络，并且从 Live USB 镜像启动。

首先，让我们通过执行如下命令来修改 StudentVM2 的 enp0s3 接口，将其划分到 block 区域：

```
[root@studentvm2 ~]# firewall-cmd --change-interface=enp0s3 --zone=block
success
```

请启动 StudentVM3 虚拟机并进入 Fedora Live 镜像环境中。待 StudentVM3 启动完成后，请打开一个终端会话并使用 su 命令切换至 root 用户。然后尝试从 StudentVM3 的 Live 镜像中执行对 StudentVM2 的 ping 操作。由于 10.0.2.0/24 网络中未配置域名服务器，因此你需要使用 StudentVM2 的外部 IP 地址 10.0.2.11 来执行 ping 操作：

```
[root@localhost-live ~]# ping -c2 10.0.2.11
PING 10.0.2.11 (10.0.2.11) 56(84) bytes of data.
From 10.0.2.11 icmp_seq=1 Packet filtered
From 10.0.2.11 icmp_seq=2 Packet filtered

--- 10.0.2.11 ping statistics ---
2 packets transmitted, 0 received, +2 errors, 100% packet loss, time 1012ms
```

接下来，请尝试以 root 用户身份从 StudentVM3 中通过 SSH 连接至 StudentVM2，以此来测试 StudentVM2 的外部接口是否允许 SSH 登录。如果配置正确，你应该会看到一条"No route to host"（无法找到主机的路由）的错误信息：

```
[root@localhost-live ~]# ssh 10.0.2.11
ssh: connect to host 10.0.2.11 port 22: No route to host
```

请务必确认 StudentVM3 虚拟机的 IP 地址，因为我们将在 StudentVM2 主机上创建防火墙规则时需要使用此地址。若你有意重复进行本实验，请特别注意在 Live USB 镜像启动系统时检查 StudentVM3 的 IP 地址是否有所变动。尽管在作者的实验环境中，StudentVM3 的 IP 地址已被设定为 10.0.2.24/24，但请你务必保证在你的虚拟实验环境中使用的是 StudentVM3 准确的 IP 地址。

随后，请在 StudentVM2 上执行以下命令来以详细的格式列出 firewalld 当前生效的所有规则：

```
[root@studentvm2 ~]# firewall-cmd --list-rich-rules
[root@studentvm2 ~]#
```

上述输出结果表明当前没有已配置的"rich rules"。现在，请执行如下命令来将规则同时添加到当前运行的防火墙规则和永久规则中，随后请再次验证规则是否已添加成功：

```
[root@studentvm2 ~]# firewall-cmd --zone=block --add-rich-rule='rule family=ipv4 source address=10.0.2.24/24 service name=ssh accept'
success
[root@studentvm2 ~]# firewall-cmd --permanent --zone=block --add-rich-rule='rule family=ipv4 source address=10.0.2.24/24 service name=ssh accept'
success
[root@studentvm2 ~]# firewall-cmd --permanent --zone=block --list-rich-rules
rule family="ipv4" source address="10.0.2.24/24" service name="ssh" accept
[root@studentvm2 ~]# firewall-cmd --zone=block --list-rich-rules
rule family="ipv4" source address="10.0.2.24/24" service name="ssh" accept
[root@studentvm2 ~]#
```

接下来，我们将在 StudentVM3 虚拟机上以 root 用户身份重新执行 ping StudentVM2 主机的操作，以验证连接是否被成功阻止。若防火墙规则成功拦截了所有数据包，你将观察到如下信息：

```
[root@localhost-live ~]# ping -c2 10.0.2.11
PING 10.0.2.11 (10.0.2.11) 56(84) bytes of data.

From 10.0.2.11 icmp_seq=1 Packet filtered
From 10.0.2.11 icmp_seq=2 Packet filtered
```

```
--- 10.0.2.11 ping statistics ---
2 packets transmitted, 0 received, +2 errors, 100% packet loss, time 1021ms

[root@localhost-live ~]#
```

现在，请尝试从 StudentVM3 虚拟机通过 SSH 连接到 StudentVM2 主机中。预计此次连接将成功建立，随后你将能够顺利登录至 StudentVM2 主机。

接下来，我们来验证防火墙规则对于其他 IP 地址的连接尝试是否拒绝。在此过程中，请确保 StudentVM3 虚拟机处于正常运行状态，并依据需求新建一个名为"StudentVM4"的虚拟机。同时为 StudentVM4 虚拟机配置一个和 StudentVM3 虚拟机相似的虚拟硬件规格配置（动态分配的 120GB 硬盘、1～2 个 CPU、4GB 内存），并确保 StudentVM4 使用名为 StudentNetwork 的 NAT 网络。

请使用你手头上最新的 Fedora Live USB 镜像 ISO 文件来启动 StudentVM4 虚拟机，待虚拟机启动完毕后，请打开终端会话并确认网络配置正确，确保分配的 IP 地址位于声明中指定的"guest"主机范围内。在笔者的实验环境中，StudentVM4 虚拟机的 IP 地址为 10.0.2.25。

首先尝试从 StudentVM4 虚拟机向 StudentVM2 主机（IP 地址为 10.0.2.11）发送 ping 请求，预计会收到"Packet filtered"（数据包被系统过滤）的提示。随后，尝试执行如下命令来建立 SSH 连接：

```
[liveuser@localhost-live ~]$ ssh 10.0.2.11
The authenticity of host '10.0.2.11 (10.0.2.11)' can't be established.
ED25519 key fingerprint is SHA256:KPP0qz8eIne7ztEP9hFIRb5Trtg2d7DsBY
ZcMeBAZGU.
This key is not known by any other names
Are you sure you want to continue connecting (yes/no/[fingerprint])? yes
Warning: Permanently added '10.0.2.11' (ED25519) to the list of known hosts.
liveuser@10.0.2.11's password: <Enter password>
Permission denied, please try again.
liveuser@10.0.2.11's password: <Enter password>
Permission denied, please try again.
liveuser@10.0.2.11's password: <Enter password>
liveuser@10.0.2.11: Permission denied (publickey,gssapi-with-mic,password).
[liveuser@localhost-live ~]$
```

同样，我们亦可以通过配置规则，使 StudentVM3 虚拟机能够拒绝 SSH 的连接请求，同时允许其他类型的连接。但需强调的是，这里不执行此操作，以下的 firewalld 命令旨在展示如何实现此配置过程：

```
# firewall-cmd --add-rich-rule='rule family=ipv4 source
address=172.92.10.90/32 service name="ssh" reject'
```

firewalld 的功能十分强大，这里只展示了其中很小的一部分。要全面介绍它的各项功能，恐怕需要一本专门的书籍。事实上，笔者在亚马逊上找到了一些关于 firewalld 的书籍，其中一些是免费的电子书，只要你有阅读器和 Kindle Unlimited 订阅服务就可以阅读。

5.10 恶意软件防护

系统安全的一个关键方面就是防御各类恶意软件，包括病毒、rootkit、木马等。我们可以借助多种工具来达成这一目标，本节将重点介绍其中的四种。值得注意的是，病毒和木马往往扮演着传播载体的角色，它们自身可能携带并释放其他类型的恶意软件（例如 rootkit）。

5.10.1 恶意软件 rootkit

rootkit 是一种极具隐蔽性的恶意软件，它通过替换或篡改系统中合法的 GNU 工具集来执行恶意行为并在系统中隐藏自身。举例来说，rootkit 可能会篡改 ls 命令，使其无法显示 rootkit 安装的任何文件。此外，部分 rootkit 还能够扫描系统日志并删除可能暴露其文件存在痕迹的条目。

大多数 rootkit 的设计目的是让远程攻击者接管受感染的计算机，并为攻击者所用。这类恶意软件最主要的目的是长期潜伏在系统中，悄无声息地执行攻击者的指令，而不像勒索软件那样索要赎金或企图破坏文件。

目前有两款优秀的工具可用于扫描系统中的 rootkit——chkrootkit[①]和 Rootkit Hunter[②]，它们都能有效定位可能被 rootkit 感染、替换或破坏的文件。

除了核心的 rootkit 检查功能外，Rootkit Hunter 还会检查系统中的网络入侵。例如，它能发现被恶意开启的后门端口，也能检查 HTTP、IMAPS 等正常服务是否在非标准端口上进行监听。一旦发现此类情况，Rootkit Hunter 会发出警告。

实验 5-10：检查系统中的 rootkit 威胁

请以 root 用户身份在 StudentVM2 主机上执行本实验。首先，通过执行如下命令来安装 chkrootkit 和 rkhunter 包：

[root@studentvm2 ~]# **dnf -y install chkrootkit rkhunter**

接下来，请按照以下步骤执行 chkrootkit 命令。在命令执行期间，你将观察到一系列检测项目逐一展开：

[①] chkrootkit, www.chkrootkit.org。
[②] Rootkit Hunter, http://rkhunter.sourceforge.net/。

```
[root@studentvm2 ~]# chkrootkit
ROOTDIR is `/'
Checking `amd'... not found
Checking `basename'... not infected
Checking `biff'... not found
Checking `chfn'... not infected
Checking `chsh'... not infected
Checking `cron'... not infected
Checking `crontab'... not infected
Checking `date'... not infected
Checking `du'... not infected
Checking `dirname'... not infected
Checking `echo'... not infected
Checking `egrep'... not infected
<snip>
Searching for Hidden Cobra ... nothing found
Searching for Rocke Miner ... nothing found
Searching for suspect PHP files... nothing found
Searching for anomalies in shell history files... nothing found
<SNIP>
Checking `chkutmp'...  The tty of the following user process(es) were not found
 in /var/run/utmp !
! RUID          PID TTY    CMD
! student      2310 pts/0  bash
! student      2339 pts/0  su -
! root         2344 pts/0  -bash
! root         2367 pts/0  screen
! -oPubkeyAcceptedKeyTypes=rsa-sha256,rsa-sha2-256-cert-v01@openssh.
com,ecdsa-sha2-nistp256,ecdsa-sha2-nistp256-cert-v01@openssh.com,ecdsa-sha2-
nistp384,ecdsa-sha2-nistp384-cert-v01@openssh.com,rsa-sha2-512,rsa-sha2-512-
cert-v01@openssh.com,ecdsa-sha2-nistp521,ecdsa-sha2-nistp521-cert-v01@
op    28783 sh-ed25519-cert-v01@openssh.com,-oPubkeyAcceptedKeyTypes=rsa-
sha256,rsa-sha2-256-cert-v01@openssh.com,ecdsa-sha2-nistp256,ecdsa-
sha2-nistp256-cert-v01@openssh.com,ecdsa-sha2-nistp384,ecdsa-sha2-
nistp384-cert-v01@openssh.com,rsa-sha2-512,rsa-sha2-512-cert-v01@openssh.
com,ecdsa-sha2-nistp521,ecdsa-sha2-nistp521-cert-v01@op 256,rsa-sha2-256-
cert-v01@openssh.com,ecdsa-sha2-nistp256,ecdsa-sha2-nistp256-cert-v01@
openssh.com,ecdsa-sha2-nistp384,ecdsa-sha2-nistp384-cert-v01@openssh.com,rsa-
sha2-512,rsa-sha2-512-cert-v01@openssh.com,ecdsa-sha2-nistp521,ecdsa-sha2-
nistp521-cert-v01@opchkutmp: nothing deleted
Checking `OSX_RSPLUG'... not tested
```

chkrootkit 会列出所执行的一系列检测项，如果发现异常情况，会进行相应的标注。尽管 chkrootkit 缺少手册页，但你可以在 /usr/share/doc/chkrootkit 目录下找到相关的参考文档，请务必阅读以获取更多信息。

相较而言，笔者认为 Rootkit Hunter 是一个更为优秀和全面的扫描工具。它更加灵活，可以在无须升级整个程序的前提下更新恶意软件特征库。与 chkrootkit 类似，Rootkit Hunter 也会检查那些容易被攻击者篡改的系统可执行文件。

在首次运行 Rootkit Hunter 之前，请记得执行如下命令来更新其签名文件：

```
[root@testvm3 sbin]# rkhunter --update
Checking rkhunter data files...
  Checking file mirrors.dat                                [ Updated ]
  Checking file programs_bad.dat                           [ Updated ]
  Checking file backdoorports.dat                          [ No update ]
  Checking file suspscan.dat                               [ Updated ]
  Checking file i18n/cn                                    [ No update ]
  Checking file i18n/de                                    [ Updated ]
  Checking file i18n/en                                    [ No update ]
  Checking file i18n/tr                                    [ Updated ]
  Checking file i18n/tr.utf8                               [ Updated ]
  Checking file i18n/zh                                    [ Updated ]
  Checking file i18n/zh.utf8                               [ Updated ]
  Checking file i18n/ja                                    [ Updated ]
[root@studentvm2 ~]#
```

现在创建关键文件的基准数据库：

```
[root@studentvm2 ~]# rkhunter --propupd
[ Rootkit Hunter version 1.4.6 ]
File created: searched for 177 files, found 138
[root@studentvm2 ~]#
```

注意 在系统安装更新，或是升级到新版本（例如从 Fedora 38 升级到 Fedora 39）后，都应该执行 rkhunter --propupd 命令来更新 Rootkit Hunter 的基准数据库。

现在，请执行以下命令来检测 rootkit。其中，--sk 选项表示连续进行检测，无须你在每个项目间手动按键继续。-c 选项指示 rkhunter 进行 rootkit 安全检查：

```
[root@studentvm2 ~]# rkhunter -c --sk
[ Rootkit Hunter version 1.4.6 ]

Checking system commands...

  Performing 'strings' command checks
    Checking 'strings' command                             [ OK ]

  Performing 'shared libraries' checks
    Checking for preloading variables                      [ None found ]
    Checking for preloaded libraries                       [ None found ]
    Checking LD_LIBRARY_PATH variable                      [ Not found ]
```

```
    Performing file properties checks
        Checking for prerequisites                          [ OK ]
        /usr/sbin/adduser                                   [ OK ]
        /usr/sbin/chkconfig                                 [ OK ]
<snip>
        Knark Rootkit                                       [ Not found ]
        ld-linuxv.so Rootkit                                [ Not found ]
        LiOn Worm                                           [ Not found ]
        Lockit / LJK2 Rootkit                               [ Not found ]
        Mokes backdoor                                      [ Not found ]
        Mood-NT Rootkit                                     [ Not found ]
        MRK Rootkit                                         [ Not found ]
        NiO Rootkit                                         [ Not found ]
        Ohhara Rootkit                                      [ Not found ]
        Optic Kit (Tux) Worm                                [ Not found ]
        Oz Rootkit                                          [ Not found ]
        Phalanx Rootkit                                     [ Not found ]
        Phalanx2 Rootkit                                    [ Not found ]
        Phalanx2 Rootkit (extended tests)                   [ Not found ]
        Portacelo Rootkit                                   [ Not found ]
        R3dstorm Toolkit                                    [ Not found ]
<snip>
System checks summary
=====================

File properties checks...
    Files checked: 136
    Suspect files: 0

Rootkit checks...
    Rootkits checked : 497
    Possible rootkits: 0

Applications checks...
    All checks skipped

The system checks took: 3 minutes and 34 seconds

All results have been written to the log file: /var/log/rkhunter/rkhunter.log

One or more warnings have been found while checking the system.
Please check the log file (/var/log/rkhunter/rkhunter.log)
```

Rootkit Hunter 在运行过程中会逐项显示检测项目及结果，并在结束时提供一份概要报告。你可以在 /var/log/rkhunter/rkhunter.log 文件中查看更详细的扫描日志。

安装 Rootkit Hunter 时，其 RPM 包会自动创建一项每日执行的定时任务（脚本存放在

/etc/cron.daily 目录下）。这项任务通常会在每天凌晨 3 时左右自动运行 Rootkit Hunter 进行检查。如果在检查过程中发现问题，系统会自动向 root 用户发送一封电子邮件。如果没有发现问题，则不会产生任何邮件或表明 rkhunter 程序已经运行的通知。

5.10.2　防病毒工具 ClamAV

尽管 Linux 系统受到病毒威胁的可能性远低于 Windows 系统，但这并不意味着 Linux 系统可以高枕无忧。因此，部署一款防病毒工具仍然是必要的。ClamAV 是一款优秀的开源防病毒软件，市面上还有一些其他选择，包括专为 Linux 设计的非开源产品。

ClamAV 并不是 Linux 系统下默认安装的软件。在首次运行时，如果尚未安装有效的病毒特征库，ClamAV 会因缺少必要数据而无法正常运行。因此，我们需要安装 ClamAV 的病毒库更新工具（这一过程将会同时安装所有依赖项）。在安装 clamav-update 软件包后，我们就可以使用 freshclam 命令轻松更新 ClamAV 的病毒特征库了。

实验 5-11：防病毒工具 ClamAV

请在 StudentVM2 主机上以 root 用户身份执行本实验。首先，执行如下命令来安装 ClamAV 及其病毒库更新工具：

```
[root@studentvm2 ~]# dnf -y install clamav clamav-update
```

接下来，编辑 /etc/freshclam.conf 文件，删除或注释掉其中的"Example"行。最后，执行以下命令来更新 ClamAV 病毒库：

```
[root@studentvm2 ~]# freshclam
ClamAV update process started at Thu Aug 29 12:17:31 2019
WARNING: Your ClamAV installation is OUTDATED!
WARNING: Local version: 0.101.3 Recommended version: 0.101.4
DON'T PANIC! Read https://www.clamav.net/documents/upgrading-clamav
Downloading main.cvd [100%]
main.cvd updated (version: 58, sigs: 4566249, f-level: 60, builder: sigmgr)
Downloading daily.cvd [100%]
daily.cvd updated (version: 25556, sigs: 1740591, f-level: 63, builder: raynman)
Downloading bytecode.cvd [100%]

bytecode.cvd updated (version: 330, sigs: 94, f-level: 63, builder: neo)
Database updated (6306934 signatures) from database.clamav.net (IP: 104.16.219.84)
[root@studentvm2 ~]#
```

你可能会注意到输出结果中包含一些警告提示。这表明 ClamAV 需要更新，但最新的病毒特征库尚未同步到 Fedora 存储库中。

现在，你可以在指定的目录上运行 clamscan 命令。使用 -r 选项可以对目录内所有子目录及文件进行递归扫描。输出数据流会列出所有扫描过的文件，并在行尾标注"OK"来表示该文件未被感染：

```
[root@studentvm2 ~]# clamscan -r /root /var/spool /home
/root/.viminfo: OK
/root/.local/share/mc/history: OK
/root/.razor/server.c303.cloudmark.com.conf: OK
/root/.razor/server.c302.cloudmark.com.conf: OK
/root/.razor/server.c301.cloudmark.com.conf: OK
/root/.razor/servers.nomination.lst: OK
/root/.razor/servers.discovery.lst: OK
/root/.razor/servers.catalogue.lst: OK
/root/.config/htop/htoprc: OK
/root/.config/mc/panels.ini: Empty file
<snip>
/home/student/.thunderbird/w453leb8.default/AlternateServices.txt: Empty file
/home/student/.thunderbird/w453leb8.default/SecurityPreloadState.txt: Empty file
/home/student2/.bash_logout: OK
/home/student2/.bashrc: OK
/home/student2/.bash_profile: OK
/home/student2/.bash_history: OK
/home/email1/.bash_logout: OK
/home/email1/.bashrc: OK
/home/email1/.esd_auth: OK
/home/email1/.bash_profile: OK
/home/email1/.config/pulse/b62e5e58cdf74e0e967b39bc94328d81-default-source: OK
/home/email1/.config/pulse/b62e5e58cdf74e0e967b39bc94328d81-device-volumes.tdb: OK
/home/email1/.config/pulse/b62e5e58cdf74e0e967b39bc94328d81-card-database.tdb: OK
/home/email1/.config/pulse/b62e5e58cdf74e0e967b39bc94328d81-stream-volumes.tdb: OK
/home/email1/.config/pulse/cookie: OK
/home/email1/.config/pulse/b62e5e58cdf74e0e967b39bc94328d81-default-sink: OK
/home/smauth/.bash_logout: OK
/home/smauth/.bashrc: OK
/home/smauth/.bash_profile: OK

----------- SCAN SUMMARY -----------
Known viruses: 8669437
Engine version: 1.0.1
Scanned directories: 95
Scanned files: 191
```

```
Infected files: 0
Data scanned: 9.97 MB
Data read: 34.88 MB (ratio 0.29:1)
Time: 52.070 sec (0 m 52 s)
Start Date: 2023:06:20 10:18:48
End Date:   2023:06:20 10:19:40
[root@studentvm2 ~]#
```

由于 clamscan 命令会生成大量的输出，因此笔者在这里仅展示了其输出中的一部分。使用 tee 命令能将输出同时记录到指定文件（clamscan.txt）和标准输出（屏幕），方便我们进一步使用不同的工具对文件进行处理和搜索分析。

请打开 clamscan.txt 文件，检查其中有没有行末未标记"OK"的文件。ClamAV 目前的病毒特征库大约包含 870 万个病毒特征签名，这个数字比笔者撰写本章第 1 版时的 630 万有所增加。

为了确保系统防御的有效性，请务必定期执行 clamscan 工具来扫描病毒。

5.10.3 入侵检测工具 Tripwire

Tripwire 是一款功能强大的入侵检测软件，其核心功能是监控系统文件并实时报告任何未经授权的变动情况。这些变动有可能源自诸如 rootkit 或木马等恶意软件的非法入侵行为。然而，需要明确的是，Tripwire 与众多同类工具一样，并不具备直接阻止入侵行为的能力，其主要作用在于入侵事件发生后，通过对被篡改痕迹的深入分析，识别入侵行为，并提供详尽的报告。

Tripwire[⊖] 是一家提供商业版 Tripwire 以及其他网络安全产品的商业公司。在本实验中，我们将在服务器中安装和配置 Tripwire 的开源版本。

实验 5-12：入侵检测工具 Tripwire

请在 StudentVM2 主机上以 root 用户身份进行本实验。首先，请执行如下命令来安装 Tripwire：

```
[root@studentvm2 ~]# dnf -y install tripwire
```

Fedora 提供的 Tripwire RPM 包并没有包含一个开箱即用的完整配置，这意味着用户需要自行进行一些基本的配置才能开始使用。为了确保 Tripwire 能够正常运行，你应当参考 /usr/share/doc/tripwire/README.Fedora 文件中的说明来进行详细配置。虽然强烈建议你阅读上述文件以获取全面的配置信息，但在这里，我们进行最基础的配置使 Tripwire

---

⊖ Tripwire，https://www.tripwire.com。

能够正常运行。

接下来，我们应当执行如下命令来创建 Tripwire 的密钥文件，这些文件将用于对数据库文件进行加密和签名。

```
[root@studentvm2 tripwire]# tripwire-setup-keyfiles
----------------------------------------------
The Tripwire site and local passphrases are used to sign a  variety  of
files, such as the configuration, policy, and database files.

Passphrases should be at least 8 characters in length and contain  both
letters and numbers.
See the Tripwire manual for more information.

----------------------------------------------
Creating key files...

(When selecting a passphrase, keep in mind that good passphrases typically
have upper and lower case letters, digits and punctuation marks, and are
at least 8 characters in length.)

Enter the site keyfile passphrase:<Enter passphrase>
Verify the site keyfile passphrase:<Enter passphrase>
Generating key (this may take several minutes)...Key generation complete.

(When selecting a passphrase, keep in mind that good passphrases typically
have upper and lower case letters, digits and punctuation marks, and are
at least 8 characters in length.)

Enter the local keyfile passphrase:<Enter passphrase>
Verify the local keyfile passphrase:<Enter passphrase>
Generating key (this may take several minutes)...Key generation complete.

----------------------------------------------
Signing configuration file...
Please enter your site passphrase: <Enter passphrase>
Wrote configuration file: /etc/tripwire/tw.cfg

A clear-text version of the Tripwire configuration file:
/etc/tripwire/twcfg.txt
has been preserved for your inspection. It  is  recommended  that  you
move this file to a secure location and/or encrypt it in place (using a
tool such as GPG, for example) after you have examined it.

----------------------------------------------
Signing policy file...
Please enter your site passphrase: <Enter passphrase>
Wrote policy file: /etc/tripwire/tw.pol

A clear-text version of the Tripwire policy file:
/etc/tripwire/twpol.txt
```

has been preserved for your inspection. This implements a minimal
policy, intended only to test essential Tripwire functionality. You

should edit the policy file to describe your system, and then use
twadmin to generate a new signed copy of the Tripwire policy.

Once you have a satisfactory Tripwire policy file, you should move the
clear-text version to a secure location and/or encrypt it in place
(using a tool such as GPG, for example).

Now run "tripwire --init" to enter Database Initialization Mode. This
reads the policy file, generates a database based on its contents, and
then cryptographically signs the resulting database. Options can be
entered on the command line to specify which policy, configuration, and
key files are used to create the database. The filename for the
database can be specified as well. If no options are specified, the
default values from the current configuration file are used.

[root@studentvm2 tripwire]#

在生成 Tripwire 的密钥文件之后，初始化 Tripwire 数据库是确保其安全性和准确性的重要步骤。初始化过程会全面扫描系统中的文件，并为每个文件生成一个独特的签名。这些签名随后会被存储在数据库中，作为评估文件完整性的基准。Tripwire 还会对数据库进行加密和签名，以防止数据库在未授权的情况下被篡改。初始化 Tripwire 数据库的过程可能会需要一些时间，具体取决于你的系统大小和文件数量。我们可以执行以下命令（或者使用等效的简写形式：tripwire -m i）来进行初始化操作：

[root@studentvm2 ~]# **tripwire --init**

在初始化过程中可能会产生一些警告，提示某些文件与默认策略不符。在本次实验中可以暂时忽略，但若在生产环境中部署 Tripwire，请务必创建一个与实际系统环境相匹配的策略文件，并且定义出如果这些文件发生变更时应当采取的措施。

当数据库初始化完成后，我们可以执行如下命令来对系统进行完整性检查：

[root@studentvm2 tripwire]# **tripwire --check | tee /root/tripwire.txt**

如果 Tripwire 再次发出了一些警告提示，请检查生成的 Tripwire 报告文件，在文件开头的部分提供了整体情况的摘要。

请注意，Tripwire 生成的报告文件（/var/lib/tripwire/report/studentvm2.example.com-<日期>-<随机数>.twr）是加密文件。若要查看报告中的内容，则必须使用 Tripwire 提供的 twprint 工具，执行如下命令来查看：

[root@studentvm2 ~]# ll /var/lib/tripwire/report/
total 32
-rw-r--r--. 1 root root 12350 Jun 20 12:28 studentvm2-20230620-122611.twr

```
-rw-r--r--. 1 root root 12350 Jun 20 12:33 studentvm2-20230620-123102.twr
[root@studentvm2 ~]# twprint --print-report --twrfile /var/lib/tripwire/
report/studentvm2-20230620-122611.twr | less
```

笔者发现 Tripwire 的报告在描述发现的问题时不够明确。即便在初始化数据库之后，用户可能依然会收到不少关于文件或目录不存在的错误提示。Tripwire 本身仍然是一款出色的入侵检测工具，只是在分析报告、判断是否发生入侵时需要多一些研究和耐心。

5.11 SELinux

为避免干扰其他实验，我们在本书中将 SELinux 配置为仅在早期报告问题。SELinux 由美国国家安全局开发，目的是提供高度安全的计算环境。秉承 GPL（General Public License，通用公共许可证）协议精神，美国国家安全局将其源代码开放给 Linux 社区，如今 SELinux 已被纳入几乎所有主流 Linux 发行版。

关于对 NSA 的信任程度，笔者无法给出定论。但由于 SELinux 是开源的，且经过全球众多程序员的审视，其中包含恶意代码的可能性微乎其微。抛开这些争议，SELinux 依然是一款出色的安全工具。

SELinux 提供了强制访问控制机制，它能确保用户必须获得对系统中每个对象的明确访问权限。SELinux 的设计目标[⊖]是预防安全漏洞（入侵），并在入侵行为发生时最大程度限制破坏范围。SELinux 通过对每个文件系统对象和进程附加标签来实现这一目的，并运用策略规则定义已标记对象间的可行交互，由内核层严格执行这些规定。

Red Hat 提供了一份详尽的 SELinux 参考文档[⊖]。虽然这份文档最初为 RHEL 7 编写，但同样适用于所有主流版本的 RHEL、CentOS、Fedora 以及其他基于 Red Hat 的发行版。

Fedora 系统的 SELinux 为用户提供了三种策略文件，并允许用户创建自定义策略。其他 Linux 发行版可能会包含其他预配置的策略文件。在 Fedora 系统中，默认情况下仅安装了"Targeted"策略文件。笔者详细列出了 Fedora 系统中 SELinux 各预配置的策略及其简要描述，如表 5-1 所示。

表 5-1 Fedora 系统中 SELinux 提供的三种默认策略

SELinux 策略名称	描述
Minimum（基础/最小策略）	"Minimum"是 SELinux 中一种较为基础的策略，仅提供最基本的 SELinux 保护（或提供一种非常基础的访问控制框架），适合于学习和测试 SELinux 的基本功能，但不适用于生产环境

⊖ Opensource.com, "A sysadmin's guide to SELinux: 42 answers to the big questions", https://opensource.com/article/18/7/sysadmin-guide-selinux。

⊖ Red Hat, " Selinux User's And Administrator's Guide ",https://access.redhat.com/documentation/en-us/red_hat_enterprise_linux/7/html/selinux_users_and_administrators_guide/index。

（续）

SELinux 策略名称	描述
Targeted（目标策略）	"Targeted"是 SELinux 中的默认策略，同时也是最常用的策略，其仅对指定进程和文件提供安全保护。诸如像 dhcpd、httpd、named、nscd、ntpd、portmap、snmpd、squid 和 syslogd 等守护进程会被纳入其保护范畴，然而，具体被涵盖的进程会根据不同的 Linux 发行版和版本而有所差异。至于那些未被列入保护的进程，它们则会在非限制（unconfined_t）域内运行。该域主要依赖标准的 Linux 安全机制，确保具有相同安全属性的进程能够相互操作
Multi-Level Security（MLS，多级别安全策略）	"MLS"是 SELinux 中一种多级别安全策略，该策略对系统中的所有对象提供全方位的 SELinux 保护，主要适用于安全性要求极高的场景

除了策略文件之外，SELinux 还具备三种运行模式，分别为：禁用（Disabled）、强制（Enforcing）和宽容（Permissive）模式，如表 5-2 所示。

表 5-2　SELinux 运行模式

SELinux 模式	描述
Disabled（禁用）	SELinux 处于被禁用状态[①]
Permissive（宽容）	在宽容模式下，SELinux 会模拟强制模式的行为，包括标记对象并在日志文件中记录安全事件。但需要注意的是，处于该模式下，SELinux 并不会真正阻止违反安全策略的行为。因此，该模式适用于测试 SELinux 策略的有效性，而不会影响系统运行的稳定性
Enforcing（强制）	严格执行当前的 SELinux 策略，这也是 SELinux 的默认工作模式。在此模式下，任何违反安全策略的访问尝试都将被 SELinux 阻止

① 在这个模式下，SELinux 完全不发挥作用，系统仅依赖传统的自主访问控制（Discretionary Access Control, DAC）进行权限管理。这意味着 SELinux 安全策略不会被加载或执行。

接下来，我们将深入学习并实践 SELinux 的一些基础操作。

实验 5-13：SELinux

请以 root 用户身份在 StudentVM2 主机上执行本实验。

首先，在终端会话中输入并执行 cd /etc/selinux 命令，以便将当前工作目录切换至 /etc/selinux。在此目录下，你将能够浏览到该路径下所有的文件和子目录。值得注意的是，Fedora 系统在默认情况下只会安装 Targeted 策略文件。

接下来，你需要执行特定的命令来安装 MLS 和 Minimum 策略文件。在安装完成后，请再次查看 /etc/selinux 目录的内容，以验证 MLS 和 Minimum 策略文件是否已成功安装并出现在当前目录中：

```
[root@studentvm2 selinux]# dnf install -y selinux-policy-minimum selinux-policy-mls
```

通过初步查看 /etc/selinux 目录中的内容，我们可以发现每个策略都安装在 /etc/selinux 的子目录中。现在，请再次查看该目录的内容，你会发现新增了两个子目录：

minimum 和 mls。它们分别存放着你刚刚安装的 Minimum 和 MLS 策略文件。

为了满足读者对 SELinux 策略手册页和相关文档的需求，读者们可以通过执行以下命令来安装：

[root@myworkstation ~]# **dnf -y install selinux-policy-doc**

如果你安装了 SELinux 手册页，可以执行如下命令来重建手册页数据库：

[root@myworkstation ~]# **mandb**

待手册页数据库更新完毕后，你应该能找到 900 多个相关的手册页。

SELinux 的初始默认策略配置为"Targeted – Permissive"模式。鉴于你可能已在先前的实验中对 SELinux 进行了禁用操作，现需编辑 /etc/selinux/config 文件，将以下选项恢复为系统初次安装时的默认设置：

SELINUX=permissive
SELINUXTYPE=targeted

在完成对 /etc/selinux/config 文件的编辑后，为确保更改生效，必须重启系统。请注意，SELinux 会在首次重启过程中花费几分钟重新标记目标文件和目录。这一过程如图 5-3 所示，所谓的"标记"，实际上是指为每个进程或文件赋予特定的安全标识。当重新标记完成后，系统将自动进行二次重启。

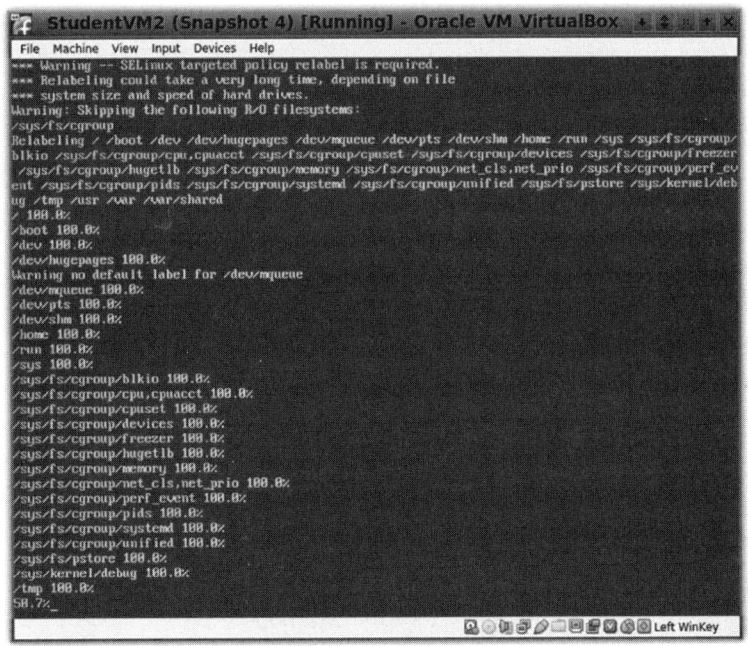

图 5-3　SELinux 在重启时重新标记系统对象

现在以 student 用户权限登录至桌面环境，启动两个终端会话，分别以 student 和 root 用户身份进行操作。在这两个终端中，你需要执行相同的命令 id -Z，以查看当前用户的安全上下文信息。理论上，这两个终端的输出结果应当保持一致，均显示为用户处于完全不受限制的安全上下文（unconfined context）中：

```
[root@studentvm2 ~]# id -Z
unconfined_u:unconfined_r:unconfined_t:s0-s0:c0.c1023
```

随后，请以 root 用户身份执行 getenforce 命令来检查系统当前的 SELinux 强制执行状态：

```
[root@studentvm2 ~]# getenforce
Enforcing
```

通过执行 sestatus -v 命令，我们可以看到 SELinux 的整体运行状态。常见的运行结果如下所示：

```
[root@studentvm2 etc]# sestatus -v
SELinux status:                 enabled
SELinuxfs mount:                /sys/fs/selinux
SELinux root directory:         /etc/selinux
Loaded policy name:             targeted
Current mode:                   permissive
Mode from config file:          permissive
Policy MLS status:              enabled
Policy deny_unknown status:     allowed
Memory protection checking:     actual (secure)
Max kernel policy version:      31

Process contexts:
Current context:                unconfined_u:unconfined_r:unconfined_t:s0-s0:c0.c1023
Init context:                   system_u:system_r:init_t:s0
/usr/sbin/sshd                  system_u:system_r:sshd_t:s0-s0:c0.c1023

File contexts:
Controlling terminal:           unconfined_u:object_r:user_devpts_t:s0
/etc/passwd                     system_u:object_r:passwd_file_t:s0
/etc/shadow                     system_u:object_r:shadow_t:s0
/bin/bash                       system_u:object_r:shell_exec_t:s0
/bin/login                      system_u:object_r:login_exec_t:s0
/bin/sh                         system_u:object_r:bin_t:s0 -> system_u:object_r:shell_exec_t:s0
/sbin/agetty                    system_u:object_r:getty_exec_t:s0
/sbin/init                      system_u:object_r:bin_t:s0 -> system_u:object_r:init_exec_t:s0
/usr/sbin/sshd                  system_u:object_r:sshd_exec_t:s0
```

```
[root@studentvm2 ~]#
```

请执行如下命令将 SELinux 模式更改为 "Enforcing",随后执行 "sestatus -v" 命令来验证 SELinux 是否已经切换至 "Enforcing" 模式。接着执行 id 命令检查当前用户的安全上下文信息,确保该用户依然维持在未受限的状态:

```
[root@studentvm2 ~]# setenforce enforcing
```

如果当前尚未安装 HTTPD(HyperText Transfer Protocol Daemon,超文本传输协议守护进程)服务,请执行如下命令进行安装,我们即将用到这项服务,因为它不仅支持网站的构建,而且还对我们当前进行的实验具有重要的辅助作用:

```
[root@studentvm2 ~]# dnf -y install httpd
```

随后,执行如下命令来启动 HTTPD 服务,但无须将其设置为开机自启:

```
[root@studentvm2 ~]# systemctl start httpd.service
```

随后手动执行如下命令:

```
[root@studentvm2 ~]# ps -efZ
```

该命令将会显示当前系统中正在运行的进程的安全上下文。请注意,许多进程处于未受限制的状态,但仍有一些进程(如某些内核进程和 HTTPD 相关的进程)是在 system_u:system_r 的上下文中执行的。内核服务运行在 kernel_t 域中;而 HTTPD 服务的任务则运行在一个特殊的 httpd_t 域中。这些不同的上下文和域是 SELinux 安全模块用来实施访问控制策略的机制。

对于那些未被 SELinux 授予访问特定上下文权限的用户来说,他们无法对这些进程进行操作,即便他们通过 su 命令提升到 root 用户权限也是如此。这种权限的限制是 SELinux 提供增强安全性的一种方式。

然而,Targeted – Enforcing 模式赋予了所有用户全部的权限,这可能导致安全风险。因此,你需要在 seusers 文件中对部分或全部用户的权限进行限制。通过这种方式,SELinux 能够更精细地控制用户的权限,防止未授权的访问或操作,以确保系统的安全性。

为了验证这一点,请以 root 用户身份停止 HTTPD 服务,并确认该服务已经成功停止。

请先注销 student 用户的会话。然后以 root 用户身份在 /etc/selinux/targeted/ 目录下的 seusers 文件中添加如下内容,这里需要注意的是,每个策略都有自己的 seusers 文件:

```
student:user_u:s0-s0:c0.c1023
```

添加完毕后,你无须重新启动系统或 SELinux 服务。随后以 student 用户身份登录,观察会出现什么情况。

虽然我们采用的方法较为直接，但 SELinux 本身确实支持更为精细的权限划分。不过，创建和编译这些更精细的策略已超出了本章所涉及的内容，读者可自行查阅相关资料进行了解。

最后，请确保你所有的 student 虚拟机上的 SELinux 都设置为了"Targeted - Enforcing"模式，以实现最大程度的安全。

SELinux 的其他注意事项

如果在 SELinux 被禁用的情况下对文件系统进行修改，这可能会导致文件系统对象标签错误，从而产生漏洞（这是因为 SELinux 依赖于正确的文件系统对象标签）。为了确保系统中的所有对象都正确地被标记，最佳的做法是在根目录下创建一个名为 /.autorelabel 的空白文件，随后重启系统。这样，当系统重启后 SELinux 会自动重新标记文件系统，以保证其安全性。

SELinux 对配置文件中的多余空白字符非常敏感。为了确保配置正确无误，请务必删除 SELinux 配置文件中的任何多余空格。

5.12 社会工程学

鉴于篇幅限制，笔者无法在此详尽阐述攻击者如何利用社会工程手段诱导用户单击恶意软件网站的 URL，进而致使计算机被感染。因为人的行为因素作为一个复杂且广泛的主题，其内容远超出了本书所能涵盖的范围。然而，市面上不乏众多优质的网站资源，可供用户参考学习，以加深对网络威胁的理解及提升自我防护能力，笔者精选了部分互联网安全教育资源网站，如表 5-3 所示。

表 5-3　互联网安全教育资源网站精选

名称	网址	说明
Organization for Social Media Safety（社交媒体安全组织）	https://ofsms.org（https://www.socialmediasafety.org/）	旨在针对青少年和家长，提供如何安全使用社交媒体的指导信息
Safe Connects	https://www.netliteracy.org/safeconnects/（无法访问）	旨在为青少年提供更全面的网络安全知识
Kaspersky（卡巴斯基）	https://usa.kaspersky.com/resource-center/preemptive-safety/top-10-internet-safety-rulesand-what-not-to-do-online	卡巴斯基安全软件提供了一些通用的小贴士，旨在帮助用户保护自己的财务信息和个人身份信息，同时也包含了一些基本的网络安全常识
Web MD	https://www.webmd.com/parenting/guide/internet-safety#1	虽然这个网站主要的目标群体是家长，但其实它提供的信息和建议对所有人都适用

（续）

名称	网址	说明
Center for CyberSafety and Education（网络安全教育中心）	https://www.iamcybersafe.org	是一个综合性强、面向广泛群体的优质站点，无论是儿童、家长还是老年网民，都能在此找到专属的安全教育资源

当你在搜索"互联网安全"时，你会获得一个数量庞大（超过 10 亿条）的搜索结果，但真正精华的内容往往集中在搜索结果的前几页。虽然许多资源主要针对青少年及家长群体，但它们所提供的信息实际上对所有年龄段的用户都是有帮助的。

总结

本章详细探讨了多种可行的额外安全防范措施，旨在进一步强化我们的 Fedora 系统，有效抵御各类潜在攻击。同时，本章还探讨了一些高级的备份技术，因为在安全防线可能遭受破坏的极端情况下，一套完整且可恢复的备份数据将是我们从包括攻击者在内的各类灾难中迅速恢复的关键所在。

在本章中，我们所探讨的各类工具并不能为 Linux 系统安全提供一个一劳永逸的终极解决方案，因为实际上并不存在这样的解决方案。唯有根据具体环境合理搭配使用这些工具，并结合我们在前面章节中所实施的其他安全措施，方能显著提升 Linux 系统主机的安全性。尽管当前我们的虚拟网络及其内部虚拟机已经得到了更为严密的安全防护，但我们必须认识到，安全是一项需要不断投入与完善的持续过程，始终存在着进一步提升的空间。因此，在追求系统和网络安全性能的持续提升过程中，我们必须审慎权衡因增强安全措施而需付出的额外努力与成本，确保其与我们通过采取这些措施所获得的安全效益相匹配。

请牢记，如同我们在本书所探讨的众多议题一般，Linux 系统安全是一个需要不断深化学习与实践的领域。尽管我们方才触及皮毛，对于某些常见的安全威胁及其应对工具有了初步了解，但这仅仅是一个起点。你应当进一步深入研究这些工具，并探索本章未详尽阐述的其他工具，以确保你所负责的 Linux 系统能够达到尽可能高的安全水平。

你现在应该对如何通过 Live USB 设备启动计算机（无论是否安装了操作系统）有了基本的了解。Live USB 设备的优点在于，笔者以及众多业内同行都曾借助 Live Linux U 盘对诸多崩溃的系统进行了修复，无论这些系统是否已安装操作系统。然而，缺点是任何拥有 Live USB 设备的人都可以启动进入任何计算机，无论出于何种目的（包括恶意的目的）。因此，请务必谨慎使用 Live USB 设备，并采取适当的预防措施来保护你的系统安全。

练习

为了掌握本章所学知识，请完成以下练习：

1）请在 StudentVM2 上识别出当前通过 iptables 规则而开放的网络端口，并确认哪些端口仅限内部网络访问而不对外开放，随后调整这些已对外开放的端口规则，使其仅接受源自内部网络的连接请求，并进一步验证所配置的规则是否生效。

2）如尚未进行如下操作，请访问 Apress 网站 https://github.com/Apress/using-and-administering-linux-volume-3/blob/master/rsbu.tar.gz 下载 rsbu.tar.gz 文件，并完成安装。随后，运用所提供的脚本及配置文件，设置一个每日自动执行一次的简单备份配置，确保 StudentVM1 与 StudentVM2 的所有用户主目录得到完整备份。

3）当 SELinux 处于启用状态时，确认 student 用户的 SELinux 安全上下文。

4）为什么需要在邮件服务器的 /home 目录上执行 clamscan 病毒扫描？

5）配置 Tripwire 以监控 StudentVM2 上不存在的文件。初始化数据库并进行完整性检查。

6）为什么 Tripwire 报告文件是加密的？

7）除 HTTPD 服务外，还有哪些服务被分配了独立的 SELinux 安全域？

8）防范包括字典攻击在内的各类登录攻击最有效的方法是什么？

9）防范包括字典攻击在内的各种登录攻击的第二有效手段是什么？

10）在实验 5-2 中，ping 和 tcpdump 命令的输出结果均显示了主机名"router"，而非路由器的实际 IP 地址（10.0.2.1），或是与 IP 地址一同列出。出现这种情况的原因是什么？

11）请利用 tcpdump 命令来捕获并查看 studentvm1 主机在通过浏览器访问远程网页（如 www.example.com）时产生的网络流量。并细致分析其内容及报头信息。

12）如果将过滤表（filter table）中 INPUT 链的默认策略设置为拒绝（REJECT）会产生什么结果？

13）Avahi 的功能是什么？

14）Avahi 守护进程是否在你的 StudentVM1 主机上运行？如果正在运行，请将其禁用。

15）请使用 logwatch 工具来查看 Fail2Ban 的活动报告。

16）你是否还有其他简便的方法用以提高 StudentVM1 的安全性？若有，请即刻执行这些措施以加强安全防护。

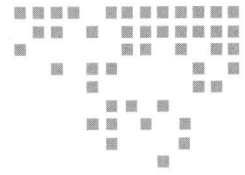

第 6 章　Chapter 6

全 面 备 份

目标

在本章中，你将学习以下内容：
- 备份的重要性及其意义。
- 应用 SMART 预先诊断硬盘潜在故障。
- 利用 tar 命令轻松实现数据备份。
- 探讨并制定一套简便而高效的备份策略。

6.1 概述

幻想我们的计算机坚不可摧、数据永不遗失，这几乎不太可能实现。

个人经历告诉笔者，数据丢失的原因千奇百怪，且不乏人为因素。正是得益于完备的备份措施，笔者才得以在面对不测时迅速恢复，减少损失。数据丢失、泄露或损坏的方式有很多，本章讨论了备份在抵御数据丢失灾难和实现快速恢复方面的作用。定期备份并确保数据可从中恢复是信息安全规划的核心环节。

导致数据丢失的场景纷繁复杂，在 5.2 节安全威胁因素中有详细描述，在此仅列举三种典型情况：①内部员工心怀不满，蓄意破坏数据；②盗窃行为同样危及数据安全；③自然界的灾害不容忽视。因此，养成定期备份的习惯至关重要，且备份需存放于远离主工作区的地点。一旦主工作环境遭遇不幸，这些备份将成为重建工作的坚实后盾。

6.2 备份：数据恢复的救星

在撰写本书的第 1 版时，笔者遇到一个意外：一个硬盘崩溃导致主目录中的数据丢失。对此，笔者早有心理准备，故而并未感到震惊。

若是在平日里，笔者必然会未雨绸缪，在硬盘彻底罢工前及时更换。然而，身为一名略带古怪、痴迷技术且求知若渴的系统管理员，笔者竟萌生了一个念头：观察这块硬盘是如何一步步走向"生命终点"，以便将这一过程记录在笔者的文章与著作之中。于是，笔者有意"放纵"它的衰败，直至其完全失效。

问题的产生

预警信号的首次出现，源于笔者主目录所在的 SMART 功能启用的硬盘发出的一连串电子邮件。每封邮件都透露出一个或多个扇区已损坏，这些不良扇区已被隔离，并调用了备用扇区顶替。这是标准操作流程的一部分，硬盘特意预留大量扇区，专为这类突发情况准备。

为了深入了解，笔者运用 smartctl 命令检查了问题硬盘的内部统计数据。尽管那块原始的、已损坏的硬盘已被替换，但出于教学目的，笔者保留了一些老旧的、有问题的硬件设备。笔者将这块损伤硬盘接入扩展坞，以此演示硬盘故障的表象。你可以跟随笔者一起进行这项实验，不过你的发现可能与笔者不同。但愿你的硬盘比笔者的这块问题硬盘更加"健壮"。

实验 6-1 中涉及的 SMART 报告内容可能让人一头雾水。为此，"解读 SMART 报告"网页或许能稍微答疑解惑。此外，维基百科上也有一篇关于 SMART 技术的有趣文章可供参考。在尝试剖析 SMART 数据前，笔者强烈建议先阅读这些资料，它们虽可能复杂难懂，却是不可或缺的预习材料。

实验 6-1：查看硬盘 SMART 数据

请以 root 用户身份进行本次实验。尽管在实体 Linux 主机上的运行效果最为理想，但虚拟环境亦不妨碍操作。本实验允许利用主机上任意已安装的物理硬盘，即便该硬盘当前正被占用。

在将故障硬盘接入扩展坞并激活后执行 dmesg 命令，系统指示该硬盘被识别为特殊设备文件 /dev/sdg。务必要根据实际情况，选用与你的硬盘相对应的正确特殊设备文件。

为便于后续讨论引用，笔者已将该命令的输出内容分段处理，并筛除了大量无关数据。而在你的虚拟机环境中，应该采用 /dev/sda 作为硬盘设备标识：

```
[root@myworkstation ~]# smartctl -x /dev/sd1 | less
smartctl 6.5 2016-05-07 r4318 [x86_64-linux-4.15.6-300.fc27.x86_64]
(local build)
```

```
Copyright (C) 2002-16, Bruce Allen, Christian Franke, www.smartmontools.org
=== START OF INFORMATION SECTION ===
Model Family:     Seagate Barracuda 7200.11
Device Model:     ST31500341AS
Serial Number:    9VS2F303
LU WWN Device Id: 5 000c50 01572aacc
Firmware Version: CC1H
User Capacity:    1,500,301,910,016 bytes [1.50 TB]
Sector Size:      512 bytes logical/physical

Rotation Rate:    7200 rpm
Device is:        In smartctl database [for details use: -P show]
ATA Version is:   ATA8-ACS T13/1699-D revision 4
SATA Version is:  SATA 2.6, 3.0 Gb/s
Local Time is:    Wed Mar 14 14:19:03 2018 EDT
SMART support is: Available - device has SMART capability.
SMART support is: Enabled
AAM level is:     0 (vendor specific), recommended: 254
APM feature is:   Unavailable
Rd look-ahead is: Enabled
Write cache is:   Enabled
ATA Security is:  Disabled, NOT FROZEN [SEC1]
Wt Cache Reorder: Unknown
=== START OF READ SMART DATA SECTION ===
SMART Status not supported: Incomplete response, ATA output registers missing
SMART overall-health self-assessment test result: PASSED
Warning: This result is based on an Attribute check.
```

第一部分显示了硬盘的特性与属性的基本信息，涵盖了制造商、型号及序列号等内容。尽管这些细节颇有价值且饶有趣味，它们或许构成了你在虚拟机上所能获取的硬盘信息全貌。

接下来的部分揭示 SMART 数据报告需谨慎解读。显而易见，笔者所确认的故障硬盘已通过笔者检测确认。而这份报告似乎表明该硬盘尚未到达即刻崩溃的边缘，尽管其问题已经出现。

我们当前关注的核心数据集中在随后的两个部分。需留意的是，为聚焦实验目的，笔者已大幅删减了非关键信息：

```
=== START OF READ SMART DATA SECTION ===
<snip - removed list of SMART capabilities.>

SMART Attributes Data Structure revision number: 10
Vendor Specific SMART Attributes with Thresholds:
ID# ATTRIBUTE_NAME          FLAGS    VALUE WORST THRESH FAIL RAW_VALUE
  1 Raw_Read_Error_Rate     POSR--   116   086   006    -    107067871
```

```
  3 Spin_Up_Time              PO----   099  099  000   -   0
  4 Start_Stop_Count          -O--CK   100  100  020   -   279
  5 Reallocated_Sector_Ct     PO--CK   048  048  036   -   2143
  7 Seek_Error_Rate           POSR--   085  060  030   -   365075805
  9 Power_On_Hours            -O--CK   019  019  000   -   71783
 10 Spin_Retry_Count          PO--C-   100  100  097   -   0
 12 Power_Cycle_Count         -O--CK   100  100  020   -   279
184 End-to-End_Error          -O--CK   100  100  099   -   0
187 Reported_Uncorrect        -O--CK   001  001  000   -   1358
188 Command_Timeout           -O--CK   100  098  000   -   12885622796
189 High_Fly_Writes           -O-RCK   001  001  000   -   154
190 Airflow_Temperature_Cel   -O---K   071  052  045   -   29 (Min/
Max 22/29)
194 Temperature_Celsius       -O---K   029  048  000   -   29 (0 22 0 0 0)
195 Hardware_ECC_Recovered    -O-RC-   039  014  000   -   107067871
197 Current_Pending_Sector    -O--C-   100  100  000   -   0
198 Offline_Uncorrectable     ----C-   100  100  000   -   0
199 UDMA_CRC_Error_Count      -OSRCK   200  200  000   -   20
240 Head_Flying_Hours         ------   100  253  000   -   71781 (50 96 0)
241 Total_LBAs_Written        ------   100  253  000   -   2059064490
242 Total_LBAs_Read           ------   100  253  000   -   260980229
                              ||||||_  K auto-keep
                              |||||__  C event count
                              ||||___  R error rate
                              |||____  S speed/performance
                              ||_____  O updated online
                              |_____  P prefailure warning
```

先前smartctl命令输出的部分内容揭示了硬盘硬件寄存器中积累的原始数据。这些原始数值对某些故障率分析并不是特别有用，部分数据显然失真。"VALUE"列信息通常更为关键，背后原理可参考相关网页说明。简言之，"VALUE"列中的数值若为100，则表示一切良好；若低至001，则警示接近故障边缘，意味着硬盘99%的有效使用寿命已耗尽，这一现象颇为奇怪。

在本例中，"Reallocated_Sector_Ct"（重分配扇区数）的"VALUE"值为048，大意是预留用于替换故障扇区的资源已消耗近半。

至于"Reported_Uncorrect"（报告未修正错误）及"High_Fly_Writes"（磁头飞行过高导致的写入问题）均为001，则明确指出此硬盘的使用寿命已基本结束，实际操作中多次实例已验证此结论。

接下来的部分则详述了错误记录及其出现时的详情，堪称报告中最有价值的部分。面对众多错误记录，笔者并不会逐一深究，仅关注是否存在多处错误迹象。如下首行所示的1350，代表该硬盘总计检测到了1350个错误：

<Snip>
Error 1350 [9] occurred at disk power-on lifetime: 2257 hours (94 days + 1 hours)
  When the command that caused the error occurred, the device was active or idle.

  After command completion occurred, registers were:
  ER -- ST COUNT LBA_48 LH LM LL DV DC
  -- -- -- == -- == == == -- -- -- -- --
  40 -- 51 00 00 00 04 ed 00 14 59 00 00 Error: UNC at LBA = 0x4ed001459 = 21156074585

  Commands leading to the command that caused the error were:
  CR FEATR COUNT LBA_48 LH LM LL DV DC Powered_Up_Time Command/Feature_Name
  -- == -- == -- == == == -- -- -- -- -- --------------- ------------------
  60 00 00 00 08 00 04 ed 00 14 58 40 00 11d+10:44:56.878 READ FPDMA QUEUED
  27 00 00 00 00 00 00 00 00 00 e0 00 11d+10:44:56.851 READ NATIVE MAX ADDRESS EXT [OBS-ACS-3]
  ec 00 00 00 00 00 00 00 00 00 a0 00 11d+10:44:56.849 IDENTIFY DEVICE
  ef 00 03 00 46 00 00 00 00 00 a0 00 11d+10:44:56.836 SET FEATURES [Set transfer mode]
  27 00 00 00 00 00 00 00 00 00 e0 00 11d+10:44:56.809 READ NATIVE MAX ADDRESS EXT [OBS-ACS-3]

Error 1349 [8] occurred at disk power-on lifetime: 2257 hours (94 days + 1 hours)
  When the command that caused the error occurred, the device was active or idle.

  After command completion occurred, registers were:
  ER -- ST COUNT LBA_48 LH LM LL DV DC
  -- -- -- == -- == == == -- -- -- -- --
  40 -- 51 00 00 00 04 ed 00 14 59 00 00 Error: UNC at LBA = 0x4ed001459 = 21156074585

  Commands leading to the command that caused the error were:
  CR FEATR COUNT LBA_48 LH LM LL DV DC Powered_Up_Time Command/Feature_Name
  -- == -- == -- == == == -- -- -- -- -- --------------- ------------------
  60 00 00 00 08 00 04 ed 00 14 58 40 00 11d+10:44:53.953 READ FPDMA QUEUED
  60 00 00 00 08 00 04 f4 00 14 10 40 00 11d+10:44:53.890 READ FPDMA QUEUED
  60 00 00 00 10 00 04 f4 00 14 00 40 00 11d+10:44:53.887 READ FPDMA QUEUED
  60 00 00 00 10 00 04 f3 00 14 f0 40 00 11d+10:44:53.886 READ FPDMA QUEUED
  60 00 00 00 10 00 04 f3 00 14 e0 40 00 11d+10:44:53.886 READ FPDMA QUEUED

Error 1348 [7] occurred at disk power-on lifetime: 2257 hours (94 days + 1 hours)

```
  When the command that caused the error occurred, the device was active
  or idle.

  After command completion occurred, registers were:
  ER -- ST COUNT  LBA_48  LH LM LL DV DC
  -- -- -- == -- == == == -- -- -- -- --
  40 -- 51 00 00 00 04 ed 00 14 59 00 00   Error: UNC at LBA = 0x4ed001459 =
  21156074585

  Commands leading to the command that caused the error were:
  CR FEATR COUNT  LBA_48  LH LM LL DV DC  Powered_Up_Time  Command/
  Feature_Name
  -- == -- == -- == == == -- -- -- -- --  ---------------  --------------------
  60 00 00 00 08 00 04 ed 00 14 58 40 00   11d+10:44:50.892  READ FPDMA QUEUED
  27 00 00 00 00 00 00 00 00 00 00 e0 00   11d+10:44:50.865  READ NATIVE MAX
  ADDRESS EXT [OBS-ACS-3]
  ec 00 00 00 00 00 00 00 00 00 00 a0 00   11d+10:44:50.863  IDENTIFY DEVICE
  ef 00 03 00 46 00 00 00 00 00 00 a0 00   11d+10:44:50.850  SET FEATURES [Set
  transfer mode]
  27 00 00 00 00 00 00 00 00 00 00 e0 00   11d+10:44:50.823  READ NATIVE MAX
  ADDRESS EXT [OBS-ACS-3]

  Error 1347 [6] occurred at disk power-on lifetime: 2257 hours (94 days +
  1 hours)
  When the command that caused the error occurred, the device was active
  or idle.

  <Snip - removed many redundant error listings>
```
上述错误明确反映出硬盘存在故障。希望你的虚拟硬盘能免于此类问题的困扰。

出于强烈的好奇心驱使，笔者选择暂不更换硬盘，以观后效。起先，故障迹象并不明显，直至灾难性故障爆发，错误数量累计达到了 1350。

云端服务商 Backblaze 对超过 67,800 块 SMART 硬盘进行了测试，依据大量统计数据为我们揭示了不同错误报告频次下的存储设备故障率特征。这是笔者首次发现能够证明 SMART 错误报告与实际故障率存在统计相关性的研究，并且，Backblaze 的网页还加深了笔者对需要密切监控的五大关键 SMART 属性的理解。

概括 Backblaze 的研究结果，笔者认为核心在于：一旦存储设备在他们建议监控的五个关键指标中的任何一个上开始报错，即应尽快更换。虽然从统计学上看，笔者的案例并不典型，但笔者的硬盘确实在初次发现问题迹象后的短短数月内出现故障。更令人惊讶的是，在硬盘彻底无法修复前，它已积累了极高的错误数量，而笔者有幸能在多次导致 /home 文件系统被迫转为只读模式的严重错误中恢复。这种情况发生在 Linux EXT4 文件系统确定硬盘状态不稳且不可信任时。

6.3 备份策略

备份策略有多种实现途径。除经典工具（如 tar）之外，大多数 Linux 发行版都预装了一种或多种专为备份任务打造的开源应用程序。此外，市场上也不乏商业化备份解决方案可供选择。但实际上，设计和实施一个可行的备份体系并不必然依赖于那些高端或成本高昂的备份程序。

6.4 tar

tar 命令是用于生成归档文件的工具，在当今背景下，这实质上等同于备份操作。其名称源于"磁带归档"（Tape ARchive），但实际上，它适应于磁带、存储设备、U 盘等任何存储介质。我们在第 4 章对此略有触及，现在将更全面地探究其功能。

tar 命令以其简便性和易用性著称，但有几点注意事项。非 root 用户可以使用它高效地创建个人备份。

实验 6-2：使用 tar 备份

请以 student 用户身份执行此实验。将 student 用户的主目录作为当前工作目录。

为了备份本地主机 student 用户的主目录，我们将借助 tar 工具生成一个名为 student.tar 的归档文件，并保存至 /tmp 目录中，这类归档文件及其压缩格式通常被统称为 tarball。

命令参数中 -c 选项用于新建一个 tarball 文件；-v 选项表示开启了详尽模式，确保在打包过程中，屏幕上会逐一列出被收入归档的文件名及其路径；-f 选项指正在创建的归档文件的路径与名称。最后的 . 表示正在归档的目录，(.) 是一个约定俗成的符号，代表当前目录（主目录）。tar 命令会归档指定目录下的所有子目录：

[student@studentvm1 ~]$ **tar -cvf /tmp/student.tar .**

上述命令成功地在 /tmp 目录下创建了一个名为 student.tar 的备份文件，它包含了 student 主目录中所有数据的备份，在笔者的虚拟机上大约为 1.4GB。这一步骤虽顺利又奏效，却稍显平淡无奇。

现在，我们来查看刚刚生成的 tarball 文件内部。实现这一目标有多种方法。首要的一种是，利用 tar 命令列出 tarball 的目录表。此操作仅展示文件名及其属性信息，并不会展示文件的具体内容，你的目录表将与此不同。

-t 选项显示 tarball 的目录表，-f 选项则指定了输入文件名，再次启用 -v 选项是为了保持输出的详尽模式，以便于查看：

```
[student@studentvm1 ~]$ tar -tvf /tmp/student.tar
drwx------ student/student    0 2023-06-18 13:58 ./
drwxr-xr-x student/student    0 2023-02-18 14:19 ./Documents/
-rw-r--r-- student/student   19 2023-02-09 16:17 ./Documents/testfile19
-rw-r--r-- student/student   19 2023-02-09 16:17 ./Documents/testfile04
-rw-r--r-- student/student   19 2023-02-09 16:17 ./Documents/testfile13
-rw-r--r-- student/student    0 2023-02-09 16:17 ./Documents/test03
<SNIP>
```

现在我们已经为 student 用户的主目录创建了一个简易备份，并且验证了其内容。接着，我们将删除一个文件，并从刚才创建的 tarball 中恢复它。我们先来进行一次简单的恢复操作。具体来说，我们将删除并恢复 ~./cpuHog 文件。

接下来，我们需确认 cpuHog 文件既存在于 tarball 中也存在于主目录里：

```
[student@studentvm1 ~]$ tar -tvf /tmp/student.tar | grep cpuHog
-rwxr-xr-x student/student       91 2023-02-20 15:02 ./cpuHog
-rw------- student/student    11989 2023-02-28 21:46 ./chapter26/cpuHog-job_6.pdf
-rw------- student/student    11989 2023-03-01 16:28 ./chapter26/cpuHog-job_10.pdf
<SNIP>
[student@studentvm1 ~]$ ll
total 160024
drwxr-xr-x  2 student student    4096 Feb 27 08:05 chapter25
drwxr-xr-x  2 student student    4096 Mar  1 16:28 chapter26
drwxr-xr-x  9 student student  143360 Mar  5 08:40 chapter28
-rwxr-xr-x  1 student student      91 Feb 20 15:02 cpuHog
drwxr-xr-x. 2 student student    4096 Jan 17 09:46 Desktop
```

现在执行以下命令，删除位于 student 用户主目录中的 /cpuHog 文件：

```
[student@studentvm1 ~]$ rm ~/cpuHog
```

继续之前，请务必验证位于主目录的 cpuHog 文件已被成功移除。

当前展示的是符合指定模式的所有 cpuHog 文件。需留意的是，我们必须指定路径，这里提及的是相对于文件原始存储目录的相对路径。

接下来，我们将恢复该文件。使用 -x 选项可以从 tar 包中抽取所需文件：

```
[student@studentvm1 ~]$ tar -xvf /tmp/student.tar ./cpuHog
./cpuHog.Linux
```

为验证文件已成功恢复，请查看主目录中的内容。

新建一个 ~/tmp 目录，并将其设置为当前工作目录。接下来，重复执行之前的提取命令，借此说明在恢复文件过程中的一个需要注意的问题：

```
[student@studentvm1 ~]$ mkdir ~/tmp ; cd ~/tmp ; tar -xvf /tmp/student.tar
./cpuHog ; ll
./cpuHog
total 4
-rwxr-xr-x 1 student student 91 Feb 20 15:02 cpuHog
```

观察到文件被提取到了当前目录中。接下去，我们将尝试把文件恢复到 student 用户主目录下新建的 ./Documents/file09 子目录里，但当前工作目录仍设定为 ~/tmp：

```
[student@studentvm1 tmp]$ tar -tvf /tmp/student.tar | grep file09
-rw-rw-r-- student/student        13 2018-12-30 16:33 ./Documents/file09
-rw-rw-r-- student/student     41876 2018-12-30 16:32 ./Documents/testfile09
[student@studentvm1 tmp]$ tar -xvf /tmp/student.tar file09
tar: file09: Not found in archive
tar: Exiting with failure status due to previous errors
```

请注意我们必须指定要恢复的确切文件，包括它在 tar 文件中的路径：

```
[student@studentvm1 tmp]$ tar -xvf /tmp/student.tar ./Documents/file09
./Documents/file09
[student@studentvm1 tmp]$ ll
total 16
-rwxr-xr-x 1 student student    92 Mar 21 08:34 cpuHog.Linux
drwxrwxr-x 2 student student  4096 Jun 17 13:40 Documents
```

当前，Documents 目录已在执行上述命令中成功创建，并内含了 file09 文件。使用 tar 命令时需谨记，要恢复的文件会被提取到当前工作目录之下。为了确保文件能被恢复到正确的位置，提取时的当前工作目录必须与创建 tarball 的原始命令中指定的目录相同。

如果没有使用 -f 选项来指定目标输出文件，tar 命令的输出会直接发送至标准输出界面，因此我们可以将这些输出内容重定向到某个文件中：

```
[student@studentvm1 ~]$ cd ; tar -cv . > /tmp/tarball2.tar
```

该命令实现了与本节提到的第一个 tar 命令相同的功能，不过其执行手法略显差异，更添几分趣味性。

删除 /tmp 目录下的两个 tar 文件以进行清理。

迄今为止，备份操作均以 student 用户权限执行，但实际上，诸如配置文件等重要资料同样亟须备份。遗憾的是，非 root 用户权限不足以访问并归档大多数系统配置文件，尤其是位于 /tmp 目录下的文件。

作为系统管理员，我们的任务之一是将灾难发生时需要保留的所有内容进行备份、归档，包括 /home 文件系统的全部内容以及 /etc/ 目录下的各种配置文件。尽管我们能够从 /etc 及其余配置目录中挑选个别文件进行备份，但笔者认为最好将整个 /etc 目录结构归档，以便将来可能需要时所有文件一应俱全。如此一来，当需要恢复特定文件时，只需从中选取即可，无须担忧因预选文件不全而导致的恢复失败。

接下来，我们将切换到 root 用户身份，执行更全面的备份操作。

实验 6-3：以 root 身份使用 tar 备份

请以 root 权限执行本实验。我们的任务是将 /home 和 /etc 这两个目录打包备份至 /tmp 目录下的 tarball 文件中，操作时切记加入 -p 标志，这是为了在备份过程中维护文件的权限与所有权，这一措施对于创建归档及后续提取文件均至关重要。若需批量归档多个目录，只需在 tar 命令中逐一列出这些目录名。此外，采用 time 工具可以帮助我们估算在当前虚拟机上完成备份操作所需的时间：

[root@studentvm1 ~]# **time tar -cvpf /tmp/backup.tar /etc /home /root**

在笔者虚拟机上创建上述 tarball 文件大约用时 7s，且其体积约 1.4GB。为了节省存储空间，一个可行方案是对数据进行压缩处理。因此，我们现在就来进行压缩操作，并对比前后的结果：

[root@studentvm1 ~]# **time tar -czvpf /tmp/backup.tgz /etc /home /root**

在虚拟机上执行压缩操作大约用时 1min55s，却将文件缩减至 1GB 多一点，相较于原始大小缩小了约 30%。

现在，我们换一种方式来演示如何从 backup.tgz 备份文件中单独恢复一个文件。这一技巧不仅适用于常见的 tar 或 zip 格式的归档文件，而且对任何拥有归档文件访问权限的用户来说都是通用的。

请从 /root 目录中删除 cpuHog 程序。

在 root 终端启动 Midnight Commander（简称 MC），利用其一个面板来探查 backup.tgz 压缩包的内容。只需用 MC 的指针选中该压缩包，按下 <Enter> 键，如同查看任何目录一样操作。加载并解压这个 tarball 文件大概会耗时 30s，具体时间依主机性能而定。随后，你就能像浏览虚拟机上的文件系统一样浏览这个压缩包了——毕竟它本质上就是被封存于一个归档文件内。请在压缩包中找到 /root 目录。

进入 MC 的另一个面板，如果当前工作目录并非实际的 /root 目录，请导航至此目录。找到归档文件 /root/backup.tgz，选中它，按 <F5> 键将其复制至 /root 目录。当出现复制确认对话框时，直接按 <Enter> 键确认操作即可。

使用 MC 以及其他众多文件管理器，可以轻松地浏览归档文件并精准提取单个文件。

最后，按 <F10> 键退出 MC 程序，并将 root 用户的主目录设置为当前工作目录。

6.5 异地备份

创建有效的备份是备份策略中重要的第一步,但将备份介质与源数据置于同一物理地点保存,实则是一大误区——尽管之前实验中我们为教学目的采用了这种方式。

我们已见识到,若一台计算机中的所有备份均存放于内部硬盘,一旦计算机失窃,极可能导致重要数据的永久且不可挽回的损失。火灾或其他灾害同样可能令存于同一位置的原始数据与备份数据一同遗失。为此,将备份介质存放于防火保险柜成了减少盗窃与火灾等灾难影响的有效手段。这类保险柜通常会标明其在特定高温下能够保护内部物品的具体时长。然而,笔者担忧的是,火灾的持续时间和温度都是未知数。或许保险柜能撑过难关,但若不然呢?

笔者个人更倾向于效仿大公司采用的备份策略,即保持最新的异地备份。对笔者来说,这是通过信用合作社的安全保管箱实现的;对其他人而言,这可能是利用"云端"服务。笔者偏爱安全保管箱解决方案给予的全程控制权,确信其防护周密。即使笔者的家庭办公室遭遇不幸,由于距离较远,信用社很可能免受任何灾难波及。若两者同时受损,短期内笔者的关注点也不会在计算机设备上。

大型企业常采用的服务包括在偏远且高度安全的场所,利用温湿度控制的保险库来保存备份数据。多数这类服务还会派遣装甲车到客户地点取送备份媒介。部分服务商还支持高速网络连接,允许数据直接备份至其远程服务器的存储介质上。

目前,不少个人与组织选择云端作为备份目的地。然而,对于"云端",笔者持有深切的保留意见。首先,"云"实质上意味着数据存储于他人的计算机中。其次,鉴于屡屡听闻的网络安全攻击事件,笔者难以信任任何能通过互联网访问的外部机构来托管笔者的数据。相比之下,笔者更倾向于使笔者的远程备份数据保持离线状态,直到真正需要时再联机恢复。

在考虑云服务时,笔者的顾虑主要在于缺乏透明度:除了供应商网站上的营销宣传,没有直接方法验证他们的安全防护是否优于个人自建系统。诚然,不少云服务商在保障客户数据安全方面可能远超普通企业和个人的能力。作为系统管理员,笔者渴望见到实质性的安全保障证明。在众多云服务商中,如何甄别出哪些是佼佼者是对我们的一大挑战。这里我们聚焦的是云备份解决方案,区别于应用托管或在线业务解决方案。

从可靠的角度出发,笔者可以确信的是,诸如亚马逊、Azure、谷歌等知名且成熟的云服务商,在安全领域比大多数中小型机构更值得信赖。特别是那些没有固定系统管理员团队,或者将IT运维交给规模有限且知名度不高的本地企业处理的情况。另外,考虑到当前网络空间中无休止的网络攻击,很多经验不足的系统管理员似乎还未充分准备就绪,去应对互联网环境下的高级别安全挑战。

综上所述,云服务对于很多机构而言,不失为一个合理的选项;而对其他一些机构,拥有一位技能娴熟、经验丰富的系统管理员或许更为合适。如同多数信息技术决策一样,核心在于平衡各种风险要素,并明确自己可承受的风险阈值。

6.6　灾难恢复服务商

为了更全面地保障数据安全，笔者先前工作过的几家机构均与一个或多个灾难恢复服务商建立了合作关系。这类服务商负责维护一套完备的计算及网络基础设施，能够在短时间内迅速接替客户的原有系统，涵盖范围广泛，从大型主机直至基于 Intel 的服务器与工作站一应俱全。并且，这还涉及在异地备份中心保存海量数据。

在其中一家机构，我们每季度都会对灾难恢复预案进行审核。期间，我们会将从主机至 Intel 架构服务器在内的所有系统完全关闭，随后知会灾难恢复服务商进行模拟测试，对方则会在其站点布置好我们恢复运营所需的各类计算机设备。同时，我们也会安排备份存储服务商将最新的备份介质从位于北卡罗来纳州罗利的加固仓库转运至费城的恢复地点。

之后，一组员工会前往该恢复地点，利用备份介质恢复所有数据，启动所有系统，并进行全面检查以验证一切是否运转如常。

6.7　备份策略的选择

并非每个用户或企业都需要灾难恢复方案或庞大的备份存储空间。对于只有一两台计算机的个人用户及微小企业，或许只需几个 USB 闪存盘，配合定期的手动备份即可。而其他一些用户，选择一块容量适中的外置 USB 硬盘也能妥善解决问题。

至于笔者个人，采取的是每周轮换使用数块 4TB 的 USB 3.0 外置硬盘的方式。最新的备份会被送入银行的保险箱中，而保险箱内的硬盘则会被取回，重新投入日常备份循环。笔者的主工作站内还安装了一块 4TB 的 SATA 硬盘，确保每日夜间自动完成一次备份。这样的安排让笔者在关键时刻总能即刻访问到最新的数据副本。双份每日备份是笔者认为最理想的方案。经历过太多数据丢失的案例，让笔者在数据保护上变得格外谨慎。

归根结底，合适的备份策略需依据个人的具体情况量身定制。

6.8　频繁备份

"频繁备份"该如何解读？

这一概念实际上引出了诸多待解疑问：

- 所谓的"频繁"具体到何种程度？
- 何为"全量备份"？
- 当 NAS（Network Attached Storage，网络附接存储）中存放了 24TB 的电影资料时，笔者是否需要每日进行全量备份，还是仅备份新增或修改的部分？
- 在规划定时任务（cron 作业）以执行全量备份时，有哪些要点需要注意？
- 若备份任务预定执行时系统恰好关闭，又该如何处理？

6.8.1 怎样才算频繁

既然此问题构成了本小节的标题，我们就以此为起点展开讨论。基本原则是，无论状况如何，每天都应当至少执行一次备份操作。

这里提及的是 Linux 系统管理员管理任意系统的基本底线——确保即使在最糟糕的情况下，数据丢失的窗口期也不会超过一天。这一备份频率对于多数办公环境及开发场景已是绰绰有余。

然而，对于一些特殊情况，每日一次的备份频次则显得捉襟见肘。比如银行业务、证券交易、快节奏的敏捷开发环境，以及气象预测等科学数据采集与处理场景，这些环境不仅要求在硬件故障发生瞬间就能完成大规模数据的镜像复制，而且对于已复制的数据还需实现分钟级的连续备份，以确保数据的绝对安全与实时性。

为了满足这些严苛的性能要求，我们可以部分依赖于多种形态及搭配方式下的 RAID（Redundant Arrays of Independent Disks，独立磁盘冗余阵列）、高可用性网络存储设施、云端存储方案及远程存储技术。不过，这些高级存储解决方案的具体细节并不在本书的探讨范畴之内。

6.8.2 何为真正的"全量备份"

全量备份意指囊括所有关键文件，确保在面临重大灾难时能迅速恢复。显然，这包括所有数据文件，但不应局限于此。一个完整的快速恢复方案还应涵盖系统配置文件及其他系统层级的数据备份。

你的数据文件储存在哪儿？笔者会备份整个 /home 目录，确保能还原所有用户应用数据及用户配置文件。同时，笔者也会备份 /root，即 root 用户的主目录。

在系统层面，备份整个 /etc 目录是必要的，因为其中包含了几乎所有系统工具的配置文件。多次实践中，这些备份数据帮助笔者从多种数据丢失情形中迅速恢复。笔者选择备份整个 /etc 目录，是因为灾后需要恢复的数据种类难以预估。

在构建服务器备份策略时，也要确保纳入适当的配置信息和用户数据。以 MariaDB 为例，它在 /etc 下存储了部分配置数据，而在 /var 下保存了 WordPress 等内容数据。

不同组织，甚至是同一组织内的不同服务器，需要备份的目录各不相同。必须针对每一台主机明确备份需求。

笔者从不单独备份操作系统组件，例如 /boot、/usr、/bin、/sbin 和 /lib 等目录，因为操作系统可通过快速重装轻易恢复。而对于虚拟机，借助快照技术，恢复过程变得尤为简便，前提是已创建了快照。

部分组织采取"裸金属恢复"策略，即将空白硬盘作为目标，恢复整个磁盘映像，这是"全量备份"的终极形态。虽然裸金属恢复不属于本书的讨论内容，但或许你已在考虑如何利用 dd 命令实现这一操作了。

6.8.3 全部备份还是差异备份

在本章中使用 tar 工具进行备份时，我们仅仅是完整地复制了所有指定的文件。虽然 tar 工具也能在归档文件末追加差异更新，即用改动后的文件替换原文件，但这种方式会包含整个被修改的文件，而不是仅记录下改变的部分。

相比之下，诸如 rsync 这样的高级工具则能够智能地将文件中变化的部分同步至备份目标，大大加速并简化了恢复过程。rsync 备份的机制与 tar 截然不同，其设计更为直观高效，对普通用户而言更加友好，这一点我们稍后便会进行探讨。

6.8.4 自动备份的注意事项

备份是一项非常适合自动化处理的任务，旨在确保备份操作按时执行，同时避免因人为疏忽而遗忘启动备份。

在考虑自动化时，需要权衡使用何种工具，比如是采用 cron 定时任务、systemd 计时器，还是探索其他备选方案。此外，我们是倾向于商用备份软件、先进的开源备份工具，还是自主研发如脚本之类的定制化解决方案？

备份的时机选择也不容忽视。例如，我们应在晚间还是清晨启动备份？如果备份安排过于密集，是否会因重叠而引发冲突？

曾经遇到过这样一个实例：某次备份耗时过长，以至于下一轮备份在前一轮未完成时便已启动，导致两轮备份相互排斥，后续几次备份亦受影响。经发现后，只需终止所有备份进程，调整备份时间表，重启流程即可。这一事件强调了在出现问题时设置预警信息的重要性，以及定期审查备份状态的必要性。

6.8.5 离线主机的备份处理

这是一个实际存在的问题，笔者自己也有过亲身体验。多数备份系统，即便是自创的脚本程序，面对的主要障碍在于 SSH 连接超时，导致备份操作简单地等待超时后直接跳转至下一个远程主机执行。

一种基本的做法是在下次执行时忽略上次未完成的备份任务，直接重新开始。另一种更高级的策略则是，利用备份软件识别出最近一次成功的备份，基于此创建新备份任务，并在执行当前备份时，仅同步文件中变更的部分。笔者为自己设计的备份脚本正是采用了这种智能处理机制。

6.9 高级备份

我们在本章初期探讨的 tarball 备份方式，对于某些机构而言虽已足够，但并非最高效的选择。每日全量备份生成全新 tarball 的做法，不仅日复一日消耗大量时间，同时也极度占用备份存储资源。

接下来，我们将目光转向 rsync 这一高级备份工具。rsync 凭借其精妙的工作机制，能够在很大程度上缩减日常备份所需时间，并显著优化存储空间的使用效率。

6.9.1 rsync

在寻找备份解决方案的过程中，笔者发现不论是付费的还是更复杂的开源选项，都无法完美适配笔者的需求。特别是从 tarball 格式的备份中恢复数据时常显得费时且操作不够流畅。因此，笔者决定探索一个新工具——rsync，它在笔者的技术圈内享有盛誉。通过执行 rsync 命令，笔者发现了它的一些独特优势，这些特性极大地帮助了笔者实现备份目标。笔者的核心目的有两个：一是建立快速检索及恢复机制，让用户无须解压 tarball 即可找到并还原文件；二是缩短备份创建时间，提高效率。

本文段旨在分享笔者个人如何在备份场景下应用 rsync 的经验，并非旨在全面展示 rsync 的多功能性或其在其他领域的创新用途。

rsync 这一命令由 Andrew Tridgell 与 Paul Mackerras 共同开发，并于 1996 年首次面世。其设计初衷是为了实现在不同计算机间高效同步文件。你是否留意到了其命名背后的巧妙构思（remote sync，远程数据镜像备份）？作为开源界的瑰宝，rsync 广泛集成于笔者所熟识的所有 Linux 发行版中。

rsync 不仅能同步两台计算机上或同一台计算机内的两个目录及其中的目录树结构，其功能的深度与广度远超基础同步。该工具能确保目标目录精准无误地匹配源目录，关键在于，目标目录以常规目录形式存在，未封装于 tarball、zip 等压缩包内，故而用户可以借助 Linux 系统的标准工具轻松访问和管理其中的文件，这正好贴合了笔者的主要需求之一。

rsync 的一大亮点在于其智能处理源目录中变动文件的同步机制。不同于全量复制，它通过计算文件区块的校验和来识别差异，仅当源文件区块内容有所改变时，才传输这些变更区块至目标端。这种策略极大提升了同步效率，特别是在远程同步场景下，有效节约了时间与网络资源。举例来说，初次运行笔者编写的 rsync Bash 脚本，将所有主机数据备份至一个大容量 USB 硬盘时，耗时接近 3h，因所有数据均为首次备份。然而，后续备份过程显著加速，通常只需 3～8min，具体取决于自前次备份以来文件的新建或修改数量。此结论基于 time 命令的实际测量，确保数据的可靠性。就如昨晚的操作，仅用 3′12″ 便完成了从六个远程系统及本地工作站向备份盘迁移约 750GB 数据的任务，其中真正需要更新的仅是几百 MB 变化数据。rsync 命令可用于同步两个目录或目录树，无论它们是否在同一台计算机上，但它的功能远不止于此。

rsync 基础命令示例如图 6-1 所示。图 6-1 中展示了如何简易地同步两个目录及其子目录的全部内容，确保经过同步操作后，目标目录成为源目录的完美复制品，无论层次结构还是文件内容均保持一致。

> ```
> rsync -aH sourcedir targetdir
> ```
> The -a option is for archive mode which preserves permissions, ownerships and symbolic (soft) links. The -H is used to preserve hard links rather than creating a new file for each hard link. Note that either the source or target directories can be on a remote host.

图 6-1　使用 rsync 同步两个目录所需的最简易命令

图 6-1 中的 -a 选项意味着启用归档模式，该模式确保在同步过程中保留文件的权限、所有权以及符号链接（软链接）；-H 选项则是为了维护硬链接关系，防止将硬链接视为独立文件而重复复制。注意，不管是源目录还是目标目录均可设定在远程主机之上。

现在，让我们一探这项功能的原理。

实验 6-4：rsync 的基本用法

请使用 StudentVM2 上的 student 用户身份执行此实验。首先运用 tree 命令来查看 student 用户主目录下当前的文件和目录结构：

```
[student@studentvm2 ~]$ tree
.
├── Desktop
├── Documents
├── Downloads
├── Music
├── Pictures
├── Public
├── random.txt
├── Templates
├── textfile.txt
└── Videos

9 directories, 2 files
[student@studentvm2 ~]$
```

在 StudentVM1 上进行同样的操作，它们应该有很大的差异：

```
[student@studentvm1 ~]$ tree
[student@studentvm1 ~]$ tree | head
.
├── chapter25
│   ├── Experiment_6-1.txt
│   └── Experiment_6-3.txt
├── chapter26
│   ├── bashrc-2.pdf
```

```
│   ├── bashrc-job_8.pdf
│   └── bashrc.ps
├── testfile
<SNIP>
├── tmp
│   ├── cpuHog
│   └── Documents
│       └── file09
├── umask.test
├── Videos
└── zoom_x86_64.rpm
```

接下来的目标是将 StudentVM1 上的 student 用户的主目录与 StudentVM2 上的对应目录保持同步。在 StudentVM1 上，以 student 用户身份执行以下命令即可完成同步任务。若此前已配置 SSH PPKP，此步骤理论上应无须手动输入密码：

```
[student@studentvm1 ~]$ time rsync -aH . studentvm2:/home/student
Password: <Enter password>

real    0m19.675s
user    0m2.205s
sys     0m3.363s
[student@studentvm1 ~]$
```

顺利完成了！随即请查看 StudentVM2 上 student 用户的主目录，你会发现原本在 StudentVM1 上的 student 用户所有文件均已成功同步至此。

下一步，我们改动一个文件内容，然后再次执行相同的同步命令，观察效果。你可以选取任何一个现有文件，并向其添加更多内容。比如，笔者这样操作：

```
[student@studentvm1 ~]$ dmesg >> random.txt
```

现在，检查两个虚拟机上这个文件的大小，确认它们并不相同。随后，再次执行上述的同步命令：

```
[student@studentvm1 ~]$ time rsync -aH . studentvm2:/home/student
Password: <Enter password>

real    0m6.243s
user    0m0.029s
sys     0m0.060s
[student@studentvm1 ~]$
```

检验 random.txt（或你选用的任意文件）在两台主机上是否已调整为相同且更大的大小。接着，比对两次执行命令所耗费的时间。这里，实际总耗时并不关键，因为它涵盖了我们手动输入密码的时间段。真正值得关注的是命令执行过程中用户时间和系统时间的消耗，在第二次运行时这两项时间大幅缩减。诚然，部分效率提升得益于缓存机制，但在那些每日执行一次命令来同步大量数据的系统环境下，时间节省的效益显得尤为突出。

假设昨日我们已利用 rsync 完成了两个目录的同步。今日欲再次同步它们，但是源目录中已移除了若干文件。使用在实验 6-4 中的基础语法，rsync 的标准操作流程是，仅将新添的或改动的文件复制至目标位置，而目标端原有的、已被源端删除的文件仍会保留。这或许正是我们的需求所在，但若我们期望从源目录中删除的文件也能从目标备份中删除，那么添加 --delete 选项即可实现。

还有一个极具吸引力的选项，同时也是笔者个人的偏爱之选，因为它显著增强了 rsync 的效能与灵活性，那便是 --link-dest 选项。通过使用硬链接，--link-dest 选项能够构建一套日更备份体系，每新增一天的备份几乎不额外占用空间，且创建速度极快。

操作方法是，指定昨日的备份目录，并为今日创建一个新的目录。rsync 随后生成今日的目录，并针对昨日目录中的每一个文件，在今日目录中创建对应的硬链接。这样，今日的目录实质上拥有了指向昨日文件的一系列硬链接，而非真正复制了文件。创建完毕后，当 rsync 按常规流程执行同步时，一旦检测到文件变动，它就会用昨日文件的副本替代目标目录中的硬链接，并仅将文件的变动内容从源目录复制到目标目录。

我们的命令结构如图 6-2 所示。这一改进版的 rsync 命令首先在今日的备份目录中为昨日备份目录里的每个文件建立硬链接。随后，源目录中的文件（待备份的文件）会与这些新建立的硬链接进行对比。如果源目录中的文件未发生变化，那么同步流程到此为止，不采取进一步的操作。

```
rsync -aH --delete --link-dest=yesterdaystargetdir sourcedir todaystargetdir
```

图 6-2　该命令使用硬链接将昨天目录中未更改的文件链接到今天的目录中，这样可以节省大量时间

当源目录文件发生变动时，rsync 会采取如下操作：首先删除昨日备份目录中指向该文件的硬链接，并基于昨日备份精确复制出该文件的副本。随后，它会将源目录对该文件所做的更新部分复制至今日的目标备份目录中，并且，同步过程中会清理目标位置上已被源目录移除的文件。

在某些情况下，我们希望有选择性地跳过特定目录或文件的同步操作。例如，缓存目录通常不被视为重要的备份对象，由于这类目录可能容纳大量数据，备份它们所耗费的时间远超其他数据目录。为应对这一需求，rsync 提供了 --exclude 选项。通过此选项，我们可以指定不想纳入备份的文件或目录模式。假定我们打算排除浏览器缓存文件，调整后的命令如图 6-3 所示。

```
rsync -aH --delete --exclude Cache --link-dest=yesterdaystargetdir
sourcedir todaystargetdir
```

图 6-3　该语法可用于根据模式排除指定的目录或文件

需留意，针对每一项我们需要排除的文件，都应单独配置一个 --exclude 选项。

rsync 命令提供了丰富的参数，使用户能够高度自定义同步流程。总体而言，笔者在此介绍的这些较为简单的命令已经足够满足笔者个人的备份需求。为了深入探索 rsync 的更多功能以及获取这里提及选项的详细说明，强烈建议你查阅 rsync 的详情手册页。

6.9.2　自动化备份

遵循"自动化优先"的原则，笔者将备份过程设计为自动执行。为此，笔者编写了一个名为 rsbu 的 Bash 脚本，该脚本来处理用 rsync 构建一套每日备份体系的细节。这涵盖了确保备份介质已挂载，自动生成往日及当日备份目录的名称，在备份介质上自动搭建必要目录结构（如尚不存在），执行实际备份操作及最后卸载介质等环节。

通过在脚本中巧妙地应用 rsync 命令，笔者为网络中每一台主机建立起日期序列的备份集。备份数据磁盘的目录结构如图 6-4 所示，这样的布局有利于快速定位需要恢复的特定文件。

具体而言，从每年 1 月 1 日起始，面对一块空白硬盘，rsbu 脚本会为每一台主机备份笔者在配置文件中指定的所有文件和目录。鉴于数据量较大，首次备份可能需耗时数小时。

进入 1 月 2 日，rsync 利用 --link-dest= 选项首先复制 1 月 1 日的目录结构，继而扫描源目录中是否有文件变动。一旦发现变动，便在 1 月 2 日的备份目录中创建 1 月 1 日原始文件的副本，然后将改动部分从原始文件中更新。

在将数据首次备份到空的磁盘后，后续备份的耗时极短。因为首先快速建立硬链接，随后仅需处理自上一次备份后发生改变的文件。如此一来，备份结构清晰，与图 6-4 相仿，易于管理和恢复。

图 6-4 还显示了在 1 月 1 日—3 日针对 StudentVM2 上 /home/student/file1.txt 这一文件的备份详情。1 月 2 日，由于文件内容自 1 月 1 日起未发生变化，rsync 备份机制并未复制 1 月 1 日的原始数据，而是高效地在 1 月 2 日的目录下创建了一个指向 1 月 1 日目录的硬链接目录条目。如此一来，我们现在有两个目录条目指向的是硬盘上的相同数据。1 月 3 日，因文件内容发生变动，rsync 才将 1 月 2 日的文件数据复制至新创建的 1 月 3 日目录下，并将变动的所有数据块复制到 1 月 3 日的备份文件中。这种基于 rsync 高级特性的备份策略在保障大量数据备份的同时，极大节省了存储空间与备份过程中的时间开销。

笔者的日常备份实践包括通过 systemd 定时任务每天执行两次备份脚本。首次执行时，数据会被备份至内置的 4TB 硬盘上，此备份始终保持所有数据的最新版本，随时准备用于数据恢复。万一遇到数据丢失的情况，无论需恢复单个文件还是全部文件，损失的时间成本最多不超过数小时的工作进度。

```
/-
 |
 /-path to backup media
            |
           /Backups
            |
            |--/host1
            |    |--/2018-01-01
            |    |      |--/etc
            |    |      |--/home
            |    |      |--/var
            |    |      |--/usr/local
            |    |--2018-01-02
            |    |      |--/etc
            |    |      |--/home
            |    |      |--/var
            |    |      |--/usr/local
            |    |--2018-01-03
            |    |      |--/etc
            |    |      |--/home
            |    |      |--/var
            |    |      |--/usr/local
            |      etc
            |--host2
            |    |--2018-01-01
            |    |      |--/etc
            |    |      |--/home
            |    |      |    |
            |    |      |    |--/student
            |    |      |    |      |
            |    |      |    |      |--/file1.txt (Unchanged)
            |    |      |    etc  etc
            |    |      |--/var
            |    |      |--/usr/local
            |    |--2018-01-02
            |    |      |--/etc
            |    |      |--/home
            |    |      |    |
            |    |      |    |--/student
            |    |      |    |      |
            |    |      |    |      |--/file1.txt (Unchanged)
            |    |      |    etc  etc
            |    |      |--/var
            |    |      |--/usr/local
            |    |--2018-01-03
            |    |      |--/etc
            |    |      |--/home
            |    |      |    |
            |    |      |    |--/student
            |    |      |    |      |
            |    |      |    |      |--/file1.txt  (Changed)
            |    |      |    etc  etc
            |    |      |--/var
            |    |      |--/usr/local
         etc etc      etc
```

图 6-4　备份数据磁盘的目录结构

　　第二次备份则安排在一系列循环使用的 4TB 外接 USB 硬盘中的一块上。笔者确保每周至少一次将最新硬盘送至银行保险箱储存。万一家庭办公室遭遇不幸，连同本地备份一同受损，笔者只需从银行取出外接硬盘，数据损失就限定在一周之内，这种程度的损失是易于恢复的。

　　不论是内置硬盘还是笔者每周轮换使用的外接 USB 存储设备，笔者的备份硬盘均维持足够的空闲容量。这是因为笔者编写的 rsbu 脚本在每次新备份启动前，会审视硬盘中各备份的保存时间（以天计算）。一旦检测到超出笔者在 rsbu.conf 配置文件中设定时间的旧备份，脚本即通过 find 指令找出并清除这些冗余文件。

面对十分严重的灾难，首要步骤必然是寻找一处既适合居住又带有办公区域的新居所，以满足人的基本需求，随后才是寻找计算机，利用剩下的备份资料进行系统恢复，并逐步重置所有遗失的数据。

至于笔者开发的备份脚本 rsbu，包括其配置文件 rsbu.conf 和一份详尽的使用说明（README），已整合为一个名为 rsbu.tar.gz 的压缩包，可以从以下 GitHub 链接公开获取：https://github.com/Apress/using-and-administering-linux-volume-3/blob/master/rsbu.tar.gz。

你可以以此脚本为基础，定制你的个人备份方案。但务必依据实际情况做出相应调整，并通过充分的测试来验证其有效性和适用性。

 提示　多年来，笔者看过许多昂贵的商业备份程序。但没有一个能像笔者使用的 rsync 脚本那样易于使用，而其中一些实际上只是以 rsync 为后端构造的前端界面。

6.9.3　恢复测试

任何备份方案若缺少了测试环节，都是不健全的。你应当定期随机选取文件或对整个目录结构进行恢复测试，以确保备份不仅在运行上无误，而且能在灾难之后顺利恢复数据，确保业务连续。笔者见证过太多备份无法恢复的案例，仅仅因为未曾测试，导致问题未被及早发现，最终宝贵数据付诸东流。

操作方法很简单，选取一个文件或目录作为测试对象，将其恢复到类似 /tmp 这样的临时位置，这样可以避免覆盖自备份后可能已被改动的文件。随后，核验文件内容是否符合预期。从 rsync 命令生成的备份中进行文件恢复实质上仅需两步：从备份中找到欲恢复的文件，并将其复制到目标恢复路径下。

在笔者的经历中，不乏需要单独恢复文件乃至整个目录结构的时候，甚至有几次不得不恢复整个硬盘。大多数情况源于个人操作失误，比如不慎删除了文件或目录；另外也有少数几次是硬盘损坏所致。正因如此，备份的存在才显得尤为关键，多次帮助笔者化险为夷。

总结

作为系统管理员，备份是我们工作中极为重要的一环。笔者亲历了许多实例，无论是供职的公司还是个人的业务与数据，备份都使得我们能够迅速实现运营恢复。

首先，我们探索了使用 tar 命令进行备份的可行性，这对于较为简易的环境而言是个出色的选择，效能显著。我们不仅完成了若干备份实验，还测试了如何单独恢复文件及整个目录结构的方法。

此外，我们依托 rsync 命令构建备份方案，旨在实现时间与存储空间的双重优化。此类备份对常规用户同样友好，便于直接访问。笔者提供的下载脚本可作为起点，帮助你启用这一高级且强大的备份策略。

同理于万事万物，备份的价值在于满足你的实际需求。无论采取何种措施，务必采取行动！试想，若你失去了所有的一切——数据、计算机、纸质文档等，那将带来怎样的痛楚。这种痛楚涵盖了硬件重置的费用，以及耗费在恢复已备份数据和补救未备份数据上的时间成本。基于此，精心规划并执行你的备份体系与流程吧。

数据备份的方法与维护手段繁多，笔者坚持适合自己的做法，至今未尝有数据丢失超过数小时的情形发生。

练习

为了掌握本章所学知识，请完成以下练习：

1）如果你在 Linux 主机上运行虚拟机，你必然会具有 root 权限。请以 root 用户身份在主机上运行以下命令：smartctl -x /dev/sda，查看输出以寻找磁盘可能出现故障的迹象。

2）如果你在 Windows 主机上运行虚拟机，请使用安装 Fedora 的 ISO 镜像创建一个 Live USB 闪存驱动器。然后使用该 Live USB 设备启动该主机。作为 root 用户，在物理主机上运行以下命令：smartctl -x /dev/sda。查看输出以寻找磁盘可能出现故障的迹象。

3）列出使用 tar 命令进行备份的三个优点。

4）确定你需要备份的 /home、/root 和 /etc 目录的空间大小。找到一个足够容纳这些数据的 USB 驱动器，并将其挂载到你的虚拟机上。然后在 USB 驱动器上对这三个目录进行备份操作。

5）使用"云"进行备份有哪些优势？

6）编写一个简单的脚本来自动备份 /home、/root 和 /etc 目录，并配置一个 systemd 定时器，在每天凌晨 02:00 运行该脚本。利用现有卷组 fedora_studentvm1 中的空间创建一个新的 filesystem，以替代外部设备存储备份。测试脚本，确保其正常运行。

7）删除 /home/student 目录及其中的所有文件，清空该目录。然后从之前的备份中恢复 /home/student 目录。

8）Thunar GUI 文件管理器能够用于访问 tar 压缩文件并从中提取文件吗？

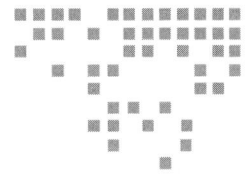

第 7 章

关于电子邮件

目标

在本章中，你将学习以下内容：
- 邮件客户端和邮件服务器是如何将电子邮件从一个用户传送到另一个用户的？
- 如何安装和配置 Sendmail 作为邮件传送代理？
- 如何为电子邮件配置防火墙？
- 如何配置名称服务以适应带有 MX 记录的电子邮件？
- 如何使用命令行邮件客户端测试电子邮件？
- 如何使用电子邮件头部信息来追踪电子邮件的来源和路由？
- 如何配置主机以使用邮件服务器作为智能主机？
- 如何配置别名文件将系统级别的电子邮件转发给 root 用户目标邮箱地址，例如学生用户？

7.1 概述

电子邮件是一种无处不在的消息服务，可在从工作、家庭桌面计算机到智能手机、平板计算机等移动设备的多种类型设备上使用。电子邮件分为两个部分：使用 IMAP 和 POP 在你的设备上接收电子邮件，使用 SMTP 从你的设备发送电子邮件到邮件服务器以及在邮件服务器之间发送电子邮件。

从宏观层面来看，电子邮件是一种异步消息传送协议。也就是说，如果笔者给你发送一封电子邮件，你并不需要在接收计算机旁边，也不需要立刻就接收到这条消息。接收计算机甚至可以处于关机状态。消息会被存储在服务器上，直到你打开接收计算机进行检索。

典型的同步消息系统包括面对面对话或电话通话，需要对话的双方同时在线或在同一地点。语音信箱则是电话通话的一种变体，我们可以在其中留言，互相沟通，属于异步消息。

最初，电子邮件服务仅限于本地 UNIX 计算机上的用户。所有电子邮件系统的用户都必须通过硬件终端连接到 UNIX 计算机。由于当时计算机通常没有任何联网方式，因此电子邮件系统的范围非常局限。随着低速拨号连接的出现，远程计算机可以连接，但只能在指定的较短时间内保持连接。电子邮件消息可以存储在发送服务器上，在建立了连接后所有发往远程邮件服务器的消息都将使用该临时连接发送。至于已发送到远程邮件服务器的电子邮件，则会在本地服务器上保留，直到与目标远程服务器建立连接。正是这些早期的需求塑造了如今大部分电子邮件协议，例如能够将消息存储一段时间，直到远程服务器可用。

今天我们几乎可以向地球上的任何人发送电子邮件，但垃圾邮件也成了一个严重的问题。如此多的人连接到相同的互联网使我们能够通过电子邮件进行交流，也使人能利用电子邮件来欺诈他人。我们将在第 9 章讨论如何处理垃圾邮件的问题。

常用定义

让我们在进一步学习之前先看几个常用定义：

- Protocol：协议，一组在网络中描述如何传输数据的正式规则。
- SMTP：简单邮件传送协议（Simple Mail Transfer Protocol），用于在计算机之间传送电子邮件的协议。
- POP：邮局协议（Post Office Protocol），是一种简单的协议，旨在允许单用户计算机从 POP 服务器检索电子邮件。一旦被客户端检索到，该邮件将从服务器上删除。
- IMAP：因特网信息访问协议（Internet Message Access Protocol），是一种允许客户端在服务器上访问和操作电子邮件消息的协议。电子邮件会一直保留在服务器上，直到用户明确删除。
- MTA：邮件传送代理（Mail Transfer Agent），如 Sendmail，用于在主机之间传送电子邮件的代理。这些传送不仅可以发生在邮件服务器之间，还可以从邮件客户端发送到邮件服务器。
- Sendmail：一个存在了多年的常见 MTA。

7.2 电子邮件数据传输流程

图 7-1 所示是电子邮件数据传输的简化流程，展示了电子邮件消息从发送客户端传输到接收客户端的完整过程。请注意，发送客户端使用 SMTP 将出站电子邮件发送到本地邮件服务器。现在让我们通过图 7-1 来追踪电子邮件的传送过程。

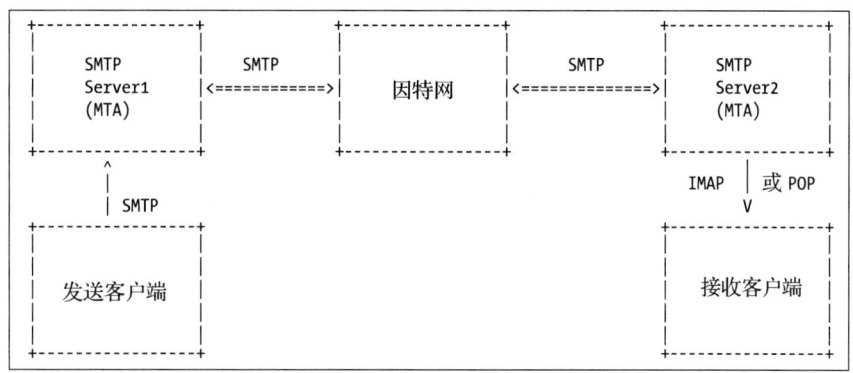

图 7-1　电子邮件数据传输流程

1）客户端在准备发送的电子邮件中添加了一组初始的邮件头部信息。这些信息包括主题、时间戳、发件人和收件人。

2）发送客户端使用 SMTP 将电子邮件发送到客户端配置中定义的本地电子邮件 SMTP 服务器：SMTP Server1。因此，对于 example.com 域中的客户端，它们的电子邮件通常会发送到 example.com 的邮件服务器。一种常见的方法是在内部 DNS 数据库中将该服务器标识为 mail.example.com。

3）SMTP Server1 接收电子邮件并在邮件头部添加一个 Received: 行，列出电子邮件的来源地（包括 IP 地址和主机名），并附带时间戳。该头部还指明了收件地址。

4）SMTP Server1 解析电子邮件的收件地址。

5）SMTP Server1 使用 DNS 来查询目标域的 MX 记录。

6）SMTP Server1 通过互联网将电子邮件发送给接收服务器 SMTP Server2。

7）SMTP Server2 在邮件头部添加另一个 Received: 行。

8）SMTP Server2 将电子邮件保存在用户的收件箱中，直到客户端连接到服务器检索电子邮件。用户可以使用较为常见且较新的 IMAP，在接收客户端上查看 SMTP Server2 上的电子邮件。

电子邮件保存在位于 /var/spool/email/<username> 的收件箱中，直到它被移动到其他电子邮件文件夹或被删除。无论电子邮件位于哪个文件夹中，在被删除之前它都会保留在服务器上。

7.2.1　电子邮件的结构

据 RFC 822 定义，电子邮件的主要结构包括两个部分：邮件头部和消息正文。邮件头部与消息正文之间由一行空行分隔。

消息正文可以包含 ASCII 纯文本或 MIME⊖组件（由 HTML 消息、图像或其他类型组

⊖ MIME（Multipurpose Internet Mail Extension，多用途互联网邮件扩展）用于在电子邮件中包含除文本消息以外的其他数据类型。图像、HTML 和音频数据常常以 MIME 类型的形式嵌入电子邮件中。

成)。电子邮件消息的文本正文内容限制为 7 位 ASCII，这就是为什么需要使用 MIME 来附加基于 8 位数据的数据类型。

7.2.2 邮件头部

邮件头部记录了电子邮件的传送历程，有助于我们确定其真实来源。每个 MTA 都会在邮件头部中添加一行或多行记录，用于记录电子邮件的传送轨迹。邮件头部通常在电子邮件客户端中默认隐藏，但系统管理员可以访问这些头部信息，用于解决电子邮件传送过程中的问题。笔者经常通过查看邮件头部解决各种问题，包括识别垃圾邮件的来源，确定电子邮件在从发件人到收件人的互联网传送过程中可能出现延迟的位置，以及将邮件头部作为屏蔽垃圾邮件的依据。

图 7-2 所示为从笔者负责管理的网络中向自己发送的测试邮件的邮件头部。这封电子邮件是从远程主机 host1 通过如下命令发送的。在本章后面的部分，我们将使用类似的 mailx 命令来测试我们自己的邮件服务器：

```
echo "This is a test email" | mailx -s "Test email" linuxgeek46@both.org
```

注意笔者修改了图 7-2 中部分主机名和外部 IP 地址，以隐藏它们的真实身份。

```
Received: from mailserver.example.net (rrcs-96-10-0-10.se.biz.rr.com [96.10.0.10])
        by yorktown.both.org (8.15.2/8.15.2) with ESMTP id x5Q7sZwg006558
        for <linuxgeek46@both.org>; Wed, 26 Jun 2019 03:54:38 -0400
Received: from host1.example.net (host1.example.net [192.168.0.1])
        by mailserver.example.net (8.14.7/8.14.4) with ESMTP id x5Q7sZgN028979
        for <linuxgeek46@both.org>; Wed, 26 Jun 2019 03:54:35 -0400
Received: from host1.example.net (localhost [127.0.0.1])
        by host1.example.net (8.14.7/8.14.7) with ESMTP id x5Q7sZx0032630
        for <linuxgeek46@both.org>; Wed, 26 Jun 2019 03:54:35 -0400
Received: (from root@localhost)
        by host1.example.net (8.14.7/8.14.7/Submit) id x5Q7sZZ3032629
        for linuxgeek46@both.org; Wed, 26 Jun 2019 03:54:35 -0400
From: root <root@host1.example.net>
Message-Id: <201906260754.x5Q7sZZ3032629@host1.example.net>
Date: Wed, 26 Jun 2019 03:54:35 -0400
To: linuxgeek46@both.org
Subject: Test email
User-Agent: Heirloom mailx 12.5 7/5/10
MIME-Version: 1.0
Content-Type: text/plain; charset=us-ascii
Content-Transfer-Encoding: 7bit
X-Spam-Score: -40.5 () ALL_TRUSTED,USER_IN_WHITELIST
X-Spam-Status: No, score=-28.2 required=10.6
tests=BAYES_50,RDNS_DYNAMIC,USER_IN_WHITELIST
X-Spam-Status: No, score=-40.5 required=10.9 tests=ALL_TRUSTED,USER_IN_WHITELIST
X-Scanned-By: MIMEDefang 2.84 on 192.168.0.52
X-Scanned-By: MIMEDefang 2.84 on 192.168.0.75

This is a test email
```

图 7-2　典型的邮件头部

让我们从底部向顶部逐个检查这些邮件头部，因为这样更容易理解。

```
X-Spam-Score: -40.5 () ALL_TRUSTED,USER_IN_WHITELIST
X-Spam-Status: No, score=-28.2 required=10.6 tests=BAYES_50,RDNS_
DYNAMIC,USER_IN_WHITELIST
X-Spam-Status: No, score=-40.5 required=10.9 tests=ALL_TRUSTED,USER_IN_
WHITELIST
X-Scanned-By: MIMEDefang 2.84 on 192.168.0.52
X-Scanned-By: MIMEDefang 2.84 on 192.168.0.75
```

以上邮件头部信息都是由 MIMEDefang 和 SpamAssassin 添加的，它们是我们将在第 9 章中探讨的反垃圾邮件软件。这里有两组条目，因为电子邮件分别被出站服务器和入站服务器扫描过。在发送电子邮件之前应进行扫描，以确保不会从我们的邮件服务器或使用我们的出站邮件服务器的内部邮件客户端向他人发送垃圾邮件。

```
Content-Type: text/plain; charset=us-ascii
Content-Transfer-Encoding: 7bit
```

以上两行定义了消息中的基本内容类型。在本例中它是简单的 7 位 ASCII 纯文本，这也是电子邮件最初开发时的原始编码方式。这是电子邮件消息最简单的编码形式，不需要像 MIME 类型那样的特殊处理。

```
Content-Type: multipart/mixed; boundary="-----------_1560989912-23914-8"
```

虽然上述行在我们的邮件头部没有出现，但如果正文中有多个 MIME 部分，你会看到类似这样的邮件头部。末尾的长数字是一个边界标识符，用于指定 MIME 部分的开始和结束位置。

```
MIME-Version: 1.0
```

上述行表示电子邮件的正文是 ASCII 纯文本，或者存在非文本附件。它还可能表示消息正文包含多个部分，即多种类型，比如文本和图像。

该邮件头部也可能意味着其他一些头部信息可能采用非 ASCII 文本字符集。这种情况通常出现在垃圾邮件发送者试图混淆主题行以规避反垃圾邮件过滤器时。以下是一个典型示例：

```
Subject: =?utf-8?B?V2hpdGXCoEtpZG5lckgQmVhbnPCoEJsb2NrwqBDYXJicw==?=
```

通过在主题行开头指定字符集 utf-8，客户端可以使用该字符集生成 ASCII 文本版本，使你可以阅读它们正在推广的内容。

```
User-Agent: Heirloom mailx 12.5 7/5/10
```

上述行中用 User-Agent（用户代理）表示发送电子邮件的客户端。在本例中指笔者用来发送电子邮件的 mailx 命令。如果使用基于 Thunderbird 或 Mozilla 的电子邮件客户端，你可能还会看到类似于以下第一行中出现的内容：

```
User-Agent: Mozilla/5.0 (X11; Linux x86_64; rv:52.0) Gecko/20100101
Subject: Test email
```

Subject: 表示主题行。它几乎可以包含任何内容。笔者曾看到一些新手用户将整个消息放在主题行中。笔者也见过这个字段为空白的情况。通常主题行中是几个词，用于描述电子邮件的主题。

```
To: linuxgeek46@both.org
```

显然，To: 表示该电子邮件所发送的目标电子邮件账户。

```
Date: Wed, 26 Jun 2019 03:54:35 -0400
```

上述行指定了电子邮件发送的日期和时间，以及时区偏移量。在本例中，-0400 表示格林尼治标准时减去 4 小时，即东部夏令时。

```
Message-Id: <201906260754.x5Q7sZZ3032629@host1.example.net>
```

每个消息都有一个消息 ID，用于提取邮件头部的消息。此消息 ID 是在发送软件 Fail2Ban 将其发送到本地主机上的本地电子邮件 MTA 后生成的。

每个消息在其经过的每个服务器上都有一个不同的 ID，这是为了防止从一个服务器发送的消息与从另一个服务器发送的消息具有相同的 ID。这些消息 ID 存储在邮件头部中作为永久记录，这使我们能够在每个服务器中定位与该消息相关的日志条目。

消息 ID 的第一部分是格式为 YYYYMMDDNNNN 的日期和时间，其中 NNNN 是序列号。许多邮件服务器非常繁忙，大量电子邮件可能恰好在完全相同的时间到达。消息 ID 的第二部分是分配的 ID。消息 ID 的格式可能因使用不同操作系统的邮件服务器而有所不同，但只要在邮件头部中有 ID 可以使用，那就没问题。

```
From: root <root@host1.example.net>
```

上述行标识了发送电子邮件的主机。与许多其他邮件头部一样，这条信息可以被伪造，使其看起来像是来自完全不同的电子邮件账户。我们将在本章后面探讨这一点。但对于本例，我们可以确定没有任何邮件头部被篡改过。

注意，这行是由 mailx 邮件客户端添加的，它现在将电子邮件发送到本地主机上的 MTA。

```
Received: (from root@localhost)
        by host1.example.net (8.14.7/8.14.7/Submit) id x5Q7sZZ3032629
        for linuxgeek46@both.org; Wed, 26 Jun 2019 03:54:35 -0400
```

上述三行表明，host1 上的电子邮件 MTA 从 localhost 接收了这封电子邮件。这可能会让人困惑，但目前电子邮件仍然在处理原始电子邮件消息的 host1 主机上。每个电子邮件经过的 MTA 都会添加自己接收的邮件头部。

从 root@localhost 接收表示 mailx 邮件程序将此电子邮件发送到了 MTA。

```
Received: from host1.example.net (localhost [127.0.0.1])
    by host1.example.net (8.14.7/8.14.7) with ESMTP id x5Q7sZx0032630
    for <linuxgeek46@both.org>; Wed, 26 Jun 2019 03:54:35 -0400
```

上述三行也是由 host1 添加的。它表示该电子邮件已进入邮件队列，并且具有一个新的 ID。此时，host1 将电子邮件发送到其所属域 example.net 的邮件服务器。

```
Received: from host1.example.net (host1.example.net [192.168.0.1])
    by mailserver.example.net (8.14.7/8.14.4) with ESMTP id
    x5Q7sZgN028979
    for <linuxgeek46@both.org>; Wed, 26 Jun 2019 03:54:35 -0400
```

上述四行是该邮件头部的第三个接收行，显示该电子邮件已被 example.net 域的邮件服务器接收。

请注意，这些接收邮件头部的时间戳与原始电子邮件上的时间戳在时间上没有差异。到目前为止，该电子邮件已在两台计算机上处理，但所有的时间戳都将日期和时间设置为 Wed, 26 Jun 2019 03:54:35 -0400。

最后，example.net 域的邮件服务器将电子邮件发送到目标域名：笔者自己的 both.org。

```
Received: from mailserver.example.net (rrcs-96-10-0-10.se.biz.rr.com
    [96.10.0.10])
    by yorktown.both.org (8.15.2/8.15.2) with ESMTP id x5Q7sZwg006558
    for <linuxgeek46@both.org>; Wed, 26 Jun 2019 03:54:38 -0400
```

现在电子邮件已经被笔者的邮件服务器 yorktown.both.org 接收。我们注意到与上一个邮件头部相比，这里有 3s 的时间差。这是由以下两个因素造成的：①电子邮件通过 mailserver.example.net 系统上的垃圾邮件检测软件所需的时间；②与笔者的服务器建立连接并执行握手和数据传输所需的时间。其中大部分时间都是由垃圾邮件过滤引起的。

不同的邮件服务器在邮件头部格式上略有不同，它们还可能在电子邮件流中的不同位置插入邮件头部。随着我们进入与收发电子邮件紧密相关的章节，笔者建议你花些时间查看我们在实验中发送的电子邮件的邮件头部。

7.3 在服务器端配置 Sendmail

Sendmail 是一种常见的 MTA。自它 1983 年问世以来就被广泛应用于许多邮件服务器。当然也还有许多其他优秀的开源 MTA 可供选择。理解 Sendmail（至少在本书中我们能够学到的部分）将为你理解电子邮件和 MTA 打下一个良好的基础。

虽然笔者在自己的域邮件服务器上使用 Sendmail，但它也适用于不作为域的主邮件服务器的主机。事实上 Sendmail 可以用于任何主机，以提供一个 MTA 来处理由各种系统级应用程序和服务器发送给 root 用户的电子邮件。如果不发送到邮件服务器，本地电子邮件将发送到本地主机上的 root 用户。因此，它们可能永远不会被阅读和处理。对于打算将系统管理邮件发送到中央邮件服务器以进行进一步中继和分发的主机，都需要 Sendmail。若配置了一个主机组并将所有电子邮件发送到中央邮件服务器，则该中央邮件服务器称为智能主机。

在下面的实验中，我们将在 StudentVM2 上安装和配置 Sendmail 作为我们域的主电子邮件服务器，并在 StudentVM1 上安装 Sendmail 作为转发代理，Sendmail 可以将电子邮件转发到 StudentVM2 上的域智能主机。从那里，这些电子邮件可以发送到任何邮件客户端账户。

7.3.1 安装 Sendmail

我们首先在两台虚拟机上安装 Sendmail。

实验 7-1：安装 Sendmail

请以 root 用户身份在 StudentVM1 和 StudentVM2 上进行此实验。我们将在这两台虚拟机上安装 sendmail 和 sendmail-cf 包。

StudentVM1 可能已经安装了 Sendmail，但仍然需要安装 sendmail-cf 包。sendmail-cf 包提供了 makefile[⊖] 和配置文件，允许对 sendmail.mc 与其他 Sendmail 配置文件和数据库进行配置和重新编译。

我们还要安装 mailx，这是一个邮件客户端，可以作为文本模式的邮件客户端，并且可以通过命令将数据流从标准输入发送到本地 MTA。这是一款用于在脚本中发送电子邮件的优秀工具。我们还可以从命令行使用它轻松地发送测试邮件。

通常，make 工具与 makefile 一起用于创建完整的项目，执行配置，编译源代码（如有必要），并将文件安装到正确的位置。

在两台虚拟机上执行以下命令，安装 mailx：

```
# dnf -y install sendmail sendmail-cf mailx make
```

安装完成后无须重启。

7.3.2 配置 Sendmail

尽管 Red Hat 及其发行版（包括 Fedora）已经对 Sendmail 进行了配置，但我们仍然需

⊖ 一个 makefile 是一系列 shell 命令和变量声明，用于从一组输入文件创建一个完成的项目。在这里我们使用它与 Sendmail 一起，从各种 ASCII 文本输入文件中创建复杂的配置文件和数据库，但 makefile 也可以用于编译 C 语言等程序。makefile 就像是将所有输入的材料组合起来制作最终产品的配方。

要对 Sendmail 进行一些额外的配置，如针对域邮件服务器和仅用于向智能主机发送电子邮件的系统，需要进行略微不同的配置。

只需要对 Sendmail 配置本身进行一些微小的修改即可。

实验 7-2：在 StudentVM2 上进行 Sendmail 的初始配置

请以 root 用户身份在 StudentVM2 上进行此实验。稍后我们将把 StudentVM2 用作域邮件服务器。目前我们将专注于从我们的服务器发送电子邮件，但是第一个更改是针对入站电子邮件的。

请使用文本编辑器对配置文件进行修改。

要从虚拟网络中的任一远程计算机监听电子邮件，你需要注释掉 /etc/mail/sendmail.mc 文件中如下所示的这一行（大约在第 121 行）。这行代码强制 Sendmail 只在内部 lo 本地主机接口上监听电子邮件。我们希望 Sendmail 也在外部接口 enp0s8 上监听电子邮件：

```
DAEMON_OPTIONS(`Port=smtp,Addr=127.0.0.1, Name=MTA')dnl
```

在该行后加上 dnl 来将其注释掉。这样 Sendmail 就会在所有网络接口上监听入站电子邮件：

```
dnl DAEMON_OPTIONS(`Port=smtp,Addr=127.0.0.1, Name=MTA')dnl
```

在 sendmail.mc 使用的 M4 语言中，dnl 表示"删除直到换行符"，进一步解释为"忽略本行剩余部分"。这是针对 Sendmail 专用编译器的一条指令。

接下来在 /etc/mail/local-host-names 文件中添加以下三行，这将告诉 Sendmail 接受发送到该域以及指定的主机名的电子邮件，这些主机名都是邮件服务器的别名：

```
example.com
studentvm2.example.com
mail.example.com
```

请将以下内容添加到 access 数据库文件 /etc/mail/access 中，以允许位于 192.168.56.0/24 网络的主机通过此邮件服务器传送电子邮件。通过将 IP 地址限制在我们的网络范围内，垃圾邮件发送者无法使用我们的邮件服务器来转发他们的垃圾邮件。如果没有这种限制，我们将会成为一个"开放中继"，并且服务器的 IP 地址会被许多合法的电子邮件系统屏蔽：

```
# Relay for our virtual network
192.168.56              RELAY
```

现在，在 /etc/mail 目录下，执行以下 make 命令。该命令会通过执行必要的指令将我们修改过的各种文本配置文件转换成 Sendmail 所需的正确格式的数据库文件。这个过程只需要 1～2s：

```
# make
```

请确认与已更改的文件对应的 *.db 文件的时间戳是否已更新。

在另一个终端会话中以 root 用户身份执行以下命令，以实时查看 /var/log/maillog 文件。这样可以及时了解 Sendmail 的活动情况，包括启动信息和可能出现的错误。你应该将该终端会话放在桌面上，以便在你进行其他会话时更改、启动或停止 Sendmail：

```
[root@studentvm2 ~]# cd /var/log/ ; tail -f maillog
```

执行以下命令启动 Sendmail，并设置为开机自动启动，然后验证是否成功：

```
# systemctl start sendmail
Job for sendmail.service failed because a timeout was exceeded.
See "systemctl status sendmail.service" and "journalctl -xeu sendmail.
service" for details.
```

笔者执行该操作花了大量时间，这并不合理。要弄清楚这个问题非常容易，因为你应该会像笔者一样在 maillog 文件中找到一些错误消息：

```
Jun 27 11:56:36 studentvm2 sendmail[6078]: My unqualified host name
(studentvm2) unknown; sleeping for retry
```

你也可以运行前面 systemctl 命令输出建议的 journalctl 命令。

出现这个错误是因为我们设置了虚拟机的主机名，但没有使用全限定域名。

此处笔者没有一次性展示所有细节。笔者在最初几次配置 Sendmail 的过程中犯了很多错误，并通过这些错误学到了很多关于配置 Sendmail 的知识。有些问题花了笔者几个小时才解决，甚至使用了搜索引擎。因此，笔者的目的不仅是告诉你我们需要做什么，还包括为什么要这样做，使你对 Sendmail 有更深入的了解。

那么让我们执行以下命令来设置系统的主机名，这次我们会包含全限定域名：

```
[root@studentvm2 mail]# hostnamectl
   Static hostname: studentvm2
         Icon name: computer-vm
           Chassis: vm
        Machine ID: b62e5e58cdf74e0e967b39bc94328d81
           Boot ID: 7ae8d2bbbfaf44a6b1dd8082321d2f81
    Virtualization: oracle
  Operating System: Fedora 29 (Twenty Nine)
       CPE OS Name: cpe:/o:fedoraproject:fedora:29
            Kernel: Linux 5.1.9-200.fc29.x86_64
      Architecture: x86-64
[root@studentvm2 mail]# hostnamectl set-hostname studentvm2.example.com
[root@studentvm2 mail]# hostnamectl
   Static hostname: studentvm2.example.com
<snip>
```

此外，请检查 /etc/hostname 文件，这是存储主机名的位置。我们可以在该文件中更改主机名，但要生效则需要重新启动。使用 hostnamectl 命令可以为我们完成所有这些操作。

现在执行以下命令重启 Sendmail：

systemctl restart sendmail

这里还可能产生另一个问题，这是笔者在编写第 1 版时没有遇到的。笔者使用以下错误消息在互联网上进行了搜索：

sendmail[1587]: unable to write pid to /var/run/sendmail.pid: Permission denied

最终在 Red Hat Bugzilla 的网站上找到了这个错误报告[⊖]：

Bug 1253840 - sendmail startup complains "sendmail.pid not readable (yet?) after start"

该网站上这个问题并没有得到解决，但它已经被关闭了。不过，错误报告中提到了一个简单的解决方法，基于该方法笔者发现使用从服务名称开始的消息副本能得到最佳的结果。

请编辑 /usr/lib/systemd/system/sendmail.service 文件，对 PIDFile 条目添加注释：

#PIDFile=/run/sendmail.pid

现在让我们再次重启 Sendmail：

systemctl restart sendmail

你可以注意到这个命令只花了很短的时间。此外，在 maillog 后面，你还可以看到一条与之前错误相同的提示消息。不过，你可以检查 Sendmail 的状态来确认它是否正在运行：

```
[root@studentvm2 ~]# systemctl status sendmail.service
● sendmail.service - Sendmail Mail Transport Agent
    Loaded: loaded (/usr/lib/systemd/system/sendmail.service; disabled;
    preset: disabled)
   Drop-In: /usr/lib/systemd/system/service.d
            └─10-timeout-abort.conf
    Active: active (running) since Thu 2023-06-22 08:45:51 EDT; 16min ago
   Process: 1706 ExecStartPre=/etc/mail/make (code=exited, status=0/SUCCESS)
   Process: 1708 ExecStartPre=/etc/mail/make aliases (code=exited, status=0/
   SUCCESS)
   Process: 1712 ExecStart=/usr/sbin/sendmail -bd $SENDMAIL_OPTS $SENDMAIL_
   OPTARG (code=exited, status=0/SUCCESS)
```

⊖ Red Hat Bugzilla, https://bugzilla.redhat.com/show_bug.cgi?id=1253840。

```
  Main PID: 1713 (sendmail)
     Tasks: 1 (limit: 4634)
    Memory: 3.5M
       CPU: 238ms
    CGroup: /system.slice/sendmail.service
            └─1713 "sendmail: accepting connections"
Jun 22 08:45:51 studentvm2.example.com systemd[1]: Starting sendmail.
service - Sendmail Mail Transport Agent...
Jun 22 08:45:51 studentvm2.example.com sendmail[1713]: starting daemon
(8.17.1): SMTP+queueing@01:00:00
Jun 22 08:45:51 studentvm2.example.com systemd[1]: Started sendmail.service -
Sendmail Mail Transport Agent.
Jun 22 08:45:51 studentvm2.example.com sendmail[1713]: unable to write pid to
/var/run/sendmail.pid: Permission denied
[root@studentvm2 ~]#
```

完成上述配置后，我们接下来对服务器进行测试。首先从 StudentVM2 上进行测试，以验证服务器是否正常工作，使用 StudentVM2 是因为我们还没有配置防火墙以允许其他主机通过这台服务器发送电子邮件。我们使用 mailx 命令进行测试。以 StudentVM2 上的 student 用户身份执行以下命令。注意 mailx 命令的 -s 选项用于设置电子邮件的主题文本，需要使用双引号：

```
[student@studentvm2 ~]$ echo "Hello world" | mailx -s "Test mail 1 from
StudentVM2" student@example.com
```

你应该能看到 maillog 文件中添加了四个日志条目。最后一个条目的状态显示为 Sent（已发送）。

接下来以一个交互式电子邮件客户端的身份使用 mailx 命令来查看电子邮件。在另一个会话中以 student 用户身份执行以下命令，启动 mailx，你的 student 账户中可能有一些电子邮件，但也可能没有：

```
[student@studentvm2 ~]$ mailx
Heirloom Mail version 12.5 7/5/10.  Type ? for help.
"/var/spool/mail/student": 1 message 1 new
>N  1 Student User          Thu Jun 27 12:34  21/895   "Test mail 1 from
StudentVM2"
&
```

在 mailx 邮件客户端界面中，& 是命令提示符。只需按下 <Enter> 键即可从第一封电子邮件开始顺序查看：

```
& <Enter>
Message  1:
From student@studentvm2.example.com  Thu Jun 27 12:34:50 2019
Return-Path: <student@studentvm2.example.com>
```

```
From: Student User <student@studentvm2.example.com>
Date: Thu, 27 Jun 2019 12:34:48 -0400
To: student@example.com
Subject: Test mail 1 from StudentVM2
User-Agent: Heirloom mailx 12.5 7/5/10
Content-Type: text/plain; charset=us-ascii
Status: RO

Hello world

&
```

请不要删除这封电子邮件。mailx 可以通过按 <q> 键后，再按 <Enter> 键退出，但我们接下来还需要继续使用它，所以请暂不要关闭。

可以注意到这里几乎没有邮件头部，这是因为该消息是由本地主机 StudentVM2 上的邮件服务器发送的。

接下来我们向外界发送一封电子邮件。为此，你需要一个可以在任何地方访问的外部电子邮件账户。你可以使用配置好的用以访问真实世界邮件账户的计算机、手机或平板计算机来发送电子邮件。如果没有这些设备，你可以通过查看邮件日志来确认电子邮件是否发送成功。这实际上是系统管理员，特别是电子邮件管理员在现实生活中需要做的事情。

在 StudentVM2 上，以 student 用户身份执行以下操作。请注意，除非另有说明，否则这些命令都在同一行上：

```
[student@studentvm2 ~]$ echo "Hello world" | mailx -s "Test mail 2 from
StudentVM2" linuxgeek46@both.org
```

但不要被下面所示的最新日志条目的最后一行所误导。它显示邮件状态为 Sent，但若检查收件人地址你就可以发现端倪。你可以尝试仔细阅读这些日志条目列表，看看能否在笔者继续展示示例日志条目之前找出发生了什么。笔者已经用一个空行将出站日志条目和入站日志条目分开，便于你理解：

```
Jun 27 13:02:17 studentvm2 sendmail[6565]: x5RH2HBh006565: from=student,
size=245, class=0, nrcpts=1, msgid=<201906271702.x5RH2HBh006565@studentvm2.
example.com>, relay=student@localhost
Jun 27 13:02:18 studentvm2 sendmail[6565]: STARTTLS=client,
relay=[127.0.0.1], version=TLSv1.3, verify=FAIL, cipher=TLS_AES_256_GCM_
SHA384, bits=256/256
Jun 27 13:02:18 studentvm2 sendmail[6572]: STARTTLS=server, relay=localhost
[127.0.0.1], version=TLSv1.3, verify=NOT, cipher=TLS_AES_256_GCM_SHA384,
bits=256/256
Jun 27 13:02:18 studentvm2 sendmail[6572]: x5RH2IT4006572: from=<student@
studentvm2.example.com>, size=524, class=0, nrcpts=1, msgid=<201906271702.
x5RH2HBh006565@studentvm2.example.com>, proto=ESMTPS, daemon=MTA,
```

```
relay=localhost [127.0.0.1]
Jun 27 13:02:19 studentvm2 sendmail[6565]: x5RH2HBh006565: to=linuxgeek46@
both.org, ctladdr=student (1000/1000), delay=00:00:02, xdelay=00:00:01,
mailer=relay, pri=30245, relay=[127.0.0.1] [127.0.0.1], dsn=2.0.0, stat=Sent
(x5RH2IT4006572 Message accepted for delivery)
Jun 27 13:02:19 studentvm2 sendmail[6574]: x5RH2IT4006572: to=<linuxgeek46@
both.org>, ctladdr=<student@studentvm2.example.com> (1000/1000),
delay=00:00:01, xdelay=00:00:00, mailer=esmtp, pri=120524, relay=mail.both.
org. [24.199.159.59], dsn=5.1.8, stat=User unknown
Jun 27 13:02:19 studentvm2 sendmail[6574]: x5RH2IT4006572: x5RH2JT3006574:
DSN: User unknown
Jun 27 13:02:20 studentvm2 sendmail[6574]: x5RH2JT3006574: to=<student@
studentvm2.example.com>, delay=00:00:01, xdelay=00:00:00, mailer=local,
pri=31843, dsn=2.0.0, stat=Sent
```

仔细思考之后你有头绪了吗？一开始笔者也花了很长时间，现在让笔者来解释一下。从 Jun 27 13:02:17 到 Jun 27 13:02:19 之间第一组的五个日志条目是与远程邮件服务器进行的出站交互。在笔者的例子中，该远程邮件服务器是指 both.org 域的邮件服务器。这一系列的最后一个日志条目显示消息已被远程服务器接受。

然而接下来的一组日志条目显示，both.org 的邮件服务器通过我们首次发起的邮件连接向我们发送了一封通知，告知我们用户不存在。最后一行显示我们的邮件服务器向发件人发送了一封邮件，说明了这一情况。

作为已打开的 mailx 会话中的 student 用户，你可以按 <h> 键来刷新并查看任何新邮件的头部信息。你应该会看到一个新条目，消息编号为 2。接下来输入 2 以查看新消息：

```
& h
    1 Student User        Thu Jun 27 12:34   22/906    "Test mail 1 from
StudentVM2"
>   2 Mail Delivery Subsys Thu Jun 27 13:11   73/2862   "Returned mail: see
transcript fo"
& 2
Message  2:
From MAILER-DAEMON@studentvm2.example.com  Thu Jun 27 13:11:29 2019
Return-Path: <MAILER-DAEMON@studentvm2.example.com>
Date: Thu, 27 Jun 2019 13:11:28 -0400
From: Mail Delivery Subsystem <MAILER-DAEMON@studentvm2.example.com>
To: <student@studentvm2.example.com>
Content-Type: multipart/report; report-type=delivery-status;
     boundary="x5RHBSk3006610.1561655488/studentvm2.example.com"
Subject: Returned mail: see transcript for details
Auto-Submitted: auto-generated (failure)
Status: R0
```

Part 1:

The original message was received at Thu, 27 Jun 2019 13:11:27 -0400
from localhost [127.0.0.1]

　　----- The following addresses had permanent fatal errors -----
<linuxgeek46@both.org>
　　(reason: 553 5.1.8 <linuxgeek46@both.org>... Domain of sender address student@studentvm
2.example.com does not exist)

　　----- Transcript of session follows -----
... while talking to mail.both.org.:
>>> DATA
<<< 553 5.1.8 <linuxgeek46@both.org>... Domain of sender address student@studentvm2.example
.com does not exist
550 5.1.1 <linuxgeek46@both.org>... User unknown
<<< 503 5.0.0 Need RCPT (recipient)

Part 2:
Content-Type: message/delivery-status

Part 3:
Content-Type: message/rfc822

From student@studentvm2.example.com Thu Jun 27 13:11:27 2019
Return-Path: <student@studentvm2.example.com>
From: Student User <student@studentvm2.example.com>
Date: Thu, 27 Jun 2019 13:11:25 -0400
To: linuxgeek46@both.org
Subject: Test mail 2 from StudentVM2
User-Agent: Heirloom mailx 12.5 7/5/10
Content-Type: text/plain; charset=us-ascii

Hello world
&

请注意 553 错误消息，它表示"发件人地址 student@studentvm2.example.com 的域名不存在"。你现在明白问题所在了吗？这封电子邮件的"域名"实际上并不是一个域名，而是一个主机名，这个地址包含了域名。笔者在最初几次设置邮件服务器时也曾遇到过这个问题，这是在指定服务器的全限定域名时意外产生的错误。

出现这种错误的原因是互联网域名服务器（而不是我们内部网络的服务器）中没有任何名为 <hostname>.example.com 的域名记录。它们只有 example.com 这个域名。远程邮件服务器（该例中的 mail.both.org）会检查邮件头部发件人信息中的域名是否有对应的 IP 地址记录。如果 studentvm2.example.com 不存在，那么邮件服务器会拒绝这封邮件。

当然这也不完全是坏消息。一个好消息是我们的服务器确实在与远程服务器通信，否则就不会收到这种类型的错误消息。另一个好消息是该问题比较容易解决。在 sendmail.mc 文件的底部附近有三行需要修改的代码，以便让 Sendmail 将域名从 host.example.com 修改为 example.com。请你修改如下所示的几行加粗代码：

```
dnl # The following example makes mail from this host and any additional
dnl # specified domains appear to be sent from mydomain.com
dnl #
dnl MASQUERADE_AS(`mydomain.com')dnl
dnl #
dnl # masquerade not just the headers, but the envelope as well
dnl #
dnl FEATURE(masquerade_envelope)dnl
dnl #
dnl # masquerade not just @mydomainalias.com, but @*.mydomainalias.com as well
dnl #
dnl FEATURE(masquerade_entire_domain)dnl
```

to this：

```
dnl # The following example makes mail from this host and any additional
dnl # specified domains appear to be sent from mydomain.com
dnl #
MASQUERADE_AS(`example.com')dnl
dnl #
dnl # masquerade not just the headers, but the envelope as well
dnl #
FEATURE(masquerade_envelope)dnl
dnl #
dnl # masquerade not just @mydomainalias.com, but @*.mydomainalias.com as well
dnl #
FEATURE(masquerade_entire_domain)dnl
```

修改的代码行将类似 studentvm1.example.com 和 studentvm2.example.com 的主机名伪装成真正的两部分域名 example.com。

在 /etc/mail 目录下，执行以下命令以重新编译并重启 Sendmail：

```
# make ; systemctl restart sendmail
```

现在将该邮件发送到你的真实的外部电子邮件账户。日志应该显示成功投递，没有任何条目表明出现了返回的错误消息。请检查你的外部电子邮件账户，确认是否成功接收了测试邮件。

以下为笔者的真实邮件客户端中查看的消息源代码：

```
Received: from studentvm2.example.com (wally1.both.org [192.168.0.254])
```

```
        by yorktown.both.org (8.15.2/8.15.2) with ESMTP id x5RKTGa1030600
        for <linuxgeek46@both.org>; Thu, 27 Jun 2019 16:29:16 -0400
Received: from studentvm2.example.com (localhost [127.0.0.1])
        by studentvm2.example.com (8.15.2/8.15.2) with ESMTPS id x5RKTFBw007324
        (version=TLSv1.3 cipher=TLS_AES_256_GCM_SHA384 bits=256 verify=NOT)
        for <linuxgeek46@both.org>; Thu, 27 Jun 2019 16:29:15 -0400
Received: (from student@localhost)
        by studentvm2.example.com (8.15.2/8.15.2/Submit) id x5RKTE1h007323
        for linuxgeek46@both.org; Thu, 27 Jun 2019 16:29:14 -0400
From: Student User <student@example.com>
Message-Id: <201906272029.x5RKTE1h007323@studentvm2.example.com>
Date: Thu, 27 Jun 2019 16:29:14 -0400
To: linuxgeek46@both.org
Subject: Test mail 3 from StudentVM2
User-Agent: Heirloom mailx 12.5 7/5/10
MIME-Version: 1.0
Content-Type: text/plain; charset=us-ascii
Content-Transfer-Encoding: 7bit
X-Spam-Status: No, score=-0.5 required=10.6 tests=ALL_TRUSTED,BAYES_50
X-Scanned-By: MIMEDefang 2.84 on 192.168.0.52

Hello world
```

下一步，设置 Sendmail 在系统启动时自动重启，并验证结果：

 # systemctl enable --now sendmail ; systemctl status sendmail

在第 8 章中，我们将使用 TLS（Transport Layer Security，传输层安全协议）为出站电子邮件加密。Sendmail 已经为此进行了配置，并安装了"不受信任"但足以胜任此场景的自签名证书。以下几行代码在 sendmail.mc 中启用了 TLS。你无须执行任何操作即可启用这一功能：

```
dnl # Basic sendmail TLS configuration with self-signed certificate for
dnl # inbound SMTP (and also opportunistic TLS for outbound SMTP).
dnl #
define(`confCACERT_PATH', `/etc/pki/tls/certs')dnl
define(`confCACERT', `/etc/pki/tls/certs/ca-bundle.crt')dnl
define(`confSERVER_CERT', `/etc/pki/tls/certs/sendmail.pem')dnl
define(`confSERVER_KEY', `/etc/pki/tls/private/sendmail.key')dnl
define(`confTLS_SRV_OPTIONS', `V')dnl
```

现在我们的邮件服务器可以由本地账户发送电子邮件到外部的真实世界邮件服务器了。

7.3.3 配置 DNS

经过上述操作，我们的邮件服务器已经可以发送电子邮件了。我们现在还需要它能够接收邮件，为此需要配置 DNS。目前我们的防火墙已经配置为从内部来源接收电子邮件，因为我们在内部网络接口上使用了可信任的区域。我们还需要为外部接口添加防火墙规则，以允许来自其他服务器和邮件客户端的传入邮件。但这是稍后再考虑的事情。

让我们首先将邮件服务器配置为智能主机，以便接收来自网络中其他主机的电子邮件，传递给外部世界。我们还希望为 mail.example.com 设置一个 CNAME 记录和一个 MX 记录，用于在任意主机名下明确定义邮件服务器域名。

MX 记录包含一个数字（例如实验 7-3 中的 10），它代表在组织拥有多台邮件服务器中处理大量电子邮件时的优先级。这可以用来定义哪个服务器作为主服务器接收所有电子邮件，以及在主服务器不可用时由哪些服务器来接收电子邮件。或者可以用来配置所谓的"轮询"选择邮件服务器，通过 DNS 在所有可用的邮件服务器之间进行简单的负载均衡。

实验 7-3：配置 DNS

请以 root 用户身份在 StudentVM2 上执行此实验。

编辑 DNS 正向查找数据库文件 /var/named/example.com.zone，在文件中添加以下行。你可以将它们添加到文件底部或你的组织需求的位置，只要它们位于 Origin 行之后即可。确保将序列号更改为当前日期和时间，格式为 YYYYMMDDHHMMSS，注意 SS 是一个序列号，而不是时长：

```
mail                IN    CNAME   studentvm2
example.org.        IN    MX      10      mail.example.org.
```

经过这些更改后，笔者的文件如下（修改部分已用粗体标出）：

```
; Authoritative data for example.com zone
;
$TTL 1D
@   IN SOA  studentvm2.example.com   root.studentvm2.example.com. (
                                     2019062701      ; serial
                                     1D              ; refresh
                                     1H              ; retry
                                     1W              ; expire
                                     3H )            ; minimum

$ORIGIN         example.com.
example.com.            IN      NS      studentvm2.example.com.
router                  IN      A       192.168.56.1
studentvm2              IN      A       192.168.56.1
server                  IN      CNAME   studentvm2
mail                    IN      CNAME   studentvm2
studentvm1              IN      A       192.168.56.21
workstation1            IN      CNAME   studentvm1
```

```
ws1                     IN      CNAME   studentvm1
wkst1                   IN      CNAME   ws1
studentvm3              IN      A       192.168.56.22
studentvm4              IN      A       192.168.56.23
testvm1                 IN      A       192.168.56.50

; Mail server MX record
example.com.            IN      MX      10      mail.example.com.
```

重新启动名称服务：

```
# systemctl restart named
```

现在邮件服务器已准备好接收来自虚拟网络内部主机的电子邮件。

7.4 在客户端配置 Sendmail

接下来我们在 StudentVM1 客户端主机上配置在实验 7-1 中安装的 Sendmail。

实验 7-4：在客户端上配置 Sendmail

请以 root 用户身份在 StudentVM1 上进行此实验。

我们将配置 StudentVM1 来使用域邮件服务器 StudentVM2。首先执行以下命令，使用全限定域名作为主机名：

```
# hostnamectl set-hostname studentvm1.example.com
```

编辑 /etc/mail/sendmail.mc 文件，并更改以下行

```
dnl define(`SMART_HOST', `smtp.your.provider')dnl
```

为

```
define(`SMART_HOST', `mail.example.com')dnl
```

我们还需要在 StudentVM1 上设置电子邮件域伪装，就像在 StudentVM2 上一样。我们需要在 sendmail.cf 文件的底部附近更改三行代码，使 Sendmail 域名从 host.example.com 更改为 example.com。请注意以下几行代码：

```
dnl # The following example makes mail from this host and any additional
dnl # specified domains appear to be sent from mydomain.com
dnl #
dnl MASQUERADE_AS(`mydomain.com')dnl
dnl #
dnl # masquerade not just the headers, but the envelope as well
```

```
dnl #
dnl FEATURE(masquerade_envelope)dnl
dnl #
dnl # masquerade not just @mydomainalias.com, but dnl # @*.mydomainalias.com
dnl # as well
dnl #
dnl FEATURE(masquerade_entire_domain)dnl
```

将加粗部分更改为:

```
dnl # The following example makes mail from this host and any additional
dnl # specified domains appear to be sent from mydomain.com
dnl #
MASQUERADE_AS(`example.com')dnl
dnl #
dnl # masquerade not just the headers, but the envelope as well
dnl #
FEATURE(masquerade_envelope)dnl
dnl #
dnl # masquerade not just @mydomainalias.com, but @*.mydomainalias.com as well
dnl #
FEATURE(masquerade_entire_domain)dnl
```

在 /etc/mail 目录下，执行以下命令重新编译并重启 Sendmail：

 # make ; systemctl restart sendmail

然后执行以下命令设置 Sendmail 使其自动启动，并检查它的状态，确保它已正确启动：

 # systemctl enable sendmail ; systemctl status sendmail

接下来我们对刚刚完成的配置进行测试。在 StudentVM1 上以 root 用户身份打开一个终端窗口，执行 tail -f /var/log/maillog 命令来实时查看日志。在 StudentVM2 上也需要执行相同的操作。完成后，在 StudentVM1 上执行以下命令，观察输出的日志文件。你可能会看到一些日志条目，指示将 logwatch 通知发送到 root@studentvm1.example.com。这是正常的，笔者大约有 30 天的 logwatch 通知记录。

在 StudentVM1 上以 root 用户身份输入以下命令：

 # echo "Hello world from StudentVM1" | mailx -s "Test email 1" student@example.com

你会在 StudentVM1 上看到一些日志消息，指示其 Sendmail 实例已经接收到邮件并正在处理。稍候片刻，你会在 StudentVM2 的日志中看到一些消息，表明它已经接收到邮件并正在处理。

现在，以 student 用户身份在 StudentVM2 上使用 mailx 命令查看邮件。邮件的大体内容如下：

```
From student@studentvm1.example.com  Sat Jun 29 09:06:35 2019
Return-Path: <student@studentvm1.example.com>
From: Student User <student@studentvm1.example.com>
Date: Sat, 29 Jun 2019 09:06:30 -0400
To: student@example.com
Subject: Test email 1
User-Agent: Heirloom mailx 12.5 7/5/10
Content-Type: text/plain; charset=us-ascii
Status: RO

Hello world from StudentVM1
```

现在我们可以知道邮件服务器已正常工作，并且它正被 StudentVM1 用作智能主机。接下来我们将消息发送到更远的外部电子邮件账户。

让我们继续跟踪两台主机的日志文件。在 StudentVM1 上发送以下消息。请注意使用你自己的外部电子邮件账户替换笔者示例中的账户，此处只是用于说明：

```
# echo "Hello world from StudentVM1" | mailx -s "Test email 3 from
StudentVM1" linuxgeek46@both.org
```

以下是笔者在自己的电子邮件系统中收到的消息源代码：

```
Received: from studentvm2.example.com (wally1.both.org [192.168.0.254])
    by yorktown.both.org (8.15.2/8.15.2) with ESMTP id x5TDaORu011406
    for <linuxgeek46@both.org>; Sat, 29 Jun 2019 09:36:00 -0400
Received: from studentvm1.example.com ([192.168.56.21])
    by studentvm2.example.com (8.15.2/8.15.2) with ESMTPS id x5TDa0B9004335
     (version=TLSv1.3 cipher=TLS_AES_256_GCM_SHA384 bits=256 verify=NOT)
    for <linuxgeek46@both.org>; Sat, 29 Jun 2019 09:36:00 -0400
Received: from studentvm1.example.com (localhost [127.0.0.1])
    by studentvm1.example.com (8.15.2/8.15.2) with ESMTPS id x5TDZxp8011175
     (version=TLSv1.3 cipher=TLS_AES_256_GCM_SHA384 bits=256 verify=NOT)
    for <linuxgeek46@both.org>; Sat, 29 Jun 2019 09:35:59 -0400
Received: (from root@localhost)
    by studentvm1.example.com (8.15.2/8.15.2/Submit) id x5TDZw6c011174
    for linuxgeek46@both.org; Sat, 29 Jun 2019 09:35:58 -0400
From: Student User <student@example.com>
Message-Id: <201906291335.x5TDZw6c011174@studentvm1.example.com>
Date: Sat, 29 Jun 2019 09:35:58 -0400
To: linuxgeek46@both.org
Subject: Test email 3 from StudentVM1
User-Agent: Heirloom mailx 12.5 7/5/10
MIME-Version: 1.0
```

```
Content-Type: text/plain; charset=us-ascii
Content-Transfer-Encoding: 7bit
X-Spam-Status: No, score=-26.2 required=10.6 tests=BAYES_50,RDNS_NONE,USER_
IN_WHITELIST
X-Scanned-By: MIMEDefang 2.84 on 192.168.0.52

Hello world from StudentVM1
```

通过邮件头部和虚拟主机上的邮件日志，可以跟踪邮件经过各个主机的路径。

我们现在拥有一个正常运行的电子邮件系统，包括一个服务器和一个简单的客户端。请注意，根据我们当前的设置，student 用户需要登录到 StudentVM2 主机使用 mailx 来检索电子邮件。在第 8 章中，我们将更详细地讨论邮件客户端以及支持它们的服务器需求。

7.5 SMTP

SMTP 是 RFC 821 中定义的一种用于从客户端到服务器之间传送电子邮件的 ASCII 纯文本对话协议。SMTP 使用 TCP 端口 25，是一个开放标准，在互联网协议规范文件 RFC 中有明确定义。SMTP 服务器也因其在各个邮件服务器之间传递电子邮件消息的功能被称为 MTA。

接下来让我们深入解析 SMTP 会话。

实验 7-5：探索 SMTP

请在 StudentVM1 虚拟机上，以 student 用户身份使用 mailx 命令的 -v 选项发送一封邮件。SMTP 命令将显示为前面带有 >>> 字符的命令行，笔者已在接下来的结果中将这些命令行加粗显示。注意以消息 ID 号开头的邮件服务器的响应不会被加粗。

我们从终端会话中执行以下命令，发送邮件：

```
[student@studentvm1 ~]$ echo "This is a test email." | mailx -v -s "Test
email from StudentVM1" student@example.com
```

会话中的 mailx 会连接到本地主机上的 MTA，MTA 则会以 220 消息作为响应：

```
student@example.com... Connecting to [127.0.0.1] via relay...
220 studentvm1.example.com ESMTP Sendmail 8.15.2/8.15.2; Sat, 29 Jun 2019
12:38:30 -0400
```

StudentVM1 上的 MTA 发送了以下信息："hello – I am studentvm1.example.com."，StudentVM2 上的邮件服务器则给出了回应，并列出了它支持的功能列表，如下所示：

```
>>> EHLO studentvm1.example.com
250-studentvm1.example.com Hello localhost [127.0.0.1], pleased to meet you
250-ENHANCEDSTATUSCODES
```

```
250-PIPELINING
250-8BITMIME
250-SIZE
250-DSN
250-ETRN
250-AUTH GSSAPI DIGEST-MD5 CRAM-MD5
250-STARTTLS
250-DELIVERBY
250 HELP
```

本地 MTA 已确定支持 TLS，并要求远程 MTA 开始 TLS 握手过程。TLS 是一种加密协议，当前发布的 Fedora 和其他 Linux 发行版中都默认配置并启用了 TLS。TLS 确保两个 MTA 之间的连接是加密的，数据可以在它们之间传输而不被他人读取：

>>> **STARTTLS**
220 2.0.0 Ready to start TLS

现在 TLS 已经激活，我们重新启动对话：

>>> **EHLO studentvm1.example.com**
```
250-studentvm1.example.com Hello localhost [127.0.0.1], pleased to meet you
250-ENHANCEDSTATUSCODES
250-PIPELINING
250-8BITMIME
250-SIZE
250-DSN
250-ETRN
250-AUTH GSSAPI DIGEST-MD5 CRAM-MD5
250-DELIVERBY
250 HELP
```

紧接着本地 MTA 告诉远程 MTA 电子邮件的发件人及相关信息。远程 MTA 的回复为发件人是合法的。这意味着发送域名没有被远程 MTA 阻止：

>>> **MAIL From:<student@studentvm1.example.com> SIZE=253 AUTH=student@studentvm1.example.com**
250 2.1.0 <student@studentvm1.example.com>... Sender ok

随后本地 MTA 告诉远程 MTA 电子邮件的收件人是谁：

>>> **RCPT To:<student@example.com>**

我们告诉远程 MTA，我们已经准备好发送电子邮件正文数据了。远程 MTA 回复一条消息，表明电子邮件的收件人在服务器上有一个有效的邮箱，即该邮箱没有满且没有被其他方式阻止。同时，它发送了一个 354 响应，表示本地 MTA 可以开始发送邮件的正文数据了：

```
>>> DATA
250 2.1.5 <student@example.com>... Recipient ok
354 Enter mail, end with "." on a line by itself
```

正文数据发送完毕后向远程 MTA 发送单独一行的句点（.）表示电子邮件结束。远程 MTA 返回分配给该邮件的消息 ID，并且确认该消息已被远程 MTA 接收。它还表示其终端已准备好关闭连接：

```
>>> .
250 2.0.0 x5TGcUtk013404 Message accepted for delivery
student@example.com... Sent (x5TGcUtk013404 Message accepted for delivery)
Closing connection to [127.0.0.1]
```

本地 MTA 发送 QUIT 以关闭连接。远程 MTA 回复一条消息表示它正在关闭连接：

```
>>> QUIT
221 2.0.0 studentvm1.example.com closing connection
```

SMTP 返回码分类如表 7-1 所示。

表 7-1　SMTP 返回码分类

返回码	类	说明
1XX	Informational（提供信息）	服务器已接收请求，且发送消息的过程在持续进行
2XX	Successful（成功）	服务器理解并接受客户端或其他服务器发送的请求
3XX	Redirection（重定向）	服务器需要采取一些额外的操作来完成客户端的请求
4XX	Client Error（客户端错误）	由于语法不正确等错误，无法完成客户端的请求
5XX	Server Error（服务器错误）	请求有效，但 SMTP 服务器基于自身原因无法完成客户端的请求

有时这些消息（特别是错误代码）会嵌入在返回的电子邮件拒收信息中。否则想要查看它们的唯一方法就是使用类似 mailx 的工具来观察这些对话。

7.6　电子邮件专用账户

尽管 student 用户在我们的实验中一直扮演着非常高效、有用的角色，但它是一个登录账户。邮件服务器需要保证安全性，所以电子邮件账户的所有者应当无法真正登录到服务器。这可以通过为 email-only users（仅使用电子邮件的用户）创建非登录（nologin）账户来实现。

实验 7-6：电子邮件专用账户

请以服务器 StudentVM2 上的 root 用户身份执行以下命令，添加一个用户名为

email1 的账户，该账户只能收发电子邮件。其中 -s 选项用于指定特殊的非登录账户：

[root@studentvm2 ~]# **useradd -c "Email only account" -s /sbin/nologin email1**

为这个账户设置密码，当邮件客户端尝试从这个账户检索电子邮件时，需要使用该密码，同时 nologin shell 阻止了以 Linux 用户登录的行为：

[root@studentvm2 ~]# **passwd email1**
Changing password for user email1.
New password: **<Enter the password>**
BAD PASSWORD: The password is shorter than 8 characters
Retype new password: **<Enter the password again>**
passwd: all authentication tokens updated successfully.

测试以验证使用虚拟控制台以用户 email1 的身份无法登录。

然后，再以 student 用户身份在 StudentVM1 上发送一封电子邮件给用户 email1。

[student@studentvm1 ~]$ **echo "Test email to email1 email only account." |
mailx -v -s "Test email" email1@example.com**

你现在无法以用户 email1 的身份登录，因此需要以稍微不同的方式使用 mailx 命令来检索此邮件。由于 root 用户拥有最高权限，因此你需要在 StudentVM2 上以 root 用户身份执行以下命令。注意，如果你尝试以非 root 用户身份执行此操作，将会收到错误提示：

[root@studentvm2 ~]# **mailx -u email1**
Heirloom Mail version 12.5 7/5/10. Type ? for help.
"/var/mail/email1": 1 message 1 new
>N 1 Student User   Sat Jun 29 21:10 25/1128 "Test email"
& **1**
Message 1:
From student@example.com Sat Jun 29 21:10:57 2019
Return-Path: <student@example.com>
From: Student User <student@example.com>
Date: Sat, 29 Jun 2019 21:10:51 -0400
To: email1@example.com
Subject: Test email
User-Agent: Heirloom mailx 12.5 7/5/10
Content-Type: text/plain; charset=us-ascii
Status: R

Test email to email1 email only account.

&

7.7 root 用户的电子邮件

许多系统级的服务可以向 root@localhost 发送电子邮件，以通知 root 用户完成了某些 at 任务，例如每日的 logwatch 报告，或其他特定工具及配置下的任务。在许多主机上这些电子邮件可能会被忽略或遗漏，尤其是那些系统管理员不经常登录的主机。即使笔者每天只需登录几台主机，但花时间去检查 root 用户的电子邮件仍然是一件麻烦的事情。

笔者找到了一个简单的解决办法，现阶段我们内部的 StudentVM1 主机可以将 StudentVM2 作为智能主机使用。笔者通过修改 /etc/aliases 文件来将电子邮件发送到笔者的个人邮箱地址。

/etc/aliases 文件包含系统用户的别名，定义了谁会收到发送给他们的电子邮件。许多系统服务与用户的账户相关联，其中一些服务会向 root 用户或其他用户发送电子邮件通知。网站也有一些通用的电子邮件账户，例如 abuse@example.com 或 webmaster@example.com，因此如果有人发送电子邮件到 abuse@example.com，aliases 文件会告诉 Sendmail 将该邮件路由到 root 用户。这封邮件最终会出现在本地主机 root 用户的本地邮箱中。通常情况下，这并不是我们想要的结果，因此我们需要修改 /etc/aliases 文件。

笔者喜欢将发送给 root 用户的电子邮件转发到自己常规的电子邮件账户，这样可以确保收到电子邮件。这有助于我们及时跟踪可能表明出现问题的通知。

实验 7-7：root 用户邮件

请以 StudentVM1 上的 root 用户身份进行此实验。我们将更改一些设置，将原本发送给 root 用户的通知转发给 student 用户。

首先，将当前版本的 /etc/aliases 文件复制到 /tmp 目录，以便进行临时备份。然后使用文本编辑器打开 /etc/aliases 文件，查看其中的条目。注意，一些条目（如 ftp 条目）会将电子邮件发送给 root 用户，而在文件的下半部分中，另外四个条目 ftpadm、ftpadmin、ftp-adm 和 ftp-admin 则将电子邮件重定向到 ftp 用户。

在文件底部有一行被注释掉的内容，展示了如何将 root 用户的电子邮件转发给另一个用户：

```
#root:          marc
```

在该行的下方添加以下内容，并保存文件：

```
root:           student@example.com
```

现在执行以下 newaliases 命令，不带任何选项或参数，以激活你的更改：

```
[root@studentvm1 etc]# newaliases
/etc/aliases: 77 aliases, longest 19 bytes, 794 bytes total
```

以 StudentVM1 上的 root 用户身份向 ftp 用户发送一封测试邮件（不使用全限定域名）：

```
[root@studentvm1 etc]# echo "Test of /etc/aliases" | mailx -v -s "Test email
for aliases" ftp
```

请验证该邮件是否已成功发送到 StudentVM2 上的 student 用户。请记住，StudentVM2 是我们的邮件服务器，因此该邮件应该最终送达到那里。

然后你可以在 StudentVM2 上的 /etc/aliases 文件中进行相同的更改，并测试是否可以发送电子邮件到 root 或其他别名（如 ftp）。

通过对 aliases 文件的这一更改，我们不再需要改变其他不同服务中的默认电子邮件地址。

7.8 注意事项

本节说明一些关于电子邮件的注意事项。

7.8.1 电子邮件并非立即送达

关于电子邮件，大多数终端用户最常见的一个误解是认为它是即时的，但事实并非如此。电子邮件可能会基于各种原因在其中一个 MTA 中被滞留。网络拥堵会导致电子邮件传递延迟，而任何在头部中被标记为 bulk（群发）的邮件将被放置在队列的底部，只有在发送了所有优先级较高的电子邮件后才会发送。任何头部没有优先级的邮件都被视为普通邮件。群发邮件是从 listservs 发送的，在同一域中可能存在许多收件人。

笔者在政府机构工作时曾遇到过这样的情况：一个上级领导因为他发送的一封电子邮件没有立即送达给他所在区域的所有人员而责备我，并威胁要采取严厉的惩罚。这封邮件是为了预警即将来袭的龙卷风，事实上当时龙卷风确实正朝该市的那个地区袭来。但由于这封邮件是群发邮件，并且在每天接收超过 2000 万封邮件的邮件系统中有数百个收件人，所以需要一些时间来处理和发送这些邮件。

正如我们之前提到的，要想让这种异步通信系统发挥作用，必须坐在计算机前，打开并运行电子邮件客户端，随时等待新邮件的到来。对于这种即将发生的危险情况来说，电子邮件并不是一个合适的沟通方式。

7.8.2 电子邮件没有送达保证

另一个普遍的误解是认为电子邮件总是能够送达，然而事实并非如此。许多电子邮件系统会丢弃不符合其反垃圾邮件或大批量邮件算法的邮件。它们可能会因为多种原因拒绝电子邮件，而作为发件人的我们无法做任何事情来阻止邮件被丢弃。当然，我们可以致电或发送电子邮件给该域名的指定联系人，但在大多数情况下，他们会忽略这类投诉。

电子邮件也会在路由器负载过重并开始丢包时被舍弃。在这种情况下，发送服务器可能会尝试重新发送，但仍然无法保证电子邮件最终送达。

总结

在本章中，我们学习了如何使用 Sendmail 作为 SMTP 邮件传送代理。我们配置了 Sendmail 作为邮件服务器，并将内部电子邮件从网络中的其他主机转发到邮件服务器。我们在两台主机上使用 mailx 邮件客户端来收发电子邮件。此外，我们还向 DNS 服务器添加了 MX 记录和支持记录，并在服务器防火墙中添加了规则，允许通过 25 号端口接收 SMTP 数据包。

尽管我们目前的邮件服务器还无法从外部接收电子邮件，但请放心，它将能够正常工作。一旦它能够从内部网络主机接收电子邮件，并且通过配置 Sendmail 监听适当的外部网络接口，我们也将能够接收来自外部域的电子邮件。

要使这个系统成为一个具有完全功能的电子邮件系统还有很多工作要做，但我们已经走在正确的道路上。

练习

为了掌握本章所学知识，请完成以下练习：

1）你的电子邮件在你收件箱中的存储位置是什么？请给出主机和完整的目录路径。
2）为什么需要伪装发送邮件地址？
3）SMTP 使用的 TCP 端口是什么？
4）为什么我们的虚拟网络中的电子邮件会发送到我们自己的 example.com，而不是发送到外部世界？
5）若我们向 StudentVM1 上的用户（例如 www）发送电子邮件，当电子邮件到达 StudentVM2 上的 student 电子邮件账户后，收件人地址是什么？
6）电子邮件专用账户与常规 Linux 用户账户有什么区别？
7）你认为我们还需要采取哪些措施，使我们的邮件服务器功能更强大和安全？

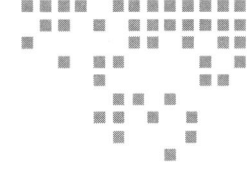

第 8 章

高级电子邮件主题

目标

在本章中，你将学习以下内容：

- 使用邮件客户端来测试邮件服务器配置。
- 使用 mailx 邮件客户端的更多细节。
- 安装和配置 IMAP 服务器，允许远程邮件客户端访问服务器上的邮件。
- 安装和配置 Alpine 文本模式邮件客户端。
- 安装和配置 Thunderbird 图形模式邮件客户端。
- 使用 STARTTLS 协议对配置为支持客户端和服务器之间的电子邮件数据流传输进行加密。
- 启用 SMTP AUTH，防止服务器成为垃圾邮件的开放中继。

8.1 概述

在本书前面章节里，我们为虚构域名"example.com"搭建了一个邮件服务器。在这个过程中，我们不仅安装了 Sendmail 邮件传输软件以及为它进行配置、重新编译所需的相关工具，还初步学习了如何使用 mailx 邮件客户端。mailx 是一款功能强大的 ASCII 纯文本邮件客户端，它有两种操作方式：第一，它可以集成到标准输入输出，通过 shell 脚本或命令行工具发送邮件；第二，它也支持以交互式的文本模式用户界面运行，用户可通过键盘指令实现读取、删除、撰写和发送新邮件等多种功能。

在本章中，我们将进一步探究电子邮件的详细运作机制、Telnet 工具的使用方法以及利用邮件客户端来测试高级邮件配置。我们会着手在服务器安装并设置 IMAP 邮件访问协议，确保远程客户端能够顺利访问服务器上的邮件。此外，我们还将探究广受欢迎的开源 GUI 邮件客户端 Thunderbird 和一款功能齐全的文本模式邮件客户端 Alpine。为了保障邮件客户端与我们自建邮件服务器之间数据的安全性，我们将采用 TLS 为传输加密。

我们还将学习调整服务器配置，并通过多种邮件客户端来验证这些配置的效果。准确理解和掌握服务器配置是合理配置邮件客户端的前提条件。

值得一提的是，本章所涉及的邮件客户端不仅是用于测试的有效工具，而且也适用于日常的邮件收发工作。

8.2　电子邮件的主要问题

电子邮件本质上并不安全，从遭遇尴尬到职业前途受损，无数事故已经令众多政界人士和商业精英深有体会。

尽管本章我们将着手为我们的邮件服务器添加传输加密和身份验证功能，但实际上，我们并无权控制电子邮件离开我们的服务器后经过的其他服务器。我们仅能确保自身网络范围内的安全性。尽管我们可以向互发邮件的服务器提议采用加密手段，但无法强制它们采纳。另外，请注意电子邮件在进入任何邮件服务器时都会经历解密过程。

Weldon Whipple 在他的教程《为 STARTTLS 配置 Sendmail》[⊖] 中明确表示："启用 STARTTLS 并不能确保电子邮件在从发送源头到最终接收的整个传输过程中始终处于加密状态，"他还进一步解释道，"鉴于目前仅有极少量公共邮件服务器支持 STARTTLS，因此，任何特定的电子邮件从发送者传送到接收者期间几乎不可能全程保持加密状态。"

既然如此，为什么我们还要在本章深入探讨电子邮件加密和认证？它们有什么实际作用？笔者认为，虽然并非所有环境都应用这些技术，但确实存在一些组织在实际工作中采用它们，因此至少熟悉这些技术的基本原理是有必要的。换言之，我们投入精力研究这一主题更多是因为"有备无患"，这也不失为一种前瞻性准备。

8.3　准备工作

在开始学习本章内容之前，请为你的虚拟机安装所有可用的更新，并在安装更新完毕后及时为这虚拟机创建快照备份。

在实践中笔者发现，电子邮件系统的配置往往较为复杂，以至于不得不多次回到初始

⊖　Whippl Weldon，"Configuring Sendmail for STARTTLS"，https://weldon.whipple.org/ sendmail/starttlstut. html。

快照状态重新配置。本章还涉及两款不同的 IMAP 服务器。这两种 IMAP 服务器各有特点，且各自需要在本章的不同部分进行配置。你也许想尝试同时配置两种服务器，但由于它们在配置过程中可能会相互影响，笔者建议先从快照还原一个纯净无干扰的系统环境，再尝试另一种配置方案。

8.4 深入探索 mailx

尽管 mailx 客户端及其前身 mail 源自 UNIX 早期，但它们在如今的 Linux 环境中仍扮演着不可忽视的角色。前一章中我们已经学习了使用 mailx 测试邮件服务器和 MTA 的便捷。

mailx 程序的实用性很大程度体现在其灵活的界面上。我们先前已将 mailx 融入命令管道来实现将各类工具的输出结果直接发送至电子邮箱。该特性使得 mailx 成为系统管理员在安装或维护电子邮件系统时的强大工具。接下来，我们将进一步研究如何将 mailx 作为一款 ASCII 纯文本邮件客户端，便捷地发送和检索电子邮件。

作为一款邮件客户端，mailx 通常以纯文本模式在邮件服务器上直接运行，这个限制使得它不太适合普通用户。虽然理论上可以用 mailx 在本地主机上访问远程服务器上的电子邮件，但这并不是它的主要用途。用户若想访问电子邮件，必须通过 SSH 登录到邮件服务器，这意味着用户必须在服务器上拥有一个可登录的账户，而非更安全的非登录账户。尽管使用 SSH 登录服务器本身相对安全，但仍然可能带来一定的安全隐患。

mailx 确实具备连接至 IMAP 服务器的扩展能力，但在本章后期我们介绍 IMAP 时并不会将 mailx 与 IMAP 配合使用。接下来，在实验 8-1 中，我们将进一步探索 mailx 作为电子邮件测试工具的优势及实用性。

实验 8-1：更多 mailx 测试

请以 student 用户身份在 StudentVM1 虚拟机上执行本实验。这次实验旨在深入探索 mailx 作为基础邮件客户端的功能，同时使用 mailx 验证电子邮件是否成功送达指定的收件箱（笔者实验用例中为 /var/spool/mail/student）。

在 StudentVM1 虚拟机上，以 student 用户身份通过 SSH 登录到 StudentVM2 虚拟机。启动 mailx 的交互式用户界面，并在界面中输入问号（?）以查看帮助信息。需要注意的是，在 mailx 中命令提示符为（&）：

```
[student@studentvm2 ~]$ mailx
Heirloom Mail version 12.5 7/5/10.  Type ? for help.
"/var/spool/mail/student": 6 messages 3 unread
    1 Student User          Sat Jun 29 12:38  26/1140  "Test email from StudentVM1"
    2 Student User          Sun Jun 30 08:59  26/1130  "Test email for aliases"
```

```
         3 Student User         Sun Jun 30 09:06  26/1130  "Test email for aliases"
>U       4 Student User         Sun Jun 30 09:10  26/1132  "Test email for aliases"
 U       5 Student User         Sun Jun 30 12:45  26/1147  "Test email for aliases"
 U       6 logwatch@example.com Mon Jul  1 03:44  62/2610  "Logwatch for studentvm1.
                                                           example.com (Lin"
& ?
                     mailx commands
type <message list>           type messages
next                          goto and type next message
from <message list>           give head lines of messages
headers                       print out active message headers
delete <message list>         delete messages
undelete <message list>       undelete messages
save <message list> folder    append messages to folder and mark as saved
copy <message list> folder    append messages to folder without
                              marking them
write <message list> file     append message texts to file, save
                              attachments
preserve <message list>       keep incoming messages in mailbox even
                              if saved
Reply <message list>          reply to message senders
reply <message list>          reply to message senders and all recipients
mail addresses                mail to specific recipients
file folder                   change to another folder
quit                          quit and apply changes to folder
xit                           quit and discard changes made to folder
!                             shell escape
cd <directory>                chdir to directory or home if none given
list                          list names of all available commands
A <message list> consists of integers, ranges of same, or other criteria
separated by spaces.  If omitted, mailx uses the last message typed.
&
```

我们在 mailx 界面中同样通过 mail 命令发送电子邮件。注意在接下来的命令中，请将笔者的邮箱地址替换为你的个人外部邮箱地址：

```
& mail linuxgeek46@both.org student@example.com
Subject: Test email
This is a test.

.
EOT
&
```

如果不了解电子邮件消息的构造规则，你可能不会意识到应当以单独一行的句号来结束消息内容。除了这种方法之外，你也可以按 <Ctrl+D> 键来结束。

请检查确认上述邮件是否已被成功接收。以下内容为笔者在 StudentVM2 虚拟机上以 student 用户使用 mailx 查看电子邮件的结果。为了查看邮件头部信息，笔者执行 P 命令显示如下内容：

```
Message 22:
From root@studentvm1.example.com  Thu Jul  6 09:43:22 2023
Return-Path: <root@studentvm1.example.com>
Received: from studentvm1.example.com ([192.168.56.56])
        by studentvm2.example.com (8.17.1/8.17.1) with ESMTPS id
        366DhJpw370791
        (version=TLSv1.3 cipher=TLS_AES_256_GCM_SHA384 bits=256 verify=NOT);
        Thu, 6 Jul 2023 09:43:19 -0400
Received: from studentvm1.example.com (localhost [127.0.0.1])
        by studentvm1.example.com (8.17.1/8.17.1) with ESMTPS id
        366DhISW015581
        (version=TLSv1.3 cipher=TLS_AES_256_GCM_SHA384 bits=256 verify=NOT);
        Thu, 6 Jul 2023 09:43:18 -0400
Received: (from root@localhost)
        by studentvm1.example.com (8.17.1/8.17.1/Submit) id 366DhGlO015580;
        Thu, 6 Jul 2023 09:43:16 -0400
From: root <root@studentvm1.example.com>
Message-Id: <202307061343.366DhGlO015580@studentvm1.example.com>
Date: Thu, 06 Jul 2023 09:43:16 -0400
To: student@example.com, linuxgeek46@both.org
Subject: ####NOT SPAM#### (-1) Test email
User-Agent: Heirloom mailx 12.5 7/5/10
MIME-Version: 1.0
Content-Type: multipart/mixed; boundary="----------=_1688650999-3318-14"
X-Spam-Status: Spam, score=-1 required=5 tests=ALL_TRUSTED
X-Scanned-By: MIMEDefang 3.4.1
Status: R

Part 1:
Content-Type: text/plain; charset=us-ascii
Content-Transfer-Encoding: 7bit

This is a test.

Part 2:
Content-Type: text/plain; name="SpamAssassinReport.txt"
Content-Disposition: inline; filename="SpamAssassinReport.txt"
Content-Transfer-Encoding: 7bit

Spam detection software, running on the system "studentvm2.example.com",
has NOT identified this incoming email as spam.  The original
message has been attached to this so you can view it or label
similar future email.  If you have any questions, see
@@CONTACT ADDRESS@@ for details.
```

```
   Content preview:     This is a test.

   Content analysis details:    (-1.0 points, 5.0 required)

 pts rule name              description
 ---- ----------------------  --------------------------------------------------
 -1.0 ALL_TRUSTED             Passed through trusted hosts only via SMTP
```

我们知道很多命令只需键入首字母就能执行。需注意，"R"和"r"代表了两个不同的命令。接下来，请键入小写字母"l"来查看所有可以使用的命令。如果你在操作过程中遇到困惑，随时都可以查阅帮助信息和命令列表。

笔者做实验的时候遇到了电子邮件未能成功到达外部地址的问题。若你自己搭建了邮件服务器，可以在 maillog 日志文件中找到类似于以下内容的错误信息：

```
Jul  6 07:59:48 mymailserver sendmail[759738]: 366Bxl3R759738: ruleset=check_
rcpt, arg1=<linuxgeek46@both.org>, relay=_gateway [192.168.0.254],
reject=553 5.
1.8 <linuxgeek46@both.org>... Domain of sender address root@studentvm1.
example.com does not exist
Jul  6 07:59:48 mymailserver sendmail[759738]: 366Bxl3R759738: from=<root@
studentvm1.example.com>, size=2025, class=0, nrcpts=0, proto=ESMTPS,
daemon=MTA, relay=_gateway [192.168.0.254]
```

出现该错误的原因是什么？以笔者为例，是因为笔者将虚拟机回滚到了一个还未将 StudentVM2 虚拟机配置 StudentVM1 虚拟机的智能主机的状态。

这一错误说明了两个关键问题。首先，任何运行了 Sendmail 的 Linux 主机在尝试发送邮件至目标地址时，会使用全限定域名 studentvm1.example.com 作为返回路径。然而，由于这个域名并未在任何公开的域名服务中定义，所以会导致发送失败并生成错误。其次，我们的邮件服务器在处理邮件时，受预防垃圾邮件策略的影响，会对全限定域名执行 DNS 查询。由于这个全限定域名并不存在于 DNS 系统中，因此我们的 Sendmail 服务器会认为此邮件无效并将其丢弃。

问题解决后，笔者依序重启了 MIMEDefang 和 Sendmail 服务，接着在工作站上使用 Alpine 邮件客户端再次发送了一封邮件，如下所示：

```
Received: from studentvm2.example.com (_gateway [192.168.0.254])
    by mymailserver.both.org (8.17.1/8.17.1) with ESMTPS id 366FmxSY771163
    (version=TLSv1.3 cipher=TLS_AES_256_GCM_SHA384 bits=256 verify=NOT)
    for <linuxgeek46@both.org>; Thu, 6 Jul 2023 11:48:59 -0400
Received: from studentvm1.example.com ([192.168.56.56])
    by studentvm2.example.com (8.17.1/8.17.1) with ESMTPS id 366FmvMn371237
    (version=TLSv1.3 cipher=TLS_AES_256_GCM_SHA384 bits=256 verify=NOT);
    Thu, 6 Jul 2023 11:48:57 -0400
Received: from studentvm1.example.com (localhost [127.0.0.1])
```

```
        by studentvm1.example.com (8.17.1/8.17.1) with ESMTPS id 366FmvR5001826
        (version=TLSv1.3 cipher=TLS_AES_256_GCM_SHA384 bits=256 verify=NOT);
        Thu, 6 Jul 2023 11:48:57 -0400
Received: (from student@localhost)
        by studentvm1.example.com (8.17.1/8.17.1/Submit) id 366FmtLI001825;
        Thu, 6 Jul 2023 11:48:55 -0400
From: Student User <student@example.com>
Message-Id: <202307061548.366FmtLI001825@studentvm1.example.com>
Date: Thu, 06 Jul 2023 11:48:55 -0400
To: student@example.com, linuxgeek46@both.org
Subject: ####NOT SPAM#### (-1) Test email 20230706
User-Agent: Heirloom mailx 12.5 7/5/10
MIME-Version: 1.0
Content-Type: multipart/mixed; boundary="----------=_1688658537-3318-19"
X-Spam-Status: No, score=-75.7 required=10.6 tests=BAYES_20,RDNS_NONE,SPF_
HELO_NONE,USER_IN_WELCOMELIST,USER_IN_WHITELIST
X-Spam-Status: Spam, score=-1 required=5 tests=ALL_TRUSTED
X-Scanned-By: MIMEDefang 3.4.1 on 192.168.0.52
X-Scanned-By: MIMEDefang 3.4.1
Parts/Attachments:
   1 Shown     2 lines  Text
   2 Shown    16 lines  Text
----------------------------------------

This is a test.

    [ Part 2: "Attached Text" ]

Spam detection software, running on the system "studentvm2.example.com",
has NOT identified this incoming email as spam.  The original
message has been attached to this so you can view it or label
similar future email.  If you have any questions, see
@@CONTACT_ADDRESS@@ for details.

Content preview:   This is a test.

Content analysis details:    (-1.0 points, 5.0 required)
 pts rule name                description
---- ---------------------    --------------------------------------------------
-1.0 ALL_TRUSTED              Passed through trusted hosts only via SMTP
```

除了使用 mailx 以邮件的形式发送标准输入数据流外，我们还可通过命令行直接调用 mailx，方便我们进行测试。接下来，请先退出 mailx 用户界面，然后通过命令行向自己发送一封测试邮件：

```
[student@studentvm2 ~]$ mailx student@example.com
Subject: Testing mailx
This email is a test of using mailx to send email.
```

```
EOT
[student@studentvm2 ~]$
```

键入 mailx 命令后，系统会提示你输入主题。输入主题后，屏幕会出现空白行，这时你便可以开始键入正文。撰写完毕后，按 <Ctrl+D> 键（文本结束标志）通知 mailx 程序发送邮件。

接下来，你可以在 StudentVM1 虚拟机的交互式界面中查看刚才发送的邮件，并务必仔细查看邮件头部信息。

虽然 mailx 是一款对系统管理员而言功能强大且高度灵活的工具，但它在提供当今大多数用户所期待的标准电子邮件体验方面还有很大改进空间。接下来，我们将探索其他的邮件客户端，但在此之前，我们需要先部署一个邮件访问服务器——IMAP。

8.5 安装 Telnet

不论安装的是哪款 IMAP 服务器，我们都将采用 Telnet 通信工具对其进行测试。常用的服务器均基于纯文本的 ASCII 协议，这方便了使用 Telnet 进行测试。我们在两台 student 虚拟机上都安装 Telnet，以便进行一些有趣的命令行测试。

实验 8-2：安装 Telnet

在 StudentVM2 虚拟机上安装以下 Telnet 软件包，我们将使用它进行测试：

```
[root@studentvm2 ~]# dnf -y install telnet telnet-server
```

在 StudentVM1 虚拟机上安装以下 Telnet 软件包，我们将使用它进行测试：

```
[root@studentvm1 ~]# dnf -y install telnet telnet-server
```

8.6 在服务器端安装 IMAP

电子邮件送达服务器后，需要从邮件队列文件中检索才能读取。我们可以采用 IMAP 从远程服务器中检索电子邮件。IMAP 的设计初衷就是方便用户能够在运行邮件客户端的不同设备上随时随地访问全部电子邮件。最初的设想的设备仅指多台计算机，而在如今的互联网时代，还包括了各种类型的联网设备。

相较于传统的、较为简陋的 POP，IMAP 更适合在多设备间同步邮件。使用 POP 的客户端会将服务器上的所有消息下载到本地主机并从服务器上将其删除，这意味着一旦消息被某台设备下载，其他设备就无法再查看。在本章中，我们将重点讲解 IMAP 及其应用。

目前市面上有三款优秀的 IMAP 服务器软件。虽然笔者过去多年一直使用来自华盛顿大学的 IMAP 软件包——uw-imap，但遗憾的是，这款软件目前已停止维护和支持。即便如此，uw-imap 仍是 IMAP 的标准参照软件，因此我们将继续使用它。uw-imap 不仅易于安装和配置，而且在单一任务执行方面也具有出色性能。笔者认为相比于 Cyrus 和 Dovecot，uw-imap 在安装和配置上更为简洁。秉持着系统管理员简单至上的 Linux 哲学，本章我们将从 uw-imap 入手，尽管它需要使用 Fedora 33 的 RPM 包。

其余两款 IMAP 服务器，Dovecot 和 Cyrus IMAP，彼此之间存在着明显的区别。Cyrus 不仅提供了 IMAP 支持，还集成了日历和联系人管理功能，并且在用户账户处理方式上相较传统的 uw-imap 有所创新。相比之下，Dovecot 专注服务于 IMAP 功能，其功能策略与 uw-imap 更加接近，但是其内部结构和配置相对复杂。

笔者花了许多的时间来研究才得以成功安装和配置 Dovecot IMAP 服务器。幸运的是，Peter Boy 将他编写的 Dovecot 的详细安装步骤从德语翻译为英语。在他的帮助下笔者顺利完成了 Dovecot 的安装配置工作。因此在本章中，笔者还会一同附上相关的安装说明。这样一来，一旦当前使用的 uw-imap 解决方案出现问题失效时，你就可以无缝切换到 Dovecot。

> **提示** 在本书中，笔者设置了安装两个不同 IMAP 服务器的实验项目。鉴于安装时可能出现的情况，即使是运用了实验 8-3 中提及的临时解决方案，uw-imap 也可能无法持续稳定工作。一旦实验 8-3 无法顺利完成，建议移除现有的 uw-imap 软件包，进而进行实验 8-4，安装 Dovecot IMAP 服务器。

8.6.1 安装 UW IMAP

在实验 8-3 中，我们将着手安装 uw-imap 服务器及相关 IMAP 工具。此外为了在接收到 IMAP 连接请求时能够启动 IMAP 服务器，我们还将部署 xinetd 守护进程。

实验 8-3：在服务器端安装 IMAP

如前所述，uw-imap 已不在 Fedora 37、38 及后续版本的存储库中提供，因此我们只能从 Fedora 33 的归档存储库中下载最新的 uw-imap。我们的目标是获取 IMAP 及其相关工具 RPM 包。

笔者花了数分钟时间研究 uw-imap 软件包的依赖项，并确定合适的安装顺序。当然，笔者不会让你重复这样的操作，但这让笔者回忆起以往安装几乎所有新软件时，都需要艰难地梳理和解决依赖项的那段时光。

首先，请在 StudentVM2 虚拟机上将当前工作目录切换至 /root 目录。接下来，利用

wget 命令下载所需的 uw-imap 软件包以及其他需要的软件包：

```
[root@studentvm2 ~]# wget https://mirror.math.princeton.edu/pub/fedora-archive/fedora/linux/releases/33/Everything/x86_64/os/Packages/u/uw-imap-utils-2007f-26.fc33.x86_64.rpm
[root@studentvm2 ~]# wget https://mirror.math.princeton.edu/pub/fedora-archive/fedora/linux/releases/33/Everything/x86_64/os/Packages/u/uw-imap-2007f-26.fc33.x86_64.rpm
[root@studentvm2 ~]# wget https://mirror.math.princeton.edu/pub/fedora-archive/fedora/linux/releases/33/Everything/x86_64/os/Packages/x/xinetd-2.3.15-34.fc33.x86_64.rpm
[root@studentvm2 ~]# wget https://mirror.math.princeton.edu/pub/fedora-archive/fedora/linux/releases/33/Everything/x86_64/os/Packages/l/libc-client-2007f-26.fc33.x86_64.rpm
```

请确保按照正确的依赖顺序安装这些 RPM 包。如果安装顺序出错，将会因缺少必要依赖项而导致出现错误信息。经过笔者的实验发现，我们可以先将以下两个依赖项一并安装：

```
[root@studentvm2 ~]# dnf -y install ./xinetd-2.3.15-34.fc33.x86_64.rpm ./libc-client-2007f-26.fc33.x86_64.rpm
```

完成以上安装后，现在可通过一条命令一次性安装 uw-imap 软件包：

```
[root@studentvm2 ~]# dnf -y install ./uw-imap-*
```

> **警告** 如果上述两条命令中的任意一条执行失败，请勿继续本实验。删除已安装的所有软件包，然后转到实验 8-4 安装 Dovecot IMAP。

接下来的配置部分并不多，主要包括启用 IMAP 服务，并启动 xinetd 守护进程。打开 /etc/xinetd.d/imap 文件，将其中的 "disable = yes" 改为 "disable = no"，以启用 IMAP 服务。随后执行以下命令启动 xinetd 服务，并设置它在重启时自动启动：

```
[root@studentvm2 ~]# systemctl enable --now xinetd.service
```

请执行以下两个命令确认 IMAP 服务已成功配置并且正在运行中：

```
[root@studentvm2 xinetd.d]# systemctl status xinetd
```

若你已成功无误地完成了本实验，则无须阅读 8.6.2 节及其对应的实验 8-4，可直接跳转到 8.6.3 节及实验 8-5 进行学习与测试。

8.6.2 安装 Dovecot IMAP

假如你在实验 8-3 的操作过程中一切顺利，且正确安装了 UW IMAP，那么你可以直接跳过这段内容，进入 8.6.3 节。若非如此，接下来你将在此小节安装 Dovecot IMAP。

相较于 UW IMAP，Dovecot IMAP 的配置更为烦琐，至少需要修改十个文件。其中一个原因是 Dovecot 并未集成 Linux 系统密码文件，而是使用独立的密码文件。这意味着 IMAP 用户在邮件服务器上没有 Linux 账户，这样的设计为主机提供了优于 UW IMAP 的安全性。

截至目前，安装 Dovecot 并使其与 Sendmail 整合依旧充满挑战且暂未成功。笔者将持续探索这一课题，找到稳定可行的解决方案后，会在笔者的个人网站上公布详尽的操作指南。

实验 8-4：安装 Dovecot IMAP

请参阅以下笔者的个人网站获取安装 Dovecot IMAP 并与 Sendmail 整合的详细信息：

www.both.org

一旦笔者找到了可靠的安装方法，会在网站上发布详细的步骤说明。

8.6.3　测试 IMAP

不论你安装了哪种 IMAP 服务器，测试流程基本保持一致。我们使用 Telnet 客户端来进行初始测试，它能更简洁明了地显示错误，并且便于我们直接查看具体的错误信息。

通过这种方式，你还能深刻理解 IMAP 的工作机制。由于 IMAP 采用易于理解的 ASCII 文本格式，我们能方便地向 IMAP 服务器发送指令，并直观地看到正面或负面的反馈结果。这展现了不论是谁利用基础工具即可接入的便捷性，是标准的开放协议的典范。

实验 8-5：测试 IMAP 服务器

让我们快速地进行一次测试。笔者是在 StudentVM1 虚拟机上完成的，不过你在 StudentVM1 虚拟机或 StudentVM2 虚拟机上操作均可。请在登录指令的最前面添加"a01"，这是一个序列标识符，不使用它会导致错误发生。笔者通常使用 a01,a02,…，当然，你也可以采用 a，b，c，…或纯数字序列，只要保证序列值递增即可：

```
[student@studentvm1 ~]$ telnet studentvm2 143
Trying 192.168.56.11...
Connected to studentvm2.
Escape character is '^]'.
* OK [CAPABILITY IMAP4REV1 I18NLEVEL=1 LITERAL+ SASL-IR LOGIN-REFERRALS
STARTTLS] studentvm2.example.com IMAP4rev1 2007f.404 at Wed, 28 Jun 2023
11:15:18 -0400 (EDT)
```

a01 login student <password>
a01 OK [CAPABILITY IMAP4REV1 I18NLEVEL=1 LITERAL+ IDLE UIDPLUS NAMESPACE
CHILDREN MAILBOX-REFERRALS BINARY UNSELECT ESEARCH WITHIN SCAN SORT
THREAD=REFERENCES THREAD=ORDEREDSUBJECT MULTIAPPEND] User student
authenticated

现在执行以下命令，告诉 IMAP 服务器你的目的：

a02 select inbox
* 11 EXISTS
* 2 RECENT
* OK [UIDVALIDITY 1687965682] UID validity status
* OK [UIDNEXT 12] Predicted next UID
* FLAGS (\Answered \Flagged \Deleted \Draft \Seen)
* OK [PERMANENTFLAGS (* \Answered \Flagged \Deleted \Draft \Seen)]
Permanent flags
* OK [UNSEEN 2] first unseen message in /var/spool/mail/student
a02 OK [READ-WRITE] SELECT completed

当前显示有 11 条消息，其中 2 条为新到达。接下来，我们查看第 11 条消息的头部详情。请注意，你的邮件队列中的消息数量可能与此不同，而且挑选哪条消息进行查看并无特定要求，你可随意选取队列中任意消息的编号进行操作：

a03 fetch 11 body[header]
* 11 FETCH (BODY[HEADER] {1086}
Return-Path: <root@studentvm1.example.com>
Received: from studentvm1.example.com ([192.168.56.56])
        by studentvm2.example.com (8.17.1/8.17.1) with ESMTPS id
        35S7AB6k003362
        (version=TLSv1.3 cipher=TLS_AES_256_GCM_SHA384 bits=256 verify=NOT)
        for <student@example.com>; Wed, 28 Jun 2023 03:10:11 -0400
Received: from studentvm1.example.com (localhost [127.0.0.1])
        by studentvm1.example.com (8.17.1/8.17.1) with ESMTPS id
        35S7AADZ003701
        (version=TLSv1.3 cipher=TLS_AES_256_GCM_SHA384 bits=256 verify=NOT)
        for <root@studentvm1.example.com>; Wed, 28 Jun 2023 03:10:10 -0400
Received: (from root@localhost)
        by studentvm1.example.com (8.17.1/8.17.1/Submit) id 35S7A7d8003454;
        Wed, 28 Jun 2023 03:10:07 -0400
Date: Wed, 28 Jun 2023 03:10:07 -0400
Message-Id: <202306280710.35S7A7d8003454@studentvm1.example.com>
To: root@studentvm1.example.com
From: logwatch@example.com
Subject: Logwatch for studentvm1.example.com (Linux)
Auto-Submitted: auto-generated
Precedence: bulk
MIME-Version: 1.0

```
Content-Transfer-Encoding: 8bit
Content-Type: text/plain; charset="UTF-8"
)
* 11 FETCH (FLAGS (\Recent \Seen))
a03 OK FETCH completed
```

最后执行以下命令退出：

a04 logout
```
* BYE studentvm2.example.com IMAP4rev1 server terminating connection
a04 OK LOGOUT completed
Connection closed by foreign host.
[root@studentvm1 ~]#
```

上述测试表明 uw-imap 的核心功能运转正常，不过目前我们还未涉及身份验证及数据加密。

在以上测试环节中，我们使用 Telnet 与 IMAP 服务器建立连接。这一做法可行是因为像 SMTP、IMAP 这样的互联网标准协议均采用了 ASCII 格式的纯文本指令与响应机制。这使得我们能够轻松模拟来自客户端的连接。

考虑到 SMTP 也基于 ASCII 纯文本形式，理论上我们完全能够采用相同方法来实现邮件的发送。不过在现实环境中，我们通常选择 mailx，因为它更适合纯文本环境。

8.7 邮件客户端

到目前为止，我们借助 Telnet 和 mailx 进行了电子邮件测试，但查看电子邮件的操作仅限于在邮件服务器 StudentVM2 上通过 mailx 完成。尽管 mailx 客户端支持从远程服务器通过 IMAP 访问，但它操作起来并不如其他客户端那样简便。因此，采用一个界面更友好、配置更容易的邮件客户端显得尤为必要。

在众多可用的邮件客户端中既包括了文本模式的类型，也有专为图形桌面设计的类型，比如广受欢迎的开源客户端 Thunderbird，以及卓越的文本模式客户端 Alpine。虽然笔者对 Thunderbird 抱有好感，但相比之下，笔者更钟情于 Alpine，并倾向于将其设为笔者的默认客户端。Alpine 之所以深得人心，主要是因为它能高效地辅助我们测试邮件服务器。因此，让我们首先详细了解一下 Alpine 的功能与应用。

8.7.1 Alpine

Alpine 作为一个文本模式的邮件客户端，相比 mailx 在用户界面上实现了升级。它不仅响应迅速，还集成了笔者所需要及期待的一切功能。至今为止，Alpine 已持续多年成为笔者的主要邮件处理工具。

坦白地讲，Thunderbird 在下载几乎所有邮件附带的图像时相对较慢的速度让笔者颇为厌倦。不少邮件发送者会添加图片或背景图案来美化邮件，即使网络连接速度很快，这也要消耗接收者的时间。此外，笔者也并没有兴趣查看那些垃圾邮件携带到我们设备上的诸多图片。

20 多年前笔者就首次发现了 Pine——Alpine 的前身，而大约 5 年前笔者又通过 Alpine 重新找回了当初的体验。毫无疑问当你需要浏览链接或查看图片时，Alpine 不会让你失望。但最令人满意的部分在于它赋予了我们对自己所见内容的高度控制权。

笔者并非认为 Thunderbird 是一个糟糕的邮件客户端，只是它通常不太符合笔者的需求。追溯至 2017 年，当笔者为 Opensource.com 撰写一篇关于 Alpine 的文章[一]时，回归传统邮件客户端的愿望便已悄然出现。当时，笔者利用 Alpine 来绕过从家庭电子邮件系统之外的 ISP 网络发送电子邮件时遇到了问题，那篇文章详细介绍了笔者的解决方案。

最近，笔者决定完全依赖 Alpine 来管理电子邮件。对笔者而言，它的魅力在于减少了对鼠标的依赖，让操作可以流畅地围绕键盘展开，从而实现了效率与便捷性的提升。同时，这也是一种对系统管理员身份的小小自我挑战，让笔者有机会时不时地跳出常规，尝试新事物，并在这个过程中享受高质量文本界面带来的独特体验。

当然，此处之所以深入介绍与学习 Alpine，关键在于它是笔者已知的在学习与测试电子邮件领域都有杰出表现的全能工具。

1. 安装

在 Fedora 系统下安装 Alpine 十分便捷，因为它可以从 Fedora 存储库中直接获取。

实验 8-6：安装 Alpine

请在 StudentVM1 虚拟机上以 root 用户身份执行以下命令，安装 Alpine：

```
[root@studentvm1 ~]# dnf -y install alpine
```

该命令会安装 Alpine 及其所有还未安装的依赖项，主要包括 sendmail、hunspell、openldap、openssl、krb5-libs、ncurses 等。就笔者而言，仅安装了 Alpine 本身。

---

2. 探索 Alpine

在深入配置 Alpine 之前，我们先用几分钟时间熟悉一下它所提供的文本界面操作环境。

[一] David Both, " Using the Alpine Linux email client to access messages from any network"，https://opensource.com/article/17/10/alpine-email-client。

实验 8-7：探索 Alpine

请先开启一个终端会话，键入命令 alpine 并按 <Enter> 键以启动 Alpine。

初次启用时，系统会告知你 Alpine 正在本地主机构建用户目录结构，紧接着展示欢迎信息。如果你按 <Enter> 键，你会看到 Alpine 采用的 Apache 授权许可证副本。了解授权许可内容无疑是有益的，它关乎你的权益，不过当务之急是完成 Alpine 的配置，确保我们能够顺畅地收到电子邮件。

> **提示** 首次运行 Alpine 程序时，并不需要你立即登录。待配置步骤完毕，Alpine 会引导你使用 StudentVM2 上的电子邮件账户的用户名及密码来进行登录操作。

现在，键入小写字母 e 跳过欢迎信息。接着你将看到 Alpine 的主菜单，如图 8-1 所示。

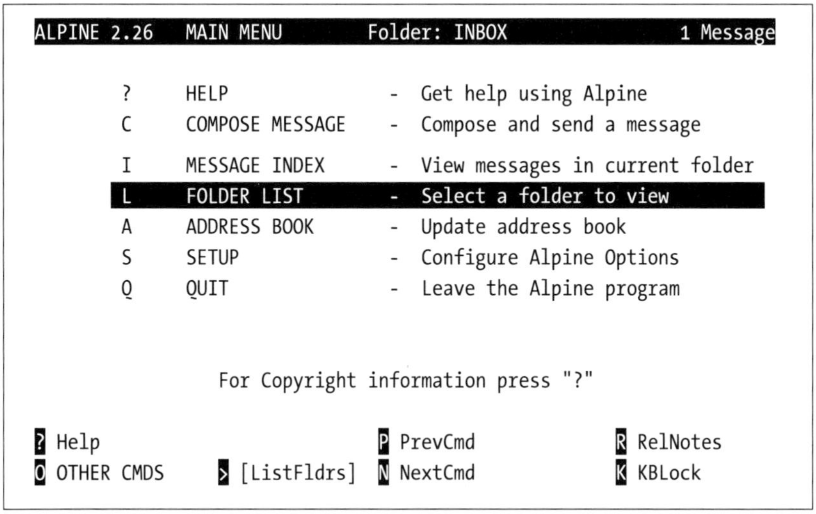

```
ALPINE 2.26    MAIN MENU       Folder: INBOX                    1 Message

         ?    HELP              -  Get help using Alpine
         C    COMPOSE MESSAGE   -  Compose and send a message
         I    MESSAGE INDEX     -  View messages in current folder
         L    FOLDER LIST       -  Select a folder to view
         A    ADDRESS BOOK      -  Update address book
         S    SETUP             -  Configure Alpine Options
         Q    QUIT              -  Leave the Alpine program


                    For Copyright information press "?"

  ? Help                      P PrevCmd                R RelNotes
  O OTHER CMDS    > [ListFldrs]    N NextCmd           K KBLock
```

图 8-1　Alpine 主菜单，笔者已经删除了其中的数行空白

请注意，Alpine 在初次运行时会在本地主机创建一个 ~/mail 目录。当你配置 IMAP 服务器时，通常会在 IMAP 服务器的主目录下自动生成 ~/mail、~/mail/sent-mail 及 ~/mail/saved-messages 三个默认文件夹。尽管这些默认设置可以修改，但笔者不建议这样做。使用 IMAP 时，除非手动复制，电子邮件不会存储在本地。所有电子邮件都保存在 SMTP 服务器的收件箱内，直至被移至 IMAP 服务器上的某个指定文件夹中。此外，SMTP 服务器与 IMAP 服务器并不一定是同一主机。

Alpine 自动在本地建立 ~/mail 文件夹，是因为它被设计为在邮件服务器上充当邮件客户端。通常用户需通过 SSH 登录邮件服务器，并在那里启动 Alpine。对于你与 Alpine

的所有交互，SSH 通道全程加密，保障了从本地主机到远程主机的所有操作的安全。不过，这并不涉及电子邮件在不同邮件服务器间传输时的加密问题，那将由其他协议（如 SMTP）负责。

在 SMTP 服务器上，Alpine 默认收件箱路径为 /var/spool/mail/<user_id>。接下来，我们将对 IMAP 服务器及 SMTP 服务器进行配置，你会在 IMAP 服务器上注册账户信息并设定首个登录密码。

Alpine 采用文本模式加菜单导向型的用户界面（Text-mode User Interface，TUI），这样的界面设计也常被称为封闭式用户界面（Captive User Interface，CUI），不提供可在脚本中使用的命令行接口。用户需要离开 Alpine 界面，才能在同一终端会话中执行其他操作。不过，鉴于我们随时可以通过多种途径启动新的终端会话，这一特性实际上对我们日常工作影响甚微。

相比之下，我们熟悉的 mailx 程序是一个既可以配合 TUI 使用，也能直接在命令行或脚本中运用的电子邮件程序。

在图 8-1 中，你会发现中央主菜单的所有选项及 Alpine 界面底部的菜单栏选项均提示输入大写字母。但实际上，无论你输入命令时使用大写还是小写字母，Alpine 都能够识别并做出相应反应。界面中使用大写旨在增强视觉效果和辨认度，而在实际操作时，使用小写字母输入命令进行菜单选择更为方便。为了与 Alpine 用户界面保持一致，在以下实验说明中，笔者将使用加粗的大写字母表示菜单选项。

此外，你可利用 <↑>/<↓> 键移动光标，选取主菜单内的其他选项，随后按 <Enter> 键确认。至于 Alpine 界面底部边缘的菜单项，笔者称其为"辅助菜单"，这些项目需通过指定的字母来触发，无法直接通过 <↑>/<↓> 键选择。辅助菜单分为两套，你可以按 <O（字母）> 键切换至第二套，再次按 <O> 键回到第一套。请注意，这一操作仅影响辅助菜单的显示内容，不影响主菜单。

当命令列表超出屏幕范围时，可按 <Page Down>/<Page Up> 键来浏览剩余命令。辅助菜单一般会罗列出当前菜单下可执行的所有命令选项。

如果你不小心进入某一选项，比如创建新邮件、回复邮件或更改设置，并且不想继续此操作，可以按 <Ctrl+C> 来取消当前任务。大多数情况下，系统会要求你再次按下 <C> 键来确认操作。请注意，辅助菜单中的 ^C 表示 <Ctrl+C>。有许多命令使用 <Ctrl> 键，所以你会经常在某些菜单中看到 ^。

最后，你可按 <Q> 键退出 Alpine。当系统询问确实要退出 Alpine 时，按 <Y> 键以退出程序。但请注意，与许多命令一样，<Q> 键并非在所有菜单中都可以使用。

（1）帮助信息

不论是哪个菜单，你都能获取到帮助信息。Alpine 针对每个菜单项都备有详尽的帮助信息。

具体操作方法是：选中你想要了解的菜单项，按 <?> 键，即可得到与之相关的帮助信息。

（2）配置

在邮件服务器主机上配置 Alpine 会相对简单，而在远程计算机上配置则需求较多。当笔者定期使用 Alpine 时，一开始仅对配置进行了最低限度的修改以确保能收发邮件。随着对 Alpine 使用的日益熟练，笔者发现通过调整其他一些配置项可以使操作更加简便，或更适合我们的个人的喜好。此处我们将从 Alpine 运行所需的基本配置开始讲起，再深入探讨那些能让其运行得更好的配置。

若你已经进行了一番自主探索，这是非常积极的做法。现在请返回主菜单，并按 <S> 键从 Alpine 主菜单转至设置菜单。设置菜单如图 8-2 所示。

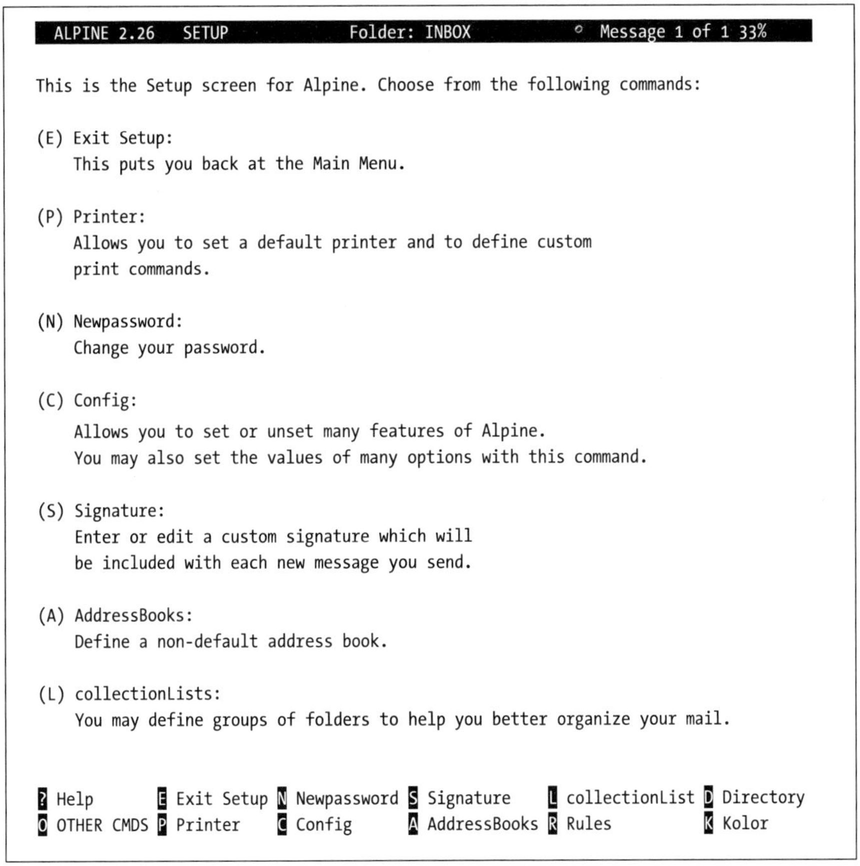

```
 ALPINE 2.26    SETUP           Folder: INBOX        Message 1 of 1 33%

This is the Setup screen for Alpine. Choose from the following commands:

(E) Exit Setup:
    This puts you back at the Main Menu.

(P) Printer:
    Allows you to set a default printer and to define custom
    print commands.

(N) Newpassword:
    Change your password.

(C) Config:
    Allows you to set or unset many features of Alpine.
    You may also set the values of many options with this command.

(S) Signature:
    Enter or edit a custom signature which will
    be included with each new message you send.

(A) AddressBooks:
    Define a non-default address book.

(L) collectionLists:
    You may define groups of folders to help you better organize your mail.


? Help          E Exit Setup  N Newpassword  S Signature      L collectionList  D Directory
O OTHER CMDS    P Printer     C Config       A AddressBooks   R Rules           K Kolor
```

图 8-2　设置菜单。如果屏幕无法完全展示所有选项，请利用 <Page Down>/<Page Up> 键来滚动查看

设置菜单将大量设置项归类到相关类别中，帮助用户更便捷地寻找所需设置，提升效率。

（3）基本配置

设置菜单下的配置板块涵盖了多达 15 页（在笔者较大的显示屏上）的选项及特性配置项，旨在帮助你配置 SMTP 与 IMAP 连接至邮件服务器，并调整 Alpine 的多种工作模

式。初见之下你或许会觉得信息量庞大，但实际上，要使 Alpine 正常收发邮件（其核心功能）所需的关键设置都集中在首页，当然在小屏幕终端上可能会扩展到第 2 页。我们现在就从确保电子邮件功能顺畅运行的基本配置讲起。

这里笔者以 example.com 作为演示域名，这是笔者个人用于测试及实验的虚拟网址。Alpine 的配置数据保存在一个名为 ~/.pinerc 的文件里，这一文件会在你初次启动 Alpine 应用程序时自动创建。配置菜单的首页如图 8-3 所示。

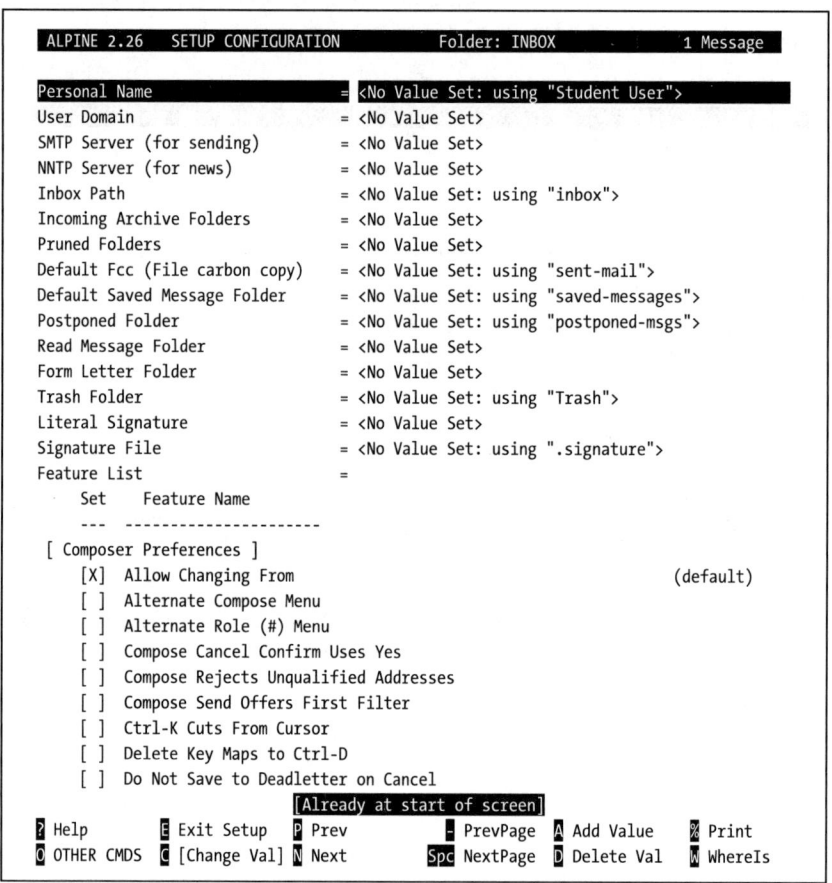

图 8-3　在配置菜单的首页，集中了配置 Alpine 实现电子邮件收发功能所必需的几个关键设置

图 8-3 展示了笔者的配置菜单首页，你可以在此处设定与邮件服务器通信所需的参数。要更改设置，只需利用方向键使高亮的选择框移至目标配置项，随后按 <Enter> 键即可。从图 8-3 中可以看到，所有基本配置项均未设置值。

Personal Name（个人姓名）配置项会自动从 UNIX 系统的 /etc/passwd 条目中当前登录用户的 GECOS 字段提取默认显示名。该名称仅用于在 Alpine 界面上展示，与电子邮件的实际收发无关，可以理解为一种"昵称"。该实验中我们不对它做任何调整。

某些配置项是必填的。首先是 User Domain（用户域名），即当前计算机所属的域名。笔者在实验中的用户域名为专门用于测试及本书示例的虚拟机。我们可以通过执行 hostnamectl 命令获取全限定域名以及主机名，如图 8-4 所示，域名是 example.com。

```
[student@testvm1 ~]$ hostnamectl
   Static hostname: testvm1.example.com
         Icon name: computer-vm
           Chassis: vm
        Machine ID: 616ed83d97594a53814c35bc6c078d43
           Boot ID: fd721c46a9c44c9ab8ea392cef77b661
    Virtualization: oracle
  Operating System: Fedora 33 (Xfce)
       CPE OS Name: cpe:/o:fedoraproject:fedora:33
            Kernel: Linux 5.10.23-200.fc33.x86_64
      Architecture: x86-64
[student@testvm1 ~]$
```

图 8-4　获取主机名及域名

现在我们已知悉全限定域名，可以着手在 Alpine 配置中设置用户域名。请先选中 User Domain 项并按 <Enter> 键，这时屏幕下方会出现一个输入栏，如图 8-5 所示。在该处输入域名信息，随后再次按 <Enter> 键完成设置。

```
 ALPINE 2.24    SETUP CONFIGURATION      Folder: INBOX        1 Message

Personal Name                 = <No Value Set: using "Student User">
User Domain                   = <No Value Set>
SMTP Server (for sending)     = <No Value Set>
NNTP Server (for news)        = <No Value Set>
Inbox Path                    = <No Value Set: using "inbox">
Incoming Archive Folders      = <No Value Set>
Pruned Folders                = <No Value Set>
Default Fcc (File carbon copy) = <No Value Set: using "sent-mail">
Default Saved Message Folder  = <No Value Set: using "saved-messages">
Postponed Folder              = <No Value Set: using "postponed-msgs">
Read Message Folder           = <No Value Set>
Form Letter Folder            = <No Value Set>
Trash Folder                  = <No Value Set: using "Trash">
Literal Signature             = <No Value Set>
Signature File                = <No Value Set: using ".signature">
Feature List                  =
    Set    Feature Name
    ---    ---------------------
[ Composer Preferences ]
    [X]  Allow Changing From                                  (default)
```

图 8-5　在文本输入字段输入域名，然后按 <Enter> 键

```
         [ ]   Alternate Compose Menu
         [ ]       Alternate Role (#) Menu
         [ ]   Compose Cancel Confirm Uses Yes
         [ ]   Compose Rejects Unqualified Addresses
         [ ]   Compose Send Offers First Filter
         [ ]   Ctrl-K Cuts From Cursor
         [ ]   Delete Key Maps to Ctrl-D
         [ ]   Do Not Save to Deadletter on Cancel


  Enter the text to be added : example.com:25


  ? Help          E Exit Setup    P Prev        - PrevPage   A Add Value   % Print
  O OTHER CMDS    C [Change Val]  N Next       Spc NextPage  D Delete Val  W WhereIs
```

图 8-5（续）

基本配置项如表 8-1 所示，表中详细列举了推荐的设置值及每项的说明。这些配置主要针对电子邮件的收发基础需求。值得注意的是，有几项配置已在说明中特别标注为建议保持默认值。

表 8-1　笔者使用 Alpine 时所调整的基本配置项

配置项	值	说明
Personal Name（个人姓名）	你的用户名	这是你在 Alpine 邮件客户端中"From"和"Return"字段后所使用的昵称
User Domain（用户域名）	example.com	你的 SMTP 服务器所使用的电子邮件域名，注意其可能与用户域名不同。此项中可能会需要填写用于 SMTP 身份验证的用户名，我们目前尚未使用该功能，但将来会启用。现在只需输入"值"列中的示例即可
SMTP server（SMTP 服务器）	mail:25	SMTP 邮件服务器的名称及端口号。与 User Domain 结合共同构成邮件服务器的全限定域名
Inbox Path（收件箱路径）	{mail}Inbox	当在此字段上按下 <Enter> 键时，系统会提示你输入服务器名称，随后是收件箱名称。IMAP 服务器名用 {} 括起来，外面是收件箱名。注意，该路径与服务器上的收件箱的常见路径 /var/spool/mail/user-name 不同
Default Fcc（默认的文件副本）	{mail}mail/sent	存储已发送邮件的邮箱（文件夹）。服务器上默认的邮件目录通常是 ~/mail，然而，请在此项及后两项中明确指定"mail/"，否则文件夹将会被置于主目录下
Default Saved Message Folder（默认保存邮件的文件夹）	{mail}mail/saved-message	默认保存邮件的文件夹（若在保存时未使用 ^t 指定其他文件夹）
Postponed Folder（推迟文件夹）	{mail}mail/	
Trash Folder（垃圾文件夹）	{mail}mail/Trash	垃圾邮件文件夹

（续）

配置项	值	说明
Literal Signature（签名内容）	Student User	签名内容。按 \<Enter\> 键以打开一个简易编辑器，在其中输入"值"列所示的字符串，并按 \<Ctrl+x\> 后按 \<S\> 键保存签名。此编辑器支持多行签名的输入

图 8-6 所示为 Alpine 能够利用当前服务器配置发送和接收电子邮件的所有必要设置。重要设置选项已用粗体突出显示，其余的配置项关乎个人偏好，以及新闻订阅、聊天和其他非电子邮件通信的设置。

```
Personal Name                    = <No Value Set: using "Student User">
User Domain                      = example.com
SMTP Server (for sending)        = mail:25
NNTP Server (for news)           = <No Value Set>
Inbox Path                       = {mail}inbox
Incoming Archive Folders         = <No Value Set>
Pruned Folders                   = <No Value Set>
Default Fcc (File carbon copy)   = {mail}mail/Sent
Default Saved Message Folder     = {mail}/saved-messages
Postponed Folder                 = {mail}/postponed-msgs
Read Message Folder              = <No Value Set>
Form Letter Folder               = <No Value Set>
Trash Folder                     = {mail}mail/Trash
Literal Signature                = Student User\n
Signature File                   = <Ignored: using Literal-Signature instead>
Feature List                     =
```

图 8-6　Alpine 实现电子邮件收发功能所必需的基本配置项参数

完成这些更改后按 \<E\> 键，接着按 \<S\> 键进行保存，最后再次按 \<E\> 键彻底退出设置。此时，Alpine 会提示输入用户名和密码。屏幕上会预先显示用户名，你仅需按 \<Enter\> 键进入密码输入环节即可。

现在我们来测试 Alpine。选择 Folder List（文件夹列表），你会看到在配置中设置的四个文件夹。其中，INBOX（收件箱）被高亮显示，直接按 \<Enter\> 键继续。随后，Alpine 会展示收件箱中的邮件列表。笔者的 StudentVM1 收件箱如图 8-7 所示。

这一结果表明 IMAP 服务器运行正常，并且我们已经正确配置了 Alpine 以接收电子邮件。这一配置过程十分便捷。

接下来，我们发送电子邮件来进行测试。按 \<C\> 键启动撰写功能，随即出现一个需要填写的简单表单，其中如"Cc:"（抄送）和"Attchmnt:"（附件）等为并非必填项，而"To:"（收件人）一栏是必填项。请试着从 student 邮箱给自身以及其他外部邮箱地址各发送一封邮件。若需填写多个地址，请用逗号分隔。作为参考，正式发送前笔者的邮件草稿内容如下：

```
From    : Student User <student@example.com>
To      : student@example.com,
          linuxgeek46@both.org
Cc      :
Attchmnt:
Subject : Test Email from Alpine
----- Message Text -----
Hello World.

Student User
```

```
 ALPINE 2.26   MESSAGE INDEX           Folder: INBOX            Message 26 of 27 NEW

   +    1 Jun 22     Student User              (851) Test mail 1 from StudentVM2
        2 Jun 22     Mail Delivery Subsystem   (3K) Returned mail: see transcript for details
        3 Jun 22     Mail Delivery Subsystem   (3K) Returned mail: see transcript for details
        4 Jun 22     Student User              (884) Test mail 2 from StudentVM2
   +    5 Jun 22     To: student@example.com   (1K) Test email 1
   N    6 Jun 22     To: ftp@studentvm1.exam   (1K) Test email for aliases
   +    7 Jun 22     To: student@example.com   (854) Testing mailx
        8 Jun 23     logwatch@example.com      (16M) Logwatch for studentvm1.example.com (Linux)
   N    9 Jun 24     logwatch@example.com      (4K) Logwatch for studentvm1.example.com (Linux)
   N   10 Jun 25     logwatch@example.com      (5K) Logwatch for studentvm1.example.com (Linux)
       11 Jun 28     logwatch@example.com      (5K) Logwatch for studentvm1.example.com (Linux)
       12 Jun 29     logwatch@example.com      (3K) Logwatch for studentvm1.example.com (Linux)
   .   13 Monday     To: student@example.com   (1K) Test from StudentVM1
   .   14 Monday     To: student@example.com   (1K) Test from StudentVM1
   .   15 Monday     To: student@example.com   (2K) ####NOT SPAM#### (-1) Test 9 from StudentVM1
   + N 16 Monday     Super User                (3K) ####SPAM#### (999) Test spam
   N   17 Tuesday    logwatch@example.com      (6K) ####NOT SPAM#### (-1) Logwatch for studentvm1.
   N   18 Yesterday  logwatch@example.com      (4K) ####NOT SPAM#### (-1) Logwatch for studentvm1.
   . N 19 Yesterday  To: student@example.com   (2K) ####NOT SPAM#### (-1) Test email 20230705
   N   20 3:33       logwatch@example.com      (5K) ####NOT SPAM#### (-1) Logwatch for studentvm1.
   .   21 7:59       root                      (2K) ####NOT SPAM#### (-1) Test email
       22 9:43       root                      (2K) ####NOT SPAM#### (-1) Test email
       23 10:23      root                      (2K) ####NOT SPAM#### (-1) Test 20230706
   . N 24 11:39      To: student@example.com   (2K) ####NOT SPAM#### (-1) Test from StudentVM1
   + N 25 11:45      To: student@example.com   (2K) ####NOT SPAM#### (1.344) ^X
   . N 26 11:46      To: student@example.com   (2K) ####NOT SPAM#### (-1) Test from StudentVM1
   .   27 11:48      To: student@example.com   (2K) ####NOT SPAM#### (-1) Test email 20230706

 ? Help          K FldrList       P PrevMsg       - PrevPage      D Delete        R Reply
 O OTHER CMDS    > [ViewMsg]      N NextMsg       Spc NextPage    U Undelete      F Forward
```

图 8-7　Alpine 的收件箱列出了至今我们为进行测试所发送的所有电子邮件

接下来，按 <Ctrl+X> 键发送电子邮件。Alpine 会请求确认，此时按 <Y> 键确认发送。最后请检查电子邮件是否成功送达。

（4）用户首选项配置

此配置不涉及电子邮件的收发功能，而是侧重于让 Alpine 的操作方式符合普通用户的期望。

用户首选项配置如表 8-2 所示，表中罗列了笔者为使 Alpine 更贴合个人喜好所调整的各项配置，其中多数可通过标记 X 开启，或留空关闭，这些设置在配置页面中按相关类别进行了字母顺序排列。除非另有说明，笔者已开启所有提及的功能项。在 Alpine 界面中，默认激活的配置项旁边标有"default"字样，鉴于这些功能已默认开启，本表中不再赘述。

尽管无须对这些设置进行修改，但笔者建议你仔细查看这些设置，了解一下有哪些可定制之处。若有任何设置引起你的兴趣，大可放心进行调整。

表 8-2 用户首选项配置

配置项	说明
Alternate Role(#)Menu （备用身份 菜单）	允许在同一个客户端及服务器上使用多个身份和电子邮件地址。请在服务器端进行此配置，以便允许多个电子邮件地址能投递至你的主邮箱账户
Compose Rejects Unqualified Addresses （拒绝非限定地址）	Alpine 仅接受全限定地址，即地址必须采用"用户名@域名.com"这样的格式
Enable Sigdashes （启用破折号）	激活该设置后，Alpine 会在签名上方自动插入一行破折号（--），以此标记签名的起始位置
Prevent User Lookup in Password File （禁止用户检索密码文件）	启用该设置可禁止系统自动从 passwd 文件的 GECOS 字段检索完整的用户名信息
Spell Check Before Sending （发送前检查拼写）	尽管在撰写邮件的过程中你可以随时手动启用拼写检查，但该设置会在你按 <Ctrl+X> 键发送邮件时，自动实施一次拼写检查，作为额外的保障
Include Header in Reply （回复中含头部信息）	在回复邮件时，包含邮件的头部信息
Include Text in Reply Signature at Bottom （回复中含正文，签名在底部）	在回复中包含原始邮件的正文。许多人倾向于将签名置于邮件的最底部，而非默认的回复内容末尾、原始邮件之前
Preserve Original Fields （保留原始字段）	启用该设置后，当你回复邮件时会保留原始邮件收件人栏和抄送栏中的地址不变。若不启用，那么回复时原始发信人会被移至收件人栏，其余收件人会被归入抄送栏，同时你的邮箱地址会自动填入发件人栏
Enable Background Sending （启用后台发送）	启用该设置后，可在后台发送邮件，从而加速 Alpine 用户界面的响应速度
Enable Verbose SMTP Posting （启用 SMTP 详细日志）	启用该设置后，SMTP 与服务器在交互过程中会产生更详细的日志信息，有助于系统管理员进行故障排查和分析
Warn if Blank Subject （警告空主题）	该设置会阻止用户在未填写邮件主题的情况下发送邮件
Combined Folder Display （整合文件夹显示）	启用该设置后，所有邮件文件夹会整合到同一主界面下展示，若不启用各个文件夹会分散在不同的视图中
Combined Subdirectory Display （整合子目录显示）	该设置会将所有子目录整合到同一主界面下展示，避免了子目录分散在不同的视图中。尤其你在搜索需要附加或保存的文件的子目录时非常有用
Enable Incoming Folders Collection （启用传入文件夹集合）	启用该设置后，所有接收邮件的文件夹（包括收件箱）都会集中显示在一个集合里。结合类似 procmail 这样的工具，你能事先设定规则，自动将邮件分配到除收件箱之外的不同文件夹中，从而便于你直观地知晓每封新邮件的归类情况

（续）

配置项	说明
Enable Incoming Folders Checking （启用传入文件夹检查）	启用该设置后，Alpine 会定期检查"传入文件夹"集合里是否有新到达的邮件
Incoming Checking Includes Total （传入的邮件总数）	该设置会在"传入文件夹"旁显示新旧邮件的数量
Expanded View of Folders （文件夹扩展视图）	在你查看"文件夹列表"时，会显示每个集合下包含的所有文件夹。如果不启用，系统仅显示集合而不展开文件夹
Separate Folder and Directory Entries （分离文件夹和目录条目）	当邮件目录中同时存在名称相同的邮件文件夹与普通目录时，启用该设置可让 Alpine 将这些重名条目分别展示，以免混淆
Use Vertical Folder List （使用垂直文件夹列表）	该设置会让邮件文件夹先按垂直方向排序，然后再按水平方向排序。默认是先水平后垂直排序
Convert Dates To Localtime （将日期转换为本地时间）	默认情况下，所有日期和时间均以其原始时区显示。该设置会将日期转换为本地时间显示
Show Sort in Titlebar （在标题栏显示排序）	Alpine 支持根据多种标准对邮件进行排序。该设置会让排序标准显示在标题栏中
Enable Message View Address Links （启用邮件视图地址链接）	高亮显示邮件正文中出现的电子邮件地址
Enable Message View Attachment Links （启用邮件查看附件链接）	高亮显示邮件正文中的 URL 链接
Prefer Plain Text （首选纯文本）	如今，多数邮件同时拥有纯文本和 HTML 两种格式。开启此选项后，Alpine 会优先展示纯文本内容。按 <A> 键，你可以自由切换至 HTML 格式，也就是用户首选的格式。笔者个人偏好纯文本，因为它使邮件结构一目了然，阅读起来也更为便捷。当然，根据发件人使用的邮件客户端不同，效果可能有所差异，因此笔者偶尔也会按 <A> 键来回切换两种模式
Enable Print Via Y Command （启用 Y 命令打印）	按 <Y> 键打印邮件。默认快捷键是 <%> 键，因为 <Y> 键常用于确认多项命令。虽然笔者喜欢 <Y> 键的便捷性，但它偶尔导致了一些不必要的打印任务，因此笔者正在考虑关闭此功能
Print Formfeed Between Messages （跳页打印）	每条消息都从新的一张纸上开始打印
Customized Headers （自定义头部信息）	该设置允许覆盖默认的发件人（From:）和回复至（Reply-To:）头部信息。笔者将其设置为： From: David Both<david@example.com> Reply-To: David Both<david@example.com>
Sort key （排序键）	邮件在文件夹中默认按接收时间排序，笔者发现这比较混乱，所以笔者改成了按日期排序，这与接收时间有显著不同。很多垃圾邮件会使用未来的日期，该设置可以将所有未来日期的邮件排到列表顶部或底部（根据你偏好正序还是倒序排列）

（续）

配置项	说明
Image Viewer （图像浏览器）	该设置允许我们自定义图像浏览器来显示附件或嵌入电子邮件中的图片，但这仅在带有图形桌面的终端窗口内运行 Alpine 时适用。笔者通常将该项设置为 "=okular"，即使用 okular 作为图像浏览器，因为它是笔者的首选
URL-Viewer （URL 浏览器）	该设置告诉 Alpine 你希望使用的网页浏览器。笔者将其设为 "=/bin/firefox"，但你也可以选择 Chrome 或其他浏览器。关键是要确保所指定的浏览器执行文件路径是正确的

笔者列出了自己认为对 Alpine 使用体验较为重要的功能特性。每位用户的喜好可能有所差异，因此笔者推荐你亲自尝试使用这些功能一段时间，从而找出最贴合你需求的设置。

（5）打印

Alpine 打印功能的配置十分简单，只需在设置菜单界面中按 <P> 键进入打印机设置。

这里，你可以指定默认打印机，并自定义打印指令。系统默认打印机可能是 attached-to-ansi。将高亮显示条向下移动到如下的 Standard UNIX print command 部分的 Printer List 行：

```
Standard UNIX print command
    Using this option may require setting your "PRINTER" or "LPDEST"
    environment variable using the standard UNIX utilities.
      Printer List: ""                              lpr
```

然后按 <Enter> 键，将默认打印命令设置为标准的 UNIX lpr 命令。

尽管你的虚拟机很可能未连接至实体打印机，但若条件允许，不妨尝试打印一两封电子邮件进行测试。最后在完成用户首选项配置的探索后，记得退出 Alpine 程序。

Alpine 配置简便，使用友好，拥有大量可定制功能，旨在提供最佳的电子邮件客户端体验。你可以充分利用帮助功能来获取更多上文已提及或未曾涉及的配置细节。你一定会发现一些更适合自己的自定义 Alpine 的方法。本文虽仅触及冰山一角，但希望能为你的 Alpine 个性化之旅提供一个良好的开端。

8.7.2 Thunderbird

Thunderbird 作为另一款广受青睐的邮件客户端，全面支持 Linux、Windows 等操作系统。目前，它是笔者的首选 GUI 邮件客户端。虽然我们安装的 Fedora Xfce 版本已内置 Claws GUI 邮件客户端，但鉴于 Thunderbird 的普及度，我们决定安装并配置 Thunderbird 以满足更广泛需求。

就笔者个人而言，配置 GUI 邮件客户端较为困难。回想一下配置 Alpine 的简便，mailx 甚至无须配置，而 Thunderbird 在提供一系列强大功能的同时，也带来更复杂精细，偶尔还会让人懊恼的个性化设置需求。为此，笔者汇总了 IMAP 服务器的一些细节及配置 Thunderbird 所需的基本信息，如表 8-3 所示。

表 8-3　配置 Thunderbird 所需的基本信息

编号	配置项	值	说明
邮件地址设置			
1	Account user name	Student User	昵称设置，对发送或接收邮件没有影响
2	Email address	student@example.com	
3	Password	\<User Password\>	这是 StudentVM2 上 student 用户的登录密码
4	Remember Password	选中此框	
服务器设置（IMAP）			
5	IMAP Server Name	mail.example.com	全限定域名
6	Port	143	IMAP 服务器端口
7	User ID	student	用户登录 ID
8	Connection Security	无	连接并未加密
9	Authentication method	Password transmitted insecurely	我们需要密码，但密码并未加密
10	IMAP server directory	mail	包含邮件文件夹的 ~/mail 目录
SMTP 服务器设置			
11	SMTP server name	studentvm2.example.com	Thunderbird 要求此设置必须与 IMAP 服务器名不同
12	SMTP port number	25	STARTTLS 所需的配置
13	Connection Security	STARTTLS	对发送到服务器的电子邮件连接进行加密。此设置对于从我们的服务器向目标服务器传输邮件不起作用
14	Authentication method	No authentication	无须登录即可通过我们的 SMTP 服务器进行身份验证。我们以后将对此进行更改

有了这些信息后，我们现在开始配置 Thunderbird。

实验 8-8：配置 Thunderbird 邮件客户端

请以 root 用户身份在 StudentVM1 虚拟机上执行此实验。安装 Thunderbird：

```
[root@studentvm1 ~]# dnf -y install thunderbird
```

That's the easy part.

1. 配置 IMAP

选择 Applications → Internet → Thunderbird 菜单项来启动 Thunderbird。首次启动 Thunderbird 可能需要较长时间，在笔者的虚拟机上约为 45s。此过程主要是为了创建配置目录及默认配置文件。

启动后，你首先看到的是 Help Keep Thunderbird Alive 对话框，内容为请求你捐赠资金以维持项目运行。笔者向多个项目捐赠过，这是一件值得鼓励的事。很少有开源项目能得到大公司的资助，很多项目都是依靠极少的资金和寥寥无几的志愿者来运作。笔者在第 16 章中讨论了回馈的方式，向对你而言重要的项目捐款是一种非常棒的回馈方式。关闭此窗口即可继续 Thunderbird 的配置流程。

随后，Firefox 会显示 Account Setup（账户设置）选项卡，如图 8-8 所示，请输入图 8-8 中电子邮件账户设置的信息。表 8-4 复现了这些数据，便于你快速查看与理解。

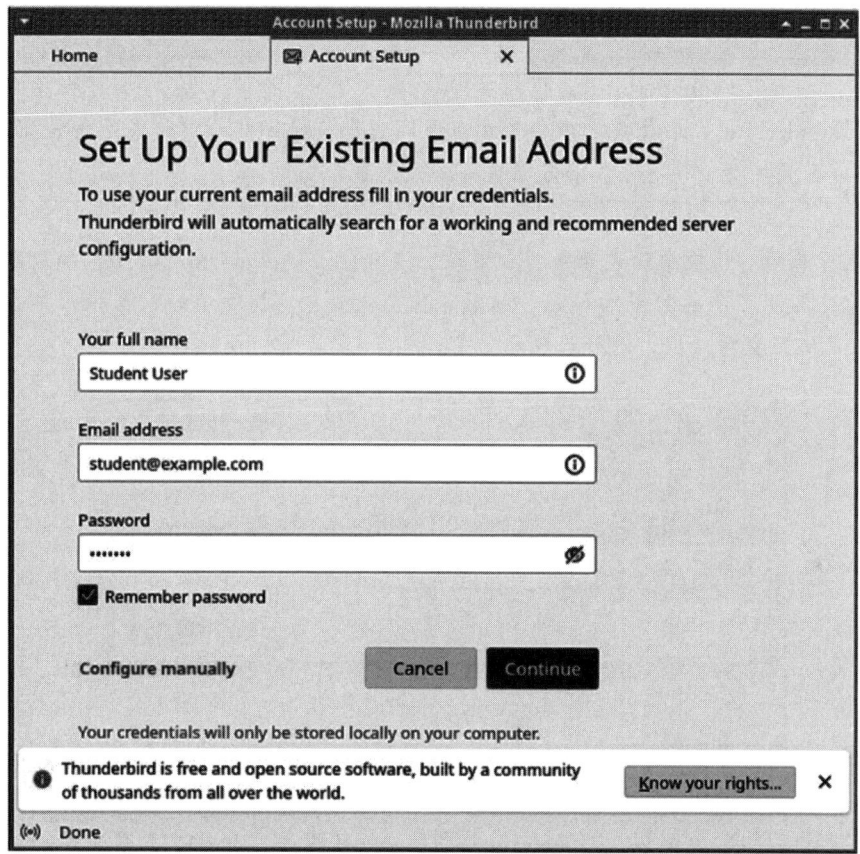

图 8-8　Thunderbird 电子邮件账户设置选项卡

利用表 8-4 中的信息，开始使用 Thunderbird 电子邮件客户端配置 IMAP 电子邮件账户。

表 8-4　Thunderbird 电子邮件账户配置所需的基本信息

配置项	值
Your full name（你的用户名）	Student User
Email address（电子邮件地址）	student@example.com
Password（密码）	StudentVM2 服务器上 student 用户的密码
Remember password（记住密码）	选中此框可以让使 Thunderbird 记住密码

填完邮件账户信息后，Thunderbird 一个不太友好的特点便显现出来。如果你直接单击 Continue（继续）按钮，Thunderbird 会尝试与服务器通信并尝试进行自动配置。不幸的是，它对服务器的一些预设置是错误的，导致自动配置无法顺利进行。因此，我们需要绕过自动配置这一步骤。

单击位于底部附近的 Configure manually（手动配置）链接。实际上，这种方法比自动配置更为简便，因为自动配置无法正确配置，甚至还可能会更改你的输入信息。

> **提示** 若你在配置 Thunderbird 过程中遇到问题，想要重新开始，可删除主目录下的 ~/.thunderbird 目录及其内容。笔者在遇到密码验证停滞不前，或是系统告知收件服务器配置冲突的情况下，会采取这种方式来重新配置。

在接下来的对话框中你无须做任何更改，直接单击 Advanced Config（高级配置）链接，以跳过其他冗余的配置对话框。随后，你会看到图 8-9 所示的对话框。单击 OK 按钮，进入高级配置对话框，进行正确的配置。

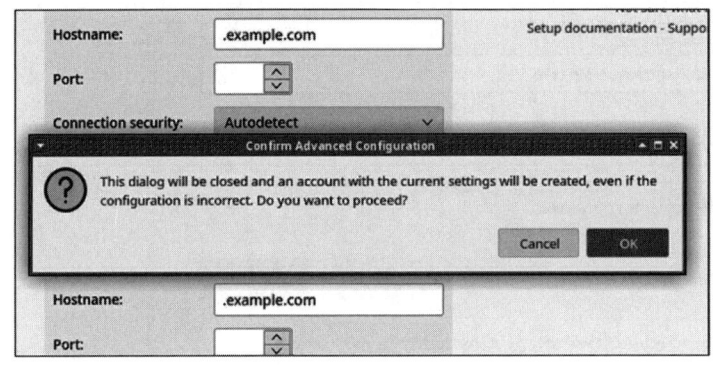

图 8-9　进入 Thunderbird 高级配置对话框

在实验过程中笔者发现，Thunderbird 要求 IMAP 服务器和 SMTP 服务器的主机名不能相同。当笔者尝试对这两个服务器地址都使用 mail.example.com 时，系统报错指出服务器已被定义。笔者猜测开发者可能错误地假定了用户不会使用同一台服务器处理出站和入站电子邮件。幸运的是，我们对此早有准备：我们的域名服务器中同时注册了 mail.example.com 和 studentvm2.example.com 两个名称，它们虽然名称不同，但实际上都指向同一台服务器，因而能满足 Thunderbird 的这一要求。

我们单击 Server Settings（服务器设置）选项进入 IMAP 服务器配置界面，如图 8-10 所示。若你认为图 8-10 中的内容不易理解，可以参考表 8-3 中第 5～10 项内容。

单击图 8-10 底部的 Advanced 按钮。然后，在图 8-11 所示的 IMAP server directory 字段输入"mail"。这里只需做这一处变更即可。请勿在开头或结尾添加斜杠(/)。我们

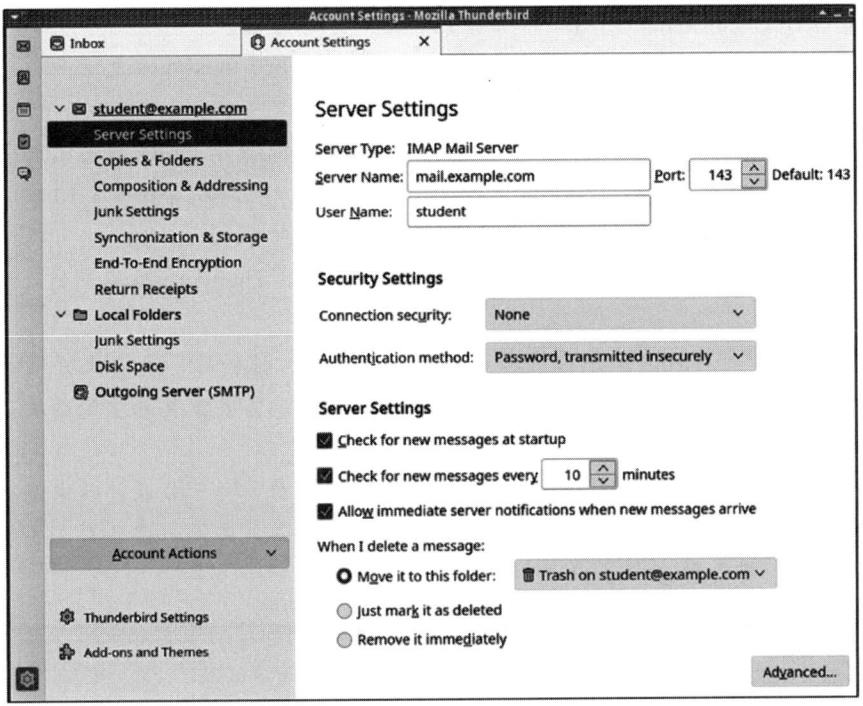

图 8-10　Thunderbird 的 IMAP 服务器配置

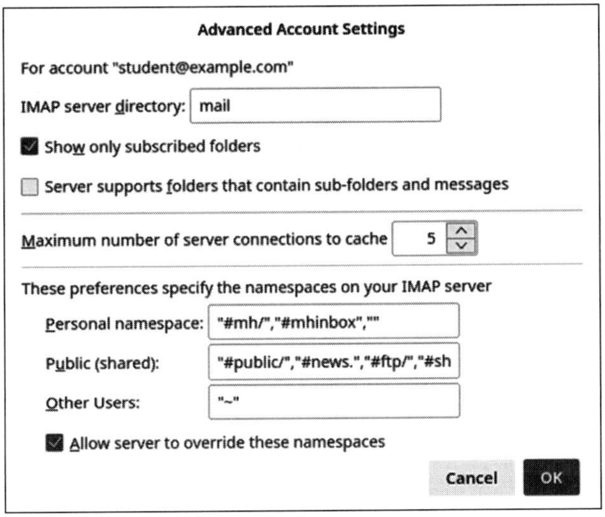

图 8-11　确保在 IMAP server directory 字段输入 mail

只对 StudentVM2 的 student 登录账户执行此操作，目的是隔离电子邮件与主目录下的其他目录及 Bash 配置文件。而对于非登录的电子邮件账户，这一操作是不必要的。但为了保持配置的一致性，推荐对每个账户都如此设置。这样，你可以将登录账户供系统管理员使用，而将非登录账户供仅用于收发电子邮件的账户使用。

如果 Server supports folders that contain sub-folders and messages 复选框已被选中，请取消勾选。

单击 OK 按钮以完成此设置对话框。请务必核对图 8-10 中 IMAP 服务器的名称，因为笔者发现设置邮件目录后，它可能会发生变化。同样，笔者注意到图 8-10 中的用户名被改动了，这正体现了 Thunderbird 那些让人捉摸不定的特性之一。

完成设置后，系统会弹出一个对话框提示你需要重启 Thunderbird 以使更改生效，单击 OK 按钮即可。

Thunderbird 重启后，会再次请求你输入密码。输入密码后，务必让密码管理器记住此密码，以防未来重复输入。类似笔者的经历，你可能需要重复此步骤两次，这也是 Thunderbird 的特性之一。

Thunderbird 将会连接至服务器，完成 IMAP 连接认证，并下载收件箱中现有的所有电子邮件，这一过程如图 8-12 所示。单击收件箱，你应该能看到一些已存在的邮件。请注意，此时并没有已发送（Sent）文件夹。

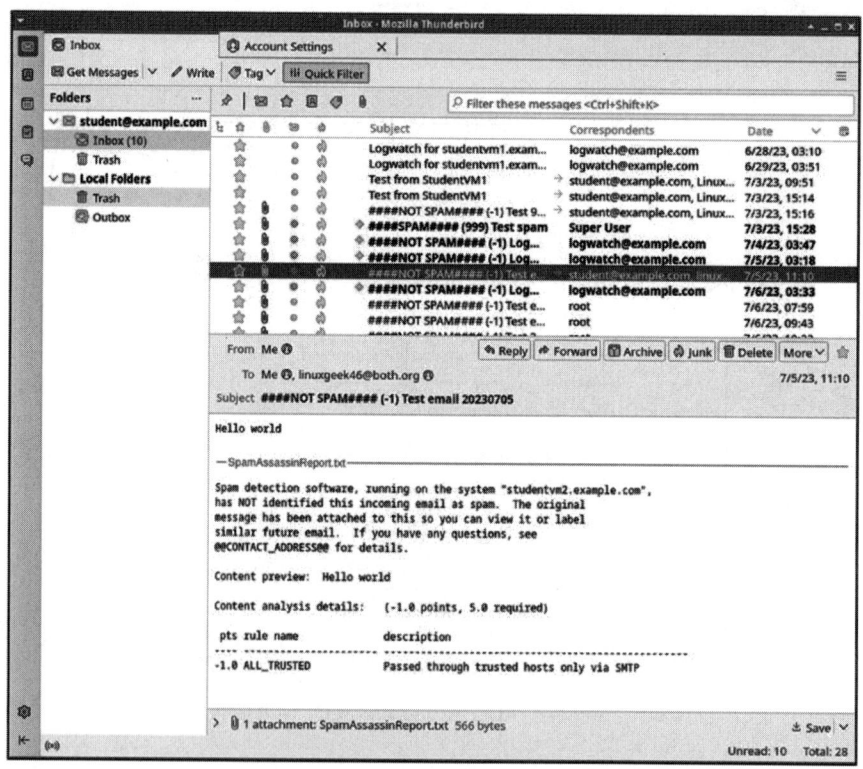

图 8-12　完成初次 IMAP 配置并下载邮件后的 Thunderbird 界面

一旦在 Thunderbird 界面中看到邮件列表，即表明 IMAP 配置成功。

2. 配置 SMTP

我们还需要对 Thunderbird 进行一些额外的配置才能够成功发送电子邮件。幸运的是，这部分配置要比 Thunderbird 的 IMAP 配置简单得多。

请返回 Thunderbird 的 Account Settings 页面，单击 Outgoing Server。在列表中选择唯一的服务器[一]，单击 Edit 按钮进行配置。

接下来参照图 8-13 所示的信息配置 SMTP，但请注意一项调整：在 Connection security（连接安全）下拉列表框中先选择 None（无）。这样做的目的是验证在不使用 STARTTLS 加密的情况下，电子邮件发送是否顺畅，之后再尝试启用 STARTTLS。

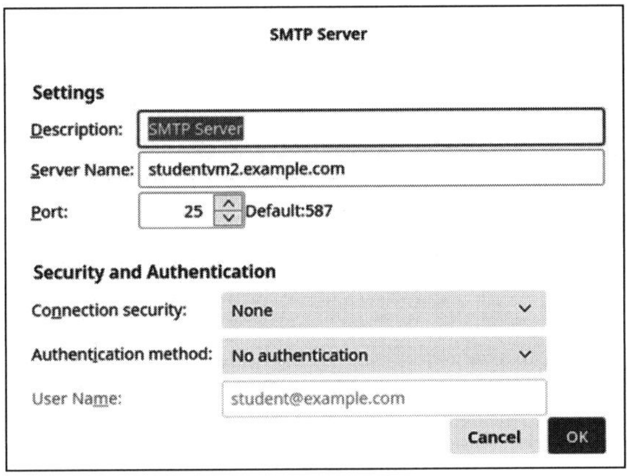

图 8-13　SMTP 配置示例

填写完必要信息后，单击 OK 按钮。

现在发送一封测试邮件至 student@example.com（你自己的邮箱地址）以及你的外部邮箱地址。两个邮箱地址可以放在同一个收件人栏中，只需用空格隔开即可。

首次发送电子邮件后，系统将自动生成 Sent 文件夹。

3. 为出站邮件启用 STARTTLS

如果这两封邮件都能够顺利发送，那么请回到 SMTP 服务器设置界面，将 Connection security 更改为 STARTTLS，其余设置如图 8-13 所示。

还记得实验 7-2 中 sendmail.mc 配置文件里的那几行代码吗？正是它们启用了 Sendmail 的 TLS 功能，因此我们无须自行创建任何证书：

```
dnl # Basic sendmail TLS configuration with self-signed certificate for
dnl # inbound SMTP (and also opportunistic TLS for outbound SMTP).
dnl #
define(`confCACERT_PATH', `/etc/pki/tls/certs')dnl
```

[一] 确实，这表明系统支持配置多个 SMTP 服务器。每个账户都能选用任意服务器，但邮件客户端通常默认使用被标记为默认的 SMTP 服务器，除非用户主动更改这一选项。

```
define(`confCACERT', `/etc/pki/tls/certs/ca-bundle.crt')dnl
define(`confSERVER_CERT', `/etc/pki/tls/certs/sendmail.pem')dnl
define(`confSERVER_KEY', `/etc/pki/tls/private/sendmail.key')dnl
define(`confTLS_SRV_OPTIONS', `V')dnl
```

请再次尝试发送一封测试邮件。单击 Send（发送）按钮后，系统将显示 Add Security Exception（添加安全异常）对话框，如图 8-14 所示。这表示发生了安全异常，原因是我们没有使用来自认证中心的受信任站点证书。Fedora 会在 /etc/pki/ 的子目录下安装大量的证书，这些证书仅仅是为了识别已知且可信的认证中心。

请不要单击 Get Certificate（获取证书），而是单击 Confirm Security Exception（确认安全异常）以接受未经信任的证书。

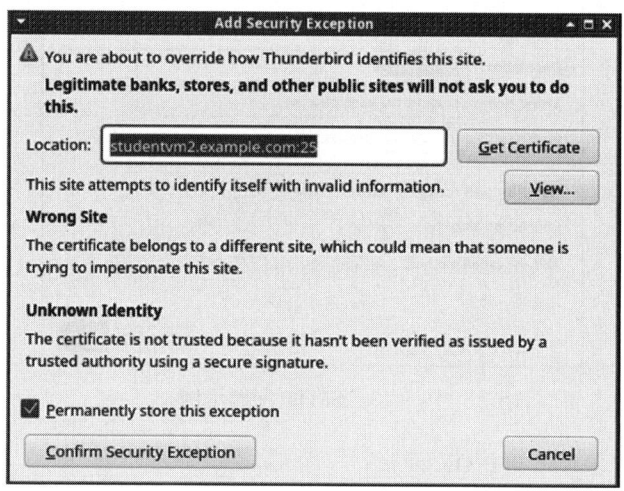

图 8-14　Add Security Exception 对话框

Thunderbird 再次展现出它的特性，尽管会弹出一个错误消息，但实际上发送测试邮件的操作是成功的。收到邮件后，请检查邮件头部信息，确认接收信息行中表明了 TLS 加密协议已应用于此次连接，如图 8-15 所示。

```
Received: from studentvm2.example.com (_gateway [192.168.0.254])
    by mymailserver.both.org (8.17.1/8.17.1) with ESMTPS id 368EZsuI1158243
    (version=TLSv1.3 cipher=TLS_AES_256_GCM_SHA384 bits=256 verify=NOT)
    for <linuxgeek46@both.org>; Sat, 8 Jul 2023 10:35:54 -0400
Received: from [192.168.56.56] ([192.168.56.56])
    by studentvm2.example.com (8.17.1/8.17.1) with ESMTPS id 368EZqfo617902
    (version=TLSv1.3 cipher=TLS_AES_128_GCM_SHA256 bits=128 verify=NOT);
    Sat, 8 Jul 2023 10:35:52 -0400
Message-ID: <6a66aa0d-76af-688b-6af3-83c2e207c367@example.com>
```

图 8-15　邮件头部详情。它表明 StudentVM1 至 StudentVM2 的通信，以及
　　　　StudentVM2 至笔者的私人邮件服务器之间的传输，均采用了 TLS

8.8 向服务器添加身份认证

电子邮件本质上是不安全的。无论我们在自己的服务器和客户端采取何种安全措施，一旦电子邮件离开我们的网络环境，就必须将其视为全球互联网上几乎所有人都能阅读的信息。尽管我们已配置 TLS 来提供 SMTP 服务器间的数据传输加密保护，但遗憾的是，仍有众多 SMTP 服务器未采纳这一安全措施。因此它们之间的通信仍普遍采用未加密的明文形式，暴露在潜在的风险之中。

在外旅行时，笔者面临过这样一个困境：无法获得当地 ISP 提供的用于 SMTP 出站电子邮件的账户。这是 ISP 防止其网络内部受病毒感染的设备直接散播垃圾邮件而采取措施。如此一来，如果不采取某种规避措施，笔者在这样的网络环境下将无法发送电子邮件。尽管笔者可以将个人邮件服务器作为出站 SMTP 服务器使用，但这等于敞开了大门，让垃圾邮件发送者有机可乘，将其作为开放中继。

有几种方法可以增强安全性，防止我们的邮件服务器被滥用为开放中继。例如，采用身份认证机制，它允许使用我们自己的邮件服务器作为中继，同时阻止其他人以相同方式使用它。

为确保移动用户能够通过身份认证，进而利用自己的邮件服务器进行中继，有多种认证方式可以使用。使用认证确保了 SMTP 与 IMAP 均能安全接入个人邮件服务器，即使身处异地，没有当地 ISP 提供的邮箱账户，也能畅通无阻地发送电子邮件。我们主要介绍 SMTP 身份认证。

我们当前的电子邮件设置存在一个遗留问题：垃圾邮件发送者可能利用我们的服务器（假设它暴露在真实的互联网环境中）作为中继服务器发送垃圾邮件。这是一个实际存在的问题，但解决方法相对简单。我们能够强制所有进入我们邮件服务器的 SMTP 连接通过用户名和密码进行身份认证。由于只有我们掌握这些认证信息，这样就可以有效防止不良分子利用我们的服务器。

为 SMTP 添加身份认证的配置过程相对简单。我们可以在服务器上新增一个用户账户及密码，并要求所有入站的 SMTP 连接在通过我们的服务器发送电子邮件前必须进行身份认证。这一过程称为 SMTP AUTH。实施 SMTP AUTH 还需依赖 saslauthd 服务及其配套的多种加密技术库。SASL 即 Simple Authentication and Security Layer（简易认证与安全层）。

实验 8-9：添加 SMTP 身份认证

1. 创建一个非登录用户账户

首先我们创建一个仅供 SMTP 认证使用的非登录 Linux 账户。请以 root 用户身份在 StudentVM2 虚拟机上执行以下命令，创建账户。在本次实验中，我们将账户名设定为 myauth1：

[root@studentvm2 ~]# **useradd -c "SMTP Authentication" -s /usr/sbin/nologin myauth1**

接着为该账户设置密码，请务必记住这个密码。之后，你可以尝试通过任何一个虚拟终端登录该账户，但应该不会成功。

2. 安装所需软件包

接下来我们进行确认 SMTP AUTH 所需的软件包均已安装。通常情况下这些软件包都已经安装好了，但再次确认总是有益无害的。在笔者的虚拟机上，所有这些软件包都已预先安装，如果你的主机上缺少任何一项，执行以下命令即可完成安装：

[root@studentvm2 ~]# **dnf install cyrus-sasl-gssapi cyrus-sasl-md5 cyrus-sasl cyrus-sasl-plain sendmail sendmail-cf**

现在执行以下命令以启用 SASL：

[root@studentvm2 ~]# **systemctl enable --now saslauthd**

3. 配置 Sendmail

接下来我们通过编辑 /etc/mail/sendmail.mc 文件来配置 Sendmail，使其仅接受经过认证的入站连接。

添加以下代码到你的 sendmail.mc 文件中：

```
dnl #####################################################################dnl
dnl #####################################################################dnl
dnl # The following causes sendmail to additionally listen to port 587 dnl
dnl # for mail from MUAs that authenticate. Roaming users who can't    dnl
dnl # their preferred sendmail daemon due to port 25 being blocked or  dnl
dnl # redirected find this useful.                                     dnl
DAEMON_OPTIONS(`Port=submission, Name=MSA, M=Ea')dnl
dnl #####################################################################dnl
dnl # The following allows relaying if the user authenticates, and allows
dnl # plaintext authentication (PLAIN/LOGIN) on non-TLS links
define(`confAUTH_OPTIONS', `A')dnl
dnl #
dnl # By default, sendmail will ask e-mail clients for their SSL/TLS
dnl # certificates.
dnl # Since almost no clients have personal TLS certificates, you
dnl # can tell sendmail to skip the request with the line:
define(`confTLS_SRV_OPTIONS', `V')dnl
dnl #####################################################################dnl
dnl #####################################################################dnl
dnl # PLAIN is the preferred plaintext authentication method and used by
dnl # Mozilla Mail and Evolution, though Outlook Express and other MUAs do
dnl # use LOGIN. Other mechanisms should be used if the connection is not
```

```
dnl # guaranteed secure.
dnl # Please remember that saslauthd needs to be running for AUTH.
dnl #
TRUST_AUTH_MECH(`EXTERNAL DIGEST-MD5 CRAM-MD5 LOGIN PLAIN')dnl
define(`confAUTH_MECHANISMS', `EXTERNAL GSSAPI DIGEST-MD5 CRAM-MD5 LOGIN
PLAIN')dnl
```

confAUTH_OPTIONS 设置可能已预先存在文件中了。为了集中起来便于理解，笔者将它放到此处一并说明。代码中列出了三种不同的 confAUTH_OPTIONS 配置形式，未被注释的部分是笔者成功使用的配置。如果你有兴趣尝试启用密码加密功能，可以试着取消注释并测试其他两个选项。

不幸的是，为认证配置加密相当复杂，笔者目前发现没有文档能够成功地将所有要素整合在一起，笔者在这方面的所有尝试都未能成功：

```
dnl TRUST_AUTH_MECH(`EXTERNAL DIGEST-MD5 CRAM-MD5 LOGIN PLAIN')dnl
dnl define(`confAUTH_MECHANISMS', `EXTERNAL GSSAPI DIGEST-MD5 CRAM-MD5 LOGIN
PLAIN')dnl
```

在安装了 cyrus-sasl-md5 及 cyrus-sasl-gssapi 这两个软件包后，GSSAPI、DIGEST-MD5 和 CRAM-MD5 这三种认证方式已被默认激活。

为了应用这些更改，请先重启 saslauthd 服务，随后再重启 Sendmail 服务。

4. 测试

尽管我们可以使用 Telnet 进行测试，但在 StudentVM2 虚拟机上以 root 用户身份利用 OpenSSL 执行这项测试是更好的选择：

```
[root@studentvm2 ~]# openssl s_client -connect 127.0.0.1:25 -starttls
smtp | less
CONNECTED(00000003)
---
Certificate chain
 0 s:C = --, ST = SomeState, L = SomeCity, O = SomeOrganization, OU =
SomeOrganizationalUnit, CN = studentvm2, emailAddress = root@studentvm2
   i:C = --, ST = SomeState, L = SomeCity, O = SomeOrganization, OU =
SomeOrganizationalUnit, CN = studentvm2, emailAddress = root@studentvm2
   a:PKEY: rsaEncryption, 4096 (bit); sigalg: RSA-SHA256
   v:NotBefore: Jun 22 10:31:46 2023 GMT; NotAfter: Jun 21 10:31:46 2024 GMT
---
Server certificate
-----BEGIN CERTIFICATE-----
MIIGGzCCBAOgAwIBAgICTEwwDQYJKoZIhvcNAQELBQAwgaUxCzAJBgNVBAYTAiOt
<SNIP>
issuer=C = --, ST = SomeState, L = SomeCity, O = SomeOrganization, OU =
SomeOrganizationalUnit, CN = studentvm2, emailAddress = root@studentvm2
---
```

```
No client certificate CA names sent
Peer signing digest: SHA256
Peer signature type: RSA-PSS
Server Temp Key: ECDH, prime256v1, 256 bits
---
SSL handshake has read 2861 bytes and written 736 bytes
Verification error: self-signed certificate
---
New, TLSv1.3, Cipher is TLS_AES_256_GCM_SHA384
Server public key is 4096 bit
Secure Renegotiation IS NOT supported
Compression: NONE
Expansion: NONE
No ALPN negotiated
Early data was not sent
Verify return code: 18 (self-signed certificate)
---
<SNIP>
Post-Handshake New Session Ticket arrived:
SSL-Session:
    Protocol  : TLSv1.3
    Cipher    : TLS_AES_256_GCM_SHA384
    Session-ID: AA3E70749D50CAC223DEE70B275A58BAADDE8DAF2153E48FDA21D5
    CFD9073F71
    Session-ID-ctx:
    Resumption PSK: 8547C3616B36167DBE549C2A67DE440671E69C8DDF02829
    10CC891A9F96B9A46139AF1D4E9E66
    216880425873AC93D71
    PSK identity: None
    PSK identity hint: None
    SRP username: None
    TLS session ticket lifetime hint: 1 (seconds)
    TLS session ticket:
    0000 - 64 10 ef 25 a0 bf 12 f2-7a e6 25 f9 2f 5b da 92   d..%....z.%./[..
    0010 - d2 f0 a5 7e 4c 45 48 6e-5d 80 ec 4e e9 53 4b 49   ...~LEHn]..N.SKI
<SNIP>
    00b0 - 05 35 c8 4f 42 82 84 73-22 51 f2 97 82 2d 95 26   .5.OB..s"Q...-.&
    00c0 - 04 e3 03 a0 1e be 2e e2-34 67 fd af 3a ed 78 f2   ........4g..:.x.
    Start Time: 1688919784
    Timeout   : 7200 (sec)
    Verify return code: 18 (self-signed certificate)
    Extended master secret: no
    Max Early Data: 0
---
read R BLOCK
```

```
EHLO localhost         ←--------- Enter this
250-studentvm2.example.com Hello localhost [127.0.0.1], pleased to meet you
250-ENHANCEDSTATUSCODES
250-PIPELINING
250-8BITMIME
250-SIZE
250-DSN
250-ETRN
250-AUTH GSSAPI DIGEST-MD5 CRAM-MD5
250-DELIVERBY
250 HELP
```

这是 SMTP AUTH 正常工作会话的一个实例。虽然笔者从原始数据流中删减了很多细节，但相信这段信息足以让你理解。

5. 配置 Thunderbird

在 Thunderbird 中配置 SMTP 服务器，如图 8-16 所示。务必将 SMTP 端口号指定为 587，默认的 25 端口在此场景下将无法成功连接。

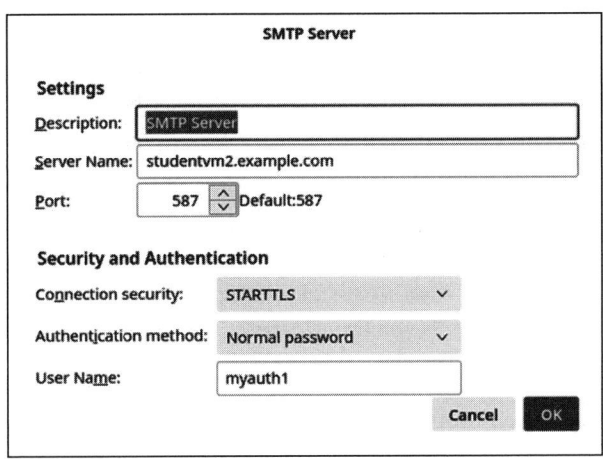

图 8-16　Thunderbird 的 SMTP AUTH 配置

6. 功能验证

为确保配置无误，我们应当进行一定程度的功能验证。请尝试从 StudentVM1 发送一封或多封电子邮件。

尽管笔者建议你自行执行这些指令来验证，但笔者的邮件服务器上的数据反馈可能比虚拟机中的结果更吸引人，因为它反映了真实环境下的工作状态。故此，笔者将服务器的实际输出展示如下，你可以直观感受其真实的工作状态：

```
[root@mymailserver mail]# systemctl status saslauthd
● saslauthd.service - SASL authentication daemon.
```

```
     Loaded: loaded (/usr/lib/systemd/system/saslauthd.service; enabled;
     preset: disabled)
    Drop-In: /usr/lib/systemd/system/service.d
             └─10-timeout-abort.conf
     Active: active (running) since Sun 2023-07-02 12:20:02 EDT; 6 days ago
    Process: 1070 ExecStart=/usr/sbin/saslauthd -m $SOCKETDIR -a $MECH $FLAGS
  (code=exited, status=0/SUCCESS)
   Main PID: 1096 (saslauthd)
      Tasks: 5 (limit: 38300)
     Memory: 3.3M
        CPU: 222ms
     Cgroup: /system.slice/saslauthd.service
             ├─1096 /usr/sbin/saslauthd -m /run/saslauthd -a pam -r
             ├─1097 /usr/sbin/saslauthd -m /run/saslauthd -a pam -r
             ├─1098 /usr/sbin/saslauthd -m /run/saslauthd -a pam -r
             ├─1099 /usr/sbin/saslauthd -m /run/saslauthd -a pam -r
             └─1100 /usr/sbin/saslauthd -m /run/saslauthd -a pam -r

Jul 09 04:51:46 mymailserver.both.org saslauthd[1100]: DEBUG: auth_pam: pam_
authenticate failed: User not known to the underlying authentication module
Jul 09 04:51:46 mymailserver.both.org saslauthd[1100]:                       :
auth failure: [user=b.david@millennium-technology.com] [service=smtp]
[realm=millennium-technology.com] [mech=pam]>
Jul 09 04:51:51 mymailserver.both.org saslauthd[1097]: pam_unix(smtp:auth):
check pass; user unknown
Jul 09 04:51:51 mymailserver.both.org saslauthd[1097]: pam_unix(smtp:auth):
authentication failure; logname= uid=0 euid=0 tty= ruser= rhost=
Jul 09 04:51:53 mymailserver.both.org saslauthd[1097]: DEBUG: auth_pam: pam_
authenticate failed: User not known to the underlying authentication module
Jul 09 04:51:53 mymailserver.both.org saslauthd[1097]:                       :
auth failure: [user=b.david@millennium-technology.com] [service=smtp]
[realm=millennium-technology.com] [mech=pam]>
Jul 09 04:51:57 mymailserver.both.org saslauthd[1098]: pam_unix(smtp:auth):
check pass; user unknown
Jul 09 04:51:57 mymailserver.both.org saslauthd[1098]: pam_unix(smtp:auth):
authentication failure; logname= uid=0 euid=0 tty= ruser= rhost=
Jul 09 04:52:00 mymailserver.both.org saslauthd[1098]: DEBUG: auth_pam: pam_
authenticate failed: User not known to the underlying authentication module
Jul 09 04:52:00 mymailserver.both.org saslauthd[1098]:                       :
auth failure: [user=b.david] [service=smtp] [realm=] [mech=pam] [reason=PAM
auth error]
lines 1-27/27 (END)
```

执行以下命令，检查saslauthd单元的日志条目，显示的结果会与上述结果相同；但是，检查结果会展示全部日志，而不仅仅是最后一条：

```
[root@mymailserver log]# journalctl -u saslauthd
```
You can use -S today and other filters to narrow your search.

请注意，logwatch 电子邮件每天都会向你报告日志数据的摘要——对，就是本书前面提到的那些邮件。你可以尝试思考和验证这些邮件会被送达何处？另外，你也随时可以手动执行 logwatch 命令，它会即时生成前一天的日志摘要。

当前电子邮件系统的安全性尚存缺陷，因为现在密码以未加密的 ASCII 明文形式传递。但是起码数据连接本身已经加密。

8.9 证书

证书是确保安全认证与数据加密的核心要素，它们为服务器提供了一个可验证的身份，同时也用于提供连接的加密密钥。

在现实服务器部署中，常见的做法是借助 openssl 工具来创建证书签名请求，并将其提交给公共认证中心。认证中心在审核后，会签发一份确认服务器身份的正式证书。相比之下，我们当前采用的自签名证书，适用于虚拟网络这样的封闭环境、仅限组织内部且无外界介入的场合，以及多种测试情境。需强调的是，自签名证书不能用于对外开放、面向公众的服务器上。

若查询"认证中心列表"，你会找到众多公开的认证中心资源，它们之中的不少机构会对认证收取费用。另外，通过搜索关键词"免费认证中心"，你还能找到一些提供免费服务的开源认证中心。

Let's Encrypt[⊖] 是一个由 Linux 基金会与多家组织合作的免费认证中心。Mozilla、Akamai、SiteGround、Cisco、Facebook 等诸多组织对该项目提供赞助。该机构致力于向公众免费发放 SSL 证书，以促进网络通信的安全性。

我们确实需要创建一个证书，但这个过程并不强制要求通过认证中心来完成。尽管可以选用 Let's Encrypt 这类免费的认证服务，但我们在实验中将使用系统中已有的自签名证书。

在现实生产环境中笔者依旧建议通过 Let's Encrypt 或非免费的其他认证中心获取证书。证书可从多个知名认证中心获得，例如 Verisign、Symantec、DigiCert、GeoTrust、RapidSSL 等。Let's Encrypt 提供了免费、开放的认证服务，并得到众多知名且广受尊敬的赞助商与捐赠者的支持。针对我们的当前需求，一个自签名证书已经完全足够。

⊖ Let's Encrypt，https://letsencrypt.org/。

8.10 其他注意事项

需要注意的是，不同的邮件客户端可能有一些特有的配置需求，这些需求与 Thunderbird 不同。例如，某些客户端可能不支持特定类型的加密。遇到此类客户端配置需求时，建议查阅相关客户端的官方网页及文档资料，并确保服务器已恰当配置可以满足它们的独特需求。

8.11 网络资源

在探索电子邮件领域的广泛知识及深入理解 Sendmail 技术细节的过程中，笔者发现以下三本书籍极具价值，对笔者的相关写作内容起到了不可或缺的作用：

- Curtis Smith, *Pro Open Source Mail*, Apress, 2006, ISBN-13 978-1-4302-1173-0
- Craig Hunt, *Linux Sendmail Administration*, Sybex, 2001, ISBN 0-7821-2737-1
- Craig Hunt, *Sendmail Cookbook*, O'Reilly, 2004, ISBN 0-596-00471-0

总结

本章的工作量着实不小。我们成功搭建起了一个能够正常运行收发电子邮件的邮件服务器。但实际上，还有更多内容值得探索。笔者曾为一位雇主进行了五年电子邮件系统相关工作，期间笔者学到了很多关于电子邮件的知识。即便如此，仍然只是触及了皮毛。

本章对 mailx 客户端进行了更进一步的探讨。尽管它对系统管理员来说是一个功能强大的工具，但在日常电子邮件处理中，无论对于普通用户还是我们系统管理员而言，都有许多不尽如人意之处。不过，它作为测试工具表现十分出色。

我们安装了 Alpine 和 Thunderbird 作为邮件客户端，并利用它们来测试邮件服务器的各种配置。我们探讨了加密和认证的使用，虽成效未达完美，但旨在提升电子邮件的私密性。此外，我们还应用 SMTP AUTH 来增强服务器的安全性，防止其被用作开放中继，这可能是本章中最实用的部分。

实际上，除了本章节中涉及的，市场上还存在着多种 SMTP 与 IMAP 服务器以及众多邮件客户端。每个客户端都有其拥护者，且都能出色地应对邮件管理任务。这意味着，利用这些工具可以组合出大量的方案来构建邮件服务器。我们仅研究了一组 IMAP 和 SMTP 服务器，但探索了三种邮件客户端。

在后续章节中，我们将进一步探索电子邮件的其他方面，如防御垃圾邮件和创建邮件列表等。

练习

为了掌握本章所学知识，请完成以下练习：

1）是什么独特能力使得 mailx 成为处理和支持电子邮件系统的系统管理员的理想工具？

2）mailx 存在哪些局限性？为什么它不适合当今大多数电子邮件用户？

3）电子邮件用户的收件箱存储在哪里？

4）从 StudentVM1 出发，使用 Telnet 和 SMTP 协议从 StudentVM2 发送一封电子邮件。

5）除收件箱外，其他电子邮件文件夹存储在哪里？

6）还有什么其他方法可以用来在本地邮件客户端（如 StudentVM1 上的 Thunderbird）和远程电子邮件服务器（如 StudentVM2）之间创建一个加密的 TLS 连接？

7）Alpine 是如何知道你的登录 ID 的？

8）检查一些 logwatch 电子邮件，你能得到什么信息？

9）查看 Thunderbird 收件箱中任意一封或多封电子邮件的头部信息。

10）发送电子邮件时，Alpine 是否使用 STARTTLS？

11）在邮件服务器上产生一些 saslauthd 错误，并使用本章中提到的三种方法查看它们。

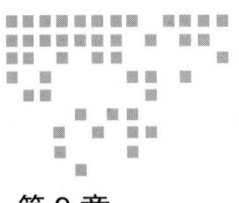

第 9 章 对抗垃圾邮件

目标

在本章中,你将学习以下内容:
- 如何使用 SpamAssassin 通过一系列评分规则来识别垃圾邮件?
- 如何创建和修改 SpamAssassin 规则?
- 如何使用 MIMEDefang 计算垃圾邮件评分来分类垃圾邮件?
- 如何使用 Procmail 将垃圾邮件和其他正常邮件分类到不同的邮件文件夹?

9.1 概述

电子邮件作为一种高效且实用的工具,即便在短信和社交媒体等新型通信方式不断涌现的情况下,它依然能在大多数机构和个人的通信策略中占据核心地位。电子邮件并非最早的数字通信形式,其实在电子计算机出现之前,电报和打字机等工具就已经存在。然而,自从 UNIX 操作系统诞生以来,电子邮件便迅速发展为信息交流中不可或缺的一部分。作为一种定义明确的通信工具,电子邮件不仅可以在计算机上使用,还可以在几乎所有联网设备(包括手机和平板计算机)上使用,其为全球用户群体提供了极大的便利。

然而,在电子邮件不断普及且带来便利的同时,电子邮件也被滥用或发起网络攻击。具体而言,垃圾邮件发送者与恶意软件攻击者会将电子邮件作为实施网络攻击的工具,通过此渠道,他们不仅每年诈骗大量钱财,还窃取公民身份信息,并销售假冒伪劣或不存在的商品。此外,黑客或攻击组织还会发送带有恶意软件附件的电子邮件,试图诱骗用户安装,从而控制目标主机并造成损害。

为了有效处理这些犯罪和具有破坏性的垃圾邮件，我们需要采取一系列措施。接下来，本章将使用三个开源程序来解决这些问题，通过识别和分类垃圾邮件，这不仅能减少用户接触令人反感或不良内容的频率，而且还能显著地提高用户的工作效率。

9.2 问题描述

通常而言，接收到的电子邮件默认会存放在收件箱中。为优化电子邮件管理，笔者习惯将这些电子邮件分类到不同类别的文件夹中，将垃圾邮件归类至垃圾邮件文件夹，并保留若干天以供后续查看，防止那些期望接收的电子邮件因未列入白名单而被标记为垃圾邮件。同时，笔者也会将来自其他几个可信来源的非垃圾邮件（正常邮件）归类到对应文件夹中，最终剩余的邮件则仍然保留在收件箱中。通过这种邮件管理策略，我们可以更好地管理电子邮件。

在深入探讨之前，我们有必要先对相关术语进行简要概述。所谓的"分类"是指将电子邮件进行系统归类并分配到相应文件夹中的过程。例如，像 SpamAssassin 这样的邮件过滤器负责执行电子邮件的分类工作；而 MIMEDefang 则利用这些分类信息，通过在邮件主题行中添加特定的文本字符串来标记垃圾邮件。这种分类方式使得其他软件能够根据这些标记将电子邮件自动归档到指定的文件夹中。本章的目的是探索和确定那些负责此类电子邮件归档处理的软件。

在首选的邮件客户端 Thunderbird 中，笔者已根据个人需求配置了多个邮件过滤器。Thunderbird 是笔者根据个人需求找到的最佳图形用户界面客户端。此外，笔者也为妻子的计算机设置了相似的邮件过滤器。然而，接下来我们将面临一个问题——当我们外出旅行或使用移动设备时，这些过滤器并不总能发挥作用，因为 Thunderbird（或其他具有过滤功能的邮件客户端）通常必须运行才能执行过滤任务。只有我们在携带笔记本计算机的情况下，才能配置它来执行邮件过滤任务，但这也意味着必须在每一个访问电子邮件的设备或主机上重复配置相同的过滤器，这无疑增加了管理的复杂度。那么，究竟如何解决这一问题呢？又如何提升电子邮件的管理效率呢？

此外，笔者还遇到一个亟待解决的技术难题。通常而言，邮件客户端的过滤机制依赖于那些已扫描并存储在收件箱的电子邮件。然而，由于某种未知原因，有时客户端未能从收件箱中删除或清除已经转移的电子邮件，从而导致过滤流程失败。这一问题可能源于 Thunderbird 客户端本身的缺陷，也可能是笔者配置 Thunderbird 不当所导致的。多年以来，笔者一直在尝试解决这个问题，包括多次重新安装 Fedora 系统和 Thunderbird 客户端，但均以失败而告终。如果读者有任何建议或解决方案，欢迎联系本书作者或译者，在此表达诚挚的感谢。

接下来，笔者将描述个人在垃圾邮件处理上所面临的问题。笔者拥有一台邮件服务器，但垃圾邮件的泛滥一直是令人头疼的问题。在笔者所管理的电子邮件地址中，有几个已使用了数十年，因此它们成为垃圾邮件发送者的主要攻击目标。实际上，笔者每天至少会收到 300 封垃圾邮件，最多时一天甚至超过 2500 封。目前，笔者每天收到的垃圾邮件在 800～1200 封之间，并且这个数字还在持续攀升。如此大量的垃圾邮件对笔者的日常生活及工作造成了极大的干扰。

因此，迫切需要设计一种基于服务器（而不是基于客户端）的电子邮件分类方法，以便将邮件按类别自动归类到适当的文件夹中。实施该操作将解决一系列问题。首先，笔者不再需要在家庭工作站上开启邮件客户端来执行过滤操作。其次，它能够该方案能够避免删除或清除收件箱中的电子邮件，特别是垃圾邮件。最后，仅需在服务器配置一次过滤器，即可重复使用。

9.3 缘由分析

到目前为止，本书第 7、8 章已经对电子邮件进行了详细的探讨，而这一章还在概述相关内容。读者可能会产生疑问："为什么我们要忍受所有这些烦恼，只为了拥有一个邮件服务器呢？为什么不直接使用 Gmail 或 ISP 所提供的现有邮件服务呢？"确实，这是一个非常有趣的问题，因为笔者本人也经常会这样问自己。

当笔者决定要成为一名 Linux 系统管理员时，我就意识到需要学习 Linux 系统管理的各方面知识。我们除了需要处理客户端任务之外，还需要处理更多的是各种类型服务器的任务。尽管构建、配置和维护一系列服务器需要耗费大量的精力，正如本系列图书中所述的服务器任务一样，但笔者还是建议大家亲自动手实践，这种学习方式的效果最佳。通过日常与这些服务器及其用户的互动，我们才能获得更为深入的知识和经验。

笔者坚信，在适合担任系统管理员角色的众多人士中，绝大多数均认同实践是最有效的学习途径——虽非全部，但确实很多人都是如此。

此外，即使我们可以通过其他学习方式取得显著成效，但实验室的实践环境对于进行实验和学习如何有效使用及操作各类硬件与软件而言，仍然是不可或缺的。笔者通过在自己的家庭网络中进行此类实践，已经学到了很多的知识，并因此获得了若干令人瞩目的工作机会，当前，笔者正专注于撰写大量关于 Linux 系统的技术文章和书籍。

最后，值得一提的是，推荐大家阅读《使用 Linux 的真正缘由》⊖文章，这篇文章非常有趣！

9.4 邮件服务器

在笔者的职业生涯中，Sendmail 曾经是多个职业中默认的邮件服务器。1997 年，当

⊖ David Both, "The real reason we use Linux", www.both.org/?page_id=844。

笔者从 OS/2[○]系统永久切换到 Red Hat Linux 5 系统时，其也开始在自己的邮件服务器上使用 Sendmail。从那时起，无论是在商务还是个人项目中，笔者都将其当作邮件传送代理来使用。

 笔者不明白为什么维基百科将 Sendmail 称为"消息"传送代理，而我查阅的其他所有资料都将其称为"邮件"传送代理。在维基百科该条目的讨论板块中，关于这一点的讨论进一步增加了我的困惑。在此，欢迎广大读者与我们探讨。

在实践管理中，笔者通常使用 SpamAssassin 和 MIMEDefang 对接收的电子邮件进行评分以及垃圾邮件标注，譬如通过在主题中添加特定的字符串"###SPAM###"来区分它们，被该字符串标记的邮件即判定为垃圾邮件。笔者偏好使用 UW IMAP 作为客户端来访问电子邮件，但这并不影响服务器端的过滤和分类作业。

确实，笔者在邮件服务器端部署了多款传统软件，虽然它们可能略显老旧，但其功能齐全，并为人所知且具有完善的文档，系统管理员只需稍作配置，就能高效地使用它们，而且笔者也清楚如何根据特定需求来配置它们。此外，了解这些老旧却仍在广泛使用的软件，对于理解更现代化的邮件处理软件至关重要。这些软件能帮助我们理解执行电子邮件相关任务所需的各项协议及要求。值得一提的是，Fedora 系统的最新版本在其标准存储库中提供了所有这些工具并作为软件包。

9.5 项目需求

在开启项目之前，确立一系列明确的需求是至关重要的。因此，根据上述问题的描述，本章为该项目制定了五项基本需求：

1）使用 MIMEDefang 在邮件主题行中添加特定标记，在服务器端将接收到的垃圾邮件自动分类到垃圾邮件文件夹中。

2）将其他收到的非垃圾邮件（正常邮件）分类到指定的文件夹中。

3）解决因邮件移动而导致邮件无法从收件箱中删除或清除的问题。

4）保留笔者原本使用的 SpamAssassin 和 MIMEDefang 软件，并完成相关的邮件操作。

5）新增的任何软件都需易于安装和配置。

基于上述目标，我们需要构建一个能与现有系统进行良好集成的邮件分类程序。这些要求恰好符合本章所述的需求。

○ OS/2 是由微软和 IBM 公司共同创造，后来由 IBM 单独开发的一套操作系统，其全称为 Operating System/2。——译者注

9.6　Procmail

经过深入调研，本节最终决定采用备受推崇的 Procmail[⊖]。笔者知道，Procmail 可能已有些过时，而且据说它也不再得到官方的支持。然而，它确实能满足我们所有的需求，并且与我们现有的软件系统良好地兼容。基于 Procmail 的可靠性和兼容性，以及从未被披露过重大的安全漏洞，我们选择使用它来完成相关实验。此外，Procmail 既可以配置为在系统级别使用，也可以配置为单个用户级别使用，这一定程度上增加了它的可扩展性。

在 Red Hat 及其相关的上游发行版操作系统（如 CentOS 和 Fedora）中，Procmail 被默认设置为 Sendmail 的邮件投递代理（Mail Delivery Agent，MDA）。由于其已经预装在系统中，因此无须进行额外的安装。此外，MDA 负责将电子邮件传送到本地主机上的用户邮箱，因此它也被称为本地投递代理（Local Delivery Agent，LDA）。

鉴于我们的邮件服务器是基于 Fedora 系统的，使用 Procmail 是一个理所当然的选择。此外，无论互联网上对 Procmail 的评价如何，Red Hat 确实为 Procmail 提供了支持，并且其最新版本中已包含了几个最新的补丁，这表明 Procmail 仍在持续更新和维护之中。我们可以查看 Procmail 的变更日志来验证这一点。

实验 9-1：检查 Procmail

请大家以 root 用户身份在 StudentVM2 虚拟机上执行此实验。随后，调用 rpm 命令查询（-q 参数）procmail 软件的相关信息，详细命令及输出结果如下所示：

```
[root@studentvm2 mail]# rpm -q --changelog procmail
* Thu Jan 12 2023 Jaroslav Škarvada <jskarvad@redhat.com> - 3.24-1
- Switched to the github fork
- New version
  Resolves: rhbz#2143702

* Fri Jul 22 2022 Fedora Release Engineering <releng@fedoraproject.org> - 3.22-57
- Rebuilt for https://fedoraproject.org/wiki/Fedora_37_Mass_Rebuild
* Fri Jan 21 2022 Fedora Release Engineering <releng@fedoraproject.org> - 3.22-56
- Rebuilt for https://fedoraproject.org/wiki/Fedora_36_Mass_Rebuild
<snip>
```

笔者已将输出数据流进行简化处理，但你仍可以看到相关工作仍在持续进行中。

[⊖] RHEL 7 部署指南，Procmail，https://access.redhat.com/documentation/en-us/red_hat_enterprise_linux/7/html/system_administrators_guide/s1-email-mda。

此外，实验 9-1 的结果还揭示了一个重要观点：我们不应无条件地信任互联网上所读到或看到的一切内容，即便是维基百科这类看似权威的网站也不例外。在遇到网络上的新闻或陈述时，我们应该追溯其来源，亲自查阅原始文本或数据，甚至通过实验来检验信息的真实性。正如上述提到的 Procmail 的 RPM 软件包来源所示。

除了发送电子邮件外，Procmail 还可以用来过滤和分类邮件。Procmail 的规则被称为配方——可以用来识别垃圾邮件，并将其删除或分类到指定的邮件文件夹中。当然，其他配方或规则还可以识别和分类不同类型的邮件，譬如将来自特定电子邮件账户或组织的邮件分类到特定的文件夹中。除了将电子邮件分类到指定文件夹外，Procmail 还可以用来处理其他任务，譬如自动转发邮件、内容复制等。在本章中，我们仅使用 Procmail 来识别垃圾邮件并将其分类到指定的垃圾邮件文件夹中。

9.7 工作原理

由于 SpamAssassin、MIMEDefang 和 Procmail 等工具提供了多种实现反垃圾邮件解决方案的选项，并且这些知识繁杂，因此本章不会全面讨论它们的配置细节。相反，本章仅重点介绍笔者用于集成这三个软件包以实现特定垃圾邮件识别的配置方法。

简单来说，当邮件到达时，首先由 Sendmail 进行处理。在标准的电子邮件处理流程中，Sendmail 会调用 MIMEDefang 工具。该工具进一步利用 SpamAssassin 作为辅助工具，对电子邮件进行垃圾邮件评分。具体而言，MIMEDefang 将电子邮件传递给 SpamAssassin，并得到一个关于该邮件是否为垃圾邮件的评分作为反馈（返回代码），该评分有助于后续对邮件进行分类和处理。值得强调的是，作为一种邮件过滤工具，SpamAssassin 被许多邮件服务提供商使用，以检测和过滤垃圾邮件。

SpamAssassin 使用其默认的规则集和评分机制，以及位于 local.cf 文件中的自定义规则，来评估每封电子邮件并计算生成一个总分。用户可以根据需要修改现有的评分规则以及添加新的规则，并创建白名单和黑名单，以适应自己系统的特定需求，完成对应的电子邮件评估。需要注意的是，所有这些配置均存储在 /etc/mail/spamassassin/local.cf 文件中，这个文件可能会非常大，在笔者撰写本文时，local.cf 文件就已经超过 70KB，并且仍在不断增加。

此外，我们需要理解一个至关重要的原理：在 SpamAssassin 扫描一封电子邮件时，它会逐条检查包括默认规则及由系统管理员或电子邮件管理员创建和维护的本地规则集。当邮件符合某条规则时，该规则所定义的分值就会被累加到邮件的总评分中。总之，这个过程并非一次性扫描，而是会不断检查邮件以确定其是否与所有规则相匹配。

SpamAssassin 可以在某些应用程序中作为独立软件运行。然而，在这种环境下，SpamAssassin 并非作为守护进程运行，而是通过 MIMEDefang 的调用执行其功能。一旦 MIMEDefang 收到电子邮件的垃圾邮件评分后，它会调用 /etc/email/mimedefang-filter 程序，该程序可以根据具体需求对电子邮件执行多种操作，包括向电子邮件添加头部信息，修改邮件主题，或者直接删除邮件等操作。

MIMEDefang 是以 Perl[⊖] 语言编写的，因此易于修改。笔者已修改了 /etc/mail/mimedefang-filter 中的最后一部分核心代码，以提供比默认设置更加精细的过滤规则。具体而言，这段代码会在电子邮件的主题行中添加特定文本标识，以识别这封特定电子邮件是否为垃圾邮件。

9.8 准备工作

尽管笔者之前在自己的邮件服务器上安装了 MIMEDefang 和 SpamAssassin 软件来辅助邮件分类，但目前我们的 StudentVM2 服务器上尚未安装这两款工具。为了完成相关实验，我们首先需要在 StudentVM2 上安装 MIMEDefang 和 SpamAssassin。

实验 9-2：在服务器上安装 MIMEDefang 和 SpamAssassin

在 StudentVM2 服务器上以 root 用户身份执行此实验。我们主要调用 dnf 命令来安装 MIMEDefang 和 SpamAssassin 工具，如下所示：

[root@studentvm2 ~]# **dnf -y install mimedefang spamassassin**

尽管我们的虚拟机上已经安装了 Perl，但该命令将会导致安装许多 Perl 软件包，这些软件包都是 MIMEDefang 工具所依赖和需要的。

最后，请确认当前的 /etc/mail 目录下是否存在 mimedefang* 文件和一个 spamassassin 目录。

9.9 配置

首先，我们需要配置 Sendmail，使其能在常规的邮件处理流程中调用 MIMEDefang。其次，为了让 MIMEDefang 在主题行中添加所需的文本，我们需要配置 MIMEDefang。最后，我们还需要设定若干 SpamAssassin 规则，并确保它们能够成功识别我们的测试邮件，将其归类为垃圾邮件，从而验证这些规则的有效性。接下来将详细介绍如何配置 Sendmail、MIMEDefang、Procmail 和 SpamAssassin。

⊖ Perl 一种功能丰富的计算机程序语言，全称为 Practical Extraction and Report Language，是由 Larry Wall 所设计的，最初其是为文本处理而开发的，现已应用于各种任务，包括系统管理、Web 开发、网络编程、GUI 开发等。Perl 具有易用、高效、动态、简洁而不失美观的特点。——译者注

9.9.1 配置 Sendmail

为了启动垃圾邮件过滤进程，Sendmail 必须调用 MIMEDefang。我们可以通过调用 MIMEDefang 邮件过滤器来实现这一操作。值得一提的是，"mail filter"通常简称为"milter"。

接着，在 sendmail.cf 配置文件中插入一行命令来启用 MIMEDefang 邮件过滤器。

实验 9-3：配置 Sendmail 以使用 MIMEDefang

以 root 用户身份在 StudentVM2 服务器上执行本实验，将 /etc/mail 设为当前工作目录。打开 sendmail.mc 文件并在 EXPOSED_USER 行之后插入如下几行内容：

```
dnl #####################################################################
####################dnl
dnl # The following line causes sendmail to use the MIMEdefang
milter.dnl
INPUT_MAIL_FILTER(`mimedefang', `S=unix:/var/spool/MIMEDefang/
mimedefang.sock, T=S:5m;R:5m')dnl
dnl #####################################################################
####################dnl
```

 提示 请确保在 INPUT_MAIL_FILTER 命令的最后一个字符")"和结尾的"dnl"之间不要放置任何空格。如果在"dnl"之前有空格，Sendmail 将无法重新启动。

首先，需要确保 /etc/mail 是当前工作目录，然后运行 make 命令构建项目：

```
[root@studentvm2 mail]# make
```

其次，重启 Sendmail。

为了验证我们没有引入任何错误，请在 StudentVM2 上使用 tail -f 命令追踪 maillog 文件。该命令旨在查看或监视指定文件的尾部内容（默认显示 10 行），通过观察 maillog 文件以确认是否引入了错误。接着，在 StudentVM1 设备上以 student 用户身份向 student@example.com 账户以及你的外部电子邮件账户（此处的 LinuxGeek46 账户）发送一封测试邮件。

此处的完整代码如下所示，主要利用 mailx 命令发送电子邮件，其中 -s 选项指定邮件标题：

```
[student@studentvm1 ~]$ echo "Hello World" | mailx -s "Test from
StudentVM1" LinuxGeek46@both.org student@example.com
```

请确保 maillog 文件中没有错误，并且电子邮件已成功发送给所有收件人。如果遇到任何问题，先进行修复再重新尝试。在笔者第一次尝试时，就遇到了一些配置错误。此外，maillog 文件和 journalctl -xeu sendmail.service 命令的输出会为你提供一些解决问题的线索，可以更好地帮助大家解决现实问题。

接下来，请打开你发送到外部电子邮件账户的邮件，并查看邮件标题。其中，邮件标题应该与笔者所撰写的"Test from StudentVM1"类似。由于笔者的邮件服务器已经运行了 SpamAssassin 和 MimeDefang，因此你会看到与这些功能相关的条目。同时，你也应该能够追踪到相关电子邮件发送到指定个人账户的完整路径，如下所示，显示了详细的邮件通信过程：

```
Received: from studentvm2.example.com (_gateway [192.168.0.254])
    by yorktown.both.org (8.17.1/8.17.1) with ESMTPS id 363DpNXm186795
    (version=TLSv1.3 cipher=TLS_AES_256_GCM_SHA384 bits=256 verify=NOT)
    for <LinuxGeek46@both.org>; Mon, 3 Jul 2023 09:51:23 -0400
Received: from studentvm1.example.com ([192.168.56.56])
    by studentvm2.example.com (8.17.1/8.17.1) with ESMTPS id
    363DpL1o002745
    (version=TLSv1.3 cipher=TLS_AES_256_GCM_SHA384 bits=256 verify=NOT);
    Mon, 3 Jul 2023 09:51:21 -0400
Received: from studentvm1.example.com (localhost [127.0.0.1])
    by studentvm1.example.com (8.17.1/8.17.1) with ESMTPS id
    363DpLmR001661
    (version=TLSv1.3 cipher=TLS_AES_256_GCM_SHA384 bits=256 verify=NOT);
    Mon, 3 Jul 2023 09:51:21 -0400
Received: (from student@localhost)
    by studentvm1.example.com (8.17.1/8.17.1/Submit) id 363DpJds001660;
    Mon, 3 Jul 2023 09:51:19 -0400
From: Student User <student@example.com>
Message-Id: <202307031351.363DpJds001660@studentvm1.example.com>
Date: Mon, 03 Jul 2023 09:51:19 -0400
To: student@example.com, LinuxGeek46@both.org
Subject: Test from StudentVM1
User-Agent: Heirloom mailx 12.5 7/5/10
MIME-Version: 1.0
Content-Type: text/plain; charset=us-ascii
Content-Transfer-Encoding: 7bit
X-Scanned-By: MIMEDefang 3.4.1 on 192.168.0.52
X-Scanned-By: MIMEDefang 3.4.1
X-Spam-Status: No, score=-78.7 required=10.6 tests=BAYES_00,RDNS_
NONE,SPF_HELO_NONE,USER_IN_WELCOMELIST

Hello World
```

此外，我们尚未在 StudentVM1 上配置邮件客户端从 StudentVM2 检索电子邮件，但我们会逐步完成这一步骤。现在，你可以使用 StudentVM2 上的 mailx 客户端（以 student 用户身份登录）来检索和查看电子邮件。在选中和查看测试邮件后，你可以通过输入大写字母"P"来查看所有电子邮件的头部，以找到目标邮件。具体内容如下所示：

```
U 10 logwatch@example.com  Sun Jun 25 03:38 128/4708  "Logwatch for
  studentvm1.example.com (Linux)"
  11 logwatch@example.com  Wed Jun 28 03:10 136/5206  "Logwatch for
  studentvm1.example.com (Linux)"
  12 logwatch@example.com  Thu Jun 29 03:51  73/2917  "Logwatch for
  studentvm1.example.com (Linux)"
  13 Student User          Mon Jul  3 09:51  27/1098  "Test from
  StudentVM1"
& 13
Message 13:
From student@example.com  Mon Jul  3 09:51:22 2023
Return-Path: <student@example.com>
From: Student User <student@example.com>
Date: Mon, 03 Jul 2023 09:51:19 -0400
To: student@example.com, LinuxGeek46@both.org
Subject: Test from StudentVM1
User-Agent: Heirloom mailx 12.5 7/5/10
Content-Type: text/plain; charset=us-ascii
X-Scanned-By: MIMEDefang 3.4.1
Status: RO

Hello World

& P
Message 13:
From student@example.com  Mon Jul  3 09:51:22 2023
Return-Path: <student@example.com>
Received: from studentvm1.example.com ([192.168.56.56])
        by studentvm2.example.com (8.17.1/8.17.1) with ESMTPS id
        363DpL1o002745
        (version=TLSv1.3 cipher=TLS_AES_256_GCM_SHA384 bits=256
        verify=NOT);
        Mon, 3 Jul 2023 09:51:21 -0400
Received: from studentvm1.example.com (localhost [127.0.0.1])
        by studentvm1.example.com (8.17.1/8.17.1) with ESMTPS id
        363DpLmR001661
        (version=TLSv1.3 cipher=TLS_AES_256_GCM_SHA384 bits=256
        verify=NOT);
        Mon, 3 Jul 2023 09:51:21 -0400
Received: (from student@localhost)
```

```
            by studentvm1.example.com (8.17.1/8.17.1/Submit) id
            363DpJds001660;
            Mon, 3 Jul 2023 09:51:19 -0400
From: Student User <student@example.com>
Message-Id: <202307031351.363DpJds001660@studentvm1.example.com>
Date: Mon, 03 Jul 2023 09:51:19 -0400
To: student@example.com, LinuxGeek46@both.org
Subject: Test from StudentVM1
User-Agent: Heirloom mailx 12.5 7/5/10
MIME-Version: 1.0
Content-Type: text/plain; charset=us-ascii
Content-Transfer-Encoding: 7bit
X-Scanned-By: MIMEDefang 3.4.1
Status: RO

Hello World

&
```

通过分析上述实验结果，我们观察到该邮件在传输过程中相较于发送到外部电子邮件的路径更为直接，没有经历多次"跳跃"（邮件传输过程中的中转站）。因此，其传输路径相对较短，且显得不那么复杂。然而，在邮件信息中，确实存在一行表明该邮件已被 MIMEDefang 扫描过的记录，即"X-Scanned-By: MIMEDefang 3.4.1"。这一发现证实了我们的安装和配置是成功的，并且垃圾邮件过滤工作正在按照预期正常进行。

9.9.2 配置 mimedefang-filter

接下来，我们将配置 mimedefang-filter 过滤器，使得它能够识别出垃圾邮件（评分较高）并在邮件内容中添加"####SPAM####"标签文本。该实验将使用 Perl 语言进行，即使你不熟悉 Perl 语言，但也不必担心，因为笔者会指导你完成整个操作过程。

实验 9-4：配置 mimedefang-filter

在 StudentVM2 上以 root 用户身份执行此实验。MIMEDefang 文件和 SpamAssassin 的配置目录都位于 /etc/mail。接下来，我们将修改由 Perl 语言⊖编写的 mimedefang-filter 程序，但在修改之前，请先创建一个备份副本，并检查需要更改的代码部分。

请确保 /etc/mail 是当前工作目录，并调用 cp 命令复制一个副本：

⊖ 笔者建议你至少学习一些 Perl 的基础知识，因为它是一种非常强大的字符串处理语言。虽然现在很多程序员使用 Python、Ruby 等语言，但 Perl 在系统管理中依然保持着极其重要的地位和实用性。Perl 的语法与 C 语言类似，因此如果你已经熟悉 C 语言编程，那么学习 Perl 将会非常轻松。

```
[root@studentvm2 mail]# cp mimedefang-filter mimedefang-filter.bak
```
我们将详细对比修改前后的代码，并解读它们的具体作用和修改缘由。

1. 修改前的代码解读

在备份 mimedefang-filter 程序之后，使用 Vim 编辑器打开它。以下代码位于文件的开头位置。

在此实验中，笔者对自己邮件服务器上的配置文件做了许多更改，并将其作为此实验的示例。此外，你还需要设置管理员的姓名和电子邮件地址，从而更好地执行本次实验。笔者已经使用高亮标出了需要修改的行，你可以看到笔者是如何修改这些设置的，即对应 $AdminAddress 和 $AdminName 的值。

```
#***********************************************************************
# Set administrator's e-mail address here.  The administrator receives
# quarantine messages and is listed as the contact for site-wide
# MIMEDefang policy.  A good example would be 'defang-admin@
mydomain.com'
#***********************************************************************
$AdminAddress = 'root@example.com';
$AdminName = "David Both";
```

接下来的部分是 MIMEDefang 发送电子邮件中显示的返回地址：

```
#***********************************************************************
# Set the e-mail address from which MIMEDefang quarantine warnings and
# user notifications appear to come.   A good example would be
# 'mimedefang@mydomain.com'.   Make sure to have an alias for this
# address if you want replies to it to work.
#***********************************************************************
$DaemonAddress = 'mimedefang@example.com';
```

紧接着前面的部分，我添加了如下所示的代码段。它的作用是指导 SpamAssassin 检查那些基于 DNS IP 地址的互联网黑名单数据库，这些数据库列出了已知的垃圾邮件发送者：

```
# SpamAssassin should check DNSBL lookups and other non-local tests
# Added by David Both 04/23/2011
$SALocalTestsOnly = 0;
```

现在，请跳转到 mimedefang-filter 程序中大约 271 行的位置（考虑笔者之前添加的行），接着撰写自己的代码替换如下加粗显示的代码片段，该部分代码旨在检测垃圾邮件：

```
# Spam checks if SpamAssassin is installed
if ($Features{"SpamAssassin"}) {
    if (-s "./INPUTMSG" < 100*1024) {
```

```
    # Only scan messages smaller than 100kB.  Larger messages
    # are extremely unlikely to be spam, and SpamAssassin is
    # dreadfully slow on very large messages.
    my($hits, $req, $names, $report) = spam_assassin_check();
    my($score);
    if ($hits < 40) {
        $score = "*" x int($hits);
    } else {
        $score = "*" x 40;
    }
    # We add a header which looks like this:
    # X-Spam-Score: 6.8 (******) NAME_OF_TEST,NAME_OF_TEST
    # The number of asterisks in parens is the integer part
    # of the spam score clamped to a maximum of 40.
    # MUA filters can easily be written to trigger on a
    # minimum number of asterisks...
    if ($hits >= $req) {
        action_change_header("X-Spam-Score", "$hits ($score)
        $names");
        md_graphdefang_log('spam', $hits, $RelayAddr);

        # If you find the SA report useful, add it, I guess...
        action_add_part($entity, "text/plain", "-suggest",
                        "$report\n",
                        "SpamAssassinReport.txt", "inline");
    } else {
        # Delete any existing X-Spam-Score header?
        action_delete_header("X-Spam-Score");
    }
  }
}
```

上述代码中两个以"my"开头的非注释行用于在此代码段中创建某些变量的本地副本。其中，$hits 变量是一个数值，表示电子邮件的垃圾评分。接着赋值给 spam_assassin_check() 函数，旨在开展垃圾邮件检测和评分计算。

随后是两个 if-else 语句，第一个 if-else 结构使用 Perl 的乘法运算符（×）来生成一个字符串，该字符串由星号组成，其数量即为垃圾邮件的评分。譬如，如果垃圾邮件评分为 7，那么将生成一个包含七个星号的字符串"*******"，这样我们就可以通过条形图直观地表示垃圾邮件评分。如果 $hits 变量的值小于 40，就会执行 if 语句部分；如果 hits 的值大于或等于 40，则执行 else 语句部分，并生成一个包含 40 个星号的字符串。

第二个 if-else 语句会执行一些预定义的操作。如果 $hits 变量的值大于 $req（required）变量，那么系统就会在邮件头部添加一个名为 X-Spam-Score 的信息，其结构如下所示：

> numeric spam score ($hits), the string of asterisks, test names (hits) that comprise the score

此外，如果我们在文件的较早部分取消了某行注释，md_graphdefang_log('spam', $hits, $RelayAddr); 这行代码会向 /var/log 目录的日志文件添加一条记录。

此"if"部分的最后一条语句会将 SpamAssassin 的报告作为内联附件添加到电子邮件中，其调用 action_add_part 函数实现，所插入的文件为 SpamAssassinReport.txt。当 SpamAssassin 或其评分出现问题时，笔者发现这个报告非常有助于进行问题诊断，能快速定位出现问题的关键位置。

如果 $hits 变量的值小于 req，则会执行 else 部分，删除现有垃圾邮件的评分头部信息。由于电子邮件会被多个邮件服务器扫描，因此这可以防止因某个服务器的垃圾邮件评分误导我们认为某封邮件是垃圾邮件。$req 变量定义了一个阈值，当电子邮件的评分达到或超过这个阈值时，它将被视为垃圾邮件。默认情况下，这个阈值为 5。如果想要更改这个值，你需要在 /etc/mail/sa-mimedefang.cf 配置文件中修改如下所示的对应条目。

> required_hits   5

在多年使用 MIMEDefang 和 SpamAssassin 的过程中，笔者发现默认的垃圾邮件标记方式并不符合实际需求。因为条形图对最终用户来说是不可见的，尽管它可以通过 Procmail 用来确定如何对垃圾邮件进行分类，但我们更希望在邮件的主题行中添加一些内容，以便收件人能够直接看到并决定如何处理这封邮件。因此，笔者创建了一组更符合现实需求的操作，这些操作能够让我们更快速地识别和处理垃圾邮件。

2. 修改后的代码解读

在这个实验中，我们将对两种情况的操作进行修改：一种是当电子邮件被判定为垃圾邮件时采取的操作，另一种是当确定其不是垃圾邮件时采取的操作。修改后的代码如下所示，我们需要将 mimedefang-filter 中的原始部分替换为以下代码。

需要特别指出的是，尽管在常规编程实践中，每行代码的末尾通常使用分号（;）作为语句结束的标志，但在下述代码中，由于部分行因内容过长而采取了换行处理，故在换行处并未添加分号。因此，在解读和编译这些代码时，应将换行后的内容视为原行代码的自然延续，直至遇到下一个分号为止，这是程序语言中处理长语句时常见的语法结构。

```
if ($hits >= $req) {
    action_add_header("X-Spam-Status", "Spam, score=$hits required=$req
    tests=$names");
    action_change_header("Subject", "####SPAM#### ($hits) $Subject");
    action_add_part($entity, "text/plain", "-suggest", "$report\n",
```

```
            "SpamAssassinReport.txt", "inline");
        # action_discard();
    } else {
        action_add_header("X-Spam-Status", "Spam, score=$hits required=$req
        tests=$names");
        action_change_header("Subject", "####NOT SPAM#### ($hits)
        $Subject");
        action_add_part($entity, "text/plain", "-suggest", "$report\n",
        "SpamAssassinReport.txt", "inline");
        # Delete any existing X-Spam-Score header?
        # action_delete_header("X-Spam-Score");
    }
```

接着，我们观察这段代码的功能。首先，这段修订后的代码添加了 X-Spam-Status 头部，将"####SPAM####"字符串和垃圾邮件评分添加到主题行的前面，并将 SpamAssassin 报告附加到电子邮件消息的末尾。对于非垃圾邮件，这段代码也会执行类似的操作，只是添加到主题行前的内容有所不同，会显示为"####NOT SPAM####"。在本实验中，我们采取这种方式是为了确保即使电子邮件不是垃圾邮件，我们的垃圾邮件检测器也能正常工作。

在真实世界的应用场景中，对于非垃圾邮件（也称作 ham 邮件），笔者会在邮件头部添加 X-Spam-Status 行，以表明其垃圾邮件评分。此外，笔者通常不会在主题行中添加任何特殊标记，也不会将 SpamAssassin 报告附加到电子邮件中，这样做是为了保持邮件的整洁性和易读性。

请注意，这次代码修订并没有删除现有的邮件头部。因此，你可能会看到邮件在传输过程中经过的其他邮件服务器所添加的 X-Spam 头部信息。这些信息会和其他邮件头部一起保留在邮件中。

许多用户在看到 SpamAssassin 报告和带有"####SPAM####"的主题行时，可能会感到不安或恐慌。因此，笔者通常只在需要确定问题来源（比如某个规则没有正常工作）时，才会添加这个报告。该报告可以让我们轻松查看邮件头部的内容，并且还包括更多详细信息，比如每条规则给邮件评定的具体分数。另外，如果用户将邮件转发给我们，虽然 SpamAssassin 报告仍会保留在邮件中，但原始邮件头部可能会被删除，因此在那种情况下，原始头部信息将变得毫无作用。

3. 垃圾邮件识别测试

现在我们可以启动 MIMEDefang 并重启 Sendmail。请注意，在启动或重启 MIMEDefang 之后，一定要重启 Sendmail。为了自动化整个流程，笔者编写了一个精巧的 shell 脚本，旨在停止这两个服务，然后按照顺序重新启动它们。这两个服务停止的顺序并不重要，但启动的顺序必须是先 MIMEDefang 后 Sendmail。这是因为 MIMEDefang

会先打开一个套接字，Sendmail 需要找到并连接到这个套接字，该套接字就是它们之间的通信通道。下面是调用 systemctl enable 命令开机并启动 MIMEDefang 的过程：

```
[root@studentvm2 ~]# systemctl enable --now mimedefang
Created symlink /etc/systemd/system/multi-user.target.wants/mimedefang.
service → /usr/lib/systemd/system/mimedefang.service.
Created symlink /etc/systemd/system/multi-user.target.wants/mimedefang-
multiplexor.service → /usr/lib/systemd/system/mimedefang-multiplexor.
service.
[root@studentvm2 ~]#
```

MIMEDefang 需要在 Sendmail 之前启动，因为它会创建一个套接字以供 Sendmail 进行通信。这是我们在 sendmail.cf 配置文件中添加的设置。现在，请执行 systemctl restart 命令重启 Sendmail：

```
[root@studentvm2 ~]# systemctl restart sendmail
```

重启之后，请在 StudentVM1 上以 student 用户身份进行测试，向 student@example.com 发送一封电子邮件。接着，在 StudentVM2 上以 student 用户身份使用 mailx 命令来查看这封电子邮件，并展示邮件头部信息，如下所示：

```
From student@example.com  Mon Jul  3 15:16:41 2023
Return-Path: <student@example.com>
Received: from studentvm1.example.com ([192.168.56.56])
        by studentvm2.example.com (8.17.1/8.17.1) with ESMTPS id
        363JGX0Y003833
        (version=TLSv1.3 cipher=TLS_AES_256_GCM_SHA384 bits=256
        verify=NOT);
        Mon, 3 Jul 2023 15:16:34 -0400
Received: from studentvm1.example.com (localhost [127.0.0.1])
        by studentvm1.example.com (8.17.1/8.17.1) with ESMTPS id
        363JGXip002314
        (version=TLSv1.3 cipher=TLS_AES_256_GCM_SHA384 bits=256
        verify=NOT);
        Mon, 3 Jul 2023 15:16:33 -0400
Received: (from student@localhost)
        by studentvm1.example.com (8.17.1/8.17.1/Submit) id
        363JGWii002313;
        Mon, 3 Jul 2023 15:16:32 -0400
From: Student User <student@example.com>
Message-Id: <202307031916.363JGWii002313@studentvm1.example.com>
Date: Mon, 03 Jul 2023 15:16:32 -0400
To: student@example.com, LinuxGeek46@both.org
Subject: ####NOT SPAM#### (-1) Test 9 from StudentVM1
```

```
User-Agent: Heirloom mailx 12.5 7/5/10
MIME-Version: 1.0
Content-Type: multipart/mixed; boundary="----------=_1688411794-3318-0"
X-Spam-Status: Spam, score=-1 required=5 tests=ALL_TRUSTED
X-Scanned-By: MIMEDefang 3.4.1
Status: R

Part 1:
Content-Type: text/plain; charset=us-ascii
Content-Transfer-Encoding: 7bit

Hello World

Part 2:
Content-Type: text/plain; name="SpamAssassinReport.txt"
Content-Disposition: inline; filename="SpamAssassinReport.txt"
Content-Transfer-Encoding: 7bit

Spam detection software, running on the system "studentvm2.example.com",
has NOT identified this incoming email as spam.  The original
message has been attached to this so you can view it or label
similar future email.  If you have any questions, see
@@CONTACT_ADDRESS@@ for details.

Content preview:   Hello World
Content analysis details:   (-1.0 points, 5.0 required)

 pts rule name              description
---- ---------------------- --------------------------------------------------
-1.0 ALL_TRUSTED            Passed through trusted hosts only via SMTP
```

接下来，我们需要测试真正的垃圾邮件识别功能。SpamAssassin 为此提供了相应的功能。请在 StudentVM2 上以 root 用户身份登录终端会话，并将 /usr/share/doc/spamassassin 设置为当前工作目录，并列出其中的内容。我们可以看到两个关键文本文件 sample-nonspam.txt 和 sample-spam.txt，它们将被用于测试。接着，使用 spamassassin 命令的测试模式来评估这两个文件，完整命令和结果如下所示：

```
[root@studentvm2 spamassassin]# spamassassin --test-mode < sample-spam.txt
X-Spam-Checker-Version: SpamAssassin 3.4.2 (2018-09-13) on
          studentvm2.example.com
X-Spam-Flag: YES
X-Spam-Level: *****************************************************
X-Spam-Status: Yes, score=1000.0 required=5.0 tests=GTUBE,NO_RECEIVED,
         NO_RELAYS autolearn=no autolearn_force=no version=3.4.2
X-Spam-Report:
```

```
                * -0.0 NO_RELAYS Informational: message was not relayed via SMTP
                * 1000 GTUBE BODY: Generic Test for Unsolicited Bulk Email
                * -0.0 NO_RECEIVED Informational: message has no
Received headers
Subject: [SPAM] Test spam mail (GTUBE)
Message-ID: <GTUBE1.1010101@example.net>
Date: Wed, 23 Jul 2003 23:30:00 +0200
From: Sender <sender@example.net>
To: Recipient <recipient@example.net>
Precedence: junk
MIME-Version: 1.0
Content-Type: text/plain; charset=us-ascii
Content-Transfer-Encoding: 7bit
X-Spam-Prev-Subject: Test spam mail (GTUBE)
This is the GTUBE, the
        Generic
        Test for
        Unsolicited
        Bulk
        Email

<SNIP>
```

> 注意　本实验是使用文件作为输入源，再将其重定向到某个命令或程序的一个很好示例。在 UNIX 和 Linux 系统中，重定向是一种常用的技术，允许用户将命令的输出保存到文件中，或者将文件内容作为命令的输入。例如，可以使用"ls > file.txt"将 ls 命令的输出保存到文件中，也可以使用"sort < file.txt"将文件内容作为命令的输入，即将 file.txt 文件中的内容作为 sort 命令的输入，并按照字母顺序对其中的内容进行排序。

请确保阅读完整的信息，为了节省空间，笔者已经删除了很多内容和细节。

当前所描述的方法主要测试了 SpamAssassin 和 MIMEDefang 的功能，但并未完整模拟一封真实电子邮件在邮件传送代理中的整个传输过程，因此，通过这种方法发送的电子邮件也不会直接出现在我们的收件箱中。然而，我们可以使用 mailx 命令进行测试，以验证是否已将电子邮件发送到指定的收件箱中。如下所示，调用 mailx 发送一封邮件主题为"Test spam"的邮件给 student@example.com：

```
[root@studentvm2 spamassassin]# cat sample-spam.txt | mailx -s "Test
spam" student@example.com
```

最后，在 StudentVM2 上以 student 用户身份使用 mailx 客户端打开这封电子邮件。

检查邮件内容，并查看所添加的头部信息和附加的 SpamAssassin 报告。

我们可以看到，上述所配置的反垃圾邮件正在按预期工作。

现在，电子邮件的主题行中包含了"####SPAM####"或"####NOT SPAM####"这样的特定标识符（不含引号），以及一个用于量化垃圾邮件可能性的评分（变量 $hits）。这一做法旨在通过在垃圾邮件的主题行中插入已知的标记字符串，为后续的邮件过滤和分类机制提供便利，从而优化其识别与处理的效率。

此外，经过这些处理的电子邮件随后将被转发至 Sendmail 系统，以执行后续的邮件处理流程。

9.9.3 配置 Procmail

Sendmail 执行的最后一步是调用 Procmail 作为邮件投递代理。作为此过程中的核心组件，Procmail 负责检查目标用户的主目录，以确定是否存在 ~/.procmailrc 配置文件。如果该配置文件不存在，则 Procmail 会将邮件投递到默认收件箱中，即位于 /var/spool/mail 路径的用户收件箱。然而，本节的重点是当 ~/.procmailrc 文件存在时，系统如何依据此配置对电子邮件进行处理。

我们希望 Procmail 在邮件被放入收件箱之前，能够利用当前已添加到主题行中的文本信息对邮件进行检查，并将识别出的垃圾邮件转发到一个我们称之为"垃圾邮件"的文件夹中。

Procmail 使用全局和用户级别的配置文件，因此需要创建全局的 /etc/procmailrc 文件和单个用户的 ~/.procmailrc 文件。这些文件的结构是相似的，但全局文件对所有传入的邮件进行操作，而用户级别的文件则只会为每个用户单独配置。由于笔者不使用全局文件，因此所有的邮件分类工作都是在用户级别完成的。

注意，~/.procmailrc 文件必须放置在邮件服务器上电子邮件账户的主目录中，而不是放在各个客户端工作站的主目录。由于大多数电子邮件账户不是登录账户，它们默认使用 nologin 程序作为 shell。因此，管理员需要创建和维护这些文件。此外，还可以将这些账户更改为 Bash 之类的登录 shell 并设置密码，以便有能力的用户可以在服务器上登录到自己的电子邮件账户并维护其 ~/.procmailrc 文件。

每条规则的第一行都以":0"开始（需要注意这是一个零），共包含三行内容。第二行以 * 开头，包含一个条件语句，这个语句由一个正则表达式（REGEX）组成，Procmail 会用这个正则表达式与传入电子邮件的每一行进行比较。如果匹配成功，Procmail 就会将邮件分类到第三行所指定的文件夹中。需要注意，在比较时 ^ 符号表示行的开头。

实验 9-5：使用 Procmail

请在 StudentVM2 上以 student 用户身份执行这部分实验。首先，使用文本编辑器在

/home/student/ 目录下创建一个新的 .procmailrc 文件,并向其添加以下内容。请注意,这个文件不应该具有可执行权限:

```
##########################################################################
# .procmailrc file for student@example.com                               #
#  Rules are run sequentially - first match wins                         #
# It is not necessary to reboot or to restart email. Changes take place  #
# as soon as the file is saved.                                          #
##########################################################################
# Set the environment
PATH=/usr/sbin:/usr/bin
MAILDIR=$HOME/mail   #location of your mailboxes
DEFAULT=/var/spool/mail/student

# Send Spam to the spam mailbox
:0
* ^Subject:.*####SPAM####
$MAILDIR/Spam

# sorts all remaining messages into the default inbox
:0
* .*
$DEFAULT
##########################################################################
```

在笔者的 .procmailrc 文件中,第一条规则是将 MIMEDefang 在邮件主题中识别出的垃圾邮件归类到"垃圾邮件"文件夹中。Procmail 在处理时不区分大小写,因此无须为不同的大小写组合创建多条规则。第二条也是最后一条规则是将所有未匹配到其他规则的电子邮件归类到默认文件夹中,这通常是收件箱。

仅在主目录中放置 .procmailrc 文件并不会让 Procmail 过滤笔者的邮件。我们还需要创建一个额外的 .forward 文件,它会告诉 Procmail 对所有的接收邮件进行过滤。在 /home/student/ 目录下创建 .forward 文件并添加如下内容:

```
# .forward file
# process all incoming mail through procmail - see .procmailrc for the
  filter rules.
|/usr/bin/procmail
```

请确保这两个新文件(.procmailrc 和 .forward)的所有权都属于 student 用户,并且它们都不应该具有可执行权限。在创建或修改 Procmail 配置文件时,无须重新启动 Sendmail 或 MIMEDefang 服务。

接下来,我们将检查 StudentVM2 上是否存在 /home/student/mail/Spam 目录,该目录旨在存放垃圾邮件。如果不存在,请以 student:student 用户身份创建它,并确保它的所有权是 student:student 用户。

为了测试这些更改是否生效，请再次以 root 用户身份登录 StudentVM2，并从 root 终端会话发送一些测试电子邮件，包括正常邮件和垃圾邮件。在发送邮件之前，请确保当前工作目录是 /usr/share/doc/spamassassin。然后，执行以下命令来发送测试邮件：

```
[root@studentvm2 spamassassin]# cat sample-nonspam.txt | mailx -s "Test nonspam" student@example.com
[root@studentvm2 spamassassin]# cat sample-spam.txt | mailx -s "Test spam" student@example.com
```

非垃圾邮件应该被自动分类到收件箱，而垃圾邮件应该被归类到垃圾邮件文件夹，然而，实际上这种情况并没有发生。因此，笔者检查了 /var/log/maillog 日志文件，并找到了如下所示的日志条目，期望通过这些信息来帮助我们诊断问题：

```
Jul 10 07:10:33 studentvm2 sendmail[3930]: x6ABAU7d003928: x6ABAX7c003930: DSN: Service unavailable
Jul 10 07:10:33 studentvm2 smrsh[3932]: uid 1000: attempt to use "procmail" (stat failed)
```

该问题在于"DSN: Service unavailable"，就像笔者在自己的邮件服务器上做的那样，此处遗漏了一个步骤，并且是非常容易被忽略的步骤。正是因为这个错误，导致了整个流程未按预期执行。因此，笔者很快就想到了对应的正确解决方案。

我们需要在 /etc/smrsh 目录下创建一个符号链接[⊖]。smrsh 表示 Sendmail 受限于 shell，它是一个相对安全的 shell 环境，Sendmail 可以在其中运行脚本，这有助于防止攻击者利用 Sendmail 开展恶意活动。

现在，请使用以下命令创建 /etc/smrsh/procmail 符号链接，其安装的文件位于 /usr/bin/procmail：

```
[root@studentvm2 ~]# cd /etc/smrsh ; ln -s /usr/bin/procmail procmail ; ll
total 0
lrwxrwxrwx. 1 root root 17 Jul 10 07:15 procmail -> /usr/bin/procmail
```

现在再次发送垃圾邮件和非垃圾邮件进行测试。这次它们应该被正确地归类到各自的文件夹中。

我们本可以在 StudentVM2 上以 student 用户身份创建这两个文件，但在大多数真实环境中，普通用户是没有权限直接登录到服务器的。因此，在大多数场景中将以系统管理员或 root 用户身份在服务器上完成这些配置步骤。

⊖ 符号链接是 Linux 系统中一种文件类型，它指向计算机上的另一个文件或文件夹。符号链接类似于 Windows 中的快捷方式。——译者注

Promail 的消亡报道

在撰写本章内容时，笔者通过互联网搜索发现，2001—2013 年的很多资料都宣称 Procmail 已经过时或被弃用。这些资料提供的证据包括网页不再维护、源代码已丢失，以及维基百科上的一篇简短文章宣布了 Procmail 的终结，并提供了指向更现代替代品的链接。

不过，所有 Red Hat、Fedora 和 CentOS 发行版系统都安装 Procmail 作为 Sendmail 的邮件投递代理。Red Hat、Fedora 和 CentOS 的存储库中都有 Procmail 的源代码 RPM 包，并且源代码也托管在 GitHub 上。Red Hat 提供的 CentOS 文档中包含了一些关于 Procmail 的不错的文档⊖。这表明 Procmail 在这些发行版中仍然被积极支持和使用。

鉴于 Red Hat 仍然在使用 Procmail，笔者对这款成熟、稳定且能够静默完成工作的软件没有任何顾虑。它不需要大肆宣传，只需要默默地完成自己的任务即可。基于此，本章选择它完成垃圾邮件过滤操作。

9.9.4　SpamAssassin 规则

现在我们已经有了一个可行的解决方案，但是当遇到那些不符合任何规则，或者即使符合规则但评价总分不足以判定为垃圾邮件的邮件时，我们该如何处理呢？我们可以通过编辑 /etc/mail/spamassassin/local.cf 文件来调整默认分数并编写新的规则。

位于 /usr/share/spamassassin 目录下以两位数字开头的文件是配置文件，它们定义了针对特定类型垃圾邮件的规则。当 SpamAssassin 在这些文件中匹配到某条规则时，它会去 72_scores.cf 文件中查找对应的分数。由于安装 SpamAssassin 的更新时这些文件可能会被覆盖，因此不建议直接修改它们。

在 /usr/share/spamassassin 目录下还有两个文件，它们可以作为本地配置的模板或起点。使用这两个文件，我们可以方便地添加规则和更改分数来配置 SpamAssassin，而无须直接修改默认配置文件。这样做的好处是，当 SpamAssassin 更新时，默认文件可能会被替换，但我们所做的更改不会被覆盖。

第一个文件是 local.cf。该文件在 /etc/mail/spamassassin 目录下已经存在一个副本，我们可以使用这个文件来创建自定义规则，调整现有默认规则的分数，以及设置白名单和黑名单条目。

第二个文件是 user_prefs.template。该文件允许单个用户覆盖默认的首选项设置。用户需要将此文件复制到自己的主目录中，并将其重命名为 user_prefs。例如，用户可能希望指定一个更高的 required_score 值，以确保那些得分略高于默认分数 5 的垃圾邮件被判定为正常邮件。该文件允许用户添加白名单和黑名单条目，创建自己的规则以及修改分数。然而，在大多数现代安装中，最终用户可能没有足够的知识，或者没有登录邮件服务器的权限来执

⊖ Red Hat, " Red Hat Linux 8.0 The Official Red Hat Linux Reference ",www-uxsup.csx.cam.ac.uk/pub/doc/redhat/redhat8/rhl-rg-en-80.pdf。

行这些任务，因此，这些更改通常由系统管理员来负责。

在进行任何更改之前，我们需要先查看默认规则集，这些规则集通常是禁止修改的。

实验 9-6：创建 SpamAssassin 规则

请在 StudentVM2 上以 root 用户身份执行本实验。如果你还没有在桌面环境中以 root 用户身份打开终端会话，并且没有跟踪 /var/log/maillog 日志，那么请使用下面的命令来执行这些操作。其中，tail 命令用于查看文件的结尾内容，常用的 -f 选项旨在查看正在更改的日志文件，如此处的 /var/log/maillog：

[root@studentvm2 ~]# **tail -f /var/log/maillog**

在另一个 root 终端会话中，请将当前工作目录设置为 /usr/share/spamassassin，并列出该目录下的文件。这些文件用于本地配置或者特定版本的配置（以"V"开头的文件）。我们只需关注 local.cf 文件来指定我们的本地配置更改。

首先，我们更改一个规则的分数，此规则我们已知测试垃圾邮件已经匹配。以 StudentVM2 上的 student 用户身份进行操作，将当前工作目录切换到 /usr/share/doc/spamassassin，并调用 cat 和 mailx 命令发送如下所示的电子邮件：

[student@studentvm2 spamassassin]$ **cat sample-spam.txt | mailx -s "Test email" student@example.com**

切换到 StudentVM1 上的 student 用户，如果 Thunderbird 尚未打开，请打开它，并在垃圾邮件文件夹中查找新邮件。选择刚刚收到的垃圾邮件，并向下滚动鼠标到 SpamAssassin 的附件部分。你会看到，这封电子邮件触发了 GTUBE5 规则[⊖]，并将该邮件的分数匹配为 1000。由于这个分数足够高，以至于即使是最好的非垃圾邮件规则（如 ALL_TRUSTED 等）也无法将其识别为非垃圾邮件。

接下来，我们尝试更改这个分数，以了解垃圾邮件分数变化是如何影响邮件分类的。该实验仍将在 StudentVM2 上以 root 用户身份执行，先编辑 /etc/mail/spamassassin/local.cf 文件，并添加以下行，将其设置为 600：

score   GTUBE   600

接着，保存 local.cf 文件且不退出编辑器，因为我们还将对 local.cf 文件进行其他更改。随后，停止 Sendmail 和 MIMEDefang 服务，然后按顺序分别启动 MIMEDefang 和 Sendmail：

⊖ GTUBE 规则是一个特殊规则，专门用于与 SpamAssassin 的测试邮件进行匹配，它不应该与任何真实的电子邮件匹配。

```
[root@studentvm2 ~]# systemctl stop sendmail ; systemctl stop
mimedefang ; systemctl start mimedefang ; systemctl start sendmail
```

为了方便操作，笔者在自己的邮件服务器上写了一个简易脚本来处理这些任务，如果你有兴趣的话，也可以这样做。由于使用简短命名的脚本可以大大节省输入工作，因此，笔者经常会对 local.cf 文件进行更改和实验。无论如何，这些都是你所需要的命令，并且你以什么顺序停止服务都不会影响最终结果。

现在，请在 StudentVM2 上以 student 用户身份发送以下电子邮件消息，其中主题中的数字格式为 YYYYMMDDHHMM，以便于识别。如下所示，"201907220828" 表示 2019 年 7 月 22 日 8 时 28 分执行的此条命令，并发送对应的电子邮件：

```
[student@studentvm2 spamassassin]$ cat sample-spam.txt | mailx -s "Test
email 201907220828" student@example.com
```

接着确保检查日志文件消息，然后使用 StudentVM1 上的 Thunderbird 查看电子邮件。如果需要，请向下滚动鼠标以查看 SpamAssassin 报告，该报告会显示对应的分数，你可以观察 GTUBE 的分数是否已变成了 600，从而验证命令是否如期执行。

随后，我们向 local.cf 中添加一条新规则。在此创建一条新规则需要三行代码，第一行定义搜索位置，比如邮件的标题或正文，以及一个 Perl 正则表达式来定义特定行，如主题和要匹配的模式。每行代码中还包含一个标识符，通常是大写字母。第二行是对 SpamAssassin 报告中规则的描述。第三行则是当规则匹配时，邮件所获得的分数。此外，我们还可以添加一些注释和分隔符，以便更轻松地阅读长序列的规则。通常而言，在真实邮件管理案例中，其规则列表会非常长，笔者的也不例外。

笔者收到了很多垃圾邮件，这些邮件的正文中包含有"欠税"相关的内容。扫描邮件正文可能需要很长时间，尤其是当邮件内容很多时，因此笔者尽量减少扫描正文的规则数量，但我认为这条规则是必不可少的。

在我们添加到 local.cf 的分数修改代码下面添加以下三行代码：

```
# Back Taxes
body            BACK_TAXES          /back taxes/i
describe        BACK_TAXES          Contains "back taxes" in the body
score           BACK_TAXES          6.0
```

需要注意，代码中的正则表达式"/back taxes/i"用于查找文本"back taxes"，其表示"欠税"，末尾的"i"表示 Perl 在匹配时忽略大小写。

请按照正确的顺序重新启动 MIMEDefang 和 Sendmail 服务，并以 StudentVM2 上的 student 用户身份发送以下电子邮件。请注意，这封邮件与之前的邮件不同，现在邮件正文中包含了我们设定的触发文本，即字符串"bach taxes"，我们将测试新的规则能否有效识别该邮件为"欠税"相关的垃圾邮件：

```
[student@studentvm2 spamassassin]$ echo "Let us save your back taxes." |
mailx -s "Test email 201907220910" student@example.com
```

那封测试邮件仍然被识别为非垃圾邮件，因为它的分数是4.9，而通常需要超过5分才会被判定为垃圾邮件。请大家务必查看邮件头部信息，了解为何该邮件的总分数是4.9。接着，将我们新添加的规则的分数提高到10，并重新发送测试邮件。这次它应该会被正确地分类为垃圾邮件，并自动移动至垃圾邮件文件夹中。

为了更好地了解垃圾邮件判定的缘由，我们可以使用Thunderbird查看这封邮件的内容及其源代码。请注意查看X-Spam-Status行和SpamAssassin的报告内容。

此外，我们可以发送一封正文不包含"back taxes"的电子邮件，以验证新规则不会错误地将其标记为垃圾邮件。同时，发送几封包含"back taxes"不同大小写组合的邮件，以确保它们都能被正确匹配并标记为垃圾邮件，从而验证"i"参数是否忽略了大小写。

接下来，添加一条新规则，用于检查邮件主题行中是否包含文本字符串"XXX"，如果包含则增加至15分以确保它被识别为垃圾邮件。在Perl正则表达式中，我们使用"=~"来指定主题"包含"搜索模式。例如，主题"I have XXX for you"就会匹配这条规则，其与"XXX"字符串相匹配。

```
# XXX
header       XXX          Subject =~ /XXX/i
describe     XXX          Contains "XXX" in the subject line
score        XXX          15.0
```

请按正确的顺序重新启动Sendmail和MIMEDefang服务，并测试这条新规则。

此外，我们还可以增加一些要求。比如，希望确保来自特定域名（如example.com、both.org和opensource.com）的电子邮件都能被允许通过，无论其他项垃圾邮件评分如何。我们也可以阻止来自spammer.com这样域名的邮件。

为实现这一目的，我们将以下行添加到local.cf文件中，接着重新启动服务。现在，SpamAssassin成功使用了blocklist（黑名单）和welcomelist（白名单）这两个术语：

```
welcomelist_from    *@example.com
welcomelist_from    linuxgeek46@both.org
welcomelist_from    *@opensource.com
blocklist_from      *@spammer.com               # Misc spammer
```

在上述代码中，星号（*）是一个元字符，用于匹配电子邮件地址中@符号左侧的所有字符。使用这个元字符的条目会匹配来自指定域名的所有电子邮件账户。笔者将自己的both.org域名下的电子邮件地址加入白名单中，只有笔者的电子邮件地址会被匹配，both.org域下的其他账户则不会被自动列入白名单。不过，这并不意味着来自both.org的其他账户会自动被视为垃圾邮件，它们仍然需要达到至少5分才会被标记为垃圾邮件。

为了测试白名单或黑名单的功能，我们需要发送电子邮件来验证这些规则是否按预期工作。然而，我们只能在 example.com 域内通过向自己发送另一封电子邮件来测试上述规则。请以 StudentVM1 上的 student 用户身份发送以下电子邮件：

```
[student@studentvm1 ~]$ echo "This is a test email" | mailx -s "Test email" student@example.com
```

最后，请读者自行验证电子邮件是否已到达，并检查垃圾邮件的评分。

9.10 额外资源

对于需要从零开始搭建电子邮件系统的人来说，真正有用的资源并不多见。本书中涉及电子邮件的章节旨在填补这一空白，为你提供足够的信息，帮助你起步并构建一个结构合理、可扩展且性能良好的邮件服务器。这样的服务器能够随着工作增长而扩展，以满足中小型组织的工作负载需求。

在笔者研究本书的过程中，特别是在涉及电子邮件、垃圾邮件和恶意软件的章节中，遇到了 Curtis Smith 撰写的 *Pro Open Source Mail*[⊖] 一书。如果笔者首次构建自己的邮件服务器时就有这本书，那将大有帮助。Smith 所走的道路与笔者颇为相似，并且最终选择了与笔者相似的大部分软件。唯一显著的区别在于他选择了 Dovecot 作为 IMAP 服务器，而我们则使用 UW-IMAP。Smith 比笔者在本书中更为详尽地介绍了相关内容。尽管 Smith 的这本书有些年头了，但笔者仍然强烈推荐它，因为它提供了一个完整且系统的解决方案，而不像大多数书籍那样只关注其中的某一部分。尽管自该书出版以来 Dovecot 的配置发生了很大变化，但它在整体上仍是一本好书，能为大家带来企业级邮件管理的详细方案。

此外，你还可以参考 *SpamAssassin*[⊖] 一书的第 8 章，以获取更多关于使用 MIME-Defang、Sendmail 和 SpamAssassin 的信息。

总结

尽管本书可以单独使用 Procmail 进行垃圾邮件过滤和分类，但笔者认为 SpamAssassin 在评分方面更为出色。SpamAssassin 并不依赖于单一的匹配规则，而是综合所有规则的分数以及贝叶斯过滤技术来进行判断，从而更准确地评估邮件是否为垃圾邮件。

⊖ Curtis Smith, *Pro Open Source Mail: Building an Enterprise Mail Solution*, Apress, 2006, ISBN 978-1-4302-1173-0。

⊖ Alan Schwartz, *SpamAssassin: A Practical Guide to Configuration, Customization, and Integration*, [PACT] Publishing, ISBN 1-904811-12-4。这本书还包含了关于 MIMEDefang 和 Procmail 的信息。

当使用已知的字符串（如笔者已配置 MIMEDefang 在邮件主题中插入的字符串）进行明确匹配时，Procmail 表现非常出色。然而，笔者认为 Procmail 更适合作为垃圾邮件过滤过程中的最终分类阶段，而不是一个完整的解决方案。当然，我们也了解许多管理员仅使用 Procmail 就成功实现了完整的垃圾邮件过滤解决方案。

由于笔者使用了服务器端过滤功能，因此在选择邮件客户端时就少了一些限制。我们不再需要依赖客户端来执行邮件过滤和分类，也不必持续运行邮件客户端来完成这些任务。

练习

为了掌握本章所学知识，请完成以下练习：

1）添加一个 SpamAssassin 规则，当邮件主题行中包含文本"free money"时，该规则会为其增加 2 分，并将该规则命名为 FREE_MONEY_1。之后，从 StudentVM1 向邮箱 student@example.com 发送一封包含该短语的电子邮件。最后，查看 SpamAssassin 报告，以确认新添加的规则是否生效。

2）使用 Thunderbird 电子邮件客户端创建一个新文件夹，并将其命名为"Free-Money"。然后，在 Procmail 文件中添加一条新规则，以匹配 X-Spam-Status 头部中包含字符串"FREE_MONEY_1"的所有电子邮件，并将它们分类到新的文件夹中。最后进行测试。

3）找到存储白名单和黑名单默认得分的文件。当一个用户账号被添加到白名单时，会应用什么规则名称？

4）对于被列入白名单的用户，会为其增加多少分值？

5）为什么 MIMEDefang 需要在 Sendmail 之前启动或重启？

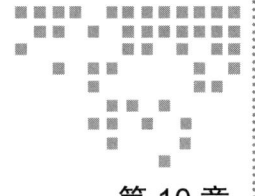

第 10 章　Chapter 10

Apache Web 服务器

目标

在本章中，你将学习以下内容：
- 安装和配置 Apache Web 服务器。
- 创建一个简单的静态网页。
- 使用多种编程语言来生成动态网页内容。

10.1　概述

Apache 是目前互联网上使用最广泛的 Web 应用服务器，它具有良好的易用性、稳定性和高可靠性，正如你在本章实验中所观察到的一样，它具备极高的可配置性和灵活性，与此同时 Apache 也是 Apache License 2.0 协议下提供的一个免费开源软件。

Apache 是一个可运行在 Linux、其他类 UNIX 操作系统，以及 Windows 操作系统上的一个 HTTP 服务器，HTTP 是超文本传输协议的缩写，是使用 TCP 作为其传输层的一个基于文本的协议，HTTPD 是运行在 Apache HTTP 服务器上的守护进程，主要作用是响应来自网页的请求。

虽然 Apache 这个名字看起来可能有点奇怪，但它的来历也很容易解释。它是由美国国家超级计算应用中心的 Rob McCool 于 1995 年开发出来在互联网上最常用的 HTTP 服务器，根据 w3techs 统计，截至 2023 年，在我们所知的所有 Web 服务器网站中仍有 31.3% 的站点在使用 Apache 作为 HTTP 服务器。

在此之后，因为作者进一步的开发停滞不前，一些使用它作为 Web 应用服务器的管理员创建了符合自身需求的许多扩展插件和错误修复，其中一些具有开源精神的人士合作将这些 Apache 的扩展插件和错误修复以补丁的形式添加到了 Apache 原始代码中，可见它是基于一些代码和一系列软件补丁组成，因此大多数 Web 管理员自然地戏称 Apache 为"a patchy web server"（一个有补丁的 Web 服务器）。

你可以在 Apache HTTP 服务器项目中找到文档、支持、安全信息、邮件列表、下载等更多内容。

在本章中，我们将安装 Apache 并探讨如何将它作为一个简单的 Web 服务器使用。在接下来的章节中，我们将探讨它作为更复杂的工具——如 WordPress 内容管理系统（Content Management System，CMS）的基础，以产生复杂但易于管理的网站。

10.2　安装 Apache

Apache Web 服务器的安装过程非常简单，只需一个命令即可。

实验 10-1：安装 Apache

请使用 StudentVM2 上的 root 用户权限来执行本实验，通过执行如下命令来安装 Apache Web 服务器：

```
[root@studentvm2 ~]# dnf -y install httpd
```

HTTPD 软件包和其依赖项在几分钟内就可以安装完毕。

你可能还想去安装 httpd-tools 和 httpd-manual 软件包，但这两个软件包对于本书中的实验来说并不是必需的。

10.3　测试 Apache

无须对 Apache 服务器初始配置进行更改，默认配置即可正常工作。

实验 10-2：测试 Apache

请使用 StudentVM2 上的 root 用户权限来执行本实验，用以下命令来启动 Apache 服务，并将 Apache 服务加入开机自启列表中，以确保 Apache 服务可以随着系统启动时一起启动：

```
[root@studentvm2 ~]# systemctl enable --now httpd
```

使用如下命令来验证 Apache Web 服务器是否正常运行：

```
[root@studentvm2 ~]# systemctl status httpd
● httpd.service - The Apache HTTP Server
   Loaded: loaded (/usr/lib/systemd/system/httpd.service; enabled; vendor
   preset: disabled)
   Active: active (running) since Wed 2019-07-24 15:52:42 EDT; 17s ago
     Docs: man:httpd.service(8)
 Main PID: 7147 (httpd)
   Status: "Running, listening on: port 80"
    Tasks: 213 (limit: 4696)
   Memory: 15.2M
   CGroup: /system.slice/httpd.service
           ├─7147 /usr/sbin/httpd -DFOREGROUND
           ├─7148 /usr/sbin/httpd -DFOREGROUND
           ├─7149 /usr/sbin/httpd -DFOREGROUND
           ├─7150 /usr/sbin/httpd -DFOREGROUND
           └─7151 /usr/sbin/httpd -DFOREGROUND

Jul 24 15:52:42 studentvm2.example.com systemd[1]: Starting The Apache HTTP
Server...
Jul 24 15:52:42 studentvm2.example.com httpd[7147]: Server configured,
listening on: port 80
Jul 24 15:52:42 studentvm2.example.com systemd[1]: Started The Apache
HTTP Server.
```

你可以通过启动 Web 浏览器并在浏览器 URL 地址栏中输入 localhost 的方式来测试 Apache 在本机服务是否正常运行，因为我们没有在 Apache Web 服务器的 /var/www/html 目录中创建 index.html 或其他索引文件，所以会显示默认 Apache 测试页面，如图 10-1 所示。

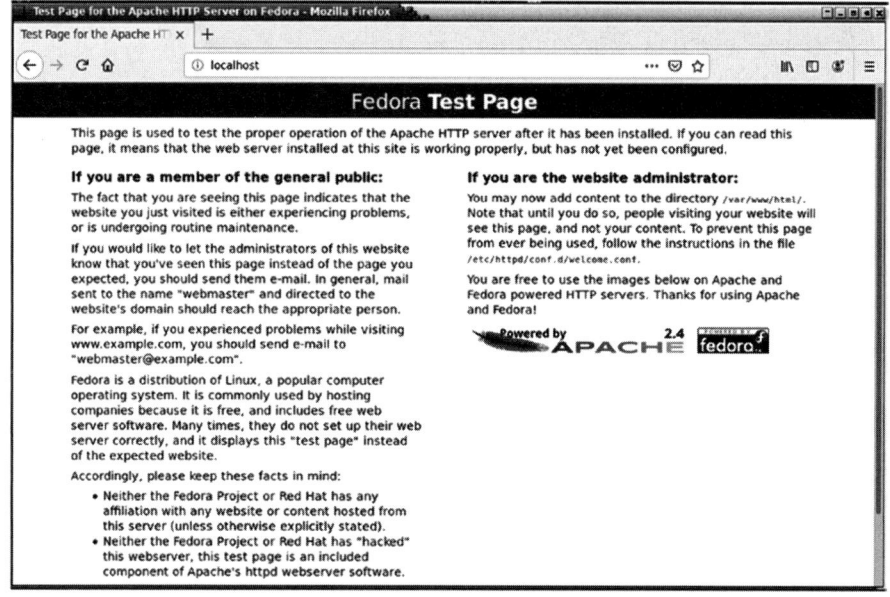

图 10-1　浏览器中显示的 Fedora 测试页面表示我们的 Apache Web 服务器运行正常

你也可以通过安装纯文本模式的网页浏览器来使用命令行界面进行测试，笔者使用的是 Link 和 Lynx 纯文本网页浏览器。

为了验证创建的新网站能被其他外部主机正常访问，我们在 StudentVM1 中启动 Web 浏览器并在 URL 地址栏中输入 http://studentvm2.example.com 地址，应该会显示测试页面。

这很简单。

10.4 创建 index 文件

我们部署的 Web 服务器已经正常启动运行，但其还缺少内容，index 文件是所有网站的主页，在本节中，我们将探讨一些不同类型的 index 文件。

为网站创建一个简单的 index 文件非常轻松，创建的 index 文件可以作为我们构建更复杂网站的起点，也可以只是临时使用，直到我们可以使用 Drupal 或 WordPress 等工具构建更复杂的网站。我们将在第 11 章中使用 WordPress 创建一个看起来比较专业的网站。现在，我们将讲解如何创建一些简单的静态和动态网页。

实验 10-3：创建 index 文件

请使用 StudentVM2 上的 root 用户权限来执行本实验。在这个实验中，我们将创建一个简单的 index 文件，然后稍微修饰一下。

首先，将当前工作目录设为 /var 目录，使用以下命令将所有文件和目录的所有权更改为 student:student：

```
[root@studentvm2 var]# chown -R student:student www
```

然后，将当前工作目录设为 /var/www/html 目录，并在此目录下创建一个名为 index.html 的文件，向其中添加"Hello World"文字内容（添加内容中不包含引号），并确保所创建的 index.html 新文件的所有权为 apache.apache，如果不是，请使用 chown 命令对其进行更改。

最后，在 StudentVM1 和 StudentVM2 任意一台机器（或两台）上面打开 Web 浏览器并输入 URL 地址，即可看到将 index.html 文件应用到我们网站的效果，如图 10-2 所示。

这里需要注意的是，上面所编写的 index.html 文件使用是 ASCII 纯文本格式，并没有使用 HTML（Hyper Text Mark Language，超文本标记语言）格式，由于浏览器是基于 HTML 标准语言来对页面进行格式化的，所以当我们使用 ASCII 纯文本去编写一个内容很长的 index 文件，并在浏览器中运行时，浏览器不会考虑段落或任何形式的间距。因此，我们添加一些 HTML 来对其进行美化。

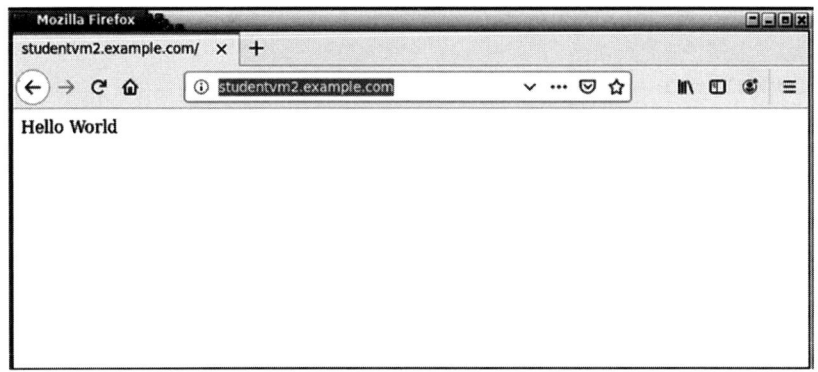

图 10-2　将一个简单的 index.html 文件应用到我们的网站

编辑 index.html 文件并在其文件中添加 HTML 一级标题标签，如下所示，以 <h1> 标签开始，并以 </h1> 标签结束。在 HTML 语言中，headers 标签、bold 标签、italic 标签等都跟标题标签格式一样，以 < 标签 > 开头，以 </ 标签 > 结尾。

```
<h1>Hello World!</h1>
```

配置完一级标题标签以后，我们手动保存 index.html 文件，并刷新当前浏览器，就会看到一级标题标签，如图 10-3 所示。

图 10-3　使用一些最基本 HTML 标签的结果

有些浏览器中可能并不兼容这个只有单个标签的 HTML 文件，所以我们需要根据 HTML 页面标签的格式来制作一个完整且普遍兼容浏览器的网页，编辑 index.html 文件，添加如下代码：

```
<!DOCTYPE HTML PUBLIC "-//w3c//DD HTML 4.0//EN">
<html>
<head>
<title>Student Web Page</title>
```

```
</head>
<body>
<h1>Hello World!</h1>
<hr>
Welcome to my world.<p>
Student
</body>
</html>
```

上述代码是符合 W3C HTML 标准对 HTML 文件的最低要求。

代码中的第一行定义了这是一个符合 W3C 的 HTML 4.0 的 HTML 文件，第二行定义了 HTML 文件的开始，其中 <head> 标签定义文档的标题部分，<head> 标签头部元素只包含了一个 <title> 标签，<title> 标签是出现在浏览器标题栏和本网站标签中的内容。<hr> 标签生成了一个水平线，主要用于分隔符，<p> 标签定义了一个段落的开头，它可以在没有相应的 </p> 结束标签的情况下单独使用，就像这里创建的简单的网页文件中所用的方式一样，但是如果你可以使用 </p> 标签来标记每个段落的结果会让整个代码看起来更规范。

你可以不使用 <html>、<body> 和 <head> 标签来创建 HTML 文件，但如果你使用了这些所有标签，浏览器会根据 HTML 语言更好地描述了代码中对象的位置和效果，最终页面展示的效果会更佳。

现在刷新浏览器，你当前浏览器的页面如图 10-4 所示。

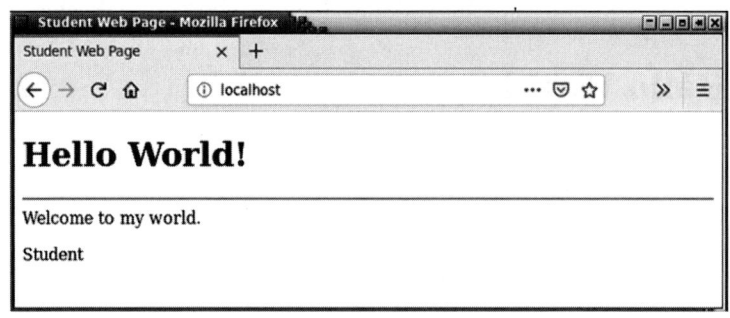

图 10-4　我们已经生成了一个完整的静态页面

正如你所看到的一样，创建一个简单的网页是非常容易的。

10.5　添加 DNS

大多数的网站都是使用"www.domain.com"域名形式进行访问的，因此让我们的网页也以这种形式访问吧。

实验 10-4：DNS 配置

请使用 StudentVM2 上的 root 用户权限来执行本实验，将以下条目添加到 www.example.com 的 DNS 区域配置文件中：

```
www             IN      A       192.168.56.1
```

添加完后重启 DNS。

在你的浏览器 URL 搜索栏中输入 www.example.com，按 <Enter> 键即可验证我们 Web 服务器配置的域名解析是否正常生效。

10.6 良好的实践配置

有一项配置始终是值得遵循的良好实践。在默认情况下，"Listen"指令会告诉 Apache 在 80 端口监听所有 HTTP 接入请求，如果你的主机是多宿主的，也就是说，你的主机上有一个以上的活动 NIC 或者有多个 IP 地址绑定到单个 NIC，那么 Apache 会默认绑定所有 IP 地址，这可能不是我们所期望的行为。由此可见，使用 Listen 指令来指定 Apache 应该监听的 IP 地址是一个良好的实践配置。

对于我们的服务器，我们将限制只访问内部网络，而在实际的环境中，我们允许我们的服务器通过互联网访问外部世界。

实验 10-5：配置 Apache 监听的 IP 地址

请使用 StudentVM2 上的 root 用户权限来执行本实验。

编辑 /etc/httpd/conf/httpd.conf 文件，并将 Listen 这一行改为服务器的内部 IP 地址，如下所示：

```
Listen 192.168.56.11:80
```

重启 httpd 服务，并在 StudentVM1 上刷新浏览器测试你的网站。你将会看到当前网站页面不会发生任何的改变，也不会有任何的报错提示。

10.7 虚拟主机

Apache 通过其所具备的名称虚拟主机功能，可在一个 Linux 主机上托管多个网站，笔者自己的 Web 服务器上就是通过其名称虚拟主机功能托管了多个网站，实现起来非常容易，只需要对 httpd.conf 配置文件内容进行少量的更改即可。

HTTP 的一部分参数（主机名称 HOST 参数）可以用于区分托管在单个 Linux 计算机系统上的不同虚拟服务器。这也就意味着我们可以使用不同的虚拟主机名来创建第二个网站，并使用设置的虚拟主机名来请求网页。

本节中的实验指导你创建第二个网站。

10.7.1　配置主虚拟主机

在添加第二个网站之前，我们需要将现有网站转换为名称虚拟主机并对其进行测试。httpd.conf 文件包含了能在该 Apache 服务器上配置的所有网站以及全局配置参数信息。每当创建一个新的网站时，我们将为其添加新的名称虚拟主机段落，并手动注释掉相应的全局段落。

我们这样做的原因是，大部分人在浏览器输入 URL 地址时，会直接输入 example.com，而不是 www.example.com。在这种情况下，如果全局配置没有正确地处理好不同域名（example.com 及 www.example.com）的访问方式，它可能会将用户引导到一个非预期的目录或页面中。我们所做的配置更改旨在防止这种情况发生。即使有人只输入 example.com 而不是完整的 www.example.com 域名，系统也能确保将正确的网页提供给用户。

实验 10-6：创建名称虚拟主机

请使用 StudentVM2 的 root 用户权限来执行本实验。

首先在 /etc/httpd/conf/httpd.conf 配置文件中注释掉包含对 /var/www 目录引用的所有代码内容，所涉及引用 /var/www 目录的相关内容都将会在名称虚拟主机中进行重新创建，这包括位于大约第 124 行的单个 DocumentRoot 声明，请务必注释掉大约在第 129 行的 <Directory "/var/www"> 段中的所有代码内容，在注释的过程中需要注意，已注释过代码无须再次注释。

- 将所有包含主网站目录 /var/www 名称的内容更为 /var/www1，使虚拟主机能够明确标识它，然后在当前 httpd.conf 文件的末尾创建以下虚拟主机代码：

```
################################################################
# Configure for name based virtual hosting. The individual web
# site stanzas are located below.
################################################################
# The primary website
<VirtualHost 192.168.56.11:80>
    ServerName www1.example.com
    ServerAlias www1.example.com
    DocumentRoot "/var/www1/html"
    ErrorLog "logs/error_log"
    ServerAdmin student@example.com
    <Directory "/var/www1/html">
```

```
        Options Indexes FollowSymLinks
        AllowOverride None
        Require all granted
    </Directory>
</VirtualHost>
```

将之前 www 的 DNS 记录更改为 www1：

```
www1            IN      A       192.168.56.11
```

通过如下命令，重新加载 HTTPD 和 named 配置文件并进行验证，确保其重新加载成功。无须重启这些服务，我们可以让它们重新加载配置文件：

```
[root@studentvm2 html]# systemctl reload httpd ; systemctl reload named
[root@studentvm2 named]# systemctl status httpd ; systemctl status named
```

使用浏览器测试修改过的 Web 站点，现在编辑 /var/www1/html/index.html 文件，笔者将修改的代码进行了加粗处理：

```
<!DOCTYPE HTML PUBLIC "-//w3c//DD HTML 4.0//EN">
<html>
<head>
<title>Primary Web Page</title>
</head>
<body>
<h1>Hello World!</h1>
<hr>
Welcome to my world.<p>
Primary web site
</body>
</html>
```

当我们对网页内容修改完毕后，无须重启 HTTP 服务，通过刷新当前浏览器即可测试网站内容是否更改完成。

10.7.2　配置第二台虚拟主机

添加第二台虚拟主机十分轻松，我们将从现有的主机上复制数据到新主机，然后进行必要的修改。

实验 10-7：添加第二台虚拟主机

请使用 StudentVM2 的 root 用户权限来执行本实验。

首先将当前工作目录改为 /var 目录，再使用如下命令将原来网站数据复制到一个新的目录中，作为配置第二台虚拟主机的基础，其中 -r 选项表示以递归方式复制目录结构和数据，-p 选项表示在复制的时候保留其原来的权限和所有权：

```
[root@studentvm2 var]# cp -rp www1/ www2
```

复制完毕后，需验证复制的文件和目录所有权是 apache.apache，编辑 /var/www2/http/index.html 文件以区别于原网站，具体修改内容如下：

```
<!DOCTYPE HTML PUBLIC "-//w3c//DD HTML 4.0//EN">
<html>
<head>
<title>Second Web Page</title>
</head>
<body>
<h1>Hello World!</h1>
<hr>
Welcome to my world.<p>
This is the second website
</body>
</html>
```

对第二个网站添加一条新的 DNS 条目，我们也可以使用 CNAME 记录来代替 A 记录：

```
www1                    IN      A       192.168.56.1
www2                    IN      A       192.168.56.1
```

解析条目添加完毕后，需要重新加载 named 服务，配置才能生效。

接下来，我们需要在 /etc/httpd/conf/httpd.conf 配置文件中创建一个新的虚拟主机段，修改第二个网站的代码，如下所示。由于代码内容非常相似，你可以复制第一个网站中的相关代码段，并对一些关键性的内容进行修改：

```
# The secondary website
<VirtualHost 192.168.56.11:80>
    ServerName www2.example.com
    ServerAlias www2.example.com
    DocumentRoot "/var/www2/html"
    ErrorLog "logs/error_log"
    ServerAdmin student@example.com
    <Directory "/var/www2/html">
        Options Indexes FollowSymLinks
        AllowOverride None
        Require all granted
    </Directory>
</VirtualHost>
```

测试两个网站，以确保它们都能正常工作，第二个网站应该会失败。

10.8 使用 Telnet 测试网站

测试验证 Apache Web 服务器可用性的另外一种方法是使用 Telnet。虽然说 Telnet 在远程终端会话中使用明文数据进行传输，但它确实是测试很多使用纯文本数据协议服务（如 IMAP、SMTP、HTTPD 等）可用性的最好方法。这些协议易于阅读并直接交互。

在测试网站连通性时，笔者通常会使用 Telnet 来查看 HTTP 服务器返回的真实数据流来进行故障排查。相对于浏览器返回的结果（例如"Error 500"）或者其他无用的页面信息来讲，这更有助于故障诊断。

实验 10-8：使用 Telnet 测试网站

请使用 StudentVM1 上的 student 用户权限来执行本实验：

```
[student@studentvm1 ~]$ telnet www.example.com 80
Trying 192.168.56.1...
Connected to www.example.com.
Escape character is '^]'.
GET /index.html HTTP/1.1<Enter>
Host: www.example.com<Enter>
<Enter>
HTTP/1.1 200 OK
Date: Thu, 13 Jul 2023 17:46:17 GMT
Server: Apache/2.4.57 (Fedora Linux)
Last-Modified: Thu, 13 Jul 2023 17:39:05 GMT
ETag: "b9-58e819452ee58"
Accept-Ranges: bytes
Content-Length: 185
Content-Type: text/html; charset=UTF-8

<!DOCTYPE HTML PUBLIC "-//w3c//DD HTML 4.0//EN">
<html>
<head>
<title>Student Web Page</title>
</head>
<body>
<h1>Hello World!</h1>
<hr>
Welcome to my world.<p>
Student
</body>
</html>
Connection closed by foreign host.
[student@studentvm1 ~]$
```

我们发现，通过 GET 方式请求后的结果是我们在 index.html 文件中所编写的具体代码内容，由此可见，Web 浏览器的主要功能是解释 HTML 数据协议，并使其能够以标准规范的网页形式显示出来。在本次的 Telnet 测试中，我们是直接接收到服务器返回的原始 HTML 内容，而不是经过浏览器渲染后的页面。这有助于我们查看网站的原始响应并进行故障排除。

现在我们使用 Telnet 来测试第二个网站：

```
[root@studentvm1 ~]# telnet www2.example.com 80
Trying 192.168.56.11...
Connected to www2.example.com.
Escape character is '^]'.
GET /index.html HTTP/1.1
Host: www2.example.com<Enter>
<Enter>

HTTP/1.1 403 Forbidden
Date: Fri, 14 Jul 2023 15:40:46 GMT
Server: Apache/2.4.57 (Fedora Linux)
Content-Length: 199
Content-Type: text/html; charset=iso-8859-1

<!DOCTYPE HTML PUBLIC "-//IETF//DTD HTML 2.0//EN">
<html><head>
<title>403 Forbidden</title>
</head><body>
<h1>Forbidden</h1>
<p>You don't have permission to access this resource.</p>
</body></html>
```

当笔者在编写本章时，遇到了上述 Telnet 返回的"403 Forbidden"错误的情况，通过对错误日志的排查，笔者发现是因为 SELinux 被设置为 Enforcing 模式而导致的。作为临时测试，你可以执行如下命令将 SELinux 更改为 Permissive 模式：

```
# setenforce Permissive
```

再次测试，笔者得到了第二个网站页面成功显示的结果，究其原因，笔者在 5.11 节对此问题做出了相关解释。

这种情况其实充分地说明了 SELinux 为你的操作系统提供了一层额外的安全保护，目前由于解决 SELinux 权限问题的任务不在本书的讨论范围之内，你可以在 /etc/selinux/config 文件中将 SELinux 设置为 Permissive，以便在系统重新启动时还能保持该设置。

10.9 使用 CGI 脚本

CGI（Common Gateway Interface，通用网关接口）脚本允许创建简单或复杂的交互式程序，这些程序可以运行以提供一个动态网页。一个动态的网页可以根据输入、计算、服务器的当前条件等而进行更改。

CGI 是一种协议规范，其定义了 Web 服务器如何通过浏览器将用户的请求传递给应用程序，然后从应用程序接收数据，并将其传回发起请求的浏览器。有许多编程语言都可用于 CGI 脚本，但我们在任何项目中选择编程语言时都应该基于该项目的需求。我们先来看一下 Perl 和 Bash 这两种语言，我们在本节中将讲解这两种语言，其他流行的 CGI 语言（如 PHP 和 Python）在本书中不再赘述，请读者自行了解。

10.9.1 使用 Perl

Perl 是一种非常流行的 CGI 脚本语言，它的主要优势在于它是一种非常强大的文本操作语言。它的数学运算能力也比 Bash 要好，笔者多年来一直将 Perl 作为首选 CGI 语言。它非常适合我们的需求，而且易于使用。

实验 10-9：使用 Perl 编写 CGI

请使用 StudentVM2 的 root 用户权限来执行本实验。

我们需要在 httpd.conf 配置文件中的第一个虚拟主机段中添加如下内容，我们通过定义 ScriptAlias 指令的方式将 URL 映射到文件系统的某个位置并将目标指定为 CGI 脚本。同时，我们也需要为所有用户提供对该目录的访问权限，就像我们为 html 目录指定的访问权限一样。

主网站的名称虚拟主机段如下所示，其中新添加的行已经用粗体突出显示：

```
# The primary website
<VirtualHost 192.168.56.11:80>
    ServerName www1.example.com
    ServerAlias www1.example.com
    DocumentRoot "/var/www1/html"
    ScriptAlias /cgi-bin/ "/var/www1/cgi-bin/"
    ErrorLog "logs/error_log"
    ServerAdmin student@example.com
    <Directory "/var/www1/html">
        Options Indexes FollowSymLinks
        AllowOverride None
        Require all granted
    </Directory>
    <Directory "/var/www1/cgi-bin">
        Options Indexes FollowSymLinks
```

```
    AllowOverride None
    Require all granted
  </Directory>
</VirtualHost>
```

随后，我们在 /var/www1/cgi-bin/ 目录新建一个名为 index.cgi 的文件，在该文件中添加如下 Perl 脚本，并设置所有权为 apache.apache，文件权限为 755，使其拥有可执行的权限：

```
#!/usr/bin/perl
print "Content-type: text/html\n\n";
print "<html><body>\n";
print "<h1>Hello World</h1>\n";
print "Using Perl<p>\n";
print "</body></html>\n";
```

最后，我们在 CLI 中执行该程序并查看其输出结果：

```
[root@studentvm2 cgi-bin]# ./index.cgi
Content-type: text/html

<html><body>
<h1>Hello World</h1>
Using Perl<p>
</body></html>
[root@studentvm2 cgi-bin]#
```

当执行完毕 index.cgi 脚本文件，出现上述输出结果后，表示我们编写的 Perl 脚本已可以正常运行，因为我们希望 index.cgi 这个脚本程序能够将 HTML 代码发送到发起请求的浏览器中。我们可以登录到 StudentVM1 中使用浏览器访问 URL 地址"www1.example.com/cgi-bin/index.cgi"，结果如图 10-5 所示。

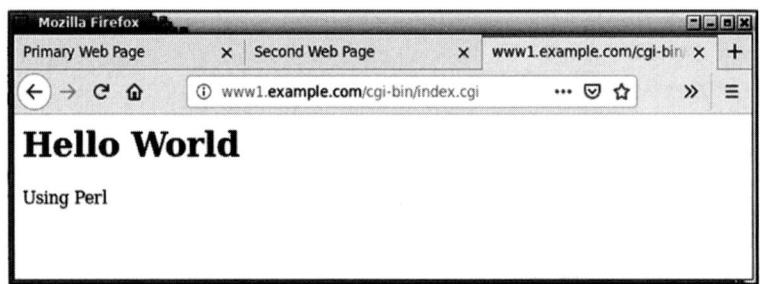

图 10-5　使用 Perl CGI 脚本来制作一个网页

上述 CGI 程序基本上仍然是静态的，因为它总是显示相同的输出。在你的 CGI 脚本代码中，在 Hello World 一行之后添加如下几行内容，其中 Perl 语言中的 system 指令代表在系统 Shell 中执行它后面的命令，并将结果打印返回给程序。在本例中，我们只是利用了 free 命令结果中简单地过滤出当前内存的使用情况：

```
system "free | grep Mem";
print "\n\n";
```

配置完毕后，现在返回浏览器中刷新并查看结果，你在浏览器中应该会看到附加行中显示的系统内存统计信息，多次刷新浏览器，可以看到页面中显示的内存使用情况会有所改变。

10.9.2 使用 Bash

Bash 可能是所有用于 CGI 脚本的语言中最简单的一种。它在 CGI 编程方面的主要优势是所有的系统管理员都知道它，它可以直接访问所有的标准 GNU 工具和系统程序。

实验 10-10：使用 Bash 编写 CGI

请使用 StudentVM2 的 root 用户权限来执行本实验。

将现有的 index.cgi 复制到 Perl.index.cgi。用以下内容替换 index.cgi 的内容：

```
#!/bin/bash
echo "Content-type: text/html"
echo ""
echo '<html>'
echo '<head>'
echo '<meta http-equiv="Content-Type" content="text/html; charset=UTF-8">'
echo '<title>Hello World</title>'
echo '</head>'
echo '<body>'
echo '<h1>Hello World</h1><p>'
echo 'Using BASH<p>'
free | grep Mem
echo '</body>'
echo '</html>'
exit 0
```

通过在命令行中运行 Perl.index.cgi 脚本来对其进行测试，我们尝试刷新 StudentVM1 机器上的浏览器，以验证我们通过 BASH 配置编写的 CGI 脚本是否可以在浏览器中生成 HTML。

10.9.3 将网页重定向到 CGI

所有这些 CGI 脚本都是非常好的，但在通常情况下用户一般不会输入你的 CGI 页面的完整 URL 地址。他们会直接输入域名并按下 <Enter> 键进行访问。为了能够符合普遍用户的习惯，我们需要在 httpd.conf 配置文件中对主网站的虚拟主机段再添加一行内容。

实验 10-11：重定向

请使用 StudentVM2 的 root 用户权限来执行本实验。

请将下述突出显示的一行代码内容添加到主网站中的名称虚拟主机段中，添加完毕后，现在整个虚拟主机段如下所示，其中 DirectoryIndex 语句定义了主页的名称和位置：

```
# The primary website
<VirtualHost 192.168.56.1:80>
    ServerName www1.example.com
    ServerAlias www1.example.com
    DocumentRoot "/var/www1/html"
    DirectoryIndex index.html /cgi-bin/index.cgi
    ScriptAlias /cgi-bin/ "/var/www1/cgi-bin/"
    ErrorLog "logs/error_log"
    ServerAdmin student@example.com
    <Directory "/var/www1/html">
        Options Indexes FollowSymLinks
        AllowOverride None
        Require all granted
    </Directory>
    <Directory "/var/www1/cgi-bin">
        Options Indexes FollowSymLinks
        AllowOverride None
        Require all granted
    </Directory>
</VirtualHost>
```

将 /var/www1/html/index.html 文件重命名为 Old.index.html，这样它就不再匹配 DirectoryIndex 对 index.html 文件的定义。需要注意的是，在 DirectoryIndex 语句中搜索顺序是从左到右的，所以根据实际情况需要重新安排顺序，使 cgi-bin/index.cgi 文件排在前面也可以正常运行。但是在实际生产环境中需要进行综合考虑，确保配置完毕以后可以正常运行。

现在，在你的浏览器 URL 搜索栏中输入域名 www.example.com 后，浏览器会根据我们在 httpd.conf 配置文件中的 DirectoryIndex 内容直接转到显示当前内存使用情况的 CGI 脚本，最终，我们可在浏览器中会看到附加行中显示的系统内存统计信息。

10.9.4 自动刷新页面

现在我们有了一个可以为我们提供内存信息统计的页面，但我们不想手动去刷新这个页面。我们可以通过 CGI 脚本中的语句来做到这一点。

实验 10-12：刷新页面

请使用 StudentVM2 的 root 用户权限来执行本实验。

将现有 CGI 脚本文件中 meta 这一行中的内容替换为如下指向 cgi-bin/index.cgi 文件，并设置了每间隔 1s 就刷新页面的刷新指令的这一行内容，其中 content=1 参数指定了刷新间隔为 1s：

```
echo '<meta http-equiv="Refresh" content=1;URL=http://www1.example.com/cgi-bin/index.cgi>'
```

请在 CGI 脚本中将刷新间隔改为 5s。请注意，修改完毕后会立即生效。

总结

在本章中，我们先创建了一个没有 HTML 格式的简单静态网页，只包含最基本的内容，从这之后，我们使用 HTML 语言来创建逐渐复杂的静态内容。我们还创建了托管在同一台虚拟机上的第二个网站，并对其静态内容进行了一系列测试，之后我们开始使用 Bash 和 Perl CGI 脚本来创建动态网页。

这是一个非常简单的例子，使用 Apache httpd 服务器的一个实例为两个网站提供服务。如果考虑到其他因素，虚拟主机的配置就变得有点复杂了。

例如，你可能有一些 CGI 脚本，你想用于其中的一个或两个网站。你可以在 /var/www 中为 CGI 程序创建目录，其中一个可能是 /var/www/cgi-bin，另一个可能是 /var/www/cgi-bin2，以便与 html 目录命名一致。然后，有必要在虚拟主机段添加配置指令，以指定 CGI 脚本的目录位置。每个网站也可以有下载文件的目录，这需要在适当的虚拟主机段中加入条目。Apache 网站有一些非常好的文档，网址是 https://httpd.apache.org/docs/2.4/，其中介绍了其他一些管理多个网站的方法，以及从性能调整到安全性的配置选项。

练习

为了掌握本章所学知识，请完成以下练习：

1）描述静态网页和动态网页之间的区别。
2）至少列出五种用于生成动态网页的主流编程语言。
3）哪些限制可能会阻止一种程序语言与 CGI 一起使用？
4）CGI 使网站能够做什么？
5）为什么我们要使用 grep 来从 free 命令中提取内存信息？
6）在 CGI 脚本中添加一些代码，使其除了显示内存使用情况外，还显示网页上当前的 CPU 使用情况。

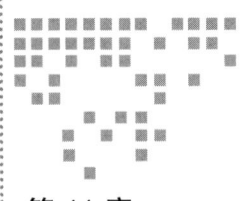

第 11 章

WordPress

目标

在本章中，你将学习以下内容：

- 安装 WordPress 所需的组件——PHP 和 MariaDB。
- 为 WordPress 站点创建一个 MariaDB 数据库。
- 五分钟快速安装 WordPress 应用程序。
- 使用 WordPress 仪表盘进行管理更改，并向站点添加发布新的页面内容。
- 通过更改 WordPress 主题来调整其外观风格。

11.1 概述

在第 10 章中，我们安装了 Apache HTTPD Web 服务器，并配置其为两个网站提供服务，一个是静态网站，一个是动态网站。动态网站对于那些需要根据不同情况而动态变更网站内容的企业和其他组织来讲是非常重要的。

我们在第 10 章中使用的手动方法很慢，它们强制用户必须熟悉创建和管理网页的工具，这使得用户无法完全沉浸在内容中。针对这种情况有一种更好的方法，WordPress 是一款更高级的工具，它允许用户使用一个类似文字处理器的图形用户界面来创建网页和新闻提要。

WordPress 是一个集网站发布、博客撰写及内容管理于一体的强大且可扩展的系统。其安装过程快捷，仅需数分钟，便可快速搭建并运行起一个外观精致、功能复杂的网站。

关于构建网站，市面上其实有许多其他的开源方案可供我们选择。本章之所以选择 WordPress，是因为 WordPress 是市面上非常流行且容易上手安装配置的软件之一，此外，笔者也使用 WordPress 来构建和管理所有个人的网站。

在本章中，我们将把 StudentVM2 上的主虚拟主机转换为 WordPress，并建立一个基础性的网站。本章不深入讨论 WordPress 的具体使用方法，仅限于指导读者如何建立一个基础网站并使其运行，以及如何在 WordPress 上发布一两篇博客文章。

11.2 安装 PHP 和 MariaDB

WordPress 是采用 PHP 编写的，PHP 是一种为网络应用专门设计的开源超文本预处理语言。PHP 本身是一个递归缩写，全称为 PHP: Hypertext Preprocessor（超文本预处理器）。作为一种服务器端语言，PHP 代码可以被嵌入 HTML 网页中。在服务器上执行的这些 PHP 代码以及生成的 HTML 内容，会与原始 HTML 页面的其他部分（如静态标记和元素）一并发送到客户端。

MariaDB 是 MySQL 项目的一个分支，该项目被甲骨文（Oracle）公司收编。它是一个开源的 SQL 数据库，被 WordPress 用来存储网站的所有数据。我们还需要安装 php-mysqlnd 扩展模块。

这些工具默认并没有安装，所以我们需要对其进行安装。

实验 11-1：安装软件依赖项

请使用 StudentVM2 上的 root 用户权限来执行本实验，安装 WordPress 所需的 PHP 和 MariaDB 工具：

```
[root@studentvm2 ~]# dnf -y install php php-mysqlnd mariadb mariadb-server mariadb-server-utils
```

安装完毕后，请重新启动 HTTPD 服务，使 Apache 能够与 PHP 模块进行集成，并启用 MySQL（MariaDB）插件服务。

11.3 安装 WordPress

虽然 WordPress 通常可以从 Fedora 存储库获得，但是在过去 Fedora 存储库中的 WordPress 版本常常落后于 WordPress 官方网站的版本。所以，在本实验中你将会从 WordPress 官方网站上下载并安装最新版本的 WordPress。同时，这也是一个用来学习安装那些没有预先打包版本软件的机会。

WordPress 的官方网站为 www.wordpress.org，安装文档位于 codex.wordpress.org/Installing_WordPress。在做本实验时，你可以参考 WordPress 官方网站提供的安装文档，也可以根据实验步骤完成。

实验 11-2：安装 WordPress

请使用 StudentVM2 上的 root 用户权限来执行本实验。

先确认 /var/www1/html 目录下的 index.html 文件是否已被删除或者重新命名，如没有删除可直接删除它，我们在本实验中将不会再需要它。

通过如下命令将最新的 WordPress 安装压缩包从 WordPress 网站下载到本地 /tmp 目录：

`[root@studentvm2 ~]# cd /tmp ; wget http://wordpress.org/latest.tar.gz`

通过如下命令来提取 WordPress 安装压缩包中的内容。所提取的文件将被解压缩到在此过程创建的 ./wordpress 目录下：

`[root@studentvm2 tmp]# tar -xzvf latest.tar.gz`

将当前工作目录设为 /tmp/wordpress 目录，通过如下命令将 wordpress 目录中所有文件复制到 /var/www1/html 目录中。其中，-R 选项表示以递归的方式复制文件，因此所有子目录中的文件都会被复制到 /var/www1/html 目录中：

`[root@studentvm2 wordpress]# cp -R * /var/www1/html/`

将当前工作目录改为 /var/www1/ 目录，并将该目录下的文件所有权改为 apache.apache，更改完后，需要验证文件是否位于正确的位置及是否具有新的所有权：

`[root@studentvm2 wordpress]# cd /var/www1 ; chown -R apache.apache *`

通过如下命令启动 MariaDB 数据库服务并将 MariaDB 数据库服务加入开机自启动列表中，确保 MariaDB 服务可以随着系统启动时一起启动，与此同时，你还需要重新启动 Apache 服务以确保 MySQL 插件可以正常启用：

`[root@studentvm2 ~]# systemctl start mariadb ; systemctl enable mariadb ; systemctl restart httpd.service`

通过如下命令来验证 MariaDB 数据库服务是否正常启动运行：

```
[root@studentvm2 ~]# systemctl status mariadb
[root@studentvm2 ~]# systemctl status mariadb
● mariadb.service - MariaDB 10.3 database server
   Loaded: loaded (/usr/lib/systemd/system/mariadb.service; enabled; vendor preset: disabled)
   Active: active (running) since Sat 2019-07-27 13:24:57 EDT; 1h 19min ago
```

```
     Docs: man:mysqld(8)
           https://mariadb.com/kb/en/library/systemd/
 Main PID: 27183 (mysqld)
   Status: "Taking your SQL requests now..."
    Tasks: 30 (limit: 4696)
   Memory: 73.2M
   CGroup: /system.slice/mariadb.service
           └─27183 /usr/libexec/mysqld --basedir=/usr

Jul 27 13:24:56 studentvm2.example.com mysql-prepare-db-dir[27082]: Please report any problems at http://maria>
Jul 27 13:24:56 studentvm2.example.com mysql-prepare-db-dir[27082]: The latest information about MariaDB is av>
Jul 27 13:24:56 studentvm2.example.com mysql-prepare-db-dir[27082]: You can find additional information about >
Jul 27 13:24:56 studentvm2.example.com mysql-prepare-db-dir[27082]: http://dev.mysql.com
Jul 27 13:24:56 studentvm2.example.com mysql-prepare-db-dir[27082]: Consider joining MariaDB's strong and vibr>
Jul 27 13:24:56 studentvm2.example.com mysql-prepare-db-dir[27082]: https://mariadb.org/get-involved/
Jul 27 13:24:57 studentvm2.example.com mysqld[27183]: 2019-07-27 13:24:57 0 [Note] /usr/libexec/mysqld (mysqld)>
Jul 27 13:24:57 studentvm2.example.com mysqld[27183]: 2019-07-27 13:24:57 0 [Warning] Could not increase numbe>
Jul 27 13:24:57 studentvm2.example.com mysqld[27183]: 2019-07-27 13:24:57 0 [Warning] Changed limits: max_open>
Jul 27 13:24:57 studentvm2.example.com systemd[1]: Started MariaDB 10.3 database server.
```

在默认情况下，新安装的 MariaDB 数据库不需要密码，我们需要通过 mysqladmin 工具来为 root 用户设置一个密码，具体命令如下所示：

```
[root@studentvm2 ~]# mysqladmin -u root password <Your Password>
```

设置完密码以后，我们通过 MariaDB 命令行界面来验证新密码，输出结果如下所示：

```
[root@studentvm2 ~]# mysql -u root -p
Enter password: <Enter your password>
Welcome to the MariaDB monitor.  Commands end with ; or \g.
Your MariaDB connection id is 10
Server version: 10.3.12-MariaDB MariaDB Server

Copyright (c) 2000, 2018, Oracle, MariaDB Corporation Ab and others.

Type 'help;' or '\h' for help. Type '\c' to clear the current input statement.

MariaDB [(none)]>
```

最后一行是 MariaDB 命令提示符，请暂时不要退出 MariaDB 数据库。

11.4 配置 HTTPD

由于 Apache 尚未在配置文件中指定 WordPress 所使用的 index 文件（index.php），因此我们需要将其添加到主网站的虚拟主机段中。这可以确保 Apache 能够使用正确的 WordPress 网站的 index 文件。

实验 11-3：设置 index 文件

请使用 StudentVM2 上的 root 用户权限来执行本实验。

使用不同的终端会话，以便你可以一直保持登录到 MariaDB。编辑 httpd.conf 配置文件，在 www1 网站的虚拟主机段中，将 DirectoryIndex 语句从：

DirectoryIndex index.html /cgi-bin/index.cgi

修改为：

DirectoryIndex index.php

这样可以确保使用的是 WordPress index 文件，随后重新启动或重新加载 Apache 服务使其配置生效。

11.5 创建 WordPress 数据库

在这个阶段中，我们已经创建了 MariaDB 所需要的一些基本数据库，但是我们还没有为 WordPress 网站创建任何的数据库。在本实验中，我们将会查看现有的数据库并创建 WordPress 所需要的数据库。

实验 11-4：创建 WordPress 数据库

请使用 StudentVM2 上的 root 用户权限来执行本实验。与此同时，在你之前所保留的 MariaDB 数据库界面的终端会话中，执行如下命令来查询 MariaDB 所需的基本数据库，请务必在每条执行命令的末尾加上分号（;）：

```
MariaDB [(none)]> show databases;
+--------------------+
| Database           |
+--------------------+
| information_schema |
| mysql              |
| performance_schema |
+--------------------+
```

```
3 rows in set (0.001 sec)

MariaDB [(none)]>
```

现在，我们可以为我们所要构建的网站创建数据库了，当我们手动创建完数据库后，我们需要授予root用户（不是Linux的root用户，而是MariaDB的root用户）具有新数据库中所有表的管理权限：

```
MariaDB [(none)]> create database www1;
Query OK, 1 row affected (0.000 sec)

MariaDB [(none)]> grant all privileges on www1.* to "root"@"studentvm1"
identified by "<type the password here>";
Query OK, 0 rows affected (0.001 sec)

MariaDB [(none)]> flush privileges;
Query OK, 0 rows affected (0.000 sec)
```

现在我们检查一下新的数据库，MariaDB用户界面提供了一些命令行编辑功能，因此，你可以通过使用键盘中的<↑>键来滚动回显show databases命令，如下所示：

```
MariaDB [(none)]> show databases;
+--------------------+
| Database           |
+--------------------+
| information_schema |
| mysql              |
| performance_schema |
| www1               |
+--------------------+
4 rows in set (0.000 sec)
```

至此，我们已顺利完成创建WordPress网站所需的全部MariaDB数据库配置工作。建议你妥善记住所设置的密码，或考虑将其与其他密码一并安全存储于类似KeePassXC的密码管理工具中。

这些都是你在为WordPress创建MariaDB数据库时所需要知道的所有SQL命令。然而，笔者花了一些时间对MariaDB数据库做了更多研究，我们稍后将在本章中进一步探索。所以请不要退出MariaDB数据库，我们会在后续实验项目中进一步探讨。

11.6 配置WordPress

现在我们已经开始准备配置WordPress了，我们首先设置一个WordPress配置文件，然后从Web浏览器中运行一个管理程序来完成WordPress的配置。

实验 11-5：配置 WordPress

请使用 StudentVM2 上的 root 用户权限来执行本实验。

首先将当前工作目录切换为 /var/www1/html/ 目录，然后将 wp-config-sample.php 配置文件中的内容复制到 wp-config.php 文件中，最后将 wp-config.php 配置文件的所有权更改为 apache.apache。值得注意的是，我们在复制文件时需要保留好原始文件，当复制的文件遭受破坏时，我们可以通过原始文件覆盖的方式对其进行还原。

在 Vi 编辑器中打开 wp-config.php 配置文件，对所涉及数据库相关配置信息进行修改，具体需要修改的内容已用粗体突出显示，修改完的内容如下所示：

```
// ** MySQL settings - You can get this info from your web host ** //
/** The name of the database for WordPress */
define('DB_NAME', 'www1');

/** MySQL database username */
define('DB_USER', 'root');

/** MySQL database password */
define('DB_PASSWORD', '<Your password goes here>');

. . .

/**
 * WordPress Database Table prefix.
 *
 * You can have multiple installations in one database if you give each
a unique
 * prefix. Only numbers, letters, and underscores please!
 */
$table_prefix  = 'www1_';

. . .

/** Absolute path to the WordPress directory. */
if ( !defined('ABSPATH') )
        define('ABSPATH', dirname(__FILE__) . '/var/www1/html/');
```

修改完毕后，请保存配置文件并退出编辑器。

在 StudentVM2 上打开一个浏览器或在已打开的浏览器实例中新建一个标签页，在浏览器 URL 搜索栏中输入如下一行内容并按 <Enter> 键进行访问：

http://www1.example.com/wp-admin/install.php

可以看到当前浏览器页面已经转至 WordPress 网站初始语言配置页面，默认值通常符合你的语言，选择好后单击 Continue 按钮进行下一步的安装配置。

当进入 WordPress 安装页面时，我们根据 WordPress 安装向导提示输入如表 11-1 所示的 WordPress 配置信息。

表 11-1　WordPress 配置信息

配置项	说明
Site Title（网站标题）	表示 WordPress 的网站名称，此处填写 Student Web Site
Username（用户名）	表示 WordPress 的管理员名称，登录到管理页面的用户名，此处填写 student
Password（密码）	表示登录到 WordPress 管理页面的密码，此处可自行设置
Your E-mail（你的邮件）	表示电子邮件账户，此处填写 student 电子邮件账户 student@example.com

参考表 11-1 在安装向导中配置完相关基础信息以后，我们单击 Install WordPress（安装 WordPress）按钮来完成设置并开始进行安装 WordPress，整个安装过程可能需要几分钟的时间，安装的速度取决于我们虚拟机的规格，在安装的过程中没有任何进度指示，因此我们要耐心等待其安装完毕。

在 WordPress 安装结束后，你将会看到一个 WordPress 登录页面。在我们对其内容进行更改之前，让我们先看一下当前的网站，我们在浏览器中打开一个新标签页，输入网站的 URL 地址 www1.example.com，然后按 <Enter> 键进入。

届时，你将会看到 WordPress 默认使用的主题网站主页。由于 WordPress 的默认主题每年都会更换，你的 WordPress 网站主题可能与如图 11-1 所示的 WordPress 网站主题看起来会有所不同，但在笔者看来 WordPress 的默认主题相对于大多数主题来讲更加平淡无奇，但好在 WordPress 网站主题更改起来非常容易，我们会在本章的后续内容中介绍如何更换主题。

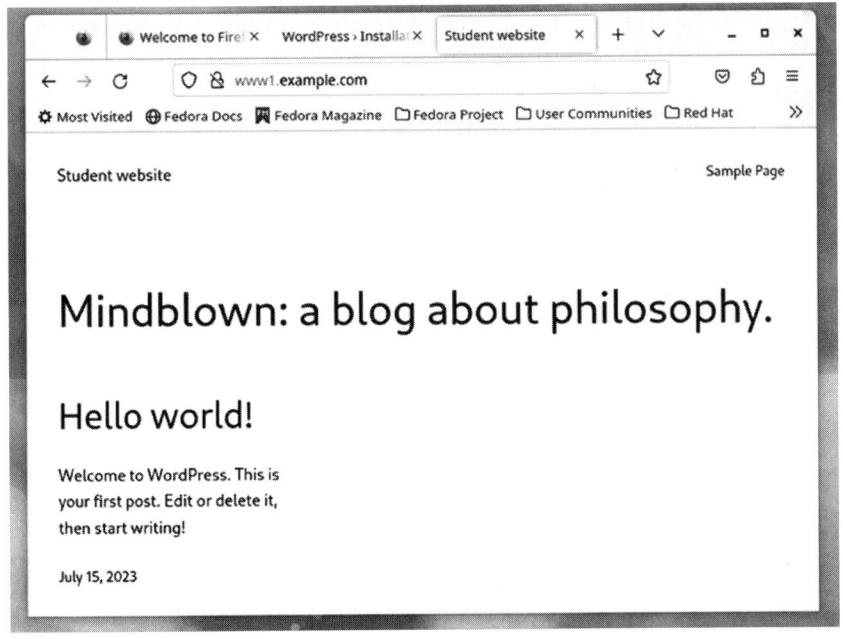

图 11-1　默认的 WordPress 主页。对于你的默认主题来讲可能会有所不同，因为默认主题每年都在变化

11.7 管理 WordPress

对于 WordPress 来讲，无论是网站内容的创建与维护、外观和风格的调整，还是流量统计的获取，都非常简便。我们将在实验 11-6 中简要介绍 WordPress 的管理方法。

实验 11-6：管理 WordPress

请使用 StudentVM1 上的 student 用户权限来执行本实验。我们在 StudentVM1 上执行本实验，是为了说明我们可以在任何能够访问该网站（无论是本地网还是通过互联网访问）的主机上对 WordPress 网站进行管理，同时这也是使用强密码和不使用默认管理账户的一个好理由。

请在 StudentVM1 上打开一个浏览器（如果还没有打开的话），在浏览器的 URL 搜索栏输入域名 http://www1.example.com，并将页面向下滚动到 Meta 部分，然后单击 Log In。在登录界面中输入用户名 student 和密码，然后单击 Log In 按钮进行登录。登录后显示 WordPress 仪表板欢迎页面，如图 11-2 所示，后续可通过 WordPress 仪表板来对网站的所有内容进行管理。

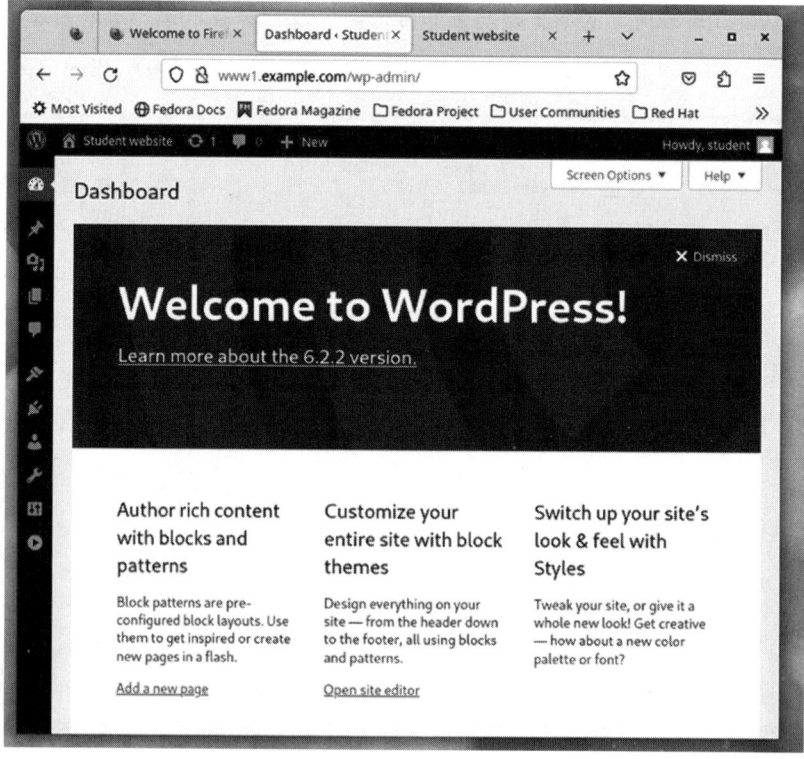

图 11-2　WordPress 仪表板的欢迎页面

在图 11-2 中，我们可以看到 WordPress 仪表板为我们提供的网站初始化配置向导，其中包括自定义网站所需的事件清单以及向网站添加页面和帖子的后续操作步骤。我们可以单击 WordPress 仪表板欢迎模块右上角的 Dismiss 按钮跳过这些配置，先来看一下图 11-2 左侧的仪表板本身。

将鼠标指针悬停在仪表板的 Users 图标，单击 All Users 项，进入用户账号管理界面，由于你是 WordPress 的管理员，你在此界面中可以对用户账号及角色权限进行统一管理和分配。

现在，我们把鼠标指针移到仪表板的 Appearance 图标，单击 Customize 项，在这里我们可以更改 WordPress 主题来对当前的网站进行个性化设计。我们在当前页面中单击 Themes 按钮，任意选择其中一个主题，并单击 Live Preview 按钮，就可以预览主题的具体样式了。你可在众多 WordPress 主题中任选一个 WordPress 主题，探索并观察不同的 WordPress 外观主题是如何改变网站的外观风格及交互体验的。

选择好可用的主题后，单击 Activate and Publish 按钮使其生效，随后在你的浏览器中打开另外一个标签页，输入 WordPress 的地址并查看 WordPress 外观主题的应用效果。

如果所列出的 WordPress 主题都不符合你的需求，你可以从众多免费的 WordPress 主题中下载更多的主题。在 WordPress 的 Previewing themes 菜单项中，单击 Change 按钮，然后再单击 WordPress.org 主题，会打开一个可供我们直接下载 WordPress 主题的列表。浏览之后挑选一两个你比较感兴趣的 WordPress 主题，并单击 Install & Preview 按钮来进行安装预览以决定是否要将其作为 WordPress 的新主题进行发布。我们对 WordPress 主题进行了几分钟的实验，想必你已经了解了 WordPress 主题的作用。

如果你有兴趣去学习更多关于 WordPress 的知识，你可以在 WordPress 官方在线帮助文档（https://wordpress.org/support/category/basic-usage/）中查询。本节主要的目的是安装并运行 WordPress，因此，我们基本上已经满足了作为系统管理员对 WordPress 的需求。

11.8 更新 WordPress

关于 WordPress，我们需要知道的最后一件事就是如何对其进行更新。对 WordPress 执行更新的操作步骤十分简单，而且在大部分情况下 WordPress 会自动更新。

当你登录到 WordPress 的仪表板时，它会在有新的可用更新时通知你。你可以在 WordPress 更新页面中单击可用更新，并进行安装，整个更新操作只需要几分钟就可以完成。在对 WordPress 程序本身、活动主题以及活动插件进行部分更新期间，WordPress 将进入维护模式，并向网站访客展示一个临时页面。

如果你在 WordPress 官方网站 WordPress.org 创建了账户，你可以选择自动安装更新。

11.9 探索 MariaDB

WordPress 配置程序为数据库创建了表，现在有了一些内容。因此，我们花几分钟时间来探索一下 MySQL 数据库。

实验 11-7：探索 MariaDB

请使用 StudentVM2 上的 root 用户权限来执行本实验。

在对数据库进行操作之前，我们需要使用命令将要操作的数据库切换为当前的数据库，才能对其执行操作，这跟当前工作目录的概念有点相像，我们称之为"与数据库进行连接"。我们可以执行 user www1 命令连接到 www1 数据库。当成功连接后，MariaDB 数据库会显示一条"数据库已变更"信息，这意味着我们已在 MariaDB 数据库中将 www1 数据库切换为当前的数据库：

```
MariaDB [(none)]> use www1;
Reading table information for completion of table and column names
You can turn off this feature to get a quicker startup with -A

Database changed
MariaDB [www1]>
```

现在我们执行如下命令来列出当前 www1 数据库中的表：

```
MariaDB [www1]> show tables;
+-------------------------+
| Tables_in_www1          |
+-------------------------+
| www1_commentmeta        |
| www1_comments           |
| www1_links              |
| www1_options            |
| www1_postmeta           |
| www1_posts              |
| www1_term_relationships |
| www1_term_taxonomy      |
| www1_termmeta           |
| www1_terms              |
| www1_usermeta           |
| www1_users              |
+-------------------------+
12 rows in set (0.001 sec)

MariaDB [www1]>
```

在 www1 数据库中执行表查询命令后，我们看到 WordPress 安装程序在数据库中创建的表。

你可以执行 describe 命令来查看 www1 单张表，如下所示，我们查看 www1_posts

表的字段及属性：

```
MariaDB [www1]> describe www1_posts;
```

我们也可以执行如下命令来显示当前数据库中的 post_title 行的具体内容：

```
MariaDB [www1]> select post_title from www1_posts;
+----------------+
| post_title     |
+----------------+
| Hello world!   |
| Sample Page    |
| Privacy Policy |
| Auto Draft     |
+----------------+
4 rows in set (0.000 sec)

MariaDB [www1]>
```

如果不再执行任何 SQL 语句，可使用 exit 命令来退出 MariaDB 的用户界面。

本章既不是关于网页设计的章节，也不是关于 MariaDB 的章节，因此我们就先讲到这里，想必现在你至少学会了如何使用 MariaDB，这足以让你快速上手使用 WordPress 了。

总结

WordPress 是一个创建基于内容的网站的强大而可靠的工具，它是笔者曾经使用过的创建和维护网站最简单的方法之一。尽管如此，WordPress 官方所述的五分钟安装 WordPress，并不是真的使用五分钟进行安装——至少对于笔者来说不是这样。笔者很少这样安装，每次都会花费五分钟以上的时间去阅读 WordPress 的安装说明，查询 WordPress 的安装步骤，但所需的总时间不会超过五分钟太多。

如果你打算用 WordPress 来创建网站，请花一些时间学习如何使用它，并添加帖子和页面。笔者的个人网站 www.both.org 和 www.linux-databook.info/ 都使用 WordPress。笔者也曾为一些客户使用过它。

练习

为了掌握本章所学知识，请完成以下练习：

1）我们为什么选择从 WordPress 网站下载而不使用 Fedora 版本的 WordPress？

2）在 WordPress 网站上添加一篇新文章，以了解这个过程的简便性。

3）WordPress 用户可以被分配不同的角色。这些角色是什么，你将如何使用它们来实现工作流程？

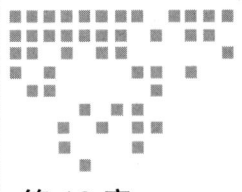

第 12 章

邮件列表

目标

在本章中,你将学习以下内容:
- 安装和配置 Sympa 邮件列表服务。
- 集成现有服务、Sendmail、MariaDB、Apache 与 Sympa,在单个主机上创建完整邮件列表解决方案。
- 创建一个简单的邮件列表。
- 管理用户订阅。
- 邮件列表服务被 AOL、EarthLink 和 Gmail 等大型服务商拒收的原因及预防建议。

12.1 概述

邮件列表在许多环境中都很重要。它并不依赖每个人来维护自己本地的邮件列表副本,而是提供一个统一的管理节点。该类节点服务器有时被称为列表服务器。

Sympa⊖是一款杰出的开源邮件列表工具。当然,还有其他同类工具,但 Sympa 不仅免费,还具备众多实用功能,可配置程度高,同时安装及使用也相当简便。

Sympa 集成了邮件传输代理以及网页服务器,分别提供邮件服务与管理功能。所有管理任务均可通过命令行完成。

⊖ Sympa 主页,www.sympa.community/。

Sympa 提供了详尽的在线帮助文档[⊖]，其中包含如何将其与 Sendmail 集成。笔者还参考了 /usr/share/doc/sympa/README.RPM.md 文件，该文件详细列出了配置 Sympa 及将其与已安装的 MySQL（MariaDB）数据库和 Apache 网页服务器集成的操作步骤。文件名中的"md"扩展名表明该文件是用 Markdown 编写的，Markdown 是一种带有少许特殊格式的纯 ASCII 文本，能方便地转换为其他易读格式。Midnight Commander、less 命令以及桌面端 Okular 中的阅读器都能够正确显示该文件。

本章实验中所采用的操作步骤是笔者在参考上述文档的基础上精心设计的，旨在精简操作流程，仅保留启动和运行 Sympa 的必要操作。

12.2 安装 Sympa

Sympa 的安装过程十分简单。大多数基于 Red Hat 的 Linux 发行版都包含了最新版本的 Sympa，而 Fedora 通常也提供了最新版本的 Sympa。

Sympa 是由 Perl 语言编写而成的。在通常情况下，由于 Sympa 所需的部分 Perl 模块包并未默认安装，而是在我们安装 Sympa 的过程中作为依赖项被安装。

实验 12-1：安装 Sympa

请以 root 用户身份在 StudentVM2 虚拟机上执行本实验。执行如下命令来安装 Sympa：

```
[root@studentvm2 ~]# dnf -y install sympa
```

我们在执行该命令时，系统还会安装一系列依赖项的软件包。

12.3 Sympa 文档

Sympa 网站提供了完整的 Sympa 文档，包含在列表管理手册中。此外，Sympa 网站还有可供加入的讨论列表，便于你与其他 Sympa 用户及管理员进行交流互动。

Sympa 网站提供的文档是笔者迄今遇到的质量最好、最为完整的文档之一。它面面俱到、内容翔实，且对读者关于 Sympa 及其他相关软件的熟悉程度没有很高的要求。笔者花了一段时间来探索文档的细节及其结构，但这些投入是值得的。

需要注意的是，Fedora 存储库中安装的 Sympa RPM 包已预先完成了部分 Sympa 的安装、配置任务，这大大减轻了我们后续的工作量。

⊖ Sympa 管理手册, www.sympa.community/manual/。

现在正是深入了解 Sympa 文档的好时机，以便你理解笔者在实验 12-2 中设计的路径。让我们从 Sympa 文档中涉及配置 Sendmail[⊖]的内容开始，如图 12-1 所示。

```
2. <SNIP>
   define(`ALIAS_FILE', `(...existing value...),$SYSCONFDIR/aliases.sympa.sendmail,$SENDMAIL_ALIASES')
   then recompile sendmail.cf.
```

图 12-1 《Sympa 管理手册》节选，伪变量 SYSCONFDIR 与 SENDMAIL_ALIASES 的说明

请注意，图 12-1 中的"SYSCONFDIR"和"SENDMAIL_ALIASES"并非真正的变量，因为它们不能直接在 sendmail.mc 文件中生效。我们必须单击第一行显示的任意一个变量，实际上它是一个指向 Sympa 目录布局网页[⊖]的链接。该网页列出了文档中使用的所有伪变量及其值，这些值在 Sympa 的不同版本中会有所不同。你只需将文档中显示的变量替换为配置文件中的变量值即可。因此，像 sendmail.mc 这样的各类配置文件都应包含实际值而非变量名。

12.4　Sympa 的配置与集成

通过 Sympa README.RPM.md 文件可知："启动 Sympa 服务需要进行一系列工作。"笔者认为这并不算太糟糕，但工作量的确较大。

在实验 12-2 中，我们首先对 Sympa 做基础的配置，然后向现有的 MariaDB（MySQL）添加一个新的 MariaDB 数据库，最后将 Sympa 集成至我们的 Web 服务器及邮件服务器中。Sympa 能够出色地兼容我们已部署的多种数据库类型、邮件传输代理以及 Web 服务器。

通过 dnf 命令安装的 RPM 包已经为我们完成了一些基础的配置工作，包括创建初始配置文件等。我们只需对 Sympa 的一些变量进行简单的配置。

实验 12-2：配置 Sympa

本实验旨在引导我们完成 Sympa 最基本的配置，确保其能够顺利启动并运行。实际上，我们还可以对 Sympa 及其生成的邮件列表进行高级管理与个性化定制，但这些不属于本章探讨的内容。

⊖　Sympa, "Configure mail server: Sendmail", www.sympa.community/manual/install/configure-mail-server-sendmail.html。

⊖　Sympa, "Directory layout", www.sympa.community/manual/layout.html#sysconfdir。

尽管一次性处理 sympa.conf 文件看似更快捷、更高效，但笔者认为按任务逐一地处理更为合理。就个人而言，笔者在按以下任务进行配置时能更好地理解配置内容。

1. 域名和列表管理员

第一个任务是在 sympa.conf 中设置域名和列表管理员。Sympa 能够为多个域名管理列表，但在本章中我们仅使用一个域名，此域名即为主域名（无论是否拥有多个域名）。

请打开 /etc/sympa/sympa.config 文件，并根据以下内容对相应的行进行调整：

```
###########################################################################
# Initial configuration
###########################################################################

domain          mail.example.com      #(You must define this parameter)
listmaster      student@example.com   #(You must define this parameter)
#lang           en-US
```

你可以配置多个列表管理员，但实验中我们只使用一个。上述内容定义的是 Sympa 及其所有邮件列表的管理员。此外，每个邮件列表还可以拥有仅对该列表具有管理权限的管理员。

当配置完列表管理员后，请勿关闭此配置文件，因为我们还将在后续环节中对其进行进一步的配置。

2. 创建数据库

配置 sympa.conf 文件以指定 MySQL（MariaDB）并创建数据库。

尽管 Sympa 官方文档推荐需要将"db_user"设置为"sympa"，但由于我们当前 MariaDB 数据库的管理员账户已配置为"root"，因此，我们只需保持现状即可。当然，你有权限新建其他用户，尤其在生产环境下，为保障安全通常会为每个数据库配置不同的管理员：

```
############################################################
# Setup database
# See https://www.sympa.community/manual/install/setup-database.html
############################################################

db_type     MySQL       #(You must define this parameter)
db_name     sympa
db_host     localhost
#db_port
db_user     root
db_passwd   <password>
```

现在，我们便可以着手创建数据库。登录数据库，依次执行以下命令来创建数据库，请确保每条命令的末尾都有一个结束分号（;）。MySQL 命令不区分大小写：

```
mysql> CREATE DATABASE sympa CHARACTER SET utf8;
mysql> GRANT ALL PRIVILEGES ON sympa.* TO root@localhost IDENTIFIED BY
'<password>';
```

随后，执行以下命令来验证数据库是否已成功创建：

```
MariaDB [(none)]> show databases;
+--------------------+
| Database           |
+--------------------+
| information_schema |
| mysql              |
| performance_schema |
| sympa              |
| www1               |
+--------------------+
5 rows in set (0.143 sec)
```

接下来，从 Bash 命令行（并非在 MySQL 内部）创建数据库的表结构。此操作有助于验证 sympa.conf 的配置是否正确：

```
[root@studentvm2 ~]# sympa.pl --health_check
```

紧接着执行如下命令来验证数据库中的表是否已经成功创建：

```
MariaDB [(none)]> use sympa;
Reading table information for completion of table and column names
You can turn off this feature to get a quicker startup with -A

Database changed
MariaDB [sympa]> show tables;
+---------------------+
| Tables_in_sympa     |
+---------------------+
| admin_table         |
| conf_table          |
| exclusion_table     |
| inclusion_table     |
| list_table          |
| logs_table          |
| netidmap_table      |
| notification_table  |
| one_time_ticket_table |
| session_table       |
| stat_counter_table  |
| stat_table          |
| subscriber_table    |
| user_table          |
+---------------------+
14 rows in set (0.000 sec)
```

如果你的执行结果如上所示,这意味着数据库及其表已成功创建。

3. 测试日志文件

Sympa 不使用 systemd 日志,而是通过 syslog 服务来使用传统日志文件。现在让我们执行简单的测试来验证这些日志文件是否能够正常工作。

将当前工作目录切换至 /var/log,执行一个 Perl 脚本,向 sympa.log 文件中添加一条日志记录:

```
[root@studentvm2 log]# sympa test syslog
```

接着,我们需要检查并确认该日志记录是否已成功正确添加到日志文件中:

```
[root@studentvm2 log]# tail sympa.log
<SNIP>
Jul 17 10:55:44 studentvm2 sympa/testlogs[1843]: info
Sympa::CLI::test::syslog::_run() Logs seems OK, default log level 0
```

最后一行表示日志一切正常,这意味着这些日志文件正在按照预期正常运行。

4. 将 Sympa 与 Sendmail 集成

请将当前工作目录切换至 /etc/mail,之后在 StudentVM2 虚拟机上打开 sendmail.mc 配置文件,并将如下一行

define(`ALIAS_FILE', `/etc/aliases')dnl

修改为

define(`ALIAS_FILE', `/etc/aliases, /etc/sympa/aliases.sympa.sendmail,/var/lib/sympa/sympa_aliases')dnl

修改完毕后,执行 make 命令并创建 newaliases 数据库。至此,你应该能够看到两个数据库已经成功创建:

```
[root@studentvm2 mail]# make
[root@studentvm2 mail]# newaliases
/var/lib/sympa/sympa_aliases: 0 aliases, longest 0 bytes, 0 bytes total
/etc/aliases: 78 aliases, longest 19 bytes, 801 bytes total
/etc/sympa/aliases.sympa.sendmail: 6 aliases, longest 54 bytes, 297
bytes total
```

如果在查询结果中没有出现 Sympa 的 aliases 文件,那么很可能是因为 Sendmail 在 alIaS_File 的定义上出现了错误,笔者之前也曾遇到过这样的问题。请仔细检查 sendmail.mc 文件中定义 alIaS_File 项的那一行,并确保没有拼写或语法上的错误。

接下来重启 MIMEDefang 及 Sendmail 服务。还记得我们在第 9 章编写 CLI 程序吗?请使用类似的方法来确保这两个服务能否按照正确的顺序重新启动。

5. Sendmail 集成效果测试

为了测试验证 Sendmail 与 Sympa 的集成是否成功,我们需要执行如下命令来向之前创建的电子邮件别名发送一封测试邮件。这封邮件应当发送至 student 的电子邮件账户:

```
[root@studentvm2 ~]# echo "Test of SendMail and Sympa integration" | mailx -v
-s "Simpa - SendMail Integration Test 2" sympa-request@example.com
```

为了追踪邮件发送过程,向 mailx 命令添加 -v 选项以显示与 Sendmail 的详细通信记录。在 StudentVM2 虚拟机上以 student 用户身份运行 mailx 来查阅该邮件,该邮件头部信息如下:

```
>N 44 Super User   Tue Jul 18 14:42   20/890    "Simpa - SendMail
Integration Test 2"
```

6. 将 Sympa 与 Apache 集成

将 Sympa 与 Apache 进行集成有两种方法,但由于我们已经为虚拟主机配置了 Apache,因此我们将沿用这种方式。实际上,当初我们配置 Apache HTTPD 时之所以采用虚拟域名托管便是出于这一集成需求。

启动此集成配置的最佳方法是安装 Fedora 存储库中提供的 sympa-httpd 软件包。该操作将一并安装 multiwatch 软件包,它既是依赖项,也是 Sympa 针对列表站点所推荐的工具。笔者在如下命令中特意包含了这个软件包,确保你明白无论怎样我们都需要安装它:

```
[root@studentvm2 ~]# dnf install -y sympa-httpd multiwatch
```

在安装 sympa-httpd 和 multiwatch 软件包的同时,系统会自动生成一些原本需要我们根据 Sympa 官方安装文档手动创建的集成配置文件。这些自动生成的文件主要包括位于 /lib/systemd/system 目录下的三个 systemd 单元文件:sympa.service、wwsympa.service 以及 wwsympa.socket。

当前,我们还需要安装 mhonarc 软件包。mhonarc 是一款基于 Perl 语言的工具,其主要功能是将邮件内容转换为 HTML 格式。目前,笔者的虚拟机已经安装了该软件包。若你的系统尚未安装 mhonarc 软件包,请在如下所示的路径中进行安装:

```
[root@studentvm2 ~]# which mhonarc
/usr/bin/mhonarc
```

如果 mhonarc 安装在了其他位置,那么你需要修改 sympa.conf 文件,使其指向正确的安装路径。

接下来,我们根据 Sympa 的官方文档创建一些使用伪变量的文件,如下所示:

```
# mkdir -m 755 $SYSCONFDIR/mail.example.com
# touch $SYSCONFDIR/mail.example.com/robot.conf
# chown -r sympa:sympa $SYSCONFDIR/mail.example.com
# mkdir -m 750 $EXPLDIR/mail.example.com
# chown sympa:sympa $EXPLDIR/mail.example.com
```

在这里，我们使用了几个伪变量来表示文件的路径：

$SYSCONFDIR=/etc/sympa

$EXPLDIR=/var/lib/sympa/list_data

请将示例中的伪变量替换成实际的目录名。由于我们在命令中指定了完整的绝对路径，所以当前工作目录并不会影响操作的结果，现在，你可继续输入如下命令：

```
# mkdir -m 755 /etc/sympa/mail.example.com
# touch /etc/sympa/mail.example.com/robot.conf
# chown -R sympa:sympa /etc/sympa/mail.example.com
# mkdir -m 750 /var/lib/sympa/list_data/mail.example.com
# chown sympa:sympa /var/lib/sympa/list_data/mail.example.com
```

请打开已创建的 robot.conf 文件进行编辑，并在其中添加网页的 URL：

wwsympa_url http://www1.example.org/sympa

7. FastCGI 服务

Sympa 需要 perl-FCGI 软件包，幸运的是在之前 Sympa 的安装中，perl-FCGI 作为依赖项之一已被安装。此服务能够有效提升 Sympa 邮件列表网站应对高并发用户访问的能力。

8. 启动服务

现在，我们执行如下命令来启用并启动服务：

```
# systemctl enable --now sympa.service wwsympa.socket wwsympa.service
```

随后，我们需要检查服务的状态，以确认整个过程中没有出现任何错误。

Sympa 的官方文档建议创建一个套接字，仅在发生传入连接时启动 Sympa 服务。不过，Fedora 软件包中含有一个名为 sympa.service 的服务单元，我们可以启用这个服务单元来替代由套接字启动 Sympa 服务的方法。笔者之前曾尝试过由套接字启动 Sympa 服务，但并没有成功。

9. 网页集成测试

请在 StudentVM2 虚拟机的桌面上启动网页浏览器，并在 URL 地址栏中输入 www.example1.com/sympa。登录页面如图 12-2 所示。

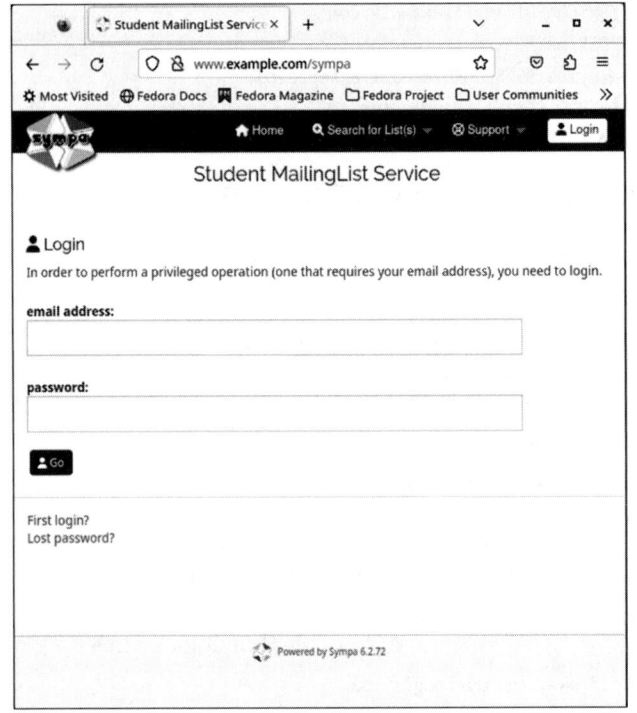

图 12-2　Sympa 登录页面

如果你成功访问并看到了此页面，表明网站的集成已经正确地执行了。

12.5　创建一个新列表

在我们继续其他任何操作步骤之前，我们需要创建一个新的 Sympa 账户，并将其与 sympa.conf 配置文件中的列表管理员项关联起来。

> **实验 12-3：第一次登录 Sympa**
>
> 请访问 Sympa 登录界面，并选择 First Login?（初次登录）选项，接着输入预设的列表管理员用户名 student 以及相应的密码。
>
> 随后，你会在为用户 ID 所填写的地址中收到一封电子邮件。你需要单击邮件内的链接或手动将该链接复制并粘贴至浏览器的地址栏中，这将带你进入一个页面，你可以在此页面上修改初始密码。在你更新完密码后，当前界面将会转至资料编辑栏，你可在此填写用户名及进行其他个性化设置。笔者输入了 student user 作为用户名，单击了 Submit（提交）按钮以保存变更。

要成为管理员，你需要单击 Listmaster Admin（列表管理员）按钮，并查看管理员能够使用的一系列选项。不过实际上，我们在这里没有太多需要操作的内容。在下一步中，我们将着手创建一个邮件列表。

12.5.1 创建一个邮件列表

现在我们准备创建首个邮件列表。这个过程是检验上一节我们的集成操作是否顺利完成的绝佳机会。如果创建邮件列表失败，我们将需借助日志记录和错误信息来定位并解决问题。

虽然我们可以使用命令行来创建邮件列表，但在本次实验中，我们将使用 Web 界面来进行操作。

实验 12-4：创建一个列表

请在 StudentVM2 虚拟机上通过 Web 界面进行如下实验。

单击 +Request a List（+请求列表）按钮。Sympa 会弹出一个对话框，你可以通过它来创建一个新的邮件列表。在这里，请输入你希望建立的邮件列表名称，例如笔者使用的是"Test-list"。请注意，你的"student@example.com" ID 将自动显示为该邮件列表的所有者。

在邮件列表名称的下方，你会看到一系列的单选按钮，它们允许你选择不同的配置选项来定义邮件列表的属性。对话框中最上方的几项配置如图 12-3 所示。

在设置邮件列表类型时，你只能选择一个单选按钮来确定列表的种类。请务必仔细阅读每种列表类型及其相应的说明，用几分钟时间充分理解它们。

笔者向下滚动并选择了最后一个选项 Web forum mailing list（网络论坛邮件列表）类型。选择这种类型的列表，订阅者既可以阅读通过电子邮件发送的内容，也可以查看网页存档。笔者将邮件的标题设为"Test Messages"（测试消息），将目标受众群体定位为"Computing / Software"（计算 / 软件），并且添加了以下简短描述（不包括引号）来介绍这个列表：

"A list for testing the Sympa mailing list software."（一个用于测试 Sympa 邮件列表软件的列表。）

当完成上述设置后，请在对话框底部单击 Submit your creation request（提交你的创建申请）按钮。

创建列表后，上述配置均能根据实际情况再次调整。接下来的对话框是新列表的管理页面，如图 12-4 所示。

虽然用户可以自行启动订阅流程，但同时邮件列表的管理员同样也能直接添加新的订阅者。

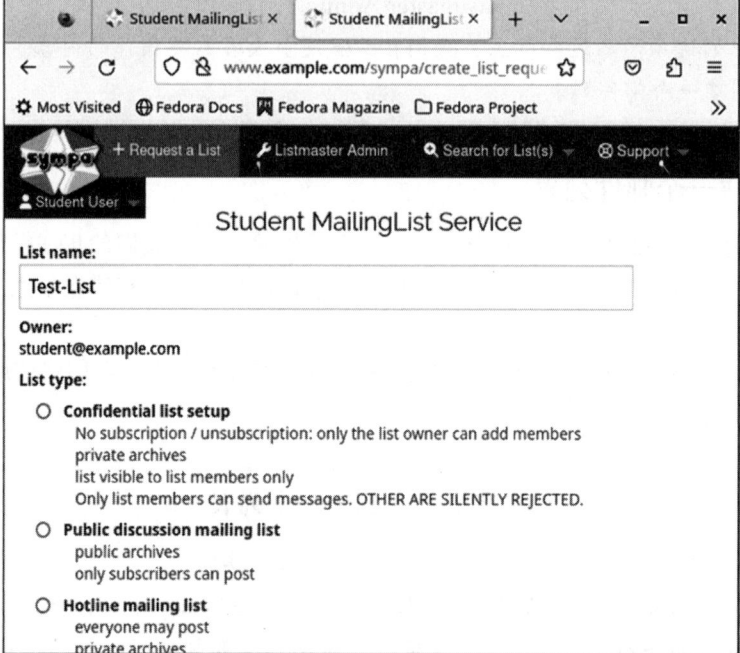

图 12-3　Test-list 配置项之一：列表类型

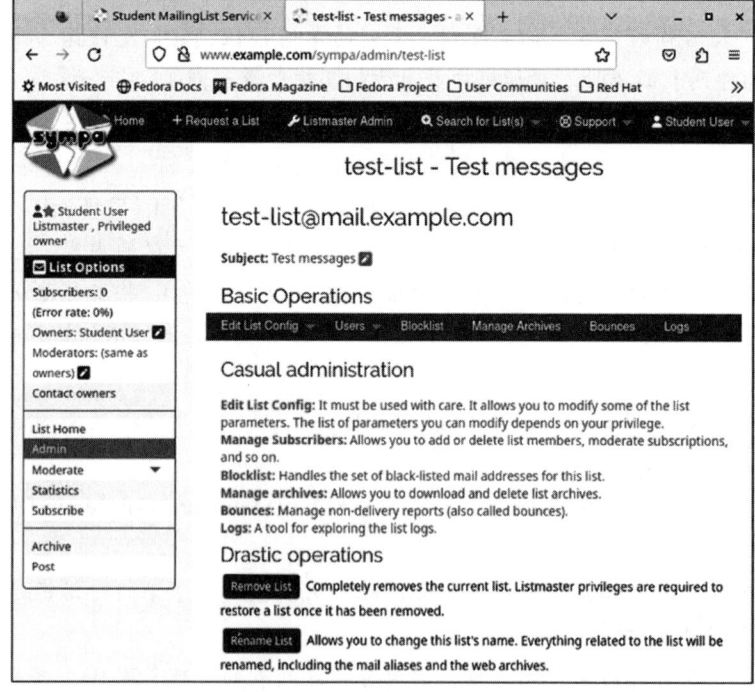

图 12-4　新列表的管理页面

1. 秘籍技巧

笔者分享一个能让邮件列表正常稳定运行的秘籍技巧。

在笔者早期的一次实验中,笔者向列表中添加了一些用户并发送了一封测试邮件,但这封邮件并未送达任何一个订阅地址。笔者经过反复尝试和发送多封测试邮件测试后,笔者开始思考到底发生了什么。邮件日志显示入站邮件确实被发送到了列表,但没有任何邮件经由列表转发出去的记录。

直到当笔者首次查看邮件归档时,才惊讶地发现所有邮件均已收录其中。经过一番深入探究,笔者才得知新创建的列表默认设置是在每周三的某个固定时间发送邮件摘要,并非一收到邮件就即时将其发送出去。如此一来,邮件实际上是被暂存,直至下周三才会统一发出。

在图 12-4 的基本操作页面中,笔者单击了 Edit List Config(编辑列表配置)下拉选项。随后选择了 Sending/Receiving setup(发送/接收设置)选项,这将打开为邮件列表选择标准接收模式页面,如图 12-5 所示,笔者选择了 standard(标准)接收模式,以便邮件一旦到达列表即刻发送给订阅者。相比之下,digest(摘要)模式则是以邮件列表的形式定期汇总多封邮件至单一邮件内,在设定的时间间隔内统一发送,收件人可以自行选择查阅他们感兴趣的邮件。

在图 12-5 中,邮件列表管理员可自定义该时间间隔。笔者个人更倾向于使用标准模式,以便邮件在到达列表时便立即发送。图 12-5 中的设置是邮件列表的默认设置,不过每位订阅者都可以通过 Web 界面,根据个人的偏好选择标准接收模式或摘要接收模式。

此外,在该对话框的顶部,笔者还确认了该邮件列表是对外开放的。

请查看该对话框中的其他选项,因为这里有许多设置选项可让你对邮件列表进行个性化定

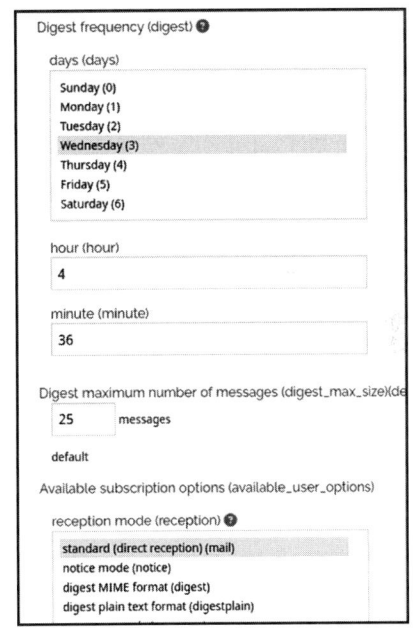

图 12-5 为邮件列表选择标准接收模式

制。你可以根据不同的需求,为每个邮件列表设置不同的定制选项。

2. 为列表增添成员

现在我们将着手为邮件列表增添成员,至于页面上的其余工具,你可以自行探索。

请单击左侧边栏的 Subscribe(订阅)选项,并将你自己添加到这个邮件列表中。操作完成后,网页会回到邮件列表主页。随后,你将会收到一封来自该列表的欢迎邮件,

这说明一切都在按预期正常运行。

作为邮件列表管理员及所有者，你有权管理订阅者、归档以及列表配置。请尝试向你邮件列表中增加几位新订阅者，包括你自己的真实邮箱地址。

无论是新建还是管理邮件列表时，你都无须重启 Sympa 服务或其他相关服务。

12.5.2　测试列表

接下来，我们将验证邮件列表向其订阅者发送邮件的功能是否正常。如果测试邮件能够如预期那样被所有订阅者接收，这就意味着系统的大部分功能运作正常。但请注意，别忽略了检查邮件归档功能是否也在正常工作。

实验 12-5：测试列表

请向 test-list@example.com 这个邮件地址发送一封测试邮件。

邮件的具体内容并不重要，但笔者习惯在主题中标明它是一个测试邮件，并在需要发送多封测试邮件时附加一个序列号，如"测试邮件 1"这样的简单标识。

在图 12-4 中，左侧边栏底部的 Post（发布）选项允许已登录的订阅者向邮件列表发送消息。请你至少使用这种方法发送一封测试邮件。

同时，在左侧边栏的最下方可找到 Archive（归档）选项。通过单击此选项可查看所有已归档的邮件。所有订阅者都有权阅读这些归档邮件，但只有邮件列表管理员可以通过此页面进行管理并从归档中删除邮件。

12.6　全局和本地设置

在邮件列表创建后，你需要将接收模式设置为收到邮件后立即发送，而非以摘要形式发送。尽管这个设置过程相对简单，但如果你需要创建大量邮件列表，将默认接收模式设为标准会更合适。

Sympa 的设置层次结构起始于 /usr/share/sympa 目录下的默认设置。你可以浏览一下该目录以了解其内容，但切勿对其包含的文件做任何更改。该目录下的文件在每次安装新版本（或软件更新）时都有可能发生变动。

Sympa 站点的配置文件位于 /etc/sympa 目录下，其中需要更改的文件是 sympa.conf。在先前为站点配置 Sympa 的过程中，我们已对其进行了必要的调整和完善。在该配置文件中，新增或修改的条目将覆盖 /usr/share/sympa 目录下的默认设置，从而确保你所进行的任何更改不会被更新覆盖。

Sympa 的官方网站上提供了 sympa.conf 文件⊖所有可能条目的完整列表以及每条条目的简短说明。不过，你也可以使用手册页进行查询，它提供了更优的导航和搜索功能：

```
$ man 5 sympa_config
```

接下来，可以尝试搜索"reception"（接收）这一关键词。然而，该信息并没有给出具体的使用场景或实际所需执行的步骤描述。因此，笔者在 Sympa 官方网站上注册了 Sympa 管理员邮件列表，通过邮件的方式提交了笔者的疑问，并在 15 分钟内得到了回复。

具体的操作步骤是创建或复制一组默认的模板文件⊖到 /etc/sympa 目录中，并添加我们希望站点使用的配置项。

实验 12-6：站点配置

请以 root 用户身份在 StudentVM2 虚拟机上执行本实验。

首先，将当前工作目录切换至 /usr/share/sympa/default/create_list_templates 目录。然后，将该目录下的所有子目录复制到 /etc/sympa/create_list_templates 中。与默认文件不同，这样操作的文件不会因 Sympa 后续的更新而被覆盖。同时，请保留原目录中的文件，并将其作为安全备份，以防我们对复制过去的文件进行了不可恢复的修改。

请在每个配置文件中找到含有"digest"（邮件摘要）的相关行，并对其添加注释以禁用这些功能。例如，在 discussion_list/config.tt2 文件中，该行如下所示：

```
digest 1,4 13:26
```

完成注释操作后，该行代码将呈现如下所示的格式。你也可以使用单个 # 符号来进行注释：

```
## digest 1,4 13:26
```

请向每个 template 文件（每个子目录下的 [template（模板名称）]/config.tt2 文件）添加以下两行内容。笔者建议将它们添加在刚才注释的"digest"行的位置：

```
available_user_options
  reception mail
```

为验证此配置更改是否生效，可创建一个新的讨论邮件列表，并检查该邮件列表已被正确配置为"standard direct reception"（标准直接接收）模式。

⊖ Sympa, "Sympa Configuration", www.sympa.community/gpldoc/man/sympa_config.5.html。
⊖ Sympa, "Templates", www.sympa.community/manual/customize/basics-templates.html。

12.7 启动故障

无论是笔者家中使用的物理 Web 服务器，还是本书所使用的虚拟机，笔者都曾遇到 Apache 服务或是系统重启的故障。若系统启动时出现错误提示（假定你已配置 Linux 显示这些启动信息）或登录网站时页面无响应，这很可能是因为 Apache 在启动过程中出现了故障。

在启动过程中，笔者遇到了错误提示，它显示 Apache 无法与主机 IP 地址绑定。这是一个已知的故障，很可能是由于 HTTPD 服务在网络完全启动并运行之前就尝试运行，导致此时网络接口尚未获取到 IP 地址。

为了解决这个问题，你应该先启动 HTTPD 服务，然后再使用如下命令来启动所有 Sympa 服务：

```
systemctl restart sympa.service wwsympa.socket wwsympa.service
```

这将使一切恢复正常，直到下次重启系统。

 提示　此故障仅在启动 Sympa 主机系统时出现，并非每次启动都会遇到。鉴于服务器并不会频繁进行重启，因此你应该不会经常遇到这个故障。

12.8 被大型电子邮件服务商拒收

许多大型邮件服务商如（AOL、Yahoo、Gmail、EarthLink、ATT、Spectrum 等）每天都被海量垃圾邮件淹没。这些垃圾邮件中有许多源自邮件列表，或至少具备列表邮件的部分属性，诸如每日笑话、食谱、表情包、单词、名言等垃圾信息。若不加以控制，这些服务最终会在垃圾邮件的冲击下变得反应迟缓甚至崩溃。

针对泛滥的垃圾邮件问题，尤其是来自邮件列表的垃圾信息，各大邮件服务商实施了一些有趣但具有阻碍性的反制措施。多数情况下，这些措施并不会影响 Sympa 邮件列表，但有时邮件服务商似乎会调整判断列表邮件为垃圾邮件的阈值。这一点与我们利用 SpamAssassin 进行个性化垃圾邮件过滤的原理相仿。

问题在于，即便是合法内容，诸多源自各种邮件列表的邮件也会遭遇拒收或悄无声息地丢失，既不通知发件人也不告知收件人。当发件人与收件人使用的邮箱地址同隶属于某大型邮件服务商，但发件人的邮件列表具有不同域名时，该问题尤为凸显。

大型 ISP 一直在试图阻止看似源自其自身的垃圾邮件。假设邮件用户的发送域名与收件人域名相同，但实际上邮件是由具有不同域名的邮件列表发送的，此问题便会出现。ISP 设置了过滤器，用来比对原始发件人的域名与邮件被重发时使用的域名——邮件列表的域名。如果这两个域名不同——在邮件列表的情况下总是不同——那么应用的逻辑便是：来自原始发件人域名的任何邮件，如果发送给同一域名下的收件人，就不应该出自不属于我们的邮件服务器。因此，这些邮件被标记为垃圾邮件并被丢弃，或者发送回退拒绝信息。

Sympa 在 DKIM/DMARC/ARC 设置页面中集成了若干工具，允许你配置列表，从而降低其发送的邮件被拒收的可能性。这些工具作为验证和识别的方式，向接收邮件的服务器表明发件人至少在一定程度上是可信的。诚然，垃圾邮件发送者也能尝试模仿这些做法，但正确配置列表无疑能有效提升邮件送达率。关于这些工具的具体细节和操作较为复杂，已超出了本章的知识范围，读者可自行查询相关资料以进一步了解。

总结

在本章中，我们不仅安装了 Sympa 邮件列表服务软件，还成功将其与 MariaDB（MySQL 数据库）、Sendmail 邮件服务器及 Apache Web 服务器进行了集成。尽管 Sympa 提供的官方文档内容相当详尽，但它主要是为从零开始的安装场景设计的。因此，为了得到适用于我们简单邮件列表的正确配置，笔者不得不进行了大量的尝试和测试。

Sympa 需要依赖数据库作为其数据存储的后端，并且支持 MySQL/MariaDB、Oracle 数据库、PostgreSQL 和 SQLite 等多种数据库系统。鉴于 MariaDB 已在我们的 WordPress 系统中投入使用，使用它来支持 Sympa 自然也成为合理之选。通过这一过程让我们认识到，单个数据库实例，尤其是 MariaDB，完全有能力同时为不同的应用程序支持多个数据库。

此外，我们认识了 Apache 网页服务器能够同时服务于我们创建的简易网站和 Sympa 的网页界面，还了解了为何一些大型 ISP 会拒收来自邮件列表的邮件。同时，笔者也提供了一份可用于应对这些问题的工具清单。

通过本章的学习让笔者深刻体会到，即使是规模不大的 Linux 服务器，也足以支撑起小型网络中的多样服务需求。它可以涵盖从 DHCP、DNS、防火墙、电子邮件、反垃圾邮件，到路由管理、网站搭建、数据库运维，乃至邮件列表管理等全方位功能。

尽管从安全角度考虑，将防火墙和路由器功能分离至单独主机上最为理想，以便为其他服务器提供更高程度的保护，但在资源高度受限的环境下，如大多数小型企业所面临的情况，这并非必要的。笔者的网络边缘有一台主机同时充当防火墙和路由器的角色，而另一台主机则负责提供网络所需的所有其他服务。

练习

为了掌握本章所学知识，请完成以下练习：

1）Sympa 的 Web 服务器配置信息储存在什么位置？
2）请新建一个邮件列表，名称随意设定。

3）给这个新建的列表增添几位成员，并试着发送一封邮件至列表。

4）请邀请一些使用 Gmail、AOL、Spectrum 或其他大型互联网服务提供商的朋友参与此环节。建立一个包含他们的列表，通过此列表发送信息，以检验邮件是否有被屏蔽或拒收的现象。

5）假设你需要一个私密讨论的列表与归档，应如何设置邮件列表？

6）尝试将测试列表改为摘要模式，设置较短的发送周期，发送几条测试邮件。待收到摘要邮件后，仔细检查并阅读其中部分内容邮件。

7）实验 12-6 中，我们对配置文件中的摘要行进行了注释处理。如果不做这一步，保留文件中原有的两行新增代码，会导致什么样的结果？

第 13 章

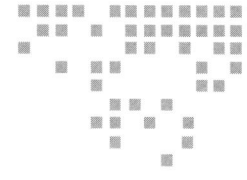

远程桌面访问

目标

在本章中,你将学习以下内容:
- 远程桌面访问的概念。
- 安装并配置 TigerVNC 远程桌面系统。
- 远程连接到虚拟网络计算服务器并执行日常的桌面任务操作。
- 配置一个与远程服务器的加密虚拟网络计算连接。

13.1 概述

在某些特定情况下,我们可能需要通过远程桌面访问(Remote Desktop Access,RDA)技术来执行一些无法以其他方式完成的任务。这种访问方式通过特定的工具实现,使用户能够像直接操作本地计算机一样,轻松自如地操控远程计算机的图形桌面。虚拟网络计算(Virtual Network Computing,VNC)正是实现该远程图形桌面操作的核心技术。对于 Fedora 和 RHEL 以及其他一些操作系统发行版而言,TigerVNC⊖是首选的 VNC 工具之一。

在第 4 章中,我们深入探讨了 X-Forwarding 技术,并利用 SSH 的 -X 选项实现了远程登录至服务器的操作。在此过程中,我们成功启动了一个 GUI 应用程序,并实现了该程序窗口在本地机器上的展示。通常情况下,当笔者需要远程访问 GUI 时,通常只需要访问一

⊖ TigerVNC,https://tigervnc.org。

个应用程序，因此，X-Forwarding 技术为这一需求提供了切实可行的解决方案。

然而，如果笔者需要在远程主机上执行多个基于 GUI 的任务，那么使用 VNC 是一个不错的选择。在这种情况下，笔者需要在远程主机上配置一个 VNC 服务器，例如 TigerVNC，随后利用客户端与之建立连接。这样一来，由远程主机托管的图形桌面就能无缝在笔者的本地计算机桌面上显示出来。

VNC 的工作原理是将来自 VNC 客户端产生的键盘和鼠标事件安全地传输至远程 VNC 服务器。随后，VNC 服务器会处理这些必要的任务，并将处理后的屏幕更新画面结果准确无误地回传至 VNC 客户端，以确保 VNC 客户端窗口能够同步更新，从而为用户提供流畅且稳定的远程桌面访问体验。

13.2 TigerVNC

TigerVNC 作为 VNC 的一种相当标准的实现方式，已在多个领域中得到了广泛的应用。VNC 协议最初是由英国剑桥的 Olivetti & Oracle 研究实验室研发而成。VNC 具备多客户端连接至同一服务器的能力，并且具有跨平台的特性，使得来自不同操作系统的兼容 VNC 客户端均能够顺畅地进行连接。同样地，TigerVNC 客户端也具备与运行在其他操作系统上的兼容 VNC 服务器建立连接的能力，从而为用户提供了更加灵活和便捷的操作体验。

关于 TigerVNC 的安装指南，读者可以在 Fedora 文档[⊖]中找到详尽的信息。具体请参阅"系统管理员指南"中的"基础设施服务"部分，以获取更详细的安装步骤和注意事项。

实验 13-1　安装 TigerVNC

请以 root 用户身份在 StudentVM2 虚拟机上执行本实验。

1. 安装 TigerVNC

我们将在系统中安装 TigerVNC 服务器和客户端，并对该服务器及其防火墙进行配置。首先，让我们通过执行以下命令来安装 TigerVNC 服务器：

[root@studentvm2 ~]# **dnf -y install tigervnc-server tigervnc**

同时在 StudentVM1 虚拟机上安装 TigerVNC 客户端：

[root@studentvm1 ~]# **dnf -y install tigervnc**

我们无须在防火墙中手动添加规则来开放 enp0s8 接口上的 5900 ～ 5903 端口，因为 firewalld 防火墙已通过"vnc-server"服务自动配置了这些端口的访问权限。然而，考虑到 enp0s8 接口位于受信任的网络内，我们并不希望将这些端口暴露给外部网络。

⊖ Fedora 文档，https://docs.fedoraproject.org/en-US/docs/。

虽然 TigerVNC 的配置要求较为简单，但其中一项关键要求不容忽视，即必须设置一个 VNC 密码，以供远程客户端在登录时使用。

请在 StudentVM2 上以 student 用户身份执行 vncpasswd 命令，并设置你的 VNC 密码。当系统询问你是否需要设置一个仅供查看的密码时，我们需要回答 n（代表"否"）。因为这样（设置一个仅供查看的密码）仅允许你观察远程桌面的活动，不允许进行任何交互操作。这在监控主机上用户的行为时非常有用，但同时也会阻止远程 TigerVNC 客户端与桌面进行任何形式的交互：

```
[student@studentvm2 ~]$ vncpasswd
Password:<Enter Password>
Verify:<Enter Password>
Would you like to enter a view-only password (y/n)? n
[student@studentvm2 ~]$
```

警告　你设置的这个密码是未经加密的。任何有权访问你服务器主目录的用户皆能读取该文件并获取你的密码。

2. 测试 TigerVNC

有多种方法可以验证 VNC 服务器的运行状态。一种方法是通过另一台主机远程连接至 VNC 服务器，另一种方法则是利用本机安装的 VNC 客户端进行连接操作。本示例中，我们将以 StudentVM1 作为客户端来进行连接。

3. 使用 vncserver Perl 脚本

vncserver Perl 脚本相当于 VNC 服务器的便捷启动器，它可以作为非 root 用户启动远程主机上的 VNC 服务器，其中远程主机指的是你计划从本地工作站登录的计算机。此方式简便且实用，至今仍为众多用户所采纳。然而，随着技术的不断进步，近来的启动策略已转向使用 systemd 单元管理，尽管使用 systemd 单元来启动 VNC 服务器还需要额外的配置操作，但其却提供了更为丰富的灵活性。在本章的后续部分，我们将详细介绍利用 systemd 方式来启动 VNC 服务器的具体操作步骤。

提示　尽管 TigerVNC 服务器守护进程的这种方式已经过时，但其仍然是一种有效且最为便捷的途径。为了保证学习的连贯性，并循序渐进地深入相关知识，我们暂且采用此方法进行实践，并将在本章后续内容中详细探讨如何使用 systemd 方法来启动 VNC 服务器。

在 StudentVM2 上，请以 student 用户身份执行以下操作，以确保使用最基本的命令来启动 VNC 服务器并使其在后台运行。如下所示，通过在 vncserver 命令后添加符号 &，可以实现服务器的后台运行功能。这样一来，我们便能够通过 SSH 登录至远程主机，顺利启动 VNC 服务器，并安全退出 SSH 连接：

```
[student@studentvm2 ~]$ vncserver &
[student@studentvm2 ~]$ vncserver &
[1] 4882
[student@studentvm2 ~]$
WARNING: vncserver has been replaced by a systemd unit and is now considered
deprecated and removed in upstream.
Please read /usr/share/doc/tigervnc/HOWTO.md for more information.
<Press the Enter Key>
New 'studentvm2.example.com:1 (student)' desktop is studentvm2.example.com:1

Starting applications specified in /home/student/.vnc/xstartup
Log file is /home/student/.vnc/studentvm2.example.com:1.log
```

接下来，执行 ps -ef | grep vnc 命令来查看进程信息：

```
[student@studentvm2 ~]$ ps -ef | grep vnc
root        2099       1  0 10:19 pts/0    00:00:00 /usr/bin/Xvnc :1 -auth /root/.
Xauthority -desktop studentvm2.example.com:1 (root) -fp catalogue:/etc/X11/
fontpath.d -geometry 1024x768 -pn -rfbauth /root/.vnc/passwd -rfbport 5901
root        2104       1  0 10:19 pts/0    00:00:00 /bin/sh /root/.vnc/xstartup
root        2691    1689  0 10:19 pts/0    00:00:00 grep --color=auto vnc
[student@studentvm2 ~]$
```

基于上述进程信息，我们可以得知 VNC 服务器目前正处于运行状态，并且可以看到屏幕的默认分辨率以及所分配的具体端口号和显示编号。请注意，分配给当前会话的显示编号为":1"。若你再次执行启动 VNC 服务器的命令，新的会话将会被分配":2"作为显示编号。

通过这种方式启动的 VNC 服务器，默认情况下会采用 1024×768 的远程屏幕分辨率。

在 StudentVM1 上，通过应用程序启动器打开 Applications 菜单，选择 Internet → TigerVNC Viewer 选项。随之弹出 VNC Viewer：Connection Details（VNC 查看器：连接详细信息）对话框，如图 13-1 所示，在其中输入你的 VNC 服务器名称及显示编号，即"studentvm2:1"，然后单击 Connect（连接）按钮。

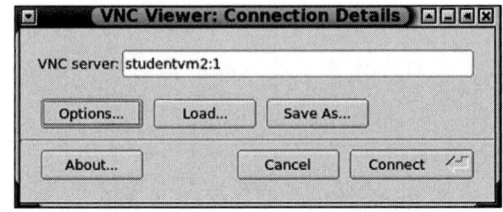

图 13-1　输入 VNC 服务器的名称和显示编号，然后单击 Connect 按钮

当 VNC 认证窗口弹出时，你会注意到其窗口顶部有一个醒目的红色警示条，上面显示了一条消息，告知用户当前的连接处于不安全状态。在 VNC 认证窗口中，输入先前设定的密码。随后，远程桌面的窗口将无缝显示在你的本地桌面上，如图 13-2 所示。

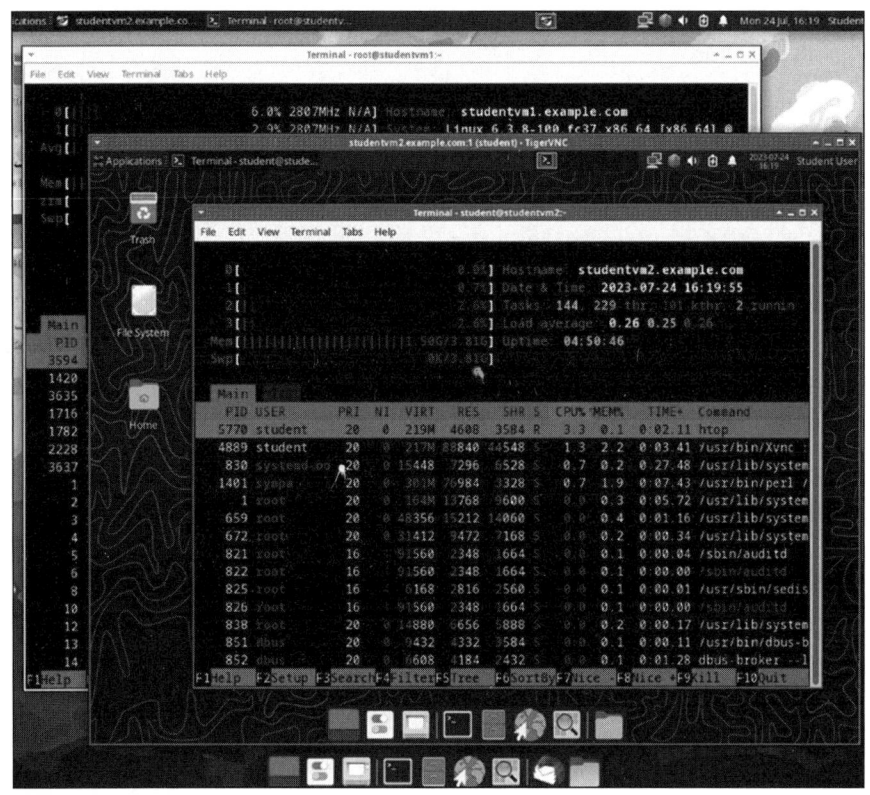

图 13-2　通过 TigerVNC 在 StudentVM1 桌面上看到的 StudentVM2 桌面

当成功连接后，你可以根据个人偏好自由调整远程桌面窗口的尺寸。在此过程中，你将如同置身于远程主机的显示器前，通过手中的键盘与鼠标操作，实现对远程桌面系统的全面掌控。

你可以尝试启动多个应用程序，例如终端模拟器和文件管理器，以便更深入地体验 VNC 远程操作的便捷性。在浏览远程主机的文件系统时，你可以花些时间探索主目录的内容。你将发现，主目录下的所有文件和文件夹均归属于 student 用户。当你完成文件浏览后，请确保逐一关闭在 TigerVNC 查看器窗口中打开的所有应用程序。

现在，你可以单击 TigerVNC 查看器窗口上的"×"按钮来关闭 TigerVNC 查看器及远程桌面。随后，在 StudentVM2 上执行如下命令来终止 VNC 服务器进程，请确保使用正确的显示编号来终止会话（如本例的":1"），以避免错误关闭其他会话：

```
[student@studentvm2 ~]$ vncserver -kill :1
```

```
Killing Xvnc process ID 24997
[student@studentvm2 ~]$
```

在 StudentVM2 主机上以 student 用户身份执行以下命令来启动 VNC 服务器，并将初始屏幕分辨率设置为 1100×1200。需要注意的是，尽管 VNC 服务器已经启动，但其屏幕分辨率仍可根据实际使用需求进行灵活调整：

```
[student@studentvm2 ~]$ vncserver -geometry 1100x1200 &
```

随后切换回 StudentVM1，以 student 用户身份再次启动 TigerVNC 客户端，并如同之前的操作一样，登录至 StudentVM2 上的 VNC 服务器。完成上述操作后，请关闭 TigerVNC 客户端，并在 StudentVM2 上结束 vncserver 进程。

4. 使用 systemd

你是否还记得我们在执行 vncserver Perl 脚本时遇到的那个错误？它提示我们，通过 systemd 来启动 TigerVNC 服务器将优先于 Perl 脚本的启动方法。这种方法可以让我们对多个用户的配置拥有更高的控制权。因此，这也是使用 TigerVNC 的首选方式。

请在 StudentVM2 上按照以下步骤操作：

请务必先禁用最初由 vncserver 脚本启动的原有 systemd 服务，避免因操作不当而遭遇异常错误。首先，你需要执行如下命令来停止这项服务：

```
# systemctl stop vncserver@.service
```

接下来，请将当前工作目录切换至 /etc/systemd/system 目录。然后，将先前 Perl 脚本使用过的 vncserver@.service 文件手动迁移至 /root 目录进行保存，以备将来可能之需。该文件在与 systemd 进程交互时可能存在潜在冲突，因此，在将 vncserver@.service 文件备份至 /root 目录后，需执行相应命令以暂时将其删除：

```
# rm -f vncserver@.service
```

随后，我们将利用 pgrep 命令来检查是否有 VNC 进程仍在运行中。一旦确认存在仍在运行的 VNC 进程，需要按照如下步骤执行相应命令以终止其进程，在本例中，VNC 进程的进程 ID（PID）为 15436：

```
# pgrep vnc
15436
# pkill vnc
```

请将当前工作目录切换至 /etc/tigervnc。在开始之前，请仔细阅读 /usr/share/doc/tigervnc/ 目录下名为 HOWTO.md 的文档内容。接着，打开并编辑 /etc/tigervnc/vncserver.users 配置文件，并在文件内增添如下所示的指定行内容，同时参考文件内的实例示范：

```
:1=student
```

当我们成功在 vncserver.users 配置文件中添加上述配置项后，无论实际的 VNC 显示编号具体为何，student 用户都会被固定分配到显示编号 1，从而省去了在启动客户端前确认具体显示编号（可能是 :1 以外的编号）的烦琐流程，极大提升了操作的便捷性。此外，此设置亦能有效防止多个客户端用户之间因争夺同一显示编号而引发的冲突。当完成编辑后，请确保妥善保存并关闭文件。

请以 StudentVM1 上的 student 用户身份从你的主目录中移除原有的 ~/.vnc 目录，该目录下存储了 VNC 的登录密码。随后，按照我们之前的操作步骤，重新设置一个 VNC 密码。这样做可以保证新创建的 ~/.vnc 目录及其内部文件具有正确的 SELinux 安全上下文：

```
[student@studentvm2 ~]$ vncpasswd
Password:<Enter Password>
Verify:<Enter Password>
Would you like to enter a view-only password (y/n)? n
[student@studentvm2 ~]$
```

除了用户配置文件之外，我们还需要配置一些系统级别的全局设置。这些设置保存在与用户配置文件位于同一目录下的 vncserver-config-defaults 文件中。在进行任何修改之前，建议你先使用文本编辑器打开该文件并仔细阅读其内容。

由于我们并未使用 Gnome 桌面环境，且并未安装此桌面系统，因此必须调整会话变量。依据 HOWTO.md 文件中的指引，我们可以在 /usr/share/xsessions 目录下查找可用的会话类型。列出该目录下的文件，通常情况下，此目录下应仅含有一份文件，即 xfce.desktop。随后，我们将依照以下示例，新增一行会话：

session=xfce.desktop

如果你使用的屏幕较小，你可能需要调整屏幕的几何尺寸。在默认情况下，该配置将把分辨率设置为 2000×1200。但对于本次实验，为了适应较低分辨率的屏幕，你可以添加一个新的会话行，并将其分辨率设置为 1024×768：

geometry=1024x768

在我们为用户启用（注意，是启用而不是启动）VNC 服务单元之前，我们需要修改的某些文件是不会自动生成的。下面的命令旨在为 student1 用户启用 VNC 服务，并创建相应的服务单元文件：

systemctl enable vncserver@:1.service

此外，为了使 VNC 服务器正常运行，需要进行一个小的改动（尽管该配置没有官方文档记载）。我们需要编辑如下所示的系统配置文件：

/etc/systemd/system/multi-user.target.wants/vncserver@:1.service

将文件中的这一行：

PIDFile=/home/USER/.vnc/%H%i.pid

修改为：

PIDFile=/home/student/.vnc/%H%i.pid

这样一来，VNC 服务器的进程 ID 文件就会存储在正确的 student 用户主目录下的 .vnc 文件夹中。保存此文件，然后关闭编辑器。

创建服务单元并对其进行编辑以确保指向正确用户主目录的这个过程，需要针对每个用户单独进行。因此，你需要为用户 student2、dboth 或任何将使用 TigerVNC 的用户 ID 创建一个新的服务单元文件。每个用户对应的服务单元文件名中都会包含一个显示编号（:×）。

尽管我们创建了这些服务单元文件，但是无须手动启动它们。TigerVNC 在 StudentVM2 上配置了一个套接字，可以监听来自客户端的连接请求。当有连接请求到来时，TigerVNC 会自动启动相应用户需要的服务单元，并为其提供 VNC 会话。

因此，在 StudentVM1 上，你直接使用 VNC 客户端软件连接到 StudentVM2，连接操作步骤及连接结果如图 13-1 和图 13-2 所示。

此外，位于 /etc/tigervnc 目录下的配置文件为系统中所有的 VNC 用户定义了一组标准的默认参数。每个用户均有权通过在他们各自的 $HOME/.vnc/config 路径下创建个性化配置文件，以定制属于自己的 VNC 设置，从而覆盖那些全局默认值。现在，请在你的客户端设备（StudentVM1 上）执行这项操作。

13.3 安全性

VNC 在默认情况下采取非加密（明文传输）的连接方式。事实上，远程桌面操控本身就蕴含一定的安全风险，而非加密连接无疑加剧了安全隐患。这意味着数据在网络间，特别是与互联网上的主机进行通信时，极易受到窃取及非法访问的威胁。为防范此类风险，我们可利用 vncviewer 工具的 via 选项构建一个 SSH 通道，进而对客户端至服务器端的整个通信链路实施有效的加密保护。

实验 13-2 VNC 安全

在本实验中，我们会利用 SSH 协议来对我们到服务器的连接进行加密。如需获取关于通过 SSH 加密 VNC 连接的具体配置指导，请查阅 vncserver@:1.service 服务文件中的注释信息。

首先，请在 StudentVM2 虚拟机上以 student 用户身份，验证 vncserver 服务是否已经启动，以及正在监听":1"。

随后，在 StudentVM1 虚拟机上以 student 用户身份执行如下命令，以建立一个加密的 SSH 通道，实现与服务器的连接。其中，-v 选项显示详细的调试信息，-C 选项启用压缩以加速数据传输，-L 选项创建本地端口转发，该命令旨在将本地计算机的端口 5901 映射到远程服务器的端口 5901，以建立加密的 SSH 通道：

```
[student@studentvm1 ~]$ ssh -v -C -L 5901:localhost:5901 studentvm2
OpenSSH_8.8p1, OpenSSL 3.0.9 30 May 2023
debug1: Reading configuration data /etc/ssh/ssh_config
debug1: Reading configuration data /etc/ssh/ssh_config.d/50-redhat.conf
debug1: Reading configuration data /etc/crypto-policies/back-ends/
openssh.config
debug1: configuration requests final Match pass
debug1: re-parsing configuration
debug1: Reading configuration data /etc/ssh/ssh_config
debug1: Reading configuration data /etc/ssh/ssh_config.d/50-redhat.conf
debug1: Reading configuration data /etc/crypto-policies/back-ends/
openssh.config
debug1: Connecting to studentvm2 [192.168.56.11] port 22.
debug1: Connection established.
<SNIP>
student@studentvm2's password: <Enter password>
<SNIP>
Last login: Wed Jul 26 08:46:52 2023 from 192.168.56.21
Authenticated to studentvm2 ([192.168.56.11]:22) using "password".
debug1: pkcs11_del_provider: called, provider_id = (null)
debug1: Local connections to LOCALHOST:5901 forwarded to remote address
localhost:5901
debug1: Local forwarding listening on ::1 port 5901.
debug1: channel 0: new [port listener]
debug1: Local forwarding listening on 127.0.0.1 port 5901.
debug1: channel 1: new [port listener]
debug1: channel 2: new [client-session]
```

现在，此终端会话已成了一个 SSH 通道，StudentVM1 上的 student 用户可利用此通道，实现与 StudentVM2 主机的安全连通。执行此命令后，你会看到一串较为冗长的输出信息，它详尽地展示了双方建立连接时的握手细节。

 提示　请务必保持此终端会话一直运行，直到你不再需要将 VNC 会话作为加密通道。一旦终端会话被关闭，VNC 连接的通道也将随之断开。

现在，你可启动 VNC 查看器，并输入目标主机"localhost:1"，以建立连接，如图 13-3 所示。通过这种方式，你将能够利用我们刚刚建立的 SSH 加密通道连接到 StudentVM2 上的 VNC 服务器。

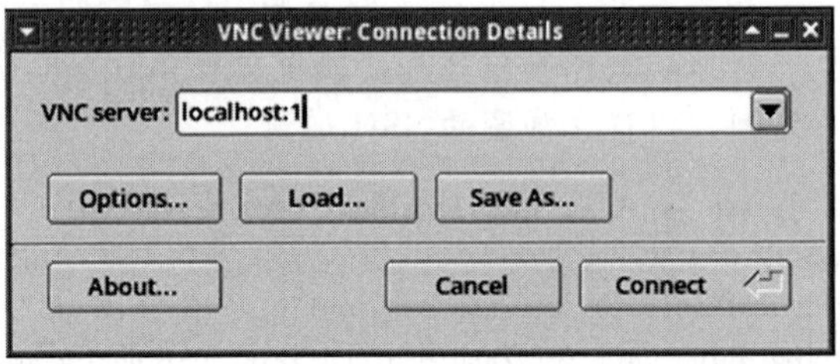

图 13-3　通过本机上的 SSH 通道来建立 VNC 连接

通道会话中的以下信息展示了 StudentVM1 与 StudentVM2 之间正在建立连接：

[student@studentvm2 ~]$ debug1: Connection to port 5901 forwarding to
localhost port 5901 requested.
debug1: channel 3: new [direct-tcpip]
debug1: channel 3: free: direct-tcpip: listening port 5901 for localhost port 5901, connect from ::1 port 32998 to ::1 port 5901, nchannels 4
[student@studentvm2 ~]$

此时，系统会弹出 VNC 身份验证对话框。尽管我们已通过 SSH 进行了加密，但此处可能仍会出现提示连接非安全的红色警告条（注意，这与我们之前创建的 SSH 通道加密传输并不冲突）。你需要在其身份验证对话框中输入 student 用户的 VNC 身份验证密码，该密码与 student 用户的 Linux 登录密码不同，核对无误后，单击 OK 按钮进行连接。

现在显示的是连接至 StudentVM2 的 VNC 会话窗口。不妨稍作体验，你会发现，即便通信经过加密处理，远程桌面的操作流畅度与未加密状态下别无二致。

在你完成操作后，请关闭所有的 VNC 查看器和服务器会话。

总结

本章详细阐述了 VNC 远程桌面会话的配置流程。在此过程中，我们以 TigerVNC 这一工具为例进行了操作演示。值得注意的是，尽管 TigerVNC 是一个广泛应用的工具，但市场上还存在着其他多种 VNC 工具供用户选择。在这些工具中，部分属于商业软件，并非免费提供，因此在使用时需考虑相关的费用支出。

TigerVNC 是许多 Linux 发行版（包括 Fedora 在内）的默认 VNC 软件，其为我们搭建起了一座桥梁，使我们能够创建加密或非加密的桌面会话连接至一个或多个远程服务器。此外，TigerVNC 服务器还支持多用户同时接入，使得多个用户能够同时共享服务器上的 VNC

桌面环境，以实现协作办公或共同管理及开发。至此，相信你已掌握了如何利用 TigerVNC 来创建安全和非安全的远程主机连接。

虽然笔者平时使用 VNC 的频率并不高，但它确实是非常实用的远程桌面访问工具。诚然，VNC 并非适用于所有远程 GUI 访问，但在某些场景下它仍可能是最佳的选择。

练习

为了掌握本章所学知识，请完成以下练习：

1）VNC 所使用的客户端 – 服务器术语与 X Window System 及 X-Forwarding 中的是否一致？你认为这种（不）一致性的原因可能是什么？

2）请在 StudentVM2 上，利用 screen:1 和 screen:2 命令启动两个 VNC 服务器。接着，使用 TigerVNC 客户端软件从本地主机（StudentVM2）连接到其中一个屏幕。此外，你还需要从另一台虚拟机 StudentVM1 连接至 StudentVM2，以便同时运行两个 VNC 会话。

3）当你从 StudentVM1 向 StudentVM2 发起 VNC 会话连接并执行一些基本操作期间，请观察并分析 TCP 数据包的传输过程。

4）请参考 vncserver 服务单元文件 vncserver@:1.service 的指南，来建立一个 SSH 通道，并借此通道安全地建立 VNC 会话连接。

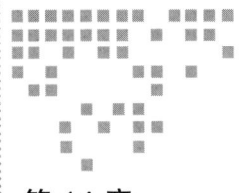

第 14 章

高级包管理

目标

在本章中,你将学习以下内容:
- 准备一个 rpmbuild 目录结构来存储不同架构的 RPM 包[⊖]。
- 生成一个 RPM 规范文件(spec),该文件定义了生成 RPM 包的结构,以及需要包含在 RPM 包中的文件和嵌入式脚本。
- 构建一个包含用户生成的脚本和配置文件的 RPM 包。

14.1 概述

自从 20 多年前笔者接触 Linux 以来,始终采用基于 RPM 的包管理器(如 RPM、YUM 和 DNF)在 Red Hat、CentOS 和 Fedora 系统上安装软件。从 RPM 程序本身到 YUM,再到 YUM 的升级版 DNF(Dandified Yum),笔者都利用这些工具在 Linux 主机上执行软件包的安装和更新。需要指出的是,YUM 和 DNF 工具作为 RPM 的包装器,不仅提供了软件包的安装功能,还提供了诸如查找和安装软件包依赖项的额外功能。

经过多年的实践和积累,笔者编写了大量的 Bash 脚本,并且包含一些单独的配置文件,这使得我们在新的计算机或虚拟机上能够快速安装这些脚本。然而,随着时间的推移,

---

⊖ RPM 是一种常见的软件包管理器。RPM 设计之初用来管理 Linux 各软件包的程序,由于它遵循 GPL 规则且功能强大方便,因而广受欢迎。随后,逐渐被其他发行版采用,RPM 使得 Linux 易于安装升级,提升了 Linux 的适用性。——译者注

手动安装这些软件包变得非常耗时，极大降低了我们的工作效率。为了解决这个问题，笔者决定创建一个 RPM 包来自动化执行这个过程，以将相关文件复制到目标主机上，并将其安装到它们各自所在的正确位置。尽管 RPM 工具最初用于构建 RPM 包，但这项功能现已被移除，而由一个名为 rpmbuild 的新工具所取代，其能够构建新的 RPM 包。

随着该项目的正式开启，笔者面临着创建 RPM 包的信息稀缺的问题。在市场上，唯一找到的相关资料是 *Maximum RPM* 一书，最初我期待着它能帮助解决这个问题。然而，这本纸质书籍的内容现在已经过时，与大部分检索到的资源一样，其关于 RPM 包创建的内容都已陈旧。需要注意，此书目前已绝版，导致二手书市价高昂，达到数百美元。尽管如此，*Maximum RPM* 的在线版本⊖是可以免费获取的，并且还在持续更新中。此外，RPM 官方网站还提供了包含 RPM 相关文档的网站链接，不过，这些信息都非常简单，似乎预设了读者对 RPM 包的创建过程已具备了一定程度的了解。

与此同时，笔者发现 RPM.org 网站是探索 RPM 工具的另一个宝贵资源。该网站汇编了大部分关于 RPM 的在线文档，主要涵盖了指向其他网站及 RPM 本身信息的链接。在这些资源中，笔者特别推荐 Fedora RPM 指南，它提供了关于 Fedora 系统上 RPM 使用的详细指导。

在笔者查阅的所有文献中，普遍都存在一个假设，即代码应遵循开发环境的惯例，从源代码进行编译。然而，我们并非总是处于开发者的角色，而是经常扮演系统管理员的角色，其需求与开发人员有所不同。作为系统管理员，我们通常无须（或者说不应该）编译代码来执行管理职能，而是倾向于使用 shell 脚本来处理相关任务。因此，在此背景下所指的"源代码"，实际上并不是指需要编译为二进制可执行文件的代码。我们所拥有的源代码，特别是脚本代码，本身就可作为可执行文件来运行。

在大多数情况下，本章中的实验都应该使用非 root 用户身份 student 来执行。此外，RPM 包不应该由 root 用户来构建，而是由非特权用户完成的。需要注意，在执行某些任务时，我们确实需要 root 用户权限，因此，建议读者根据具体问题，选择恰当的用户身份来执行。

14.2 准备工作

在准备构建 RPM 包之前，我们需要完成一系列的准备工作。这包括安装 rpmbuild 软件，下载 tarball（包含了将要被打包进 RPM 的文件和用于构建 RPM 的 spec 文件），以及构建目录结构。

⊖ Edward C. Bailey, et al., *Maximum RPM*, http://ftp.rpm.org/max-rpm/, Red Hat, 2000.

实验 14-1：准备工作

本次实验将以 root 用户身份在 StudentVM1 虚拟机上完成。值得注意的是，该实验属于 RPM 相关操作中少数需要以 root 用户身份执行的情况。首先，我们将安装更新并重启系统[①]，然后安装 rpm-build 和 rpmdevtools 软件包，因为它们很可能未预安装。下面是以 root 用户身份执行安装更新的命令：

```
[root@studentvm1 tmp]# dnf -y update
[root@studentvm1 tmp]# reboot
```

在重启系统之后，我们需要利用 dnf 命令安装本章所需的工具——rpm-build 和 rpmdevtools：

```
[root@studentvm1 ~]# dnf install -y rpm-build rpmdevtools
```

接下来，请以 student 用户身份登录，并确保你的主目录（~）为当前工作目录，然后执行以下命令下载已为你准备好的开发目录结构的 tarball 文件，该文件名为 utils.tar[②]：

```
[student@studentvm1 ~]# wget https://github.com/Apress/using-and-
administering-linux-volume-3/raw/master/utils.tar
```

在上述示例中，该 tarball 包含了最终 RPM 将要安装的所有文件和 Bash 脚本。此外，还有一个完整的 spec 文件，你可以使用它来构建 RPM。我们会在后续章节详细介绍 spec 文件的各个部分。我们在上册第 12 章中已安装了基于该 tarball 创建而成的 RPM。

对于接下来的实验，请以 student 用户身份登录，并将你的主目录设定为当前工作目录，随后运行 tar 命令以解压 tarball 文件。最终结果显示如下所示：

```
[student@studentvm1 ~]$ tar -xvf utils.tar
./
./development/
./development/scripts/
./development/scripts/create_motd
./development/scripts/die
./development/scripts/mymotd
./development/scripts/sysdata
./development/spec/
./development/spec/utils.spec
./development/license/
./development/license/Copyright.and.GPL.Notice.txt
./development/license/GPL_LICENSE.txt
[student@studentvm1 ~]$
```

此外，为了确认 ~/development 的目录结构及其包含的文件是否与以下描述的内容相

[①] 在 Linux 系统中，定期安装更新是个非常好的习惯。若你近期没有更新系统，提醒你最好更新一下。
[②] utils.tar 文件也可以从笔者的个人主页中找到，地址为 http://www.linux-databook.info/downloads/。

符，请你使用 tree 命令以树状结构的形式显示 development/ 目录的组成框架：

```
[student@studentvm1 ~]$ tree development/
development/
├── license
│   ├── Copyright.and.GPL.Notice.txt
│   └── GPL_LICENSE.txt
├── scripts
│   ├── create_motd
│   ├── die
│   ├── mymotd
│   └── sysdata
└── spec
    └── utils.spec

4 directories, 7 files
[student@studentvm1 ~]$
```

这些文件和目录的所有权应该是 student.student。如果有必要，请将其更改为 student。

下面简要介绍 development/ 目录中的文件内容，具体如下：

1）mymotd 脚本会生成一条"每日消息"的数据流，并将其按标准输出到 STDOUT。

2）create_motd 脚本则负责运行 mymotd 脚本，并将输出内容重定向到 /etc/motd 文件。该文件的作用是向通过 SSH 远程登录的用户展示每日消息。

3）die 脚本是笔者所编写的一个实用脚本，它封装了 kill 命令并增加了一些功能，用于查找与指定字符串匹配的正在运行的程序，并使用 kill -9 命令强制终止它们。通过这种方式，我们可以确保这些程序无法忽略终止消息，其效果与 pkill 命令的工作方式类似。

4）sysdata 脚本能够生成大量关于计算机硬件、已安装的 Linux 版本、所有已安装的软件包以及存储设备元数据的详细信息。笔者使用它来记录主机在某一特定时间点的状态，以便日后参考。在以往，笔者通常采用此种方法来记录为客户安装主机的状态。

在这个项目中，此目录树中的大多数文件和子目录将通过所创建的 RPM 安装到 Fedora 系统上，其中部分文件将被用于构建这个 RPM。

接下来，我们需要构建目录结构，因为 rpmbuild 命令依赖这一个特定的目录结构来执行操作。尽管可以手动创建这个目录结构，但为了提高效率和便捷性，通常推荐使用脚本自动化完成该过程。

实验 14-2：构建目录结构

首先，我们手动创建目录结构以了解需要哪些目录。以 student 用户身份登录到 StudentVM1 虚拟机，并在你的主目录中构建如下所示的目录结构：

```
~ — rpmbuild
    ├── RPMS
    │   └── noarch
    ├── SOURCES
    ├── SPECS
    └── SRPMS
```

~/rpmbuild/RPMS 目录用于存放基于不同架构且已完成的 RPM 子目录。下面将介绍两种创建这些目录的方法。第一种方法主要通过 mkdir 命令来实现，先创建 rpmbuild 目录，再进入该目录分别创建余下的子目录，最后调用 tree 命令显示整个目录结构，该目录正是我们期待的结果：

```
[student@studentvm1 ~]$ mkdir rpmbuild
[student@studentvm1 ~]$ cd rpmbuild/
[student@studentvm1 rpmbuild]$ mkdir -p RPMS/noarch SOURCES SPECS SRPMS
[student@studentvm1 rpmbuild]$ tree
.
├── RPMS
│   └── noarch
├── SOURCES
├── SPECS
└── SRPMS

6 directories, 0 files
```

第二种方法通过调用 rpmdev-setuptree 命令来实现。为了更好地演示这个过程，先使用 rm 命令删除 ~/rpmbuild 目录树，然后执行如下所示的命令来重新创建该目录树。需要注意，这里所使用的 rpmdev-setuptree 命令属于 rpmdevtools 包的内容：

```
[student@studentvm1 ~]$ cd ; rm -r rpmbuild
[student@studentvm1 ~]$ rpmdev-setuptree
[student@studentvm1 ~]$ tree rpmbuild/
rpmbuild/
├── BUILD
├── RPMS
├── SOURCES
├── SPECS
└── SRPMS

6 directories, 0 files
[student@studentvm1 ~]$
```

请注意，在构建 RPM 的过程中，所需的其余目录将自动创建。

此外，我们没有创建特定于某个架构的目录（如 ~/rpmbuild/RPMS/X86_64 目录），其原因在于我们的 RPM 并不依赖于特定的 CPU 架构。换句话说，我们的 shell 脚本是通用的，它不依赖于任何特定的 CPU 架构。实际上，我们也不会使用 SRPMS 目录，该目录通常用于存放编译代码所需的源文件。

14.3 检查 spec 文件

每个 spec 文件通常都由多个部分组成，根据 RPM 构建的具体情况，其中一些部分可能会被省略。需要注意的是，该 spec 文件并非工作所需的最小文件示例，而是一个中等复杂度的典型示例，专用于打包那些无须编译的文件。如果构建过程中需要编译源代码，通常会在 %build 部分进行，但由于这个示例中无须编译 spec 文件打包的内容，因此 %build 部分就被省略了。

在学习本节的过程中，请按照建议修改所提供的 spec 文件，以使其符合你的具体需求。

14.3.1 前导码

这是 spec 文件中唯一没有标签的部分。它包含了当你使用 rpm -qi[包名] 命令查询时所看到的大部分内容。每个数据项都是单行，由用于标识它的标签和该标签对应的文本值组成。这些标签和值共同描述了 RPM 包的各种属性：

```
########################################################################
# Spec file for utils
########################################################################
# Configured to be built by user student or other non-root user
########################################################################
#
Summary: Utility scripts for testing RPM creation
Name: utils
Version: 1.0.0
Release: 1
License: GPL
URL: http://www.both.org
Group: System
Packager: David Both
Requires: bash
Requires: screen
Requires: mc
Requires: dmidecode
BuildRoot: ~/rpmbuild/

# Build with the following syntax:
# rpmbuild --target noarch -bb utils.spec
```

在 spec 文件中，注释行会被 rpmbuild 程序所忽略。为了更方便地使用和学习相关用法，笔者总是喜欢在该部分添加一个额外的注释，用以说明创建 RPM 包所需的 rpmbuild 命令的确切语法。下面详细介绍这些标签的具体含义：

1）Summary 标签是对 RPM 包的简短描述。

2）Name、Version 和 Release 标签用于构造 RPM 文件的名称，例如 utils-1.00-1.rpm。在实际项目中，我们可以通过增加发布号和版本号标签，用以创建和更新旧版本的 RPM 包。

3）License 标签用于定义该软件包发布时应遵循的许可证。笔者通常会使用 GPL。指定许可证是非常重要的，因为它有助于避免对软件包中开源软件使用的各种误解。这也是为何笔者在将要安装的文件中包含许可证和 GPL 声明的原因，其目的是确保用户能够清楚地了解这些文件的使用条件和限制。

4）URL 标签通常指向项目或项目所有者的网站。在这个例子中，它指向了笔者的个人网站。如果读者有自己的个人网站，你也可以将该 URL 标签更改为你的网页地址。

5）Group 标签非常有趣，特别是在 GUI 应用程序中。Group 标签决定了在 Application 菜单中，哪个图标组将包含此 RPM 包中的可执行文件图标。虽然在此我们没有使用 Icon 标签，但通常情况下，Group 标签会与 Icon 标签配合使用，以便将图标和启动程序所需的信息添加到 Application 菜单结构中。

6）Packager 标签用于指明负责创建和维护该软件包的个人或组织。

7）Requires 语句用于定义这个 RPM 包的依赖项。每个 Requires 后都紧跟着一个软件包名称，如上述定义的依赖项为 bash、screen、mc 和 dmidecode。如果在系统中缺少任何一个指定的软件包，dnf 安装工具将在 /etc/yum.repos.d 目录定义的存储库中查找并安装它（前提是该软件包存在）。如果 dnf 无法找到所需的软件包，它将抛出一个错误，指出缺少哪些包并中止安装过程。这样做可以确保 RPM 包在安装时能够找到所有必要的依赖项，从而避免运行时出现因缺少依赖项而导致的错误。

8）BuildRoot 行指定了 rpmbuild 工具将要查找 spec 文件的顶级目录，并在该目录下创建临时目录来构建 RPM 包。构建完成的 RPM 包将存储在之前指定的 noarch 子目录中。此外，注释中显示了构建此包的命令语法，其包含的 --target noarch 选项定义了目标架构。鉴于这些是 Bash 脚本，所以它们并不依赖于特定的 CPU 架构。如果省略了此选项，rpmbuild 工具将会根据其在构建过程中运行的 CPU 构架来构建 RPM 包。

rpmbuild 程序具备针对多种不同的架构来构建 RPM 包的能力，通过使用 --target 选项，我们可以在拥有与构建目标不同的 CPU 架构的主机上，构建特定架构的软件包。例如，在 x86_64 架构的宿主机上，可以构造专用于 i686 架构的软件包，反之亦然。这种灵活性为大家在不同硬件平台上创建和使用 RPM 包提供了便利。

当然，如果你有自己独特的姓名和网站，建议你将 spec 文件中的 Packager 标签更改为你的名字，并将 URL 标签更改为你个人网站的地址。如此，即可构建出带有个人标识及特色的 RPM 包。

14.3.2　%description

spec 文件的 %description 部分包含了对 RPM 包的描述。这个描述可以非常简短，也可以包含多行信息。就该实验而言，笔者的 %description 部分相对简洁，仅描述了"这是一个测试 RPM 创建的实用程序脚本的集合"，如下所示：

```
%description
A collection of utility scripts for testing RPM creation.
```

14.3.3 %prep

%prep 部分是 RPM 包构建过程中首先执行的脚本。然而，这个脚本在软件包安装时并不会被执行。

实际上，该脚本是一个 Bash shell 脚本，旨在构建目录。该脚本会根据构建需求创建必要的目录，并将关键文件复制到相应目录中。这些文件涵盖了作为构建过程中完整编译所需的源文件。

在下面的命令中，$RPM_BUILD_ROOT 目录代表已安装系统的根目录的模拟环境。在该目录下创建的目录路径都是完整的，如 /usr/local/share/utils、/usr/local/bin 等。此外，这些路径与真实文件系统中的路径是一一对应的。

对于我们的 RPM 软件包来说，由于所有程序均为 Bash 脚本，因此不存在预编译的源代码，我们只需将这些脚本和其他文件复制到已安装系统中的目录即可。如下所示，通过 mkdir 命令创建目录，再利用 cp 命令将源文件复制到指定的目录，最后结束操作：

```
%prep
##############################################################################
# Create the build tree and copy the files from the development
# directories into the build tree.
##############################################################################
echo "BUILDROOT = $RPM_BUILD_ROOT"
mkdir -p $RPM_BUILD_ROOT/usr/local/bin/
mkdir -p $RPM_BUILD_ROOT/usr/local/share/utils

cp /home/student/development/utils/scripts/* $RPM_BUILD_ROOT/usr/local/bin
cp /home/student/development/utils/license/* $RPM_BUILD_ROOT/usr/local/share/utils
cp /home/student/development/utils/spec/* $RPM_BUILD_ROOT/usr/local/share/utils

exit
```

请注意，在 %prep 部分的末尾使用 exit 语句是必需的。这是为了确保脚本在复制文件后正确结束，并且不会继续执行后续不必要的操作。

14.3.4 %files

spec 文件的 %files 部分定义了待安装的文件以及它们在目录结构中的位置。此外，该部分还指定了每个待安装文件的属性、文件所有者和所属组。尽管设置文件权限与所有权是可选项，但笔者建议在真实场景下，我们明确指定它们，以防安装后产生错误或歧义属性的情况。如果安装所需的目录尚不存在，那么这些目录将在安装过程中根据需要被创建。

下述命令明确指定了两个待安装文件的权限及目录位置：

```
%files
%attr(0744, root, root) /usr/local/bin/*
%attr(0644, root, root) /usr/local/share/utils/*
```

14.3.5 %pre

在上述实验项目的 spec 文件中，%pre 部分是空值。这部分主要用于放置在 RPM 安装之前需要执行的任何脚本。

14.3.6 %post

spec 文件的 %post 部分是一个 Bash 脚本，它在文件安装完成后执行。该部分旨在包含系统管理员需要或希望执行的操作，包括创建文件，运行系统命令，以及在做出配置更改后重新启动服务来初始化系统。本章 RPM 包的 %post 脚本就添加了类似的任务。

在如下所示的脚本中，相关注释清晰地说明了其具体的用途和目的。首先，通过 if 条件语句判断旧版本的 MOTD 是否存在，如果存在则复制保存；如果尚未存在，则将 create_motd 的任务链接到 cron.daily 中，最终完成 motd 的首次创建：

```
%post
########################################################################
# Set up MOTD scripts
########################################################################
cd /etc
# Save the old MOTD if it exists
if [ -e motd ]
then
    cp motd motd.orig
fi
# If not there already, Add link to create_motd to cron.daily
cd /etc/cron.daily
if [ ! -e create_motd ]
then
    ln -s /usr/local/bin/create_motd
fi
# create the MOTD for the first time
/usr/local/bin/mymotd > /etc/motd
```

14.3.7 %postun

%postun 部分包含了一个在 RPM 包被卸载后执行的脚本。在使用 rpm 或 dnf 命令卸载软件包时，它们会删除 %files 部分列出的所有文件，但并不会删除 %post 部分所创建的文件或链接。因此，如果我们想要清理这部分未删除的文件或链接，就需要在 %postun 部分定义需要清理的工作任务。

%postun 脚本通常包含一系列清理任务，尤其是清除 RPM 以前安装的各类文件。对于 RPM 包来说，该脚本既包括删除由 %post 脚本创建的链接，又包括恢复之前保存的 motd 文件的原始版本等操作。

%postun 脚本的具体代码如下所示，首先删除指定目录的预置文件和链接，接着恢复已备份的原始 motd 文件：

```
%postun
# remove installed files and links
rm /etc/cron.daily/create_motd

# Restore the original MOTD if it was backed up
if [ -e /etc/motd.orig ]
then
   mv -f /etc/motd.orig /etc/motd
fi
```

14.3.8 %clean

%clean 文件也是一个 Bash 脚本文件，其主要负责在 RPM 构建完成后执行清理操作。%clean 部分如下所示的两行代码，旨在调用 rm 命令删除由 rpm-build 命令创建的目录。然而，在很多情况下，可能还需要执行额外的清理工作，以确保所构建的环境被彻底清理干净：

```
%clean
rm -rf $RPM_BUILD_ROOT/usr/local/bin
rm -rf $RPM_BUILD_ROOT/usr/local/share/utils
```

14.3.9 %changelog

%changelog 属于可选的文本内容，其记录了 RPM 包及其包含文件所做的所有更改，以便用户可以清晰地了解每个版本之间的差异和更新内容。其中，最新的更改通常会被记录在该部分的顶部。

如下所示的内容记录了 2018 年 8 月 29 日笔者关于 RPM 的处理日志。该部分显示的内容是在头部行中，其操作可以替换为你自己的名字和电子邮件地址：

```
%changelog
* Wed Aug 29 2018 Your Name <Youremail@yourdomain.com>
  - The original package includes several useful scripts. it is
    primarily intended to be used to illustrate the process of
    building an RPM.
```

至此，spec 文件的相关内容介绍完毕，接下来将讲解如何构建 RPM。

14.4 构建 RPM

spec 文件必须放在 rpmbuild 目录树中的 SPECS 子目录下。为了方便编辑，笔者建议在该目录中创建一个指向实际 spec 文件的链接，这样我们就可以在开发目录中直接编辑它，而无须每次都将其复制到 SPECS 目录。接下来将详细介绍 RPM 构建的过程。

实验 14-3：构建 RPM

请以 student 用户身份执行本次实验。首先，执行 cd 命令切换至 SPECS 目录，并将其设置为当前工作目录。然后，利用 ln 命令创建一个指向 spec 文件的软链接，如下所示，该软链接被成功创建：

```
[student@studentvm1 ~]# cd ~/rpmbuild/SPECS/
[student@studentvm1 ~]# ln -s ~/development/spec/utils.spec ; ll
total 0
lrwxrwxrwx 1 student student 41 Aug 31 11:43 utils.spec -> /home/student/
development/spec/utils.spec
[student@studentvm1 SPECS]$
```

接下来，运行以下命令来构建 RPM。在运行过程中，如果未出现任何错误，那么它应该很快就能构建 RPM：

```
[student@studentvm1 ~]# rpmbuild --target noarch -bb utils.spec
Building target platforms: noarch
Building for target noarch
Executing(%prep): /bin/sh -e /var/tmp/rpm-tmp.QaPvYe
+ umask 022
+ cd /home/student/rpmbuild/BUILD
+ echo 'BUILDROOT = /home/student/rpmbuild/BUILDROOT/utils-1.0.0-1.noarch'
BUILDROOT = /home/student/rpmbuild/BUILDROOT/utils-1.0.0-1.noarch
+ mkdir -p /home/student/rpmbuild/BUILDROOT/utils-1.0.0-1.noarch/usr/
local/bin/
+ mkdir -p /home/student/rpmbuild/BUILDROOT/utils-1.0.0-1.noarch/usr/local/
share/utils
+ cp /home/student/development/scripts/create_motd /home/student/development/
```

```
scripts/die /home/student/development/scripts/mymotd /home/student/
development/scripts/sysdata /home/student/rpmbuild/BUILDROOT/utils-1.0.0-1.
noarch/usr/local/bin
+ cp /home/student/development/license/Copyright.and.GPL.Notice.txt /home/
student/development/license/GPL_LICENSE.txt /home/student/rpmbuild/BUILDROOT/
utils-1.0.0-1.noarch/usr/local/share/utils
+ cp /home/student/development/spec/utils.spec /home/student/rpmbuild/
BUILDROOT/utils-1.0.0-1.noarch/usr/local/share/utils
+ exit
Processing files: utils-1.0.0-1.noarch
Provides: utils = 1.0.0-1
Requires(interp): /bin/sh /bin/sh /bin/sh
Requires(rpmlib): rpmlib(CompressedFileNames) <= 3.0.4-1 rpmlib(FileDigests)
<= 4.6.0-1 rpmlib(PayloadFilesHavePrefix) <= 4.0-1
Requires(pre): /bin/sh
Requires(post): /bin/sh
Requires(postun): /bin/sh
Requires: /bin/bash /bin/sh
Checking for unpackaged file(s): /usr/lib/rpm/check-files /home/student/
rpmbuild/BUILDROOT/utils-1.0.0-1.noarch
Wrote: /home/student/rpmbuild/RPMS/noarch/utils-1.0.0-1.noarch.rpm
Executing(%clean): /bin/sh -e /var/tmp/rpm-tmp.9fGPUM
+ umask 022
+ cd /home/student/rpmbuild/BUILD
+ rm -rf /home/student/rpmbuild/BUILDROOT/utils-1.0.0-1.noarch/usr/local/bin
+ rm -rf /home/student/rpmbuild/BUILDROOT/utils-1.0.0-1.noarch/usr/local/
share/utils
+ exit 0
[student@studentvm1 SPECS]$
```

执行 RPM 构建操作之后，我们需要检查 ~/rpmbuild/RPMS/noarch 目录，以确认新的 RPM 包是否成功生成。如下所示，我们发现在 ~/rpmbuild/RPMS/noarch 中包含 24 个文件：

```
[student@studentvm1 SPECS]$ cd ~/rpmbuild/RPMS/noarch/ ; ll
total 24
-rw-rw-r-- 1 student student 24372 Aug 31 11:45 utils-1.0.0-1.noarch.rpm
[student@studentvm1 noarch]$
```

现在，我们调用 tree 命令来查看 ~/rpmbuild 目录下的内容，可以看到 utils.spec、utils-1.0.0-1.noarch.rpm 等文件已成功创建：

```
[student@studentvm1 ~]$ tree ~/rpmbuild/
/home/student/rpmbuild/
├── BUILD
├── BUILDROOT
│   └── utils-1.0.0-1.noarch
```

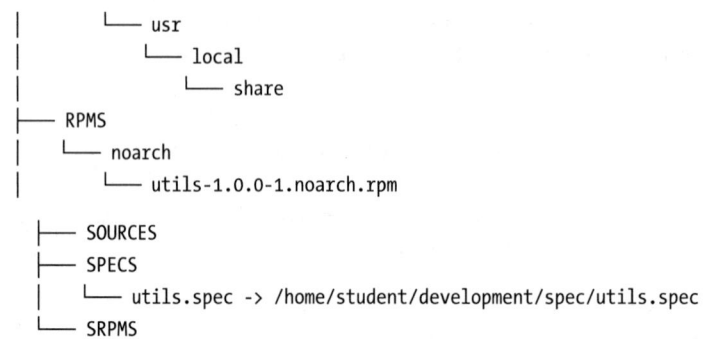

14.5 测试 RPM

接下来，以 root 用户身份安装 RPM 包，以验证其是否正确安装且文件被放置到了正确的目录中。RPM 的确切名称取决于你在 spec 文件的序（Preamble）中设置的标签值，但如果你使用了示例中的值，那么 RPM 包的名称将为"utils-1.0.0-1.noarch"，如下示例命令所示。

实验 14-4：安装 utils RPM 包

请以 root 用户身份执行以下操作。首先，我们需要卸载先前已安装的 utils 包，通过 dnf -y remove 命令实现：

```
[root@studentvm1 noarch]# dnf -y remove utils-1.0.0-1.noarch
```

现在我们可以安装刚刚构建的 RPM 包。我们将使用 rpm 命令来安装 RPM 包（并非 dnf 命令），其中 -i 选项表示安装；-u 选项表示将旧软件包升级为新版本；-v 选项表示详细模式；-h 选项表示想要显示进度条的散列标记。

```
[root@studentvm1 ~]# cd /home/student/rpmbuild/RPMS/noarch/ ; ll
total 24
-rw-rw-r-- 1 student student 24372 Aug 31 11:45 utils-1.0.0-1.noarch.rpm
[root@studentvm1 noarch]# rpm -ivh utils-1.0.0-1.noarch.rpm
error: Failed dependencies:
        mc is needed by utils-1.0.0-1.noarch
[root@studentvm1 noarch]#
```

然而，上述 rpm 命令执行收到了一条错误提示："error: Failed dependencies: mc is needed by utils-1.0.0-1.noarch"。这是因为 Midnight Commander[⊖] 已被 dnf remove 命令移

⊖ Midnight Commander（MC）是一款经典且强大的终端文件管理器，适合于喜欢在命令行界面工作的用户。我们在下册第 2 章中对其进行了详细概述。——译者注

除，rpm 命令无法处理这种依赖关系，只能提示我们此处需要 mc。

因此，我们这次使用 dnf 命令来执行安装操作，具体命令如下所示：

```
[root@studentvm1 noarch]# dnf -y install utils-1.0.0-1.noarch.rpm
```

检查 /usr/local/bin 目录以确保新文件已经生成。同时，你还应该验证 /etc/cron.daily 目录下的 create_motd 链接是否已被创建。

我们将使用如下命令来查看更改日志，调用 rpm -ql utils 命令来查看由该包安装的文件列表。需要注意，这里 ql 中的 l 是小写。最终，我们确认了 RPM 已被正确安装且相关文件被放置到了恰当的位置：

```
[root@studentvm1 noarch]# rpm -q --changelog utils
* Wed Aug 29 2018 Your Name <Youremail@yourdomain.com>
- The original package includes several useful scripts. it is
    primarily intended to be used to illustrate the process of
    building an RPM.

[root@studentvm1 noarch]# rpm -ql utils
/usr/local/bin/create_motd
/usr/local/bin/die
/usr/local/bin/mymotd
/usr/local/bin/sysdata
/usr/local/share/utils/Copyright.and.GPL.Notice.txt
/usr/local/share/utils/GPL_LICENSE.txt
/usr/local/share/utils/utils.spec
[root@studentvm1 noarch]#
```

14.6 重建损坏的 RPM 数据库

在升级、更新或安装 RPM 时，笔者偶尔会遇到提示 RPM 数据库已损坏的错误。这种情况可能由多种原因造成，但经过笔者深入研究后发现，如果在更新或安装过程中强制中断任务，就可能会导致 RPM 数据库损坏。因此，我们需要对损坏的 RPM 数据库进行重建。

RPM 数据库可以很轻松地被重建，下面的实验将讲解其具体实现过程。

实验 14-5：重建损坏的 RPM 数据库

以 root 用户身份执行该实验，通过执行 rpm --rebuilddb -vv 命令即可重建 RPM 数据库。需要注意的是，即便当前的 RPM 数据库没有任何问题，执行此命令后，它也将被重建。为了让整个重建过程更清楚，我们在这里添加了 -vv 选项，用以输出显示重建过程的详细信息：

```
[root@studentvm1 noarch]# rpm --rebuilddb -vv
```

你可以省略 -vv 选项来再次运行该命令，并观察 RPM 数据库是否被重建，以及相关的输出信息是否减少。

总结

在探索创建 RPM 的基础知识时，我们并没有涵盖所有的标签和内容。其实构建 RPM 包并不难，关键是要获取正确的信息。笔者曾花了数月时间才弄明白这些内容，并真心希望本章的内容能为你提供帮助，尤其是从事 Linux 系统管理或 RPM 包管理的读者。

此外，本章未涵盖从源代码构建 RPM 包的相关内容。然而，如果你是一名开发人员，那么这一步对你来说应该很简单，你可以基于上述内容快速地实现从源代码构建 RPM 包。如果读者感兴趣，可以结合实际需求进行练习。

总而言之，创建 RPM 包是一种高效且省时省力的系统管理方法，它为我们系统管理员提供了一个便捷的途径，使得在多台主机上分发、安装和部署脚本及相关文件的过程变得简洁而方便。

练习

为了掌握本章所学知识，请完成以下练习：

1）在实验 14-4 中，当我们卸载之前安装的 utils 软件包时，Midnight Commander 也被同时卸载。这是为什么？

2）尝试以 X86_64 为目标架构来构建 utils 软件包。首先卸载已存在的旧软件包，然后安装 X86_64 版本，并测试其程序。这样做是否会产生问题？为什么？此外，在测试完成后，记得卸载这个 X86_64 版本的软件包。

3）编写一个简单的脚本，将其包含在 RPM 中。然后增加该 RPM 的发布版本号，并构建这个修订后的 RPM 包。

4）重新安装原始的 noarch RPM 包，并使用 DNF 命令将该 RPM 包升级到新版本。

5）如果你修改了 RPM 的 spec 文件，但在重新构建 RPM 时没有更新发布号，那么将会发生什么呢？对于版本号来说，如果遇到了同样的情况又将发生什么呢？请读者认真思考。

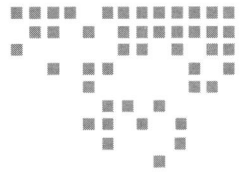

第 15 章

文件共享

目标

在本章中,你将学习以下内容:
- 阐述文件共享的概念及其用法。
- 网络文件系统(Network File System,NFS)、文件传输协议(File Transfer Protocol,FTP)、安全文件传输协议(Secure FTP,FTPS 或 SFTP)、高度安全的文件传输协议(Very Secure FTP,VSFTP)和 SAMBA 的定义。
- 如何安装及配置 VSFTP 服务?
- 如何安装及配置 NFS 服务器,以实现 Linux 和 UNIX 主机之间的文件共享?
- 如何安装及配置 SAMBA 服务器,以实现 Windows 和 Linux 主机之间的文件共享?
- 如何利用 Midnight Commander 作为支持多种协议的文件共享客户端?

15.1 概述

文件共享一直是网络的核心功能之一。尽管随着计算机技术的不断进步,网络功能日益丰富,但是文件共享在许多网络中仍占据着重要的地位。其设计理念是将原本只有创建者才能访问的文件存储在中央服务器上,以便所选择的其他用户也能够访问这些文件。这种设计允许用户之间进行高效的信息交流和协作,促进了知识的传播和共享。

这句话听起来或许颇为熟悉?确实如此,尤其是你曾经使用过像 Google Drive、Dropbox、OneDrive 或其他类似的云存储服务。这些平台均提供了文件共享功能,使得用户能够轻松地与他人共享和协作处理文件。

本系列书籍的出版社 Apress 为这三本书都设置了 Google Drive[1]，每本书都设有多个文件夹，如 "初稿" "待作者审核" "待出版" 等，以便于进行不同阶段的文档管理和版本控制。具体而言，当笔者完成一个章节后，会将其上传至 "初稿" 文件夹中。随后，发行和技术编辑会对初稿进行审核，并将带有标注的章节文件放入 "待作者审核" 文件夹中。笔者在下载并查阅这些文件后，会进行必要的修改。经过多轮修订和审核，这些章节最终会被转移到 "待出版" 文件夹中。在此阶段，出版社会从该文件夹中下载这些章节，并将其制作成用于印刷或创建电子书的正式出版文件。

当然，我们的团队成员遍布全球，笔者位于北卡罗来纳州的罗利，技术编辑 Seth Kenlon 在新西兰，编辑 Gryffin Winkler 在纽约市，资深编辑 James Robinson-Prior 在英国伦敦，而生产部门则分布在印度和菲律宾等地。尽管如此，我们所有人都能即时访问到新上传或修订的文件。这种高效的工作流程得益于共享文件夹及其内容设计的明确性，它基于网络中主机间共享文件的基本理念。通过网络共享文件的功能，我们的团队能够跨越地理距离，实现实时的协作和沟通，并显著提高了工作效率。

此外，众多组织倾向于采用自设服务器进行共享文件，并视其为稳妥的方案。毕竟，"云就是别人的服务器" 这句话并非空穴来风。在互联网上使用第三方服务器（无论营销部门如何称呼它）意味着你数据的安全性和完整性完全依赖于他人的网络及其安全措施——而这一切都是你无法控制的，也无法获得详细的技术说明。

文件共享的方式多种多样，包括 NFS、HTTP、SAMBA、FTP、FTPS 和 VSFTP。需要注意的是，尽管 SCP[2] 作为 SSH 的一部分可用于安全的文件传输，但它并不属于文件共享工具的范畴。一旦你获得了对远程计算机的 SSH 访问权限，你就可以在这些计算机之间传输你有权访问的任何文件。

Fedora 在线文档[3]包含了 "系统管理员指南" 中关于 SAMBA、FTP 和 VSFTP 等协议的详细说明。这些文档为系统管理员提供了在 Fedora 系统中配置和使用这些文件共享协议所需的详尽指导和最佳实践。遵循这些指南，用户可以学习如何安全地共享和访问文件，以及如何管理和优化文件共享服务。

15.2 准备工作

为了在进行各类实验时能够共享文件，我们需要创建一个专门的共享区域来存放这些

---

[1] Google Drive 旨在帮助用户将个人文件存储在谷歌的服务器上，并可通过网络访问。——译者注

[2] SCP 命令旨在以安全方式在服务器之间复制文件，其是 Linux 系统下基于 SSH 登录进行安全的远程文件复制命令，利用 SSH 的加密特性来确保文件在传输过程中的安全性。这种基于 SSH 的文件传输方式，虽然在功能上类似于文件共享，但本质上更接近于点对点的文件传输。——译者注

[3] Fedora 文档，https://docs.fedoraproject.org/en-US/docs/。

文件。为此，首先需要进行一些准备工作。所有 FTP 服务（包括 VSFTP）都会使用 /var/ftp 目录来存储文件。具体而言，我们将在实验 15-2 中安装 VSFTP，并将相关文件添加到该目录中。这样，我们就可以通过 FTP 协议安全地共享和访问这些文件了。

实验 15-1：文件共享准备

在 StudentVM2 主机上以 root 用户身份执行这个实验。在本实验中，我们将创建一个 /var/shared 目录作为挂载点，并在此处挂载一个小逻辑卷以存储数据。

为创建一个新的文件系统和挂载点，首先需要创建一个新的文件系统以供导出。请注意，NFS 只能导出完整的文件系统，所以我们在最初安装 Linux 时，特意在 vg01 卷组中留下了一些未分配的空间。现在，我们将利用这部分空间来创建 NFS 共享。

执行 vgs 命令来验证 vg01 卷组中剩余的总空间量，vgs 是 Linux 操作系统用于显示逻辑卷管理器中的卷组信息的命令，其可以查看卷组的名称、UUID、大小、物理卷数量等信息：

```
[root@studentvm2 ~]# vgs
  VG   #PV #LV #SN Attr   VSize  VFree
  vg01   1   5   0 wz--n- 78.99g 44.99g
[root@studentvm2 ~]#
```

输出结果显示了卷组（VG）名称为"vg01"，物理卷（PV）个数为 1，逻辑卷（LV）个数为 5，快照（SN）个数为 0，属性（Attr）为"wz--n-"，整个卷组的大小（VSize）为 78.99GB，卷组的空闲空间（VFree）为 44.99GB[⊖]。因此，整个剩余空间足够我们创建一个新的逻辑卷。现在，我们执行 lvcreate 命令来创建一个大小为 1GB、名为 shared 的逻辑卷：

```
[root@studentvm2 ~]# lvcreate -L 1G vg01 -n shared
```

随后，执行 mkfs 命令在该逻辑卷上创建文件系统。在该命令中，-t 选项指定了文件系统格式为 ext4，文件名称为 /dev/mapper/vg01-shared，最终创建的文件系统信息如下所示：

```
[root@studentvm2 ~]# mkfs -t ext4 /dev/mapper/vg01-shared
mke2fs 1.44.6 (5-Mar-2019)
Creating filesystem with 262144 4k blocks and 65536 inodes
Filesystem UUID: dba1207b-c36e-468b-82d8-666231143ef6
Superblock backups stored on blocks:
        32768, 98304, 163840, 229376
```

⊖ 原书中显示剩余空间大小为 21GB，而命令中实际显示为 44.99GB，两者均足以创建 1GB 大小的新逻辑卷。——译者注

```
Allocating group tables: done
Writing inode tables: done
Creating journal (8192 blocks): done
Writing superblocks and filesystem accounting information: done
```

此外,我们可以通过 e2label 命令来修改文件系统的磁盘分区名称,给该文件系统添加一个名为"shared"的标签:

```
[root@studentvm2 ~]# e2label /dev/mapper/vg01-shared shared
```

接下来,执行 mkdir 命令创建一个新的挂载目录(挂载点),其名称为"/var/shared":

```
[root@studentvm2 ~]# mkdir /var/shared
```

此外,我们需要在 /etc/fstab 文件的末尾添加如下所示的一行内容。该配置文件负责定义在系统启动时需要挂载的文件系统,此处即为"/var/shared":

```
LABEL=shared     /var/shared     ext4     defaults     0 0
```

最后,执行 mount 命令将新创建的文件系统挂载到指定的挂载点上:

```
[root@studentvm2 etc]# mount /var/shared/
```

接着,我们需要验证新的逻辑卷是否已成功挂载。

为了确保新创建的文件系统中存在内容,以便在远程主机访问时可以查看它们,我们从根目录中复制了一些旧文件并创建了一些新的文本文件。这些文件的数量并不需要太多,十几个就足够了。使用如下所示的 CLI 程序来完成这些操作,主要通过 for 循环来向指定目录中新建文件并写入对应的字符串,最后执行"ll"命令查看该目录下的文件和文件夹的详细信息:

```
[root@studentvm2 shared]# cd /var/shared ; I=0 ; for I in `seq -w 1 25` ; do
echo "This is file $I" > file-$I.txt ; done ; ll
-rw-r--r-- 1 root root    16 Jul 27 08:50 file-01.txt
-rw-r--r-- 1 root root    16 Jul 27 08:50 file-02.txt
-rw-r--r-- 1 root root    16 Jul 27 08:50 file-03.txt
-rw-r--r-- 1 root root    16 Jul 27 08:50 file-04.txt
-rw-r--r-- 1 root root    16 Jul 27 08:50 file-05.txt
-rw-r--r-- 1 root root    16 Jul 27 08:50 file-06.txt
-rw-r--r-- 1 root root    16 Jul 27 08:50 file-07.txt
-rw-r--r-- 1 root root    16 Jul 27 08:50 file-08.txt
-rw-r--r-- 1 root root    16 Jul 27 08:50 file-09.txt
-rw-r--r-- 1 root root    16 Jul 27 08:50 file-10.txt
-rw-r--r-- 1 root root    16 Jul 27 08:50 file-11.txt
-rw-r--r-- 1 root root    16 Jul 27 08:50 file-12.txt
-rw-r--r-- 1 root root    16 Jul 27 08:50 file-13.txt
```

```
-rw-r--r-- 1 root root       16 Jul 27 08:50 file-14.txt
-rw-r--r-- 1 root root       16 Jul 27 08:50 file-15.txt
-rw-r--r-- 1 root root       16 Jul 27 08:50 file-16.txt
-rw-r--r-- 1 root root       16 Jul 27 08:50 file-17.txt
-rw-r--r-- 1 root root       16 Jul 27 08:50 file-18.txt
-rw-r--r-- 1 root root       16 Jul 27 08:50 file-19.txt
-rw-r--r-- 1 root root       16 Jul 27 08:50 file-20.txt
-rw-r--r-- 1 root root       16 Jul 27 08:50 file-21.txt
-rw-r--r-- 1 root root       16 Jul 27 08:50 file-22.txt
-rw-r--r-- 1 root root       16 Jul 27 08:50 file-23.txt
-rw-r--r-- 1 root root       16 Jul 27 08:50 file-24.txt
-rw-r--r-- 1 root root       16 Jul 27 08:50 file-25.txt
drwx------ 2 root root    16384 Jul 27 08:47 lost+found
[root@studentvm2 shared]#
```

接下来，我们将使用此目录及其内容来开展一系列实验，以探索和比较不同文件共享工具的性能和特性。

在准备工作的最后一步中，我们需要在 StudentVM1 主机上开启一个 root 终端会话，并使用 tcpdump 工具来监控 enp0s3 网络接口上的数据流。这有助于我们观察和分析文件共享实验的网络通信情况。随后，请将这个终端会话放置在桌面上的一个可见位置，以便在执行后续实验时可以观察到它。注意，请确保在整个实验过程中始终监视该数据流，这对于理解不同文件共享工具在网络层面的工作原理和性能表现至关重要。

15.3 防火墙注意事项

由于我们在受信任的网络内部进行这些文件共享实验，因此无须修改防火墙设置即可使它们正常工作。然而，如果我们的服务器需要开放给外网访问，那么就需要允许这些共享服务通过 drop 区域（防火墙隔离区）。通常而言，我们使用 drop 区域来保护外部网络连接的安全。

使用 firewalld 可以轻松地为需要访问服务器的服务开放防火墙。由于你之前已经了解了如何操作 firewalld，因此本章将不会再赘述这部分内容。

然而，FTP 及其变体设计复杂，它们使用独立的命令和数据端口，以及大量未分配的高编号端口，这使得 FTP 的防火墙配置具有一定的挑战性。在配置防火墙时，需要特别注意 FTP 的这一特性，以确保正确地允许或限制相关端口的通信。

FTP 防火墙配置

为了理解 FTP 在配置防火墙时遇到的问题，我们需要先了解 FTP 的工作机制。FTP 支持两种文件传输模式：主动模式和被动模式。

这两种模式的工作方式略有不同，且这种差异对系统管理员和防火墙的配置都很重要。Slacksite.com 网站㊀提供了关于主动模式与被动模式 FTP 连接的工作差异及其各自存在问题的详细解释。同时，Fedora 文档㊁中也详细阐述了 VSFTP 和其他文件共享工具的使用方法。

> **注意** 本节关于 FTP 防火墙需求的讨论仅供参考。由于所有实验均在受信任的网络环境中进行，因此本章无须对防火墙进行任何更改。在本系列数据的第 1 版中，笔者曾花费数页篇幅详细解释了 FTP 的防火墙需求，并创建了一组可以配合 iptables 使用的规则。笔者对 NFS 也做了同样的工作，因为它也具有一套复杂的需求。幸运的是，随着 firewalld 的出现，这些配置变得简单了许多。我们可以直接将要使用的服务添加到防火墙的 drop 或 block 区域中，以实现更快速和高效的防火墙配置。

1. 主动模式

FTP 的主动模式是导致问题出现的根源。以下简短的描述有助于解释为什么会出现这种情况：

1）FTP 客户端通常会随机选择一个高编号、非特权 TCP 端口（以端口号 1547 为例）向服务器上的目标端口号 21 发起连接㊂。其中，端口 1547 是客户端的控制端口，而端口 21 则是服务器的 FTP 控制端口。客户端向服务器发送命令时，会指明使用端口 1547 作为控制端口。

2）服务器通过从端口 21 向端口 1547 发送一个确认回复来确认这一连接。

3）服务器从其端口 20 向客户端的端口 1548 发起数据连接。该协议始终假定数据端口（如 1548）比控制端口（如 1547）高一位。然而，这一步正是引发问题的根源，因为在该主动模式中，服务器会主动向客户端发起连接。

4）如果服务器能够访问到客户端的端口 1548 并成功建立连接，那么客户端会向服务器发送一个确认回复，以确认数据连接已成功建立。

使用 drop 区域或 block 区域可以有效地防止外部世界与本地主机（无论是服务器还是客户端）建立未经授权的连接。客户端用于命令和数据连接的端口是从 1024～65,536 的范围内随机选择的。这意味着我们需要打开所有这些端口，但这会带来严重的安全风险，因为

㊀ Slacksite.com,"Active FTP vs. Passive FTP, a Definitive Explanation",https://slacksite.com/other/ftp.html。

㊁ Fedora 30 文档,"System Administrators Guide, File and Print Servers",https://docs.fedoraproject.org/en-US/fedora/f30/system-administrators-guide/servers/File_and_Print_Servers/。

㊂ 在操作系统中，从 0～1023 的端口号被称为特权端口（Privileged ports），它们被预留给特定的服务使用。相比之下，编号高于 1023 的端口则称为非特权端口，它们可以被用户或应用程序自由地使用。然而，部分高编号端口因长期被某些服务使用，已逐渐成为事实上的标准。这意味着，尽管这些端口不是特权端口，但它们已经被广泛接受并被特定服务所使用。此外，如果想要查看服务使用了哪些端口，可以通过检查系统的 /etc/services 文件来查看。

它可能使主机暴露于广泛的攻击之下。

2. 被动模式

在被动模式下，FTP 的工作机制有所不同，因为是由客户端发起所有连接的。这意味着，在建立数据连接时，我们可以为 FTP 指定一个较小范围的非特权端口，以减少潜在的安全风险。

现在让我们来看看被动模式是如何工作的。为了阐述被动模式的具体工作流程，我们设定一个特定的端口范围，例如 65,000 ～ 65,534，专门用于 FTP 的数据传输。我们可以看到，被动模式 FTP 所指定的端口范围明显小于主动模式，接下来我们将详细介绍 FTP 被动传输模式的工作过程，并尝试挖掘它与主动模式的差异。以下是该过程的详细步骤：

1）FTP 客户端从指定范围内随机选择一个高编号、非特权 TCP 端口（此处以 4048 端口号为例）向服务器上的 21 号端口发起连接。在这个连接中，4048 号端口充当客户端的控制端口角色，而 21 号端口则是服务器的 FTP 控制端口。在建立连接后，客户端会向服务器发送 PASV（被动模式）命令，以请求进入被动模式。值得注意的是，控制端口号并不需要在之前定义的数据端口范围内，并且客户端在任何情况下都不会知晓此数据端口范围的具体信息。

2）服务器通过从 21 号端口向客户端的 4048 号端口发送一个确认回复来响应客户端的请求。在服务器的回复中，包含一个从指定范围内选定的数据端口号，用于指示数据流监听的位置。基于此，客户端很容易知道在哪里监听数据流。在这个例子中，我们将使用 65,248 号端口来作为数据连接的端口。

3）客户端从其 4049 号数据端口发起到服务器 65,248 号端口的数据连接。需要注意的是，该 4049 号数据端口紧邻着 4048 号控制端口。

4）如果客户端能够访问 65,248 号端口并成功建立连接，那么服务器将向客户端发送一个确认回复，然后数据传输就可以开始了。

如果预期服务器需要处理庞大的 FTP 流量，那么服务器上定义的端口范围就必须大于本例中所定义的范围。重要的是，我们可以控制这个范围，并在服务器上创建防火墙规则以适应这一需求。另外，利用 firewalld，我们可以轻松地添加 FTP 作为服务访问防火墙，从而无须手动设置烦琐的端口细节。

15.4　FTP 和 FTPS

FTP 是一种古老且安全性不足的文件共享方式。其安全性不足主要源于数据传输未经加密，一旦被截获，传输的数据很容易被他人读取。鉴于 FTP 的这一安全问题，已经推出了一个增强安全性的版本，即 FTPS。FTPS 只是在 FTP 的基础上增加了一个安全层，也就是基于 SSL（Secure Socket Layer，安全套接字层）的 FTP。通过 FTPS，用户可以在更加安全的环境下执行 FTP 的所有操作。

Fedora 提供了一个用 Java 编写的 FTP 服务器。

15.5 VSFTP

Fedora 为 Fedora 29 和 30 系统提供了 VSFTP3.0.5 版本[⊖]。尽管 VSFTP 并未作为默认组件安装，但它仍是当前 Fedora 发行版中主要 FTP 服务器的选择。

VSFTP 之所以更加安全，是因为它使用 SSL 进行加密，并显著地防止了权限提升的风险。VSFTP 由 Chris Evans 从头开始设计，旨在提供强大的安全性。它最大程度地减少了对高权限的使用，并且为大多数任务使用了非特权线程。你可以通过 VSFTP 网站脚注 9 中的网站链接了解更多详情。

相比其他 FTP 服务器，VSFTP 在可扩展性方面表现优异。VSFTP 网站上有用户反馈称，他们运行的单台 VSFTP 服务器在 24 小时内为超过 1500 个并发用户提供了 2.6TB 的数据传输服务。VSFTP 与其他 FTP 服务器一样，允许匿名下载以及支持使用密码登录的 FTP 用户。

综上所述，VSFTP 是一种非常安全的 FTP 服务器软件，它具有优异的可扩展性，并且在 Fedora 系统中得到了广泛使用。接下来将详细介绍 VSFTP 的具体用法和使用过程。

15.5.1 安装和准备 VSFTP

首先，我们需要安装和配置 VSFTP，然后才能执行后续实验。

实验 15-2：安装和准备 VSFTP

请以 root 用户身份在 StudentVM2 主机上执行本次实验。我们将使用 VSFTP 来共享 /var/shared 目录下的文件。首先，我们需要执行如下命令来安装 VSFTP：

`[root@studentvm2 ~]# dnf -y install vsftpd`

FTP 服务器提供的文件通常存放在 /var/ftp 目录下，并且其子目录 /var/ftp/pub 用于存放匿名用户所需且可以访问的文件。这些目录在 VSFTP 安装时会自动创建，因此接下来我们只需要在该目录下添加一些文件即可。如下所示，我们先执行 cd 命令进入到指定的文件目录，再通过执行 for 循环命令生成对应的 TXT 文本文件，并且按顺序插入指定内容，最终执行 ll 命令查看该目录下的文件和文件夹的详细信息：

```
[root@studentvm2 ~]# cd /var/ftp ; I=0 ; for I in `seq -w 1 25` ; do echo
"This is file $I" > FTP-file-$I.txt ; done ; ll
```

⊖ VSFTP, https://security.appspot.com/vsftpd.html。

```
total 104
-rw-r--r-- 1 root root     16 Aug  7 21:14 FTP-file-01.txt
-rw-r--r-- 1 root root     16 Aug  7 21:14 FTP-file-02.txt
-rw-r--r-- 1 root root     16 Aug  7 21:14 FTP-file-03.txt
-rw-r--r-- 1 root root     16 Aug  7 21:14 FTP-file-04.txt
-rw-r--r-- 1 root root     16 Aug  7 21:14 FTP-file-05.txt
-rw-r--r-- 1 root root     16 Aug  7 21:14 FTP-file-06.txt
-rw-r--r-- 1 root root     16 Aug  7 21:14 FTP-file-07.txt
-rw-r--r-- 1 root root     16 Aug  7 21:14 FTP-file-08.txt
-rw-r--r-- 1 root root     16 Aug  7 21:14 FTP-file-09.txt
-rw-r--r-- 1 root root     16 Aug  7 21:14 FTP-file-10.txt
-rw-r--r-- 1 root root     16 Aug  7 21:14 FTP-file-11.txt
-rw-r--r-- 1 root root     16 Aug  7 21:14 FTP-file-12.txt
-rw-r--r-- 1 root root     16 Aug  7 21:14 FTP-file-13.txt
-rw-r--r-- 1 root root     16 Aug  7 21:14 FTP-file-14.txt
-rw-r--r-- 1 root root     16 Aug  7 21:14 FTP-file-15.txt
-rw-r--r-- 1 root root     16 Aug  7 21:14 FTP-file-16.txt
-rw-r--r-- 1 root root     16 Aug  7 21:14 FTP-file-17.txt
-rw-r--r-- 1 root root     16 Aug  7 21:14 FTP-file-18.txt
-rw-r--r-- 1 root root     16 Aug  7 21:14 FTP-file-19.txt
-rw-r--r-- 1 root root     16 Aug  7 21:14 FTP-file-20.txt
-rw-r--r-- 1 root root     16 Aug  7 21:14 FTP-file-21.txt
-rw-r--r-- 1 root root     16 Aug  7 21:14 FTP-file-22.txt
-rw-r--r-- 1 root root     16 Aug  7 21:14 FTP-file-23.txt
-rw-r--r-- 1 root root     16 Aug  7 21:14 FTP-file-24.txt
-rw-r--r-- 1 root root     16 Aug  7 21:14 FTP-file-25.txt
drwxr-xr-x 2 root root   4096 Jul 25  2018 pub
[root@studentvm2 ftp]#
```

VSFTP 是通过 /etc/vsftpd/vsftpd.conf 配置文件进行设置的。该文件有详细的注释说明，所以笔者建议大家阅读它以了解可以配置哪些参数。

在默认配置下，VSFTP 仅监听 IPv6 地址。如果读者想使其支持 IPv4 地址，就需要进行几项配置更改[一]。具体而言，在配置文件的末尾附近，找到 listen=NO 这一行内容，将其更改为 listen=YES，这样 VSFTP 就可以监听 IPv4 地址了。随后，将 listen_ipv6=YES 更改为 listen_ipv6=NO 来关闭 IPv6 地址的监听功能。

当成功修改配置后，我们可以通过执行如下命令来开启 vsftpd 服务并检查其服务是否已成功启动，我们可以看到 vsftpd 服务已成功开启：

```
[root@studentvm2 ftp]# systemctl start vsftpd
[root@studentvm2 ftp]# systemctl status vsftpd
```

㊀ 笔者原本以为 LISTEN= 和 listen_ipv6= 的默认设置会让 VSFTP 同时监听 IPv4 和 IPv6，但现在看来，可能是笔者理解有误或配置有误。不论如何，请按照笔者之前描述的设置来启用 VSFTPD 的 IPv4 连接功能，即设置为 listen=YES 和 listen_ipv6=NO。

```
● vsftpd.service - Vsftpd ftp daemon
   Loaded: loaded (/usr/lib/systemd/system/vsftpd.service; disabled; vendor
   preset: disabled)
   Active: active (running) since Wed 2019-08-07 21:28:45 EDT; 8s ago
  Process: 13362 ExecStart=/usr/sbin/vsftpd /etc/vsftpd/vsftpd.conf
  (code=exited, status=0/SUCCESS)
 Main PID: 13363 (vsftpd)
    Tasks: 1 (limit: 4696)
   Memory: 496.0K
   CGroup: /system.slice/vsftpd.service
           └─13363 /usr/sbin/vsftpd /etc/vsftpd/vsftpd.conf

Aug 07 21:28:45 studentvm2.example.com systemd[1]: Starting Vsftpd ftp
daemon...
Aug 07 21:28:45 studentvm2.example.com systemd[1]: Started Vsftpd ftp daemon.
[root@studentvm2 ftp]#
```

15.5.2 FTP 客户端

当 VSFTP 服务端配置完成之后，我们可以在 StudentVM1 主机上安装 FTP 客户端，并测试文件下载功能。在下载文件时，除非你手动指定了不同的下载目录，否则文件将被下载至启动 FTP 客户端时的当前工作目录中。

实验 15-3：使用 FTP 客户端

请在 StudentVM1 主机上以 root 用户身份执行本实验，并执行如下命令来安装 FTP 客户端：

[root@studentvm1 ~]$ **dnf -y install ftp**

FTP 客户端无须进行任何配置，因此我们可以直接开始执行第一次测试。由于当前在 StudentVM1 主机上是以 student 用户身份登录的，并且 StudentVM2 主机上也存在 student 用户，因此，我们可以使用该账户执行如下 ftp 命令进行 FTP 登录测试：

```
[student@studentvm1 ~]$ ftp studentvm2
Connected to studentvm2 (192.168.56.1).
220 (vsFTPd 3.0.3)
Name (studentvm2:student): <Press Enter>
331 Please specify the password.
Password:<Enter password>
230 Login successful.
Remote system type is UNIX.
Using binary mode to transfer files.
```

当读者对某个命令的用法或功能不清楚时，可以使用 help 帮助命令来查看 FTP 客户端常见可用的各种命令，以及 ls 和 get 命令的具体功能。ls 命令显示远程目录的内容列表，get 命令接收文件：

```
ftp> help
Commands may be abbreviated.   Commands are:

!             debug         mdir          sendport      site
$             dir           mget          put           size
account       disconnect    mkdir         pwd           status
append        exit          mls           quit          struct
ascii         form          mode          quote         system
bell          get           modtime       recv          sunique
binary        glob          mput          reget         tenex
bye           hash          newer         rstatus       tick
case          help          nmap          rhelp         trace
cd            idle          nlist         rename        type
cdup          image         ntrans        reset         user
chmod         lcd           open          restart       umask
close         ls            prompt        rmdir         verbose
cr            macdef        passive       runique       ?
delete        mdelete       proxy         send
ftp> help ls
ls              list contents of remote directory
ftp> help get
get             receive file
ftp>
```

接着，我们执行 ls 命令来列出 FTP 服务器远程目录中的文件：

```
ftp> ls
227 Entering Passive Mode (192,168,56,1,226,161).
150 Here comes the directory listing.
drwxr-xr-x    2 1000     1000         4096 Dec 24  2018 Desktop
drwxr-xr-x    2 1000     1000         4096 Dec 22  2018 Documents
drwxr-xr-x    2 1000     1000         4096 Dec 22  2018 Downloads
drwxr-xr-x    2 1000     1000         4096 Aug 02 12:11 Mail
drwxr-xr-x    2 1000     1000         4096 Dec 22  2018 Music
drwxr-xr-x    2 1000     1000         4096 Dec 22  2018 Pictures
drwxr-xr-x    2 1000     1000         4096 Dec 22  2018 Public
drwxr-xr-x    2 1000     1000         4096 Dec 22  2018 Templates
drwxr-xr-x    2 1000     1000         4096 Dec 22  2018 Videos
-rw-------    1 1000     1000            2 Jul 01 15:01 dead.letter
-rw-rw-r--    1 1000     1000       256000 Jun 19 12:16 random.txt
-rw-rw-r--    1 1000     1000       256000 Jun 20 12:26 textfile.txt
226 Directory send OK.
```

从 ls 命令的结果中，我们可以看到远程主机 StudentVM2 上 student 用户在其主目录下的文件列表。通常，在登录远程主机时，系统会默认展示此列表。接下来，我们将继续执行后续操作，尝试从 StudentVM2 主机上下载文件至我们的账户之中。

若你已按本书要求逐一完成了所有实验步骤，那么在 StudentVM2 主机 student 用户的主目录下应该有一个名为 random.txt 的文件。请下载该文件以进行后续的操作实验。如你在指定目录中未找到名为 random.txt 的文件，你可以选择下载其他文件进行替代测试，如下所示，我们可以执行如下 get random.txt 命令来下载该文件：

```
ftp> get random.txt
local: random.txt remote: random.txt
227 Entering Passive Mode (192,168,56,1,33,129).
150 Opening BINARY mode data connection for random.txt (256000 bytes).
226 Transfer complete.
256000 bytes received in 0.0413 secs (6193.45 Kbytes/sec)
```

接下来，请在 StudentVM1 主机上以 student 用户身份登录，并执行 ll 命令来验证该文件是否下载成功：

```
[student@studentvm1 ~]$ ll
total 1504
drwxrwxr-x  2 student student    4096 Mar  2 08:21 chapter25
drwxrwxr-x  2 student student    4096 Mar 21 15:27 chapter26

<snip>
-rw-rw-r--  1 student student  256000 Aug  8 12:16 random.txt
<snip>
drwxr-xr-x. 2 student student    4096 Dec 22  2018 Videos
[student@studentvm1 ~]$
```

根据上述输出结果，我们可以确认 random.txt 文件经由 FTP 从远程 StudentVM2 主机顺利下载至本地 StudentVM1 主机。这一过程充分验证了 VSFTP 服务器已正常运行。尽管服务器的基本功能已经得到了验证，但仍有一些细节需要进一步完善。因此，我们将在此基础上继续执行后续实验步骤，以全面验证 VSFTP 的文件共享功能是否达到既定标准。

15.5.3 匿名 FTP 访问

在通过有效账户（如 student）登录至 FTP 远程主机时，用户将被授权访问该主机上的所有目录和文件，享受与本地登录时相同的权限。然而，随意向未经授权的个体提供账户信息，将构成一项重大的安全威胁。鉴于此，我们必须实施一种有效策略，以限制对 FTP 远程主机的访问权限。

匿名 FTP 访问提供了一种解决安全访问问题的机制。在从 FTP 远程服务器下载文件的过程中，这种访问方式被广泛采用。其被称为匿名 FTP 的原因是，用户无须拥有服务器上的特定账户即可访问共享文件资源。为了实现匿名 FTP 访问，用户仅需使用一个通用的用户名即可。大多数 FTP 服务器使用 "anonymous" 或 "ftp" 作为用户名，并且无须提供密码即可访问。然而，这也意味着公共 FTP 目录对互联网上的任意用户开放，从而带来了潜在的安全风险。

实验 15-4：匿名 FTP 访问

在本实验中，我们需要修改 vsftpd.conf 配置文件以启用匿名 FTP 访问。

请在 StudentVM2 主机上以 root 用户身份登录，并编辑 vsftpd.conf 配置文件。首先，找到 "anonymous_enable=NO" 这一行，并将其更改为 "anonymous_enable=YES"，即启用匿名 FTP 访问。随后，重新启动 VSFTPD 服务。

接着，在 StudentVM1 主机上以 student 用户身份登录，并测试修改后的配置。在 FTP 客户端的 Name（名称）字段中输入 "anonymous" 作为用户账户。当系统提示输入密码时，直接按 <Enter> 键即可（因为匿名访问通常不需要密码），其输出结果如下所示：

```
[student@studentvm1 ~]$ ftp studentvm2
Connected to studentvm2 (192.168.56.1).
220 (vsFTPd 3.0.3)
Name (studentvm2:student): anonymous
331 Please specify the password.
Password:<Enter>
230 Login successful.
Remote system type is UNIX.
Using binary mode to transfer files.
ftp> ls
227 Entering Passive Mode (192,168,56,1,254,134).
150 Here comes the directory listing.
-rw-r--r--    1 65534    65534          16 Aug 08 01:14 FTP-file-01.txt
-rw-r--r--    1 65534    65534          16 Aug 08 01:14 FTP-file-02.txt
-rw-r--r--    1 65534    65534          16 Aug 08 01:14 FTP-file-03.txt
-rw-r--r--    1 65534    65534          16 Aug 08 01:14 FTP-file-04.txt
<snip>
-rw-r--r--    1 65534    65534          16 Aug 08 01:14 FTP-file-24.txt
-rw-r--r--    1 65534    65534          16 Aug 08 01:14 FTP-file-25.txt
drwxr-xr-x    2 65534    65534        4096 Jul 25  2018 pub
226 Directory send OK.
ftp>
```

请注意，VSFTP 服务器已将你登录至 /var/ftp 目录。请从该目录中下载一个文件，并验证该文件是否已成功传输到你本地机器的当前工作目录。

当验证完毕无误后，请断开 FTP 连接。

15.5.4 使用加密保护 VSFTP

为了增强 VSFTP 的安全性，我们可以在数据传输过程中对其进行加密。为此，我们需要创建一个可以与 FTP 配合使用的证书。在此实验之前我们已经为电子邮件创建了一个证书，这个 FTP 证书的创建过程与之类似。

实验 15-5：对 VSFTP 进行加密

请在 StudentVM2 主机上以 root 用户身份执行本实验。

首先，我们需要执行"mkdir"命令为密钥创建一个新的目录，即"/etc/ssl/private"：

mkdir /etc/ssl/private

接下来，我们将为 FTP 服务生成一个自签名证书。openssl 工具可以用来创建一个适用于 FTP 的证书。在执行如下命令创建 FTP 证书的过程中，请按照提示输入必要的证书配置信息（可参考下述加粗的示例进行配置），例如国家（US）、州（North Carolina）和地区（Raleigh）等。整个证书生成过程必须在 root 用户身份的主目录下执行。此外，由于该命令没有设置证书的有效期限，所以生成的证书不会过期：

```
[root@studentvm2 ~]# openssl req -x509 -nodes -newkey rsa:2048 -keyout /etc/
ssl/private/vsftpd.key -out /etc/ssl/certs/vsftpd.crt
............................................................+++++
........................+++++
writing new private key to 'vsftpd.key'
-----
You are about to be asked to enter information that will be incorporated
into your certificate request.
What you are about to enter is what is called a Distinguished Name or a DN.
There are quite a few fields but you can leave some blank
For some fields there will be a default value,
If you enter '.', the field will be left blank.
-----
Country Name (2 letter code) [XX]:US
State or Province Name (full name) []:North Carolina
Locality Name (eg, city) [Default City]:Raleigh
Organization Name (eg, company) [Default Company Ltd]:<Enter>
Organizational Unit Name (eg, section) []:<Enter>
Common Name (eg, your name or your server's hostname) []:studentvm2.
example.com
Email Address []:student@example.com
```

通过上述命令所生成的证书及密钥文件会自动存放在正确的目录下。接下来，我们需要手动编辑 vsftpd.conf 配置文件，并在其文件末尾添加以下配置行。尽管笔者添加了大量的注释，其旨在解释每一行的具体功能，但这些注释实际上并不需要包含在 vsftpd.

conf 文件中。在编程和系统管理实践中，保留这类注释是一个良好的习惯，它有助于未来的查阅和理解。因此，笔者建议初学者在编程和实践过程中养成良好的注释习惯。

请读者务必严格按照如下代码对 vsftpd.conf 文件进行配置，此举对于确保 VSFTP 加密配置是否成功至关重要：

```
# Configuration statements required for data encryption
# Defines the location of the certification file
rsa_cert_file=/etc/ssl/certs/vsftpd.crt
# Defines the location of the key file for the certification
rsa_private_key_file=/etc/ssl/private/vsftpd.key
# Enables SSL support
ssl_enable=YES
# We will not allow SSL used for anonymous users.
# Since this is usually the general public, what would be the point?
Allow_anon_ssl=NO
# Local data connections will always use SSL.
Force_local_data_ssl=YES
# Local logins will always use SSL. This is for the control port.
Force_local_logins_ssl=YES
# Strong encryption with fewer vulnerabilities using TLS version 1.
Ssl_tlsv1=YES
# Not secure enough so we won't use SSL versions or 3.
Ssl_sslv2=NO
ssl_sslv3=NO
# Improves security by helping prevent man-in-the-middle attacks.
# May cause connections to drop out so set to NO if that occurs.
Require_ssl_reuse=YES
# Requires stronger encryption.
Ssl_ciphers=HIGH
```

当对 vsftpd.conf 文件配置完毕后，请重启 vsftpd 服务，在 StudentVM1 主机上以匿名用户身份登录 FTP 会话，这一步骤应能成功执行。随后，请尝试以 student 用户身份登录 FTP 会话，以观察可能出现的情况：

```
[student@studentvm1 ~]$ ftp studentvm2
Connected to studentvm2 (192.168.56.1).
220 (vsFTPd 3.0.3)
Name (studentvm2:student): <Enter>
530 Non-anonymous sessions must use encryption.
Login failed.
421 Service not available, remote server has closed connection
ftp>
```

值得注意的是，命令行 FTP 客户端通常不支持加密功能。这引发了一个疑问：既然命令行 FTP 客户端不支持加密，那么从命令行启用加密是否还具有实际意义？对此问题的探讨我们将在稍后进行。

在进行后续实验之前，我们需要先断开当前的 FTP 连接，同时确保 VSFTP 服务器保持运行状态。这是因为在本章的后续部分中，我们还将利用该服务器进行其他实验操作。

现在，我们的服务器已经配置为支持加密。然而，Linux 命令行中的 FTP 程序本身并不支持加密。这一局限性意味着从命令行使用 FTP 客户端时，数据传输过程仍然是不安全的。这确实是 FTP 在安全性方面面临的一个问题。尽管如此，读者不必过分担忧，因为在本章的后续部分，我们将探讨一种命令行的解决方案，旨在解决这一加密问题。

15.6　NFS

NFS 是由 Sun Microsystems 公司开发的技术，旨在实现多台主机之间的磁盘资源及其包含文件的共享。NFS 建立在 Sun 公司开发的 RPC（Remote Procedure Call，远程过程调用）[⊖]协议的一个版本之上。作为一种文件共享机制，NFS 的主要优势在于允许客户端主机以与挂载任何本地文件系统相同的方式挂载共享资源。这样的设计使得用户无须下载文件，而是可以直接通过文件管理器或应用程序访问这些远程文件，从而提供了一种高效且便捷的资源共享解决方案。

本节将指导你如何导出文件系统以及挂载远程 NFS。

15.6.1　NFS 服务器

NFS 服务器被设计为将服务器主机的文件系统共享至网络中，以便 NFS 客户端可以挂载这些共享的文件系统并访问其中的文件。在决定将要导出的文件系统放置在文件系统结构的哪个位置时，不同系统管理员可能会做出不同的选择。一些管理员可能倾向于将这些文件系统放在 root 用户的主目录（/）下，而另一些则可能选择在 /var 目录下创建一个挂载点来存放它们。在本研究的实验设置中，为了保持一致性，我们统一将共享文件系统放置于 /var 目录下。

实验 15-6：配置 NFS 服务器

请在 StudentVM2 主机上以 root 用户身份权限执行本实验。首先，我们需要验证当

[⊖] NFS 在文件传送或信息传送过程中依赖于 RPC 协议。RPC 是使客户端执行其他系统程序的一种机制。NFS 本身没有提供信息传输的协议和功能，但 NFS 却能通过网络进行资源或文件分享，这是因为 NFS 使用了某些传输协议，并且这些传输协议用到了 RPC 功能。因此，此处说 NFS 本身就是使用 RPC 协议的一个程序或版本。——译者注

前 Linux 系统上是否已安装了一些必要的软件包，我们可以通过执行 dnf list 命令来列出 Linux 系统上所有存储库和已安装软件包中的有关 rpcbind 及 nfs-utils 可用软件包：

```
[root@studentvm2 ~]# dnf list rpcbind nfs-utils
Last metadata expiration check: 0:00:25 ago on Thu 01 Aug 2019
03:24:12 PM EDT.
Installed Packages
nfs-utils.x86_64            1:2.6.3-0.fc38              @updates
rpcbind.x86_64              1.2.6-4.rc2.fc38            @anaconda
```

根据笔者的虚拟机显示，所需的 rpcbind 和 nfs-utils 软件包已经预先安装了。如果你的主机尚未安装这些软件包，请立即进行安装。

在默认情况下，/etc/exports 配置文件的内容是空的。对于每个要挂载的文件系统，只需要在其文件中添加一行配置即可。为了挂载 /shared 文件系统，请在 /etc/exports 文件中添加如下所示的内容：

```
# Exports file for studentvm1
/var/shared          *(rw,sync,all_squash)
```

其中，rw 选项表示以读写模式共享文件系统；sync 选项表示在文件更改后且满足其他读取请求前，先将文件系统同步，这样有助于保证修改或新创建的文件在更改后能够立即以最新版本供客户端访问；all_squash 选项会将共享文件的所有权更改为匿名用户 nobody:nobody。服务器上共享目录的所有权不会改变，仅客户端显示的所有权会发生变化。

接下来，请执行如下 for 循环命令来重新启动 RPC 以及 NFS 服务。在执行此操作时，for 循环会依次获取 rpcbind 和 nfs-utils 软件包名称，并将这些名称赋值给变量 I，随后再执行 systemctl 命令立即启动对应的服务：

```
[root@studentvm2 etc]# for I in rpcbind nfs-server ; do systemctl
enable --now $I.service ;  done
Created symlink /etc/systemd/system/multi-user.target.wants/rpcbind.service
→ /usr/lib/systemd/system/rpcbind.service.
Created symlink /etc/systemd/system/multi-user.target.wants/nfs-server.
service → /usr/lib/systemd/system/nfs-server.service.
```

接下来，请执行如下所示的 exportfs 命令⊖来挂载定义的文件系统。其中，-a 选项用于挂载所有已配置的目录；-v 选项表示详细输出，以便我们查看结果：

```
[root@studentvm2 etc]# exportfs -av
exporting *:/var/shared
[root@studentvm2 etc]#
```

⊖ exportfs 是 Linux 操作系统中用于设置和管理 NFS exports 的命令，旨在将指定的目录或文件系统在 NFS 上导出，从而允许其他计算机通过网络访问这些文件。——译者注

现在，我们需要验证文件系统是否已成功共享并可以在本地看到，我们可以在 StudentVM2 上执行如下所示 showmount 命令来显示 NFS 服务器上共享的文件系统。其中，-e 选项旨在显示指定服务器（此处为 localhost）导出的目录列表：

```
[root@studentvm2 etc]# showmount -e localhost
Export list for localhost:
/var/shared *
[root@studentvm2 etc]#
```

此外，请在 StudentVM1 主机上以 root 用户身份执行相同的操作，其显示结果如下所示：

```
[root@studentvm1 ~]# showmount -e studentvm2
Export list for studentvm2:
/var/shared *
[root@studentvm1 ~]#
```

经上述测试表明，远程 NFS 客户端已可以正常访问 StudentVM2 主机上的共享文件系统。

注意　NFS 与 FTP 类似，对于防火墙配置也有一系列复杂的要求。当使用 NFS 服务来保护主机免受互联网攻击时，将其添加至防火墙的 drop 或 block 区域，可以自动有效为我们处理这些复杂的配置细节。

至此，NFS 服务器已正确配置完毕，接下来我们将配置 NFS 客户端。

15.6.2　NFS 客户端

现在我们已经能够从 StudentVM1 客户端连接到 NFS 共享。

实验 15-7：挂载 NFS 共享

挂载远程 NFS 文件系统很简单。现在我们再次测试 StudentVM1 主机是否能够看到共享目录。在 StudentVM1 主机上以 root 用户身份执行以下操作，可以看到 NFS 服务器上共享的文件系统 /var/shared：

```
[root@studentvm1 ~]# showmount -e studentvm2
Export list for studentvm2:
/var/shared *
[root@studentvm1 ~]#
```

当确认完共享文件系统之后，请继续以 root 用户身份操作 StudentVM1 主机，使用如下所示的命令将远程导出挂载到本机的 /mnt 挂载点。其中，-t 选项用于指定要挂载的文件系统，此处为 NFS4 文件系统。Fedora 的所有较新版本都采用了 NFS4 文件系统，相较于 NFS3 文件系统而言，NFS4 文件系统更安全、更灵活。

```
[root@studentvm1 ~]# mount -t nfs4 studentvm2:/var/shared /mnt
[root@studentvm1 ~]# ll /mnt
total 116
-rw-r--r-- 1 root root    16 Jul 27 08:50 file-01.txt
-rw-r--r-- 1 root root    16 Jul 27 08:50 file-02.txt
-rw-r--r-- 1 root root    16 Jul 27 08:50 file-03.txt
-rw-r--r-- 1 root root    16 Jul 27 08:50 file-04.txt
<SNIP>
-rw-r--r-- 1 root root    16 Jul 27 08:50 file-22.txt
-rw-r--r-- 1 root root    16 Jul 27 08:50 file-23.txt
-rw-r--r-- 1 root root    16 Jul 27 08:50 file-24.txt
-rw-r--r-- 1 root root    16 Jul 27 08:50 file-25.txt
drwx------ 2 root root 16384 Jul 27 08:47 lost+found
[root@studentvm1 ~]#
```

我们在 StudentVM1 主机上使用 mount 命令[一]验证了远程文件系统是否已成功挂载，接着我们执行 ll 命令列出 /mnt 目录的内容，以验证文件是否存在。此外，请所有读者思考一个问题，如果我们在此执行 lsblk 命令[二]会显示什么内容呢？原因是什么？

接着，请卸载 NFS 文件系统。随后创建一个名为 /shared 的挂载点（目录），并在 /etc/fstab 文件的末尾添加如下行来指定 NFS 的挂载信息。该配置文件负责定义在系统启动时需要挂载的文件系统，其参数分别表示文件系统、挂载点或目录、文件系统类型、选项、dump 和 fsck 顺序：

```
studentvm2:/var/shared /shared    nfs4    defaults    0 0
```

在 StudentVM1 上执行以下命令，以便让 systemd 服务管理器重新加载配置，从而识别 fstab 文件的变更：

```
# systemctl daemon-reload
```

随后，我们通过 mount 命令来执行挂载 NFS 共享文件系统 /shared 的操作，并通过 ll /shared 来验证该挂载是否已成功完成，具体命令及结果如下所示：

○ mount 命令的基本语法：mount [-t vfstype] [-o options] device dir。其中，-t 选项指定文件系统的类型，-o 选项指定了挂载的选项，device 表示挂载的文件系统，dir 表示挂载点的目录。在该示例中，mount 命令会将 studentvm2:/var/shared 挂载到 /mnt 目录。需要注意，每一个设备都必须先挂载后才能使用。——译者注

○ lsblk 命令旨在列出系统上所有可用的块设备的信息，包括硬盘、分区、挂载点等，本书在前文中已详细使用和描述过。——译者注

```
[root@studentvm1 ~]# mount /shared
[root@studentvm1 ~]# ll /shared
total 88
-rw------- 1 root root  2118 Aug  1 21:11 anaconda-ks.cfg
-rw-r--r-- 1 root root 39514 Aug  1 21:11 Chapter-36.tgz
-rw-r--r-- 1 root root   469 Aug  1 21:11 ifcfg-enp0s3
-rw-r--r-- 1 root root   370 Aug  1 21:11 ifcfg-enp0s3.bak
-rw-r--r-- 1 root root   340 Aug  1 21:11 ifcfg-enp0s8.bak
-rw------- 1 root root  3123 Aug  1 21:11 imapd.pem
-rw-r--r-- 1 root root  2196 Aug  1 21:11 initial-setup-ks.cfg
drwx------ 2 root root 16384 Aug  1 21:05 lost+found
-rwxr-x--- 1 root root   272 Aug  1 21:11 restartmail
-rw-r--r-- 1 root root    10 Aug  1 21:11 testfile.txt
[root@studentvm1 ~]#
```

将 NFS 挂载信息添加到 /etc/fstab 配置文件中，意味着在系统启动时其会自动执行挂载操作。此外，这种方法还提供了便利性，使我们能够在需要时轻松地卸载和重新挂载文件系统。

最后，我们将执行卸载操作，移除 /shared 目录的挂载点。

15.6.3 清理工作

在继续讨论 SAMBA 之前，我们先进行一些清理工作。

实验 15-8：清理工作

在本实验中，你需要以 root 用户身份在 StudentVM1 上卸载 NFS 文件系统。具体而言，在 StudentVM2 主机上执行以下命令，以取消挂载所有已导出的文件系统。exportfs 命令旨在导出定义的文件系统，其中 -u 选项用于取消导出指定共享目录，-a 选项用于导出所有已定义的共享目录，-v 选项用于显示详细的输出信息。此处，exportfs -uav 命令表示取消相关的导出文件系统并且所显示的内容为空：

```
[root@studentvm2 etc]# exportfs -uav
```

随后，在 StudentVM2 主机上卸载 /shared 目录，并通过 for 循环依次执行 systemctl disable 命令停止并禁用 RPC 和 NFS 服务，其完整命令如下所示：

```
[root@studentvm2 etc]# for I in rpcbind nfs-server rpcbind.socket ; do
systemctl disable --now $I.service ;  done
```

最终，我们完成了 NFS 的清理工作。

15.7 SAMBA

SAMBA 文件共享服务使得 Linux 服务器上的文件能够与 Windows 系统共享。SAMBA 基于 SMB（Server Message Block，服务器消息块）协议运作，该协议最初由 IBM 开发，随后被微软采纳为其网络服务的核心协议。目前，SMB 协议已被重命名为 CIFS（Common Internet File System，通用互联网文件系统）。通过设置 SAMBA 文件服务器，你可以在网络上共享文件和资源，实现不同操作系统之间的共享协作。

接下来，我们将构建一个实验场景，使用 SAMBA 服务与 Windows 计算机共享文件。同时，Linux 系统本身也可以配置为 SAMBA 客户端。这样在没有 Windows 计算机的情况下，我们也能在虚拟网络环境中进行测试，从而简化了测试流程。

实验 15-9：配置 SAMBA

请以 root 用户身份在 StudentVM2 主机上启动这个实验。首先，执行如下命令来安装所需的 SAMBA 软件包。通常情况下，SAMBA 客户端应已预先安装在系统中。尽管笔者的虚拟机已经安装了相应的软件包，但执行此步骤将确保 SAMBA 客户端与服务器均已安装，以确保实验的顺利进行：

```
[root@studentvm2 ~]# dnf -y install samba samba-client
```

接着，请将当前工作目录设为 /etc/samba。在该目录下，smb.conf.example 文件包含了丰富的注释和示例，并指导用户如何配置 SAMBA 以共享各种资源，例如公共和私有目录、打印机以及主目录。通过阅读此文件，读者可以深入了解 SAMBA 的更多功能。

此外，我们需要向 smb.conf 文件中添加共享目录设置。值得注意的是，smb.conf 文件是 smb.conf.example 文件的一个简化版本，它包含了一些基础的示例配置。为了实现我们的实验目的，我们不仅需要保留这些示例配置，还需要向 acs 目录添加新段。

随后，请编辑 smb.conf 文件，并添加如下所示的行，以实现对 /acs 目录的共享：

```
# A publicly accessible directory for ACS files that is read/write
[SHARED]
        comment = Shared Directory
        path = /var/shared
        public = yes
        writable = yes
        printable = no
        browseable = yes
```

请保存 smb.conf 配置文件，但先不要关闭编辑器。接着在另一个 root 用户终端会话中，测试验证 smb.conf 文件的语法正确性。在进行此测试时，不需要将 /etc/samba 目录设置为当前工作目录。此处的 testparm 命令旨在测试 Samba 的设置是否正确，其具体的输出结果如下所示：

```
[root@studentvm2 ~]# testparm
Load smb config files from /etc/samba/smb.conf
Loaded services file OK.
Weak crypto is allowed by GnuTLS (e.g. NTLM as a compatibility fallback)
Server role: ROLE_STANDALONE

Press enter to see a dump of your service definitions<Enter>

# Global parameters
        server string = Samba Server Version %v
        workgroup = WORKGROUP
        idmap config * : backend = tdb
        cups options = raw
        include = /etc/samba/usershares.conf
<SNIP>

[ACS]
        comment = Shared Directory
        guest ok = Yes
        path = /var/shared
        read only = No
[root@studentvm2 ~]#
```

尽管在 Linux 环境中 NETBIOS 名称服务并非必需，但 NETBIOS 名称服务[1]是 SAMBA 在 Windows（或者 Linux 和 Windows 混合）环境中完全运行所必需的。因此，请执行如下命令来启动 smb 和 nmb 这两个服务[2]：

```
[root@studentvm2 ~]# systemctl start smb ; systemctl start nmb
```

在生产环境中，你还需要确保这些服务能够在系统启动时自动运行，但本次实验并不要求这样做。

接下来，请使用 pdbedit 命令为用户 student 设置一个用户 ID 和密码。由于这只是一个测试，所以我们可以使用一个容易记忆的简单密码，具体操作步骤如下所示：

---

[1] NETBIOS 是一种网络通信协议，它主要被用于局域网内的文件和打印机共享服务。NETBIOS 名称服务（NETBIOS Name Service）是 NETBIOS 协议的一个组成部分，它在网络通信中扮演着关键角色。特别是在 Windows 操作系统中，NETBIOS 提供了文件共享和打印服务的功能。然而，在 Linux 环境中，NETBIOS 并不是必需的，并且由于 NETBIOS 可能会被攻击者利用来探测和利用系统漏洞，因此通常会被禁用以减少安全风险。——译者注

[2] smb 和 nmb 是 SAMBA 运行的两个关键服务。smb 是 SAMBA 的核心启动服务，主要负责建立 Linux SAMBA 服务器与客户端之间的对话，验证用户身份并提供对文件和打印系统的访问。nmb 服务负责解析，类似于 DNS 实现的功能，nmb 可以把 Linux 系统共享的工作组名称与其 IP 地址对应。——译者注

```
[root@studentvm2 ~]# pdbedit -a student
new password:<Enter password>
retype new password:<Enter password>
Unix username:        student
NT username:
Account Flags:        [U          ]
User SID:             S-1-5-21-1995892852-683670545-3750803719-1000
Primary Group SID:    S-1-5-21-1995892852-683670545-3750803719-513
Full Name:            Student User
Home Directory:       \\studentvm2\student
HomeDir Drive:
Logon Script:
Profile Path:         \\studentvm2\student\profile
Domain:               STUDENTVM2
Account desc:
Workstations:
Munged dial:
Logon time:           0
Logoff time:          Wed, 06 Feb 2036 10:06:39 EST
Kickoff time:         Wed, 06 Feb 2036 10:06:39 EST
Password last set:    Tue, 06 Aug 2019 09:02:13 EDT
Password can change:  Tue, 06 Aug 2019 09:02:13 EDT
Password must change: never
Last bad password   : 0
Bad password count  : 0
Logon hours         : FFFFFFFFFFFFFFFFFFFFFFFFFFFFFFFFFFFFFFFF
[root@studentvm2 ~]#
```

> **提示** 实际上，我们可以使用 smbpasswd 命令而非 pdbedit 命令来为用户设置密码。读者可以自行尝试。

接下来，我们可以对 Samba 文件共享进行一个简单的测试。在 StudentVM2 主机上，以 student 用户身份执行此操作，利用 smbclient 命令来查看本地主机上的共享资源，可以看到 "print$" "SHARED" "IPC$" 三个名称的共享：

```
[student@studentvm2 ~]$ smbclient -L localhost
Password for [SAMBA\root]:
Anonymous login successful

        Sharename       Type      Comment
        ---------       ----      -------
        print$          Disk      Printer Drivers
        SHARED          Disk      Shared Directory
        IPC$            IPC       IPC Service (Samba 4.18.5)
```

```
SMB1 disabled -- no workgroup available
[student@studentvm2 ~]$
```

至此，我们已经实现了基本的文件共享功能。

现在 SAMBA 已经能够正常运行，接下来我们对 smb.conf 配置文件进行一些补充和修改。在基本安装过程中，SAMBA 使用本地主机的主机名作为工作组名称，但这可能并不符合我们的需求。为了更符合实际应用场景，我们可能需要使用现有的工作组名称，或者创建一个更具描述性的工作组名称。这些信息可以在配置文件中添加，并且可以借此机会为 SAMBA 安装增加一些额外的安全设置。

基于此，我们将开启实验 15-10，其与实验 15-9 的主要区别是，实验 15-9 使用本地主机名作为工作组，并且无安全设置；而实验 15-10 结合真实场景，利用现有工作组名称进行设置，并对 server string、interfaces 和安全进行设置。

实验 15-10：自定义 SAMBA 服务器配置

在 StudentVM2 主机上以 root 用户身份执行该实验。

请在 smb.conf 配置文件的全局配置段中进行如下高亮显示的修改，这些修改最初是从 smb.conf.example 文件中提取的。如果你需要更详细的配置文件，请查阅 smb.conf.example 文件或阅读 smb.conf 的手册页。

```
[global]
        workgroup = TESTGROUP
        server string = StudentVM1 - Samba Server Version %v
        security = user
        interfaces = lo enp0s8 192.168.56.11/24
```

目前，我们已经重命名了工作组，并在服务器描述字符串中添加了一些信息。同时，我们指定了 SAMBA 应该在其上监听的内部网络接口。这一设置通过限制可以从哪些源连接 SAMBA 客户端来增强安全性。此外，我们还可以将连接权限限制为特定的主机，从而进一步细化访问控制。

现在，请执行如下命令再次检查 smb.conf 文件，以确保相关的更改已正确应用：

```
[root@studentvm2 ~]# testparm
Load smb config files from /etc/samba/smb.conf
Loaded services file OK.
Weak crypto is allowed by GnuTLS (e.g. NTLM as a compatibility fallback)

Server role: ROLE_STANDALONE

Press enter to see a dump of your service definitions
```

```
# Global parameters
[global]
        interfaces = lo enp0s8 192.168.56.11/24
        printcap name = cups

        security = USER
        server string = StudentVM2 - Samba Server Version %v
        workgroup = TESTGROUP
        idmap config * : backend = tdb
        cups options = raw
        include = /etc/samba/usershares.conf

<SNIP>

[SHARED]
        comment = Shared Directory
        guest ok = Yes
        path = /var/shared
        read only = No
[root@studentvm2 ~]#
```

此外，我们必须重启 smb 服务，以确保对工作组名称的更改生效。请执行如下命令：

`[root@studentvm2 ~]#` **`systemctl restart smb ; systemctl restart nmb`**

现在让我们以 student 用户的身份进行另外一个快速测试，来查看本地主机上的共享资源。具体命令及输出内容如下所示：

```
[student@studentvm2 ~]$ smbclient -L localhost
Password for [TESTGROUP\root]:
Anonymous login successful

        Sharename       Type      Comment
        ---------       ----      -------
        print$          Disk      Printer Drivers
        SHARED          Disk      Shared Directory
        IPC$            IPC       IPC Service (StudentVM2 - Samba Server
Version 4.18.5)
SMB1 disabled -- no workgroup available
[student@studentvm2 ~]$
```

最终，整个实验顺利完成。然而，笔者在过程中遇到了一个错误，猜测你可能也遇到了。尽管笔者在互联网上搜索了许多关于这个错误和类似错误的资料，但始终没有找到解决方案。不过，这个错误似乎不会影响后续的实验，因此你可以放心地忽略这条消息。

使用 SAMBA 客户端

Linux 系统提供了一个 SAMBA 客户端，该客户端允许我们使用 SAMBA 协议与 Linux

服务器建立连接，以实现目录共享，此外，它还能够作为客户端访问配置了共享目录的 Windows 系统。我们可以利用这个客户端执行进一步的测试。

实验 15-11：使用 SAMBA 客户端

请在 StudentVM1 主机上以 student 用户身份进行以下操作，首先，将主目录（~）设置为当前工作目录。然后，使用 smbclient 命令登录至 StudentVM1 主机上的远程共享，并使用 -U 选项指定登录时所使用的用户 IDstudent：

```
[student@studentvm1 /]# smbclient //studentvm2/shared -U student
Enter SAMBA\student's password: <Enter password>
Try "help" to get a list of possible commands.
smb: \>
```

接着，执行 dir 命令（类似于 Windows 的 ls 命令）来查看你共享目录中的文件列表，当然也可以尝试输入 ls 命令（如果当前环境支持该命令）。其显示结果如下所示：

```
smb: \> dir
  .                                   D        0  Thu Jul 27 08:50:23 2023
  ..                                  D        0  Thu Jul 27 08:48:04 2023
  file-18.txt                         N       16  Thu Jul 27 08:50:23 2023
  file-04.txt                         N       16  Thu Jul 27 08:50:23 2023
  file-07.txt                         N       16  Thu Jul 27 08:50:23 2023
  file-05.txt                         N       16  Thu Jul 27 08:50:23 2023
  file-09.txt                         N       16  Thu Jul 27 08:50:23 2023
<SNIP>
  file-13.txt                         N       16  Thu Jul 27 08:50:23 2023
  file-10.txt                         N       16  Thu Jul 27 08:50:23 2023
  file-06.txt                         N       16  Thu Jul 27 08:50:23 2023

                996780 blocks of size 1024. 927844 blocks available
smb: \>
```

在当前的远程 SAMBA 会话中，还有许多可用的命令。你可以使用 help 命令来列出所有可用的命令，如果你需要了解某个特定命令的详细信息，可以使用 help <命令名> 来获取关于单个命令的更多信息。

现在，请执行如下命令来从远程共享目录中下载一个文件，具体如下所示：

```
smb: \> get file-18.txt
getting file \file-18.txt of size 16 as file-18.txt (15.6 KiloBytes/sec)
(average 15.6 KiloBytes/sec)
smb: \>
```

最后，请在 StudentVM1 上以 student 用户身份打开一个新的终端会话，并列出主目录下的内容。你之前所下载的文件 file-18.txt 应该就位于此目录中。

当你完成这些操作后，请退出当前会话，并停止 StudentVM2 上的 smb 和 nmb 服务。

以这种方式使用 smbclient 命令与使用 FTP 非常相似。我们可以浏览查看共享目录及其包含的文件，并且还可以执行一些基本操作，比如下载文件等。

15.8　Midnight Commander

在下册第 2 章中，我们已经探索了 Midnight Commander 作为文件管理器的用途。Midnight Commander 除了是一个出色的本地文件管理器外，它还可以用作 FTP、SFTP、SMB（CIFS）和 SSH 的客户端。通过使用这些协议，Midnight Commander 可以在一个面板中连接到远程主机，并在远程主机和本地主机之间复制文件。此外，它还可以显示远程文件的内容并删除这些文件。

SSH 是一个功能强大的工具，当它与像 Midnight Commander 这样的文件管理器结合使用时，两者可以通过 FISH（file sharing）协议形成一个简单易用的文件共享系统。这种方法的优势在于它使用了我们已经安装的工具，并且无须进行额外的配置。

这也是笔者所知道的最安全的文件共享方法。在 SSH 中，基于登录或密钥的身份验证序列以及所有的数据传输都会被加密，这是 SSH 的默认且唯一的工作方式。使用身份验证和端到端加密是强制性的，因此无法绕过这一安全措施。

FISH 协议是 Pavel Machek 在 1998 年专门为 Midnight Commander 开发的。FISH 代表"通过 Shell 协议传输的文件"。不过，Midnight Commander 还使用 FTP、SFTP 和 SAMBA 与服务器连接，因此它的用途非常多。笔者发现它与其他客户端不同，它不需要特殊的配置即可使用 FISH 协议。

实验 15-12：Midnight Commander 和文件共享

请在 StudentVM1 主机上以 student 用户身份执行本实验。在该实验中，我们将使用不同的文件共享协议来连接服务器。

首先，请在 StudentVM1 主机上以 student 用户的身份打开一个终端会话。接着，在该终端会话中启动 Midnight Commander 文件管理器。随后，请按下 <F9> 键，并通过方向键选中 Right（右侧）面板菜单。在菜单中，按 <↓> 键选择 FTP link（FTP 链接）选项，如图 15-1 所示。最后，按下 <Enter> 键，以启动 FTP 连接操作。

接着，在 FTP to machine（FTP 目标机器）字段中输入"studentvm2"，如图 15-2 所示，并按下 <Enter> 键。

图 15-3 所示为 Midnight Commander 界面，左侧面板显示的是 StudentVM1 主机（本地主机）上 student 用户的主目录，而右侧面板则显示了与 StudentVM2 主机建立的匿名 FTP 连接。

```
 Left      File    Command    Options    Right
+<- ~ -----------------------+.+-----------------------------+.[^]>+
|.n         Name     |  Size |Modify t| File listing         |  Size |Modify time |
|/..                 |UP--DIR|May 30 0| Quick view     C-x q |UP--DIR|May 30 08:41|
|/.cache             |   4096|Aug 10 1| Info           C-x i |   4096|Aug 10 12:23|
|/.config            |   4096|Aug 10 1| Tree                 |   4096|Aug 10 13:11|
|/.cups              |   4096|Mar 17 2|----------------------|   4096|Mar 17 22:15|
|/.esmtp_queue       |   4096|May  2 1| Listing format...    |   4096|May  2 15:10|
|/.fvwm              |   4096|Mar 14 1| Sort order...        |   4096|Mar 14 16:00|
|/.gnupg             |   4096|Dec 22  | Filter...            |   4096|Dec 22  2018|
|/.local             |   4096|Dec 22  | Encoding...      M-e |   4096|Dec 22  2018|
|/.mozilla           |   4096|May 10 1|----------------------|   4096|May 10 11:28|
|/.putty             |   4096|Aug 10 1| FTP link...          |   4096|Aug 10 13:03|
|/.ssh               |   4096|Jun 28 2| Shell link...        |   4096|Jun 28 22:04|
|/Documents          |   4096|Jul  2 1| Panelize             |   4096|Jul  2 10:43|
|/Downloads          |   4096|Jun  4 1|----------------------|   4096|Jun  4 13:59|
|/Music              |   4096|Dec 22  | Rescan          C-r  |   4096|Dec 22  2018|
|/Pictures           |   4096|Dec 22  +----------------------|   4096|Dec 22  2018|
|/Public             |   4096|Dec 22  2018||/Public          |   4096|Dec 22  2018|
|/Templates          |   4096|Dec 22  2018||/Templates       |   4096|Dec 22  2018|
|/Videos             |   4096|Dec 22  2018||/Videos          |   4096|Dec 22  2018|
|/chapter25          |   4096|Mar  2 08:21||/chapter25       |   4096|Mar  2 08:21|
|/chapter26          |   4096|Mar 21 15:27||/chapter26       |   4096|Mar 21 15:27|
|/chapter28          | 167936|Apr 10 08:23||/chapter28       | 167936|Apr 10 08:23|
|/testdir            |   4096|Apr  2 12:45||/testdir         |   4096|Apr  2 12:45|
|/testdir1           |   4096|Dec 30  2018||/testdir1        |   4096|Dec 30  2018|
|/testdir6           |   4096|Dec 30  2018||/testdir6        |   4096|Dec 30  2018|
|/testdir7           | 663552|Feb 21 14:12||/testdir7        | 663552|Feb 21 14:12|
|/tmp                |   4096|Jun 22 13:25||/tmp             |   4096|Jun 22 13:25|
|.ICEauthority       |  12444|Aug 10 21:41||.ICEauthority    |  12444|Aug 10 21:41|
|.Xauthority         |     56|Jan 30  2019||.Xauthority      |     56|Jan 30  2019|
|.bash_history       |  28285|Aug 10 14:36||.bash_history    |  28285|Aug 10 14:36|
|.bash_logout        |     18|Oct  8  2018||.bash_logout     |     18|Oct  8  2018|
|.bash_profile       |    186|Jun 21 08:44||.bash_profile    |    186|Jun 21 08:44|
|-------------------------------------||-------------------------------------|
|UP--DIR                              ||UP--DIR                              |
+----------------------- 3585M/3968M (90%) -++----------------------- 3585M/3968M (90%) -+
Hint: Want your plain shell? Press C-o, and get back to MC with C-o again.
[student@studentvm1 ~]$                                               [^]
 1Help  2Menu   3View   4Edit   5Copy   6RenMov 7Mkdir  8Delete 9PullDn 10Quit
```

图 15-1　选择 FTP link 以标准 FTP 模式连接到 VSFTP 服务器

```
|/Documents      +------------- FTP to machine --------------+ |   4096|Jul  2 10:43|
|/Downloads      | Enter machine name (F1 for details):      | |   4096|Jun  4 13:59|
|/Music          |  studentvm2                          [^]  | |   4096|Dec 22  2018|
|/Pictures       |                                           | |   4096|Dec 22  2018|
|/Public         |            [< OK >]  [ Cancel ]           | |   4096|Dec 22  2018|
|/Templates      +-------------------------------------------+ |   4096|Dec 22  2018|
```

图 15-2　请输入你要连接的主机名称

在本地主机和服务器之间复制文件时，你能从本地主机将文件复制到服务器吗？

如果要退出与服务器的连接，请输入 cd 命令。这会使你返回到本地主机 student 用户的主目录。

读者都可以亲自试验一下。将一至两个文件下载至你的主目录下，再将这些文件上传至服务器上的不同目录，如 /var/shared 目录、你的主目录以及 /acs 目录。待完成上传操作后，你可执行不带参数的 cd 命令，以退出当前的远程连接状态。

接下来，请通过 Shell link（Shell 链接）选项来连接服务器。在此过程中，应使用 SSH 协议来执行与前面 FTP 连接相同的任务。在此，强烈建议读者亲自尝试上述实验，并结合实际需要进行深入研究，以更好地掌握相关技能。

```
 Left      File      Command    Options    Right
+<- ~ ----------------------------.[^]>++<- ftp://studentvm2/ -------------------.[^]>+
|.n      Name         | Size   |Modify time ||.n       Name          | Size   |Modify time |
|/..                  |UP--DIR |May 30 08:41||/..                    |UP--DIR |Aug 10 14:36|
|/.cache              |   4096 |Aug 10 12:23||/pub                   |   4096 |Jul 25  2018|
|/.config             |   4096 |Aug 10 13:11||FTP-file-01.txt        |     16 |Aug  8 01:14|
|/.cups               |   4096 |Mar 17 22:15||FTP-file-02.txt        |     16 |Aug  8 01:14|
|/.esmtp_queue        |   4096 |May  2 15:10||FTP-file-03.txt        |     16 |Aug  8 01:14|
|/.fvwm               |   4096 |Mar 14 16:00||FTP-file-04.txt        |     16 |Aug  8 01:14|
|/.gnupg              |   4096 |Dec 22  2018||FTP-file-05.txt        |     16 |Aug  8 01:14|
|/.local              |   4096 |Dec 22  2018||FTP-file-06.txt        |     16 |Aug  8 01:14|
|/.mozilla            |   4096 |May 10 11:28||FTP-file-07.txt        |     16 |Aug  8 01:14|
|/.putty              |   4096 |Aug 10 13:03||FTP-file-08.txt        |     16 |Aug  8 01:14|
|/.ssh                |   4096 |Jun 28 22:04||FTP-file-09.txt        |     16 |Aug  8 01:14|
<SNIP>
|/testdir6            |   4096 |Dec 30  2018||FTP-file-24.txt        |     16 |Aug  8 01:14|
|/testdir7            | 663552 |Feb 21 14:12||FTP-file-25.txt        |     16 |Aug  8 01:14|
|/tmp                 |   4096 |Jun 22 13:25||                       |        |            |
|.ICEauthority        |  12444 |Aug 10 21:41||                       |        |            |
|.Xauthority          |     56 |Jan 30  2019||                       |        |            |
|.bash_history        |  28285 |Aug 10 14:36||                       |        |            |
|.bash_logout         |     18 |Oct  8  2018||                       |        |            |
|.bash_profile        |    186 |Jun 21 08:44||                       |        |            |
|---------------------------------------------||------------------------------------------|
|UP--DIR                                      ||UP--DIR                                   |
+------------------------- 3585M/3968M (90%) -++-------------------------------------------+
Hint: The homepage of GNU Midnight Commander: http://www.midnight-commander.org/
[student@studentvm1 ~]$                                                              [^]
 1Help   2Menu   3View    4Edit      5Copy    6RenMov  7Mkdir    8Delete 9PullDn 10Quit
```

图 15-3　在 Midnight Commander 界面中，左侧面板展示了本地主机 student 用户的主目录，而右侧面板展示的是 StudentVM2 主机上的匿名 FTP 连接

15.9　Apache Web 服务器

我们同样可以利用在第 10 章中所创建的 Apache Web 服务器来共享文件。这个过程只需进行一些额外的操作步骤，无须对 Apache 配置进行任何更改。本节将详细讲解该过程。

实验 15-13：使用 Apache Web 服务器作为文件服务器

在本实验中，我们将向 Apache 的下载目录中添加一些文件并测试效果。首先，请以 root 用户身份在 StudentVM2 主机上确保 Apache 服务（httpd）正在运行。如果未运行，请启动它。

然后，在 /var/www2/html 目录下（如果尚未存在）创建一个名为 "downloads" 的新目录，并将该目录的所有权设置为 apache.apache。接着，将 "downloads" 目录设置为当前工作目录，并复制或创建一些新文件作为内容。笔者使用如下命令行程序来创建这些文件。其中，整个命令通过 for 循环构建文本字符串并按序写入 txt 文本文件：

```
[root@studentvm2 downloads]# for I in `seq -w 0 45` ; do echo "This is a file
for web download $I" > file-$I.txt ; done
```

当执行完上述命令后，请以 student 用户身份在 StudentVM1 主机上打开 Firefox 浏览器，并访问 www2.example.com/downloads 网址。该网页如图 15-4 所示。你可以单击字段名来更改排序方式，但由于所有文件大小相同且在同一时间创建，因此更改排序方式可能不会产生太大差异。不过，如果你多次单击 Name（名称）字段，它会以相反的方向排序。此外，为了尝试不同的排序方式，你还可以添加一些具有不同特性的文件到该目录下。

图 15-4　按照文件索引排序查看 Apache Web 服务器的共享文件

在图形用户界面中，用户可以右击文件，并在弹出的菜单中选择 Save link as（另存为）选项以下载它们。默认情况下，这些文件将被保存到 ~/Downloads 目录中。用户可以在该目录下查找已下载的文件。

除了通过图形用户界面进行操作外，我们还可以通过命令行工具 wget 和 curl 从网站下载文件。鉴于你在本系列书籍前期内容中已具备使用 wget 的实践经验，因此该工具应当已经存在于你的系统环境中。在上册第 12 章中，我们曾对 wget 命令进行了简要的介绍，并演示了利用该命令从 Apress Git 存储库下载本系列书籍配套资料的具体步骤。

现在，请以 student 用户的身份在 StudentVM1 主机上执行以下操作，首先请将 ~/Downloads 设置为当前工作目录。接着，删除该目录下的所有文件。然后，使用 wget 命令从 html/downloads 目录中下载一个文件，例如 file-27.txt。具体命令及结果如下所示，可以看到该文件已被成功下载，并且利用 ll 命令显示了该文件的详细信息：

```
[student@studentvm1 Downloads]$ wget http://www2.example.com/downloads/
file-27.txt
--2019-08-12 11:04:24--  http://www2.example.com/downloads/file-27.txt
Resolving www2.example.com (www2.example.com)... 192.168.56.1
Connecting to www2.example.com (www2.example.com)|192.168.56.1|:80...
connected.
HTTP request sent, awaiting response... 200 OK
Length: 33 [text/plain]
Saving to: 'file-27.txt'

file-27.txt    100%[============================>]    33   --.-KB/s    in 0s

2019-08-12 11:04:24 (5.03 MB/s) - 'file-27.txt' saved [33/33]

[student@studentvm1 Downloads]$ ll
total 4
-rw-rw-r-- 1 student student 33 Aug 12 08:50 file-27.txt
[student@studentvm1 Downloads]$
```

现在，我们将尝试使用 wget 命令来下载多个与全局文件通配符模式（*）匹配的文件：

```
[student@studentvm1 Downloads]$ wget http://www2.example.com/downloads/file-*
Warning: wildcards not supported in HTTP.
--2019-08-12 11:14:41--  http://www2.example.com/downloads/file-*
Resolving www2.example.com (www2.example.com)... 192.168.56.1
Connecting to www2.example.com (www2.example.com)|192.168.56.1|:80...
connected.
HTTP request sent, awaiting response... 404 Not Found
2019-08-12 11:14:41 ERROR 404: Not Found.
```

在下载的过程中，你会看到一条"HTTPD 不支持通配符（全局）匹配功能"的警告消息，这是因为 wget 工具能够支持 FTP 和 HTTPD 的下载操作，并且在使用 FTP 时支持通配符的使用，但其在 HTTPD 下则不支持通配符。

接下来，请确保 StudentVM2 上的 VSFTP 服务器处于正在运行状态，并尝试从匿名 FTP 站点利用通配符功能下载一些文件。请注意，以下命令中的链接不再以 http 开头，而是改为 ftp，以适配 FTP 协议。同时，对应的文件格式为"FTP-file-1*.txt"，这将允许你下载所有以"FTP-file-1"开头，且以".txt"为扩展名的文件：

```
[student@studentvm1 Downloads]$ wget ftp://studentvm2.example.com/FTP-
file-1*.txt
```

curl 工具支持使用正则表达式（如集合）为多种协议下载多个文件。curl 工具能够支持以下所有协议：DICT、FILE、FTP、FTPS、GOPHER、HTTP、HTTPS、IMAP、IMAPS、LDAP、LDAPS、POP3、POP3S、RTMP、RTSP、SCP、SFTP、SMB、SMBS、SMTP、SMTPS、TELNET 和 TFTP。

此外，curl 还可以处理用户 ID、密码和证书。因此，在需要单一下载解决方案的多种情况（如在脚本中）下，curl 都是最理想的选择。它是脚本自动化中的出色工具。

在默认情况下，curl 工具已经预装在我们的 Linux 操作系统中，无须对其进行额外安装。当我们需要下载一个文件时，可以使用如下格式来进行下载。其中，-O 选项（大写字母 O）指定了下载时使用的文件名（如 file-12.txt），并将其作为在本地保存文件时的名称：

```
[student@studentvm1 Downloads]$ curl -O http://www2.example.com/downloads/
file-12.txt ; ll
  % Total    % Received % Xferd  Average Speed   Time    Time     Time  Current
                                 Dload  Upload   Total   Spent    Left  Speed
100    33  100    33    0     0  11000      0 --:--:-- --:--:-- --:--:-- 11000
total 4
-rw-rw-r-- 1 student student 33 Aug 12 11:47 file-12.txt
```

试想一下，如果你在前述下载过程中没有使用 -O 选项，会怎样呢？另一种下载方式是使用 -o（小写字母 o）选项来指定输出的文件名，以确保文件按照大家期望的方式保存，比如下面命令中的"file-13.txt"：

```
[student@studentvm1 Downloads]$ curl http://www2.example.com/downloads/
file-13.txt -o file-13.txt ; ll
  % Total    % Received % Xferd  Average Speed   Time    Time     Time  Current
                                 Dload  Upload   Total   Spent    Left  Speed
100    33  100    33    0     0   6600      0 --:--:-- --:--:-- --:--:--  6600
total 8
-rw-rw-r-- 1 student student 33 Aug 12 11:47 file-12.txt
-rw-rw-r-- 1 student student 33 Aug 12 11:53 file-13.txt
[student@studentvm1 Downloads]$
```

与 -O 选项相比，使用 -o 选项需要输入更多的字符，并且在脚本中也需要更多的代码。因此，除非有特定原因，我们不推荐使用 -o 选项，而是建议使用 -O 选项。另外，请注意，在使用 curl 工具下载多个文件时，可以使用集合 [0-9] 来指定文件名中的数字范围，不一定非要使用文件通配符（如 ? 或 *）。具体命令及执行结果如下所示：

```
[student@studentvm1 Downloads]$ curl -O http://www2.example.com/downloads/
file-1[0-9].txt
<snip>
[student@studentvm1 Downloads]$ ll
total 40
-rw-rw-r-- 1 student student 33 Aug 12 12:46 file-10.txt
-rw-rw-r-- 1 student student 33 Aug 12 12:46 file-11.txt
-rw-rw-r-- 1 student student 33 Aug 12 12:46 file-12.txt
-rw-rw-r-- 1 student student 33 Aug 12 12:46 file-13.txt
-rw-rw-r-- 1 student student 33 Aug 12 12:46 file-14.txt
```

```
-rw-rw-r-- 1 student student 33 Aug 12 12:46 file-15.txt
-rw-rw-r-- 1 student student 33 Aug 12 12:46 file-16.txt
-rw-rw-r-- 1 student student 33 Aug 12 12:46 file-17.txt
-rw-rw-r-- 1 student student 33 Aug 12 12:46 file-18.txt
-rw-rw-r-- 1 student student 33 Aug 12 12:46 file-19.txt
[student@studentvm1 Downloads]$
```

接着,我们使用 curl 命令下载指定的 FTP 文件:

```
[student@studentvm1 Downloads]$ curl -O ftp://studentvm2.example.com/FTP-file-02.txt
  % Total    % Received % Xferd  Average Speed   Time    Time     Time  Current
                                 Dload  Upload   Total   Spent    Left  Speed
100    16  100    16    0     0    410      0 --:--:-- --:--:-- --:--:--   421
[student@studentvm1 Downloads]$ ll
total 48
-rw-rw-r-- 1 student student  33 Aug 12 12:46  file-10.txt
-rw-rw-r-- 1 student student  33 Aug 12 12:46  file-11.txt
-rw-rw-r-- 1 student student  33 Aug 12 12:46  file-12.txt
-rw-rw-r-- 1 student student  33 Aug 12 12:46  file-13.txt
-rw-rw-r-- 1 student student  33 Aug 12 12:46  file-14.txt
-rw-rw-r-- 1 student student  33 Aug 12 12:46  file-15.txt
-rw-rw-r-- 1 student student  33 Aug 12 12:46  file-16.txt
-rw-rw-r-- 1 student student  33 Aug 12 12:46  file-17.txt
-rw-rw-r-- 1 student student  33 Aug 12 12:46  file-18.txt
-rw-rw-r-- 1 student student  33 Aug 12 12:46  file-19.txt
-rw-rw-r-- 1 student student  16 Aug 12 13:57  FTP-file-02.txt
[student@studentvm1 Downloads]$
```

同样,我们可以从 FTP 服务器上下载多个文件,具体命令如下所示:

```
[student@studentvm1 Downloads]$ curl -O ftp://studentvm2.example.com/FTP-file-2[1-3].txt

[1/3]: ftp://studentvm2.example.com/FTP-file-21.txt --> FTP-file-21.txt
--_curl_--ftp://studentvm2.example.com/FTP-file-21.txt
  % Total    % Received % Xferd  Average Speed   Time    Time     Time  Current
                                 Dload  Upload   Total   Spent    Left  Speed
100    16  100    16    0     0    410      0 --:--:-- --:--:-- --:--:--   410

[2/3]: ftp://studentvm2.example.com/FTP-file-22.txt --> FTP-file-22.txt
--_curl_--ftp://studentvm2.example.com/FTP-file-22.txt
100    16  100    16    0     0   8000      0 --:--:-- --:--:-- --:--:--  8000

[3/3]: ftp://studentvm2.example.com/FTP-file-23.txt --> FTP-file-23.txt
--_curl_--ftp://studentvm2.example.com/FTP-file-23.txt
100    16  100    16    0     0   8000      0 --:--:-- --:--:-- --:--:--  8000
[student@studentvm1 Downloads]$ ll
total 12
```

```
-rw-rw-r-- 1 student student 16 Aug 12 14:00 FTP-file-21.txt
-rw-rw-r-- 1 student student 16 Aug 12 14:00 FTP-file-22.txt
-rw-rw-r-- 1 student student 16 Aug 12 14:00 FTP-file-23.txt
[student@studentvm1 Downloads]$
```

经过测试，我们发现 wget 在下载 FTP 文件时支持使用文件通配符，但并未支持类似于集合的正则表达式。同时，wget 在 HTTPD 中无法使用任何形式的通配符或正则表达式。相对而言，curl 工具则具备使用正则表达式的功能，然而，在我们所测试过的协议范围内，curl 并不支持文件通配符的使用。

读者们可以通过查阅 wget 和 curl 的手册页，详细了解这两个工具的多样化功能，并参考手册中提供的示例，以便更好地理解和应用这两个工具。

总结

本章详细阐述了在文件服务器上实现文件共享所需的工具及其配置方法。在 StudentVM2 主机上，我们成功部署了 FTP、SAMBA 和 NFS 等共享工具，以便实现与 StudentVM1 主机上用户之间的目录共享功能。无论选择使用 FTP（包括其多种形式）、SAMBA 还是 NFS，均需要执行一系列复杂的设置步骤，以确保在非安全模式下能够正常运行。而针对这些支持安全环境的工具，我们还需要进行更多深入的配置工作，以构建一个安全可靠的共享环境。

经过深入探索与验证，我们还发现 SSH 与 Midnight Commander 这两个工具在协同工作时能够提供一套强大、安全、灵活且易于操作的文件共享方案。Midnight Commander 不仅可以在无须 SSH 协助的情况下直接访问 FTP 站点，更可通过 SSL 加密技术，实现对 VSFTP 站点的安全访问。此外，若用户需在远程主机上执行 shell 会话，亦可将 MC 与 SSH 相结合使用，但前提需确保用户在该远程主机上已拥有相应的账户权限。

此外，我们还对 wget 和 curl 这两个命令行工具在配合 HTTPD 和 FTP 进行文件下载时的表现进行了详细研究。其中，curl 工具以其对多种不同协议的支持而脱颖而出，用户可借助其强大的功能，轻松实现各类文件的下载需求。值得一提的是，curl 还支持使用正则表达式进行文件的选择与下载，进一步提升了其在复杂场景下的应用灵活性。

我们有多种方式可以用于文件共享以及文件下载。虽然我们没有涵盖所有选项，但我们所介绍的内容应该是一个很好的起点。

练习

为了掌握本章所学知识，请完成以下练习：

1）在使用 FTP 连接到 VSFTP 服务器时，请监控 StudentVM1 主机上的数据包传输情况。分析生成的 TCP 会话内容，识别 FTP 连接建立序列的各个组成部分。

2）在 student 主机上以 root 用户身份登录，将 NFS 共享挂载到 /mnt 目录。将当前工作目录切换到 stuff 子目录，并验证你之前复制到该目录中的文件是否存在。

3）请尝试在该目录中创建一个新文件，并检查你所收到的提示信息。

4）在 StudentVM1 主机上创建一个新的挂载点，并在 fstab 文件中为之前创建的 ACS 共享添加一个条目。然后，挂载该文件系统以进行测试。重新启动 StudentVM1 主机，并验证在启动过程中的 /acs 目录是否已成功挂载。

5）当你在 StudentVM1 主机上使用 student 用户通过 Midnight Commander 以不同方式（如使用 FTP、SFTP、shell link 和 SMB link）连接到 StudentVM2 主机时，请监视 StudentVM1 主机上的数据包及数据流的传输情况。观察这些连接中哪些是经过加密的，哪些没有加密。

6）请配置 VSFTP 服务器以允许匿名上传。

7）请使用 Midnight Commander 将 StudentVM1 上 student 账户的文件复制到 VSFTP 服务器。

8）在实验 15-12 中，为什么你在使用 Midnight Commander 通过 shell link 连接到服务器时，不需要输入用户 ID 和密码？

9）当你通过 shell link 连接到服务器时，当前工作目录是哪个目录？

请确保在完成这些练习后关闭所有正在运行的文件共享客户端和服务器的工具及服务。因为文件共享所开启的服务器端口（如 21、445 端口）通常是黑客攻击的重点目标，并且这些服务和端口经常与严重的安全漏洞相关联。关闭它们能够更有效地保护我们的主机、服务器和个人计算机的安全。

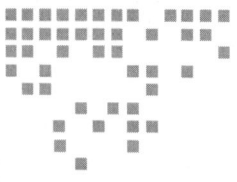

第 16 章

何去何从的 Linux 之旅

16.1 概述

恭喜你顺利完成了这趟深度 Linux 学习之旅,这本身就是一项了不起的成就!不过,学习之路永无止境,知识的海洋广袤无垠,总有新的领域等待我们去探索。

诚然,本系列书籍仅仅是 Linux 世界的一扇窗,为你揭开了一些领域的面纱。接下来的旅程如何规划,主动权掌握在你的手中,而这一选择将对你的技术生涯产生深远的影响。

16.2 好奇心:求知不倦的驱动力

相信大家都听过一句古老的谚语,"好奇心害死猫",我[⊖]幼时也曾听闻,所幸非家庭教诲。我个人认为这句话相当肤浅,它常被用来压制孩童的好奇心与探究欲,尤其当这些探索触及成人世界不愿涉足的角落时,无形中为我们筑起了一道道认知的壁垒。

我始终坚持,"好奇心是解题之匙"。它引领我们跨越常规,发现那些非传统路径中的解决方案,有时直接揭示问题本质,有时则通过巧妙的间接关联启迪思考。

学海无涯,授业解惑亦是自我精进的过程。无论是课堂讲授、撰写文章,抑或著书立说,每一次都是新知的汲取。这一切,皆源自内心深处那份永恒的好奇。

⊖ 本章为本书作者学习 Linux 的经验之谈,采用第一人称叙述笔者这一路的见闻以此增加你的阅读体验。——译者注

在拙作《Linux 哲学》[1]中，我特设一章详述了好奇心的重要性。其中不仅追溯了好奇心如何成为我 Linux 旅途的启明星，还讲述了小小的好奇——关于防火墙系统日志的点滴疑问——如何铺垫了通往下册第 22 章所述若干实用工具的探索道路。

在实验中我从未失败过，我只是发现了 10,000 种行不通的方法。

——托马斯·阿尔瓦·爱迪生

尽管在测试中数千种特定材料组合及制造工艺的失败而未能造就出耐用的灯泡，但爱迪生未曾放弃，持续探索。同理，在编程过程中，某个问题的悬而未决或代码无法达成既定功能，并不代表项目或最终目标的终结，它仅表明当前采用的方法或工具未能促成期望的成功。

我们从失败中汲取的教训，其价值远远超过其他途径所学习到的知识。特别是那些因自身失误导致的失败，它们不仅迫使我们修正个人错误，还促使我们深入探寻并修正问题的本源，这一过程往往伴随着广泛的研究，让我们收获了远超直接解决问题所能获得的知识。

这种视挑战为机遇的心态，我认为是所有出色系统管理员共有的特质。正如早前提到，我在培训领域深耕多年，一些最为难忘的时刻正是讲授中演示、实验或实训项目的"失手"。这些"小插曲"不仅成为我个人宝贵的学习经验，也让在场的学生受益匪浅。有时候，我还会特意将这些偶然的失败案例融入之后的教学中，因为它们提供了一个传授重要知识点的独特角度。

16.3 转变：从零开始的 Linux 之旅

自 1996 年初步接触 Linux，直至我将家中实验室全面由 OS/2 转向 Linux，我才真正踏上了深入探索 Linux 的旅程。我使用 OS/2 非常得心应手，每当遇到 Linux 尚未攻克的难题，我便不由自主地依赖起 OS/2，显然，这种模式难以为我铺就 Linux 专家之路。

教育经历告诉我，每个人的最优学习路径独一无二，无论学科如何。正如求知欲促使我们不断前行，虽然路径各异，但最终都将引领我们拓宽视野，精进技能。

我的 Linux 学习之旅始自将家庭计算机全面部署 Linux，这一决断迫使我全情投入，无暇回顾。只要退路尚存，我便不会全力以赴地掌握 Linux。正是这个决定，奠定了我现有知识体系的基石。

我搭建了一个覆盖家庭办公室的内部网络，随着时间的推移，网络规模与结构不断演进，每一次调整都源于内心的探索欲，而非外在压力。我配置了静态 IP 地址和防火墙，确保了外网接入的同时维护了内网安全，通过使用 Fedora 与 CentOS，我对防火墙和路由功能有了深刻理解。

此外，我还部署了一台多功能服务器，负责管理 DHCP、网页服务、邮件收发、时间同

---

[1] David Both, *The Linux Philosophy for SysAdmins*, Apress, 2018, 417。

步、域名解析等关键服务，不仅支撑了内部网络的运作，还实现了诸如网站运营和邮件接收的外部访问。在此过程中，我不仅掌握了 Linux 作为服务器的强大能力，还深入了解了每项服务的配置与运维精髓。

这一切实践积累最终转化为职场上的宝贵技能。在后续的工作中，我继续深化了这些知识。

16.4 工具：自动化管理的开端

本系列书籍聚焦于命令行操作实践，探究管理 Linux 主机的核心工具，并自行开发自动化脚本以简化系统管理任务。作为一名出色的系统管理员，掌握基本操作原理是在采用任何复杂管理工具之前的必经之路。

尚有许多高度集成与便捷的高级工具未被提及，它们多为开源免费软件，可通过 Fedora 存储库获取，且广泛兼容其他操作系统版本。花点时间研究 Ansible 与 Webmin 此类工具，将是明智之举。

Ansible 作为一种高级自动化工具，能够处理大量我们通过脚本讨论的管理任务，我们虽已初探其皮毛，但其深层功能仍有待挖掘。而 Webmin 作为一个包裹并运用了我们书籍中诸多工具的 Web 界面管理平台，为 Linux 主机及其附带服务的管理提供了一个灵活且直观的集中控制点。

此外，市面上不乏其他各类工具。Ansible 与 Webmin 作为起点，将引领你迈入自动化管理的新境界。

16.5 资源汇总

在学习书籍的过程中，我罗列了许多辅助学习的资源，包括网站、文章和纸质书籍，它们能深化你对 Linux 的了解。这些资源有的紧密联系书籍内容，有的则更宽泛。它们都是你学习路上的宝贵财富。

我常依赖两大网站获取精确且前沿的信息，无论是技术领域还是非技术领域。一个是虽已停止更新却依旧实用的 Opensource.com[一]，作为红帽旗下的站点，它涵盖了 Linux、开源软件、开放文化、DevOps、系统管理等多个方面的深度文章。另一个则是已暂停更新的 Enable Sysadmin[二]，专为系统管理员打造，是同行们获取知识的宝库，尤其有一篇关于成为系统管理员的指导文章[三]十分出色。

[一] Red Hat, Opensource.com, https://opensource.com。

[二] Red Hat, Enable Sysadmin, www.redhat.com/sysadmin/。

[三] Taz Brown,"Learn the technical ropes and become a sysadmin",www.redhat.com/sysadmin/learn-technical-ropes。

当前，我和多位曾为红帽网站贡献力量的同仁正携手另一组织，筹备开设新站点 Opensource.net。它将类似于 Opensource.com，但视野更宽，计划囊括更多非红帽系的发行版信息。

我的个人网站○也许能为你提供更多灵感。《Linux 数据手册》是我维护的技术站点，记录了解决问题的过程、稀少信息的总结等，尽管架构略显随意，但它是一本活生生的参考书，并非传统课程形式，尽管有些年份，但其中仍有不少珍贵信息，且我正着手更新，使之与时俱进。

我的另一网站○与我的出版物相关，算是我的"作者介绍"空间，既有我的个人信息，也有书籍详情及勘误，还有围绕 Linux 和硬件的额外技术资料。

网络上有不计其数的优质信息源，无论你是关注红帽系列还是其他发行版，都能通过搜索找到近乎所有 Linux 发行版的历史信息及数以万计的解决方案。

但请注意甄别信息真伪，因网络上不乏过时或错误内容。尝试解决方案时，务必先在可牺牲的虚拟机上做实验。

我们书籍中搭建的虚拟网络或类似的环境，也是你的试验田。就像书籍中的实践环节，利用它来预演你在物理网络上的每一步操作。

16.6 Linux 的回馈之路

想象一下，我们能使用一个全球顶尖、极度安全的免费操作系统，它甚至运行在国际空间站、火星车及直升机上，这似乎难以置信。我的意思是，众多人士长期以来持续不断地向 Linux 社区奉献自己的时间、技能和财力。正是他们的辛勤付出让我得以享受这份强大且非凡的系统，我深感有责任回馈社会，帮助他人。

投身开源事业，回馈这份慷慨的馈赠，方式繁多。更重要的是，其中大部分途径并不意味着你需要亲自编写代码。下面，让我们一同探寻几种可行之道。

16.6.1 教育传承

无论是通过课堂教学还是私人指导，我已经向众多学员分享了 Linux 的知识。我们之中许多人积累了深厚的经验与知识，对我来说，将这些宝贵财富传递下去，对整个社群都意义重大。我有幸遇到了几位卓越的导师，他们无私地将自己的知识与专长传授给我及更多人。

采用"学习—实践—传授"（SODOTO）③这一教学模式，在多种教育情境下被证明极为高效，我亦将其融入教学，因为它不仅有助于他人的学习，同时也是自我提升的过程，正如

○ The DataBook for Linux, www.linux-databook.info。
○ David Both, www.both.org。
③ Positive Group, " What is the 'watch one, do one, teach one' method?" ,www.positivegroup.org/loop/articles/what-is-the-watch-one-do-one-teach-one-method。

我反复强调的，教学与写作本身就是一种学习。

在 IBM 工作期间，我有幸接受了专业的演讲技巧与课程设计培训。因此，开发培训课程、准备演讲及参与各类活动，比如在"All Things Open"（ATO）[○]大会和"Open Libre Free"（OLF）[○]会议上的分享，对我来说驾轻就熟。这些都是我乐在其中地回馈社群的方式，既富有成效又充满乐趣。

16.6.2　笔耕不辍

将学习心得或正在探索的知识点转化为文字，不仅能帮助我梳理已掌握的信息，还为我提供了拓宽知识的契机。之所以这种方法对我颇为有效，是因为它迫使我在动笔之前，必须对所涉主题有清晰而深入地思考，以确保能以书面形式为那些无法即时交流提问的学生和读者阐述明白。

若你一时不知从何下笔，不妨借鉴我的做法：我常会记录下最近遇到的技术挑战，尤其是那些复杂的安装过程；分享我正在试用或刚替换原有工具的新软件使用体验；列出我执行特定任务时偏爱的若干工具；抑或任何激发我探索欲的话题。

因此，不妨动手为 Opensource.net 或其他 Linux 相关网站撰文一二，甚至更长期投稿于此，大多数这类网站都会提供投稿指南，告诉你如何贡献你的文章。

16.6.3　编程与软件开发

虽然我在编码方面有所涉猎，但我并不自诩为专业的开发者。如果你具备开发背景，这或许是你可以贡献力量的一条途径。项目团队总是需要编码者，以及那些能够将代码、相关文件和文档整合成便于在 Linux 系统上安装的软件包的专业人士。

这是大多数人首先联想到的贡献方式，但绝非唯一途径。

16.6.4　资助项目

有时，我觉得向项目直接捐赠资金是合理的做法。我已资助过多个项目了，尤其是那些我无法通过其他方式贡献力量的项目。多数开源项目在其官方网站上都会有捐款的相关链接或指引。

16.7　非必要项

许多行动指南往往会略过那些并非必要的步骤。这里有一项，我认为你可以不必考虑，因为它可能不值得你花费时间去实施。

[○] All Things Open, www.allthingsopen.org/。

[○] Open Libre Free, previously known as Ohio Linux Fest, https://olfconference.org/。

设计内核编译

其实大可不必。除非你是开发者,或者在超级计算机上追求极致性能优化,打算对内核进行大幅修改,否则对多数系统管理员来说,这并不是必需的步骤。只有在你正在进行的认证明确要求这项技能,或者你对性能有极其特殊的定制需求时,这才会显得有意义,否则,投入的时间可能并不能带来相应的回报。

实际上,当前内核默认配置已经能够很好地适应大多数桌面和服务器场景的需求。面对性能瓶颈,首先应该确定问题是否真由 CPU 造成,如果确认是 CPU 性能不足,升级 CPU 才是更直接的解决方案。有时,增加内存速度也能显著改善性能,而非单纯提高 CPU 速度。关键在于准确诊断问题根源。

如果确实需要调整内核,修改 /proc 文件系统中的内核参数往往是解决性能问题更高效的方法。

我们早前就有一个例证,解释了为什么大多数系统管理员无须编译内核。在上册中,我们在 Linux 主机安装 VirtualBox 时,虽然需要安装一些开发工具,但这仅是因为 VirtualBox 会自动在安装的系统上编译自己的内核模块,且首次启动时自动执行,甚至当检测到内核更新时,也会自动重新编译模块。VirtualBox 的开发者已经将这一过程自动化,用户无须了解其背后的细节。

当然,如果纯粹出于探索精神,我也鼓励你去发现和设计自己的专属内核模块。

总结

在我看来,好奇心是推动学习的驱动力。我无法仅因别人说需要学习某项技能并取得成就就坐在教室里。我必须对这个主题有所兴趣,且其中某方面能激起我的好奇心。这种倾向在我感兴趣的科目上付出更多努力的现象,在学生时代尤为明显,我对感兴趣的科目学得格外出色。

利用虚拟实验环境满足我的好奇心,我拥有了一个安全的网络空间,可以大胆尝试并从失败中学习最佳恢复方法。失败的方式多种多样,因此我学到了很多。我在不经意间破坏事物时学得最多,而当我故意"搞砸"事物时也同样学到了很多。在这种情况下,我知道我想学什么,能够针对性地制造问题,从而学习到那些特定的内容。

我也很幸运,有几份工作让我参加了几个关于 UNIX 和 Linux 各个方面的课程。对我来说,课堂学习是验证和巩固自我学习成果的方式。它给了我与讲师互动的机会,他们大多知识渊博,能够帮助我澄清那些独自难以理解的知识点。

在 UNIX 和 Linux 系统管理上取得成功的人,本质上都是好奇且深思熟虑的。我们抓住每个机会扩大知识面,喜欢出于好奇和"因为它就在那里"尝试新知识、新硬件和新软件。我们乐于面对计算机故障带来的机会,每一个问题都是新的学习可能。我们喜欢参加技术会议，既是为了接触其他系统管理员，也是为了从管理员的演讲中学习大量新知识。

死板的逻辑和规则无法给我们这些系统管理员足够的灵活性来高效工作。我们不太关心事情"应该如何"完成。系统管理员不易受到他人试图施加的"应该"限制。我们运用灵活而富有成效的逻辑和批判性思维。我们通过独立、批判性思考和综合推理创造自己的做事方式，在此过程中我们能学到更多。

我们系统管理员个性强烈——为了完成工作，尤其是正确地完成，我们必须如此。这无关乎我们"应该如何"执行任务，而是关乎遵循最佳实践并确保最终结果符合这些实践。

我们不只是跳出框框思考，我们是那些摧毁他人试图限制我们的框架。对我们来说，没有"应该"这个概念。

做一个好奇且不受"规则"约束的系统管理员吧。至少，这对我奏效了。

推荐阅读

网络安全与攻防策略：现代威胁应对之道（原书第2版）

作者：[美] 尤里·迪奥赫内斯 [阿联酋] 埃达尔·奥兹卡 ISBN：978-7-111-67925-7 定价：139.00元

Azure安全中心高级项目经理 & 2019年网络安全影响力人物荣誉获得者联袂撰写，美亚畅销书全新升级

为保持应对外部威胁的安全态势并设计强大的网络安全计划，组织需要了解网络安全的基本知识。本书将带你进入威胁行为者的思维模式，帮助你更好地理解攻击者执行实际攻击的动机和步骤，即网络安全杀伤链。你将获得在侦察和追踪用户身份方面使用新技术实施网络安全策略的实践经验，这能帮助你发现系统是如何受到危害的，并识别、利用你自己系统中的漏洞。

ATT&CK与威胁猎杀实战

作者：[西] 瓦伦蒂娜·科斯塔-加斯孔 ISBN：978-7-111-70306-8 定价：99.00元

资深威胁情报分析师匠心之作，360天枢智库团队领衔翻译，重量级实战专家倾情推荐；基于ATT&CK框架与开源工具，威胁情报和安全数据驱动，让高级持续性威胁无处藏身。

本书立足情报分析和猎杀实践，深入阐述ATT&CK框架及相关开源工具机理与实战应用。第1部分为基础知识，帮助读者了解如何收集数据以及如何通过开发数据模型来理解数据，以及一些基本的网络和操作系统概念，并介绍一些主要的TH数据源。第2部分介绍如何使用开源工具构建实验室环境，以及如何通过实际例子计划猎杀。结尾讨论如何评估数据质量，记录、定义和选择跟踪指标等方面的内容。

推荐阅读